U0243749

热分析实验方案设计与曲线解析概论

丁延伟　郑 康　钱义祥　编著

·北京·

内容提要

本书在简要介绍常用的热分析技术基础上，系统论述了热分析实验方案设计和曲线解析相关内容。全书共分为四部分，分别为热分析技术简介、热分析实验方案设计、热分析曲线解析以及与热分析实验方案设计和曲线解析相关的常见问题分析。希望通过本书使具有一定热分析基础和热分析实践的读者了解热分析实验方案设计和曲线解析相关的内容，在实际应用中可以结合实际需要设计出合理的实验方案并对得到的热分析曲线进行解析。

本书适用于高等学校、科研院所的研究生和高年级本科生以及与热分析技术相关的科研、技术人员。

图书在版编目（CIP）数据

热分析实验方案设计与曲线解析概论/丁延伟，郑康，钱义祥编著. —北京：化学工业出版社，2020.8（2023.8 重印）

ISBN 978-7-122-36899-7

Ⅰ. ①热… Ⅱ. ①丁… ②郑… ③钱… Ⅲ. ①热分析-实验-方案设计 Ⅳ. ①O657.99-33

中国版本图书馆 CIP 数据核字（2020）第 083839 号

责任编辑：李晓红　　装帧设计：王晓宇

责任校对：宋　玮

出版发行：化学工业出版社(北京市东城区青年湖南街 13 号 邮政编码 100011)

印　　装：北京盛通数码印刷有限公司

710mm×1000mm 1/16 印张 20¾ 字数 389 千字 2023 年 8 月北京第 1 版第 4 次印刷

购书咨询：010-64518888　　售后服务：010-64518899

网　　址：http://www.cip.com.cn

凡购买本书，如有缺损质量问题，本社销售中心负责调换。

定　　价：128.00 元

序

热分析技术作为仪器分析的一个重要分支，在物理、化学、材料、生物等多学科中的应用日益广泛，现在几乎已成为科研工作者使用的普适性研究手段。然而，由于热分析技术具有包含的仪器种类众多（主要包括热重仪、差热分析仪、同步热分析仪、差示扫描量热仪、微量量热仪、静态热机械分析仪、动态热机械分析仪、热分析联用仪等）、应用领域广泛、影响因素较多、要求愈加严格和精准等特点，对于许多热分析相关的科研人员和技术人员来说，很难在较短的时间内对热分析方法有一个较为深入的了解和掌握。

自从 2002 年中国科学院院士董海山与同仁出版《含能材料热谱图集》（国防工业出版社）以来，目前几乎没有可以直接对由热分析技术得到的曲线进行对比的谱图库和类似问题处理的专著。我很高兴地看到由中国科学技术大学丁延伟博士等人完成的《热分析实验方案设计与曲线解析概论》一书出版，这是大家盼望已久的。

与众多相关热分析的书籍相比，该书具有以下几个鲜明特点：

1．这是一部针对热分析技术发展中亟待解决的“实验方案设计与曲线解析”问题的专门教科书。对于许多初学者而言，在设计实验方案和对得到的热分析曲线进行解析等方面常常无所适从。即使对于具有多年工作经验的热分析工作者，在这方面仍然存在着各种各样的困惑。到目前为止，还没有一本专业图书来对热分析实验方案设计和曲线解析进行较为深入、系统的介绍，而丁延伟博士多次在全国热力学和热分析会议上的交流已刺激了同仁对本书的渴望，因此，可以说本书的出版恰如久旱的禾苗遇到了甘雨。

2．这本书较为系统地对常见的热分析技术的实验方案设计与曲线解析这两个关键步骤进行了论述，书中结合大量的实例对在实验方案设计与曲线解析中常见的问题进行了分析，读者可以通过书中的介绍对相关的热分析技术的实验方案设计和曲线解析有一个较为深入的了解。三位作者均具有几十年热分析相关的工作经历，对多种热分析技术的实验方案设计和曲线解析有深入的认识。他们在编写过程中一是紧密结合热分析原理，二是基于多种热分析技术的实验方案设计和曲线解析有着较为深入的认识和处理经验，三是利用了多篇成功科研实例的文献。

因此，该书具有广泛的实用性和参考价值。

3．该书的概念符合国际热分析与量热协会（ICTAC）标准和国家标准，因此也是规范的和科学性的。

科学在不断被认识的过程中。随着科学的发展，现有的科学认识也在不断深化和变化。因此，所有图书的内容不可能一成不变，也都可能存在有争议的内容。我希望该书出版发行后，在对我国热分析技术的普及与提高起到重要推动作用的同时，能够得到读者的欢迎和反馈，使作者能够在应用的过程中吸取意见和建议，结合相关学科的研究进展，不断修改并再版成为一部能引人入胜的好书。

高胜利

2020 年 6 月 12 日于西安

前言

作为一种传统的分析手段，热分析技术是研究物质的物理过程与化学反应的一类重要的实验技术。这类技术建立在物质的平衡状态和非平衡状态热力学以及不可逆过程热力学和动力学的理论基础之上，其主要通过精确测定物质的宏观性质如质量、热量、体积等随温度变化的关系来研究性质的连续变化过程。热分析技术不仅可以广泛地用于研究物质的各种转变（如玻璃化转变、固相相转变等）和反应（如氧化、分解、还原、交联、成环等反应），其还可以被用来确定物质的成分，判断物质的种类，测量与温度相关的热膨胀系数、比热容、热扩散系数等热物性参数。迄今为止，热分析方法已在矿物、金属、石油、食品、建材、陶瓷、医药、化工材料等各个领域获得了广泛的应用。

根据定义，热分析技术是在一定气氛和程序控制温度下连续测量物质的性质随温度或时间变化关系的一类技术。与其他常规分析技术不同，热分析技术具有方法种类多、实验曲线易受诸多实验条件因素影响等特点。因此，在设计实验方案和曲线解析时，除了应密切结合实验目的和研究对象的特点进行曲线解析外，还应结合所用的实验方法和在实验过程中采用的实验条件。从这个角度来说，实验方案设计和曲线解析之间是一个有机的整体。对于不合理的实验方案设计，通常无法对曲线进行满意、合理的解析；而在对曲线进行解析时，如果不充分考虑实验过程中采用的实验条件和所用的热分析方法自身的特点，也会出现无法对曲线进行解析的现象。因此，在实际应用中应将实验方案的设计和曲线解析结合起来，进行合理的曲线解析。除了在曲线解析时应考虑实验方案之外，当在解析时无法得到满意的实验结果时，还应对实验方案进行适当的调整，之后再对得到的曲线进行解析，直到得到满意的结果为止。

在实际应用中，越来越多的与热分析相关的科研工作者和技术人员体会到了热分析技术与其他传统的分析技术之间的差别和复杂性。与其他分析技术不同，热分析技术中几乎没有可以直接与实验数据进行比对的谱图库。对于许多初学者而言，在设计实验方案和对得到的热分析曲线进行解析等方面更是无所适从。即使对于具有多年工作经验的热分析工作者来说，在进行实验方案设计和曲线解析时仍存在着各种各样的困惑。在实际工作中，经常会出现实验方案设计不合理和曲线无法解析的现象。

到目前为止，还没有一本专业图书来对热分析实验方案设计和曲线解析进行较为深入、系统的介绍。本书在简要介绍常用的热分析技术的基础上，较为系统地介绍了热分析实验方案设计和曲线解析方面的内容。全书共分为四部分，分别为热分析技术简介、热分析实验方案设计、热分析曲线解析以及与热分析实验方案设计和曲线解析相关的常见问题分析。“第Ⅰ部分　热分析简介”包括第1章，简要地介绍了热分析技术的定义和相关的术语，常用的热分析仪器，热分析技术的特点、影响因素和应用领域，以及热分析实验方案设计的基本要求、热分析曲线解析的原则和步骤等方面的内容。“第Ⅱ部分 热分析实验方案设计”由第2~4章组成，其中，第2章介绍了与热分析实验方法的选择相关的基本原则、在常见应用中可供选择的热分析方法等方面的内容，第3章介绍了热分析实验条件选择的基本原则以及在常用的热分析方法中选择实验条件时应注意的问题，第4章结合实例介绍了在实际应用中设计实验方案的方法。“第Ⅲ部分 热分析曲线解析”由第5~7章组成，其中，第5章主要介绍了热分析曲线解析科学、规范、准确、合理、全面的原则，第6章介绍了热分析曲线解析的主要步骤，第7章结合实例介绍了在实际应用中进行曲线解析的方法。“第Ⅳ部分 与热分析实验方案设计和曲线解析相关的常见问题分析”由第8章和第9章组成，分别分析了在实验方案设计（第8章）和在曲线解析（第9章）中常见的问题。

由于热分析技术种类繁多，不同技术之间存在着较大的差异，为了叙述方便，本书只是对常用的多种热分析技术的实验方案设计与曲线解析进行概要性叙述，今后计划陆续出版针对热重技术、差热分析与差示扫描量热技术、热机械分析技术、热分析联用技术等相关的分册，系统阐述每一种热分析技术的实验方案设计与曲线解析方法。

本书的编写思路形成于大约10年前，在2018年11月经编写组研讨形成编写提纲，朱兵博士、孙建平老师、白玉霞老师和曾宏宇博士在形成编写提纲的过程中提出了许多建设性的意见，在此表示感谢。本书初稿由丁延伟完成，郑康和钱义祥对初稿进行了认真仔细的审阅，并提出了许多宝贵的修改意见。在本书完稿期间正值2020年年初新型冠状病毒肺炎肆虐神州大地之时，在举国上下特别是医护工作者的共同努力下终于控制了病毒的蔓延，但愿人间再无病痛和瘟疫。

本书是作者在几十年从事多种热分析技术的工作基础上结合对热分析实验方案设计和曲线解析的理解完成的，由于作者水平所限，书中难免存在各种疏漏和不足之处，还望读者不吝指正，以便在再版时进行修订。

丁延伟

2020年3月30日于合肥

目录

第 9 章 与热分析曲线解析相关的常见问题分析 297

第 I 部分

热分析技术简介

第1章 热分析技术简介

经过一百多年的发展，热分析技术已逐渐发展成为一类与色谱法、光谱法、质谱法、波谱法等仪器分析方法并驾齐驱的重要分析手段。热分析技术是研究与温度相关的物质的物理过程与化学反应的一种重要的实验技术，这种技术建立在物质的平衡状态和非平衡状态热力学以及不可逆过程热力学和动力学的理论基础之上，主要通过精确测定物质的宏观性质如质量、热量、体积等随温度的变化关系来研究这类变化过程[1]。

迄今为止，热分析技术已在矿物、金属、石油、食品、医药、建材、化工等各个材料相关的领域获得了极为广泛的应用[1-4]。热分析技术除了可以用来广泛地研究物质的各种转变（如玻璃化转变、固相相转变等）和反应（如氧化、分解、还原、交联、成环等反应）之外，还可以被用来确定物质的成分[5-7]、判断物质的种类[8]、测量热物性参数（如热膨胀系数[9-11]、比热容[12-14]、热扩散系数[15-17]）等。

本章将简要介绍与热分析技术相关的仪器、影响因素、应用领域以及实验方案设计和曲线解析相关的内容，以使读者对热分析技术有个大体的了解。

1.1 热分析技术的定义及相关术语

通过热分析技术可以得到在一定的气氛和程序控制温度下材料的性质变化信息，根据所测量的性质不同分别对应于多种多样的热分析技术。因此，更准确地界定热分析技术所覆盖的范围十分重要。

1.1.1 定义

在我国于 2008 年 5 月发布并于 2008 年 11 月开始实施的国家标准《热分析术语》（GB/T 6425—2008）[18]中，对热分析技术作了以下形式的定义：热分析是在程序控温（和一定气氛）下，测量物质的某种物理性质与温度或时间关系的一类技术。

国际热分析与量热协会（the International Confederation for Thermal Analysis and Calorimetry，简称 ICTAC）于 1991 年对热分析技术的定义[19]为：热分析技术是在程序控温和一定气氛下，监测样品的某种物理性质与温度和时间关系的一类实验技术［Thermal Analysis (TA)：A group of techniques in which a property of the sample is monitored against time or temperature while the temperature of the sample, in a specified atmosphere, is programmed］。

与 ICTAC 的定义相比，《热分析术语》（GB/T 6425—2008）中对热分析技术的定义所涵盖的范围更广。在 ICTAC 的定义中重点强调了热分析技术的连续测量的特点，而在 GB/T 6425—2008 的定义中则将一些在不同温度下进行的不连续等温测量的技术包括在内。

一般来说，在实验过程中，如果发生了至少一个从特定的温度（甚至环境温度）到其他指定温度的变化，则在指定温度下进行的等温实验属于热分析的范畴。如果实验仅在室温环境下进行，则这类实验不属于热分析。

1.1.2　相关术语

与热分析相关的术语贯穿于热分析实验的方案设计、曲线解析全过程，世界上许多国家的标准化组织均制定了相关的标准来对其进行规范。在我国已经发布的国家标准《GB/T 6425—2008 热分析术语》中，已经从热分析方法、仪器、实验与技术、数据表达与应用等方面详细地阐述了热分析的定义以及与热分析方法相关的术语和定义。另外，美国材料与试验协会（the American Society for Testing Materials，简称 ASTM）也发布了与热分析术语相关的标准[20]。限于篇幅，在本章中将不再重复介绍这些术语，读者可根据需要参考相关的术语及其含义。

1.2　热分析技术的分类

ICTAC 根据所测定的物理性质，将现有的热分析技术划分为 9 类 17 种[19]，如表 1-1 所示。

表 1-1　传统热分析技术的分类

物理性质	分析技术名称	简称	物理性质	分析技术名称	简称
质量	热重法	TGA	焓	差示扫描量热法	DSC
	等压质量变化测定		尺寸	热膨胀法	DIL
	逸出气体检测	EGD	力学特性	热机械分析	TMA
	逸出气体分析	EGA		动态热机械分析	DMA
	放射热分析		声学特性	热发声法	
	热微粒分析			热声学法	
温度	加热曲线测定		光学特性	热光学法	
	差热分析	DTA	电学特性	热电学法	
			磁学特性	热磁学法	

需要指出的是，在表 1-1 的分类中没有包括与热分析联用相关的技术。在实际应用中，热分析联用法除了拥有各种单一热分析仪器的分析手段外，还可以通过多种手段对物质随温度或时间发生的变化过程进行综合的分析与判断，从而更为准确地判断物质在实验过程中发生的结构与成分的变化信息。该方法的主要优势在于可以在相同的实验条件下获得尽可能多的与材料特性相关的信息。随着分析技术的发展，许多新的联用技术正在快速地得到应用。在表 1-2 中列出了一部分常用的热分析联用技术。

表 1-2　常用的热分析联用方法

联用方式	联用方法	简称	备注
同时联用技术	热重-差热分析	TG-DTA	TG-DTA 和 TG-DSC 又称同步热分析法，简称 STA
	热重-差示扫描量热法	TG-DSC	
	差热分析-热机械分析法	DTA-TMA	
	热重-差热分析-热机械分析法	TG-DTA-TMA	
	差热分析-X 射线衍射联用法	DTA-XRD	
	差热分析-热膨胀联用法	DTA-DIL	
	显微差示扫描量热法	OM-DSC	差示扫描量热仪和光学显微镜联用仪，用于物质的结构形态研究
	光照差示扫描量热法	photo-DSC	也称光量热计
	差示扫描量热-红外光谱联用法	DSC-IR	
	差示扫描量热-拉曼光谱联用法	DSC-Raman	
	动态热机械-介电分析联用法	DMA-DEA	动态热机械分析仪和介电分析仪两个主要部分组成并由相应的配件和软件连接
	动态热机械-流变联用法	DMA-Rheo	
串接联用法	热重/质谱联用法	TG/MS	
	同步热分析/质谱联用法②	STA/MS	
	热重/红外光谱联用法	TG/IR	
	同步热分析/红外光谱联用法②	STA/IR	
	热重/红外光谱/质谱联用法	TG/IR/MS	
	同步热分析/红外光谱/质谱联用法②	STA/IR/MS	
间歇联用法①	热重/气相色谱联用法	TG/GC	
	同步热分析/气相色谱联用法②	STA/GC	
	热重/气相色谱/质谱联用法	TG/GC/MS	
	同步热分析/气相色谱/质谱联用法②	STA/GC/MS	

续表

联用方式	联用方法	简称	备注
多级联用法②	热重/（红外光谱-质谱联用法）	TG/(IR-MS)	
	同步热分析/（红外光谱-质谱联用法）	TG/(IR-MS)	
	热重/［红外光谱-(气相色谱/质谱联用法)］	TG/[IR-(GC/MS)]	
	同步热分析/［红外光谱-(气相色谱/质谱联用法)］	STA/[IR-(GC/MS)]	

① 间歇联用法可以看作是串接联用法的一种，由于其分析对象为某一温度或时间下的气体产物，且其分析时间较长，故单独列为一种联用方法。

② 由于同步热分析目前以一种独立的仪器形式存在，故 STA 与质谱和红外光谱的联用形式通常归属于串接式联用法。

1.3　常用热分析仪器

经过一百多年的发展，商品化热分析仪主要由仪器主机（主要包括程序温度控制系统、炉体、支持器组件、气氛控制系统、物理量检测系统）、仪器辅助设备（主要包括自动进样器、湿度发生器、压力控制装置、光照、冷却装置、压片装置等）、仪器控制和数据采集及处理各部分组成。

图 1-1 为常用热分析仪的一般性结构框图。

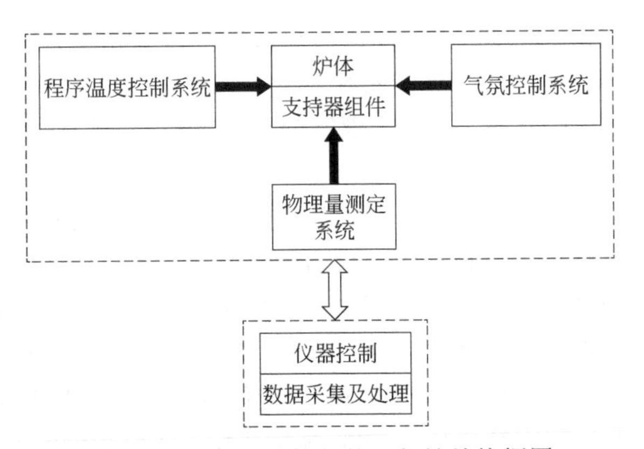

图 1-1　常用热分析仪的一般性结构框图

其中：

① 仪器主机中的物理量测定系统是仪器核心部分，它的性能和指标决定着热分析仪器的质量，不同种类的热分析技术的物理量测定系统之间存在着较大的差别。

② 热分析仪器的程序温度控制系统主要包括温度程序系统和加热炉两部分

组成。其中加热炉的主要作用是对试样进行加热，通常由加热丝（通常为电阻丝）、耐火材料组成的炉壁以及外层的隔热材料等组成，加热炉由程序温度控制系统来控制。程序温度控制系统的主要作用是使加热炉按照设定的与温度有关的控制程序工作。此外，程序控制温度系统还包括温度测量部分。大多数热分析仪器是通过热电偶和热电阻来实现温度测量的。热电阻测温的优点在于其测温准确度高、稳定性好、测温范围宽、使用寿命长等；缺点是电势较小，导致其灵敏度低、成本高、高温下机械强度差且容易受到污染。

③ 气氛控制系统也是热分析仪器主机的一个主要组成部分。当前，商品化热分析仪器几乎都具有气氛控制系统。该系统一般具有三个以上的气路组成，有些仪器还具有独立的吹扫气路。吹扫气路的流量一般要大于实验用的气氛的气路的流量，三个气路中一般采用两路气体，可以通过三通阀的切换来方便地实现试样周围气体的快速切换。有的仪器还会单独设计一个反应气路，以便于满足一些特殊的实验需求（如实验中用到的两种以上的气体的情况）。由气源流出的气体经减压、干燥和过滤器过滤后，在稳压阀和稳流阀的调节下可以恒流速地输入至试样所在的空间。此外，一些特殊设计的仪器还可以实现真空和高压条件下的热分析实验，真空和高压实验对仪器的气密性要求很高。在仪器气体出口处，可以安装一个可加热的保温管，由此引出高温的气体。出口管路与一些可以进行气体分析的仪器如气相色谱仪、傅里叶变换红外光谱仪、质谱仪、气相色谱-质谱联用仪相连，可以在线分析高温下的气体分解产物。

④ 一些商品化的热分析仪器除具有以上三个主要部分外，有时还会配有一些特殊的附件用来满足一些特殊的实验需要，这些附件主要包括自动进样器、各种制冷附件（主要包括气冷、水冷、液氮制冷等形式）、压力附件、真空附件、温度控制附件、光照附件、外加电场附件、外加磁场附件、气体转移附件等。

⑤ 现在商品化的热分析仪器主机大多在工作时与安装有控制软件和分析软件的计算机相连，通过计算机来实现仪器的实时控制和实验数据的分析处理等工作。在目前比较成熟的商品化热分析仪器的控制软件中，可以方便地输入并保存相关的实验信息（主要包括试样名称、质量、浓度、尺寸、文件名、操作者姓名、送样人、送样单位、实验时间等信息）、温度控制程序（包括升温/降温速率、等温温度及时间、温度范围等信息）、实验气氛切换、外力的作用方式、力的变化情况、外加光源、磁场变化、湿度变化、温度调制周期、力的作用频率等信息以及仪器的工作参数（如数据采集频率、仪器校正信息、实验用坩埚类型、支架类型、探头类型、工作时间、实验用气氛及流速等信息）。

在分析软件中，可以实现对由仪器操作软件所采集到的数据进行各种校正处理（主要包括基线校正、温度校正、热量校正、长度校正、质量校正、力校正、夹具校正、探头校正等）。此外，还可以方便地在分析软件的窗口中选用部分或全部显示的形式并打印校正前后的实验曲线。分析软件除了各种校正功能外，还可以对实验曲线进行各种处理，主要包括：

（i）标注各种变化的起始温度、峰值温度、终止温度、峰面积、二级相变的特征温度；

（ii）计算膨胀系数、重量变化率、杨氏模量等特征参数，以及对曲线的平滑处理、实验曲线的上下左右平移、多条实验曲线的数学运算、肩峰的分峰处理、畸形峰的积分、实验曲线的微分和积分运算、曲线的对数和指数运算处理等信息。

通过一些比较高级的分析软件（大多为仪器公司配套出售的商品分析软件），还可以用来计算动力学参数（如活化能、指前因子、反应级数或机理函数等）、纯度以及比热容等。另外，目前大多数分析软件可以实现把采集到的原始数据和分析处理后的数据导出为可以用通用数据处理软件如 Origin、Excel、Matlab 等处理的格式（主包括 .txt 文件、.dat 文件以及 .csv 文件）。为了便于比较，在分析软件中处理后的曲线除可以打印外，也可以分别保存为 pdf 文件或图片文件格式。

在热分析仪器安装完毕至正常使用前、正常使用中的以及发生较大的故障维修后均需要对其进行检定或校准处理，以确保仪器的工作状态正常、性能指标能否达到使用要求。对于应用最广泛的热重分析仪、热重-差热分析仪、热重-差示扫描量热仪以及差示扫描量热仪，可以根据已经发布的校准规范或鉴定规程来对仪器进行校准或检定。近几年来随着各行业检测标准的逐渐健全，在国际上和国内有关热分析技术的标准或规范越来越多。实验时应根据实际的需要，采用相应的标准规范或规范来对仪器进行校准或检定。

与其他分析仪器一样，热分析仪器的维护工作十分繁琐，负责仪器维护的工作人员一定要有很高的工作责任心和工作热情。在仪器工作期间不能出现任何的差错和疏漏，有时一些看似简单的实验操作往往会给仪器带来不可估量的损害。对于一些不确定的现象，应多查阅相关的参考资料（如操作手册、维修手册、教科书以及文献等），必要时应及时向仪器公司的维修工程师或技术工程师咨询。在仪器发生故障维修后，在重新使用前应按照相关的操作规程对仪器进行校准或检定。即使仪器工作状态一直正常，在一个检定周期期间（一般为两年）也应对仪器进行一次期间核查。期间核查的内容可以比仪器检定的实验参数适当减少一些，主要确认仪器的主要性能指标符合检测要求即可。

1.4 热分析技术的特点

如前所述，热分析技术主要用来研究在一定气氛和程序温度作用下，物质的性质与温度或时间的变化关系。与其他分析方法相比，热分析技术具有如下的优势和局限性。

1.4.1 热分析技术的优势

一般而言，热分析技术的优势主要表现在以下几个方面：

（1）适用样品广泛、试样量少

对于大多数固态和液态的物质而言，可以根据实验需要不作或稍作处理即可进行热分析实验。

另外，与其他常规分析方法相比，热分析实验需要的样品量一般较少。随着仪器技术的发展，热分析实验所需要的样品量越来越少。例如，与早期的仪器相比，当前的热重仪可以用来检测质量仅为0.1mg的样品随温度变化而发生的质量变化[21]，而几十纳克的样品也可以用来进行量热实验[22]。微量量热实验所需的样品的量更少，如微量差示扫描量热实验可用来测定质量体积浓度为1×10^{-5}g/mL溶液中的相转变行为[23-26]。

与传统的分析方法相比，通过较少的样品能够更加真实地反映某些材料的热学特性。例如，在加热过程中较大的试样量存在着试样内部与试样表面之间的温度差。当试样发生分解时，分解产物尤其是气体产物存在着一个从内层向外层扩散的过程，在热分析技术中使用较少的试样量则可以更加方便地避免这种影响。需要特别指出，有时为了与样品的真实加热处理工艺相近，会在实验时有意地加入更多的样品量，这样可以更加真实地反映试样在真实环境中的热行为。

（2）灵敏度高

作为分析仪器的一个重要分支，热分析技术具有灵敏度高的特点。

一般来说，灵敏度与仪器的待测量的测量范围成负相关的关系。灵敏度越高，其量程越窄，反之亦然。在实验时，应根据研究目的选择具有合适的灵敏度的仪器来进行实验。

（3）可连续记录待测物理量的变化

与其他光学、电学等分析方法测量材料的热性质不同，由热分析技术可以得到试样的物理性质（如质量、热流、尺寸等）随温度（或时间）的连续变化曲线。由实验得到的曲线可以更加真实地反映试样的物理性质随温度（或时间）的连续变化。而由传统的采用不同温度下等温测量的间歇式实验方法则容易遗漏在温度变化过程中材料的性质变化过程中的一些重要信息。

（4）测温范围宽

当前的热分析技术可以用来测量最低温度为8K的极低温下（大多数商品化仪器可以实现液氮温度附近的低温）的热性质（如比热容、热膨胀系数等）变化。

在高温测量方面，一些特殊用途的热分析仪最高可以测量 2800°C 的变化。也就是说，理论上热分析技术可以用来测量−265~2800°C 范围内的热性质的变化。但在实际应用中，热分析仪器的工作温度范围通常为−196°C（液氮温度）至 1600°C。当然，仅靠使用一台仪器很难测量在如此宽广的温度范围内的性质变化。通常通过缩小仪器的工作温度范围来提高仪器的测量精度。例如，高灵敏度的微量差示扫描量热仪的温度测量范围一般为−10~130°C。此外，对于用来研究高温下材料热分解的热重-差热分析仪或热重-差示扫描量热仪的量热精度也要低于单独使用的差示扫描量热仪。

（5）温度控制程序复杂多变

由热分析技术可以连续测量得到在程序控温下样品的性质随温度或时间变化的曲线。温度变化（temperature alteration）意味着可以预先设定温度（程序温度）或样品控制温度的任何温度随时间的变化关系。其中，样品控制的温度变化是指利用来自样品的反馈信号来控制样品所承受的温度的一种技术。

其中，程序温度的变化方式主要分为：①线性升温/降温；②线性升温/降温至某一温度后等温；③在某一温度下进行等温实验；④步阶升温/降温；⑤循环升温/降温；⑥以上几种方式的组合。

需要说明的是，以上这些温度变化过程可以通过仪器的控制软件实时记录下来，这是热分析技术有别于其他分析方法的主要优势之一。

（6）实验时间取决于温度控制程序

对于热分析技术而言，完成一次实验所需时间的长短取决于具体的温度控制程序。目前商品化的热分析仪器的最快升温速率各有不同。例如，由热重仪可以实现的瞬时最快升温速率可以达到 2000°C/min，最快的线性加热速率为 500°C/min。瑞士梅特勒-托利多公司的闪速差示扫描量热仪（Flash DSC）的最快升温速率可以达到 3000000°C/min[27-29]。对于一台比较稳定的热分析仪器而言，可以比较容易地实现低于 0.1°C/min 的温度变化速率。

实验时采用的温度变化程序取决于样品自身的性质和具体的实验需要。由于较慢的温度变化速率耗时很长，因此除非特殊需要，在热分析技术实际应用时很少采用低至 2°C/min 的温度变化速率。当然，微量量热法属于例外的情形。对于微量量热法而言，由于实验时所用的试样（通常为溶液）量较大，因此所采用的加热/降温速率大多十分缓慢。常用的加热/降温速率一般为 0.1~1°C/min 或者更低的加热/降温速率。

（7）可以灵活选择和改变实验气氛

对于大多数物质的热分析实验而言，与试样相接触的气氛十分重要。使用热分析技术可以比较方便地研究试样在不同的实验气氛下材料的性质随温度或时间的变化。

气氛一般可以分为静态气氛和动态气氛两种。

静态气氛主要指以下三种类型：①常压气氛，即在实验时不通入其他的气氛气体；②高压或低压气氛，即在试样周围充填静态的气氛气体；③真空气氛。

动态气氛主要可以分为：①氧化性气氛，如氧气；②还原性气氛，如 H_2、CH_4、CO、C_2H_4、C_2H_2 等；③惰性气氛，如 N_2、Ar、He、CO_2 等；④腐蚀性气氛，如 SO_2、SO_3、NH_3、NO_2、N_2O、HCl、Cl_2、Br_2 等；⑤其他反应性气氛，即在实验时根据需要通入可能与试样或产物发生化学反应的气体。

需要说明的是，在以上③中所列的惰性气氛对于有些反应是相对的。例如，CO_2 对于大多数物质来说是惰性气体，而对于一些氧化物如 CaO 等而言，在一定温度下会与 CO_2 发生反应生成 $CaCO_3$。再如，N_2 在高温下会与不少的金属发生反应形成氮化物。在实际实验中选择实验气氛时应引起足够的重视。

实验时，应根据实际需要来灵活选择实验气氛。在现代化的大多数商品化仪器中，可以通过仪器的控制软件十分灵活地实现在设定的温度或时间下切换气氛的种类及流量。

（8）方便得到转变或分解的动力学参数

在热分析技术中，通过改变升温/降温速率（一般为 3~5 个速率）连续测量材料的物理性质随温度或时间的变化，由相应的动力学模型得到相应的动力学参数（如指前因子 A、活化能 E_a、反应级数或机理函数）。对于等温实验，一般通过测量材料在不同温度下的实验曲线来得到动力学参数。

（9）方便与其他实验方法联用

在现代分析方法中，使用一种方法得到的信息比较有限，并且实验操作也十分繁琐和耗时，对样品的消耗量也比较大。另外，在对通过多种方法独立实验得到的结果进行对比时有时很难得到一致的结论。例如对于试样在高温时分解产物大多为气体的实时分析时，如果把高温的分解产物富集后，再用光谱、色谱或质谱的方法对其进行分析，由于温度的急剧变化会引起部分产物发生冷凝或进一步反应，在此基础上得到的分析结果往往不能反映得到产物的真实信息。

如果采用热分析技术与光谱、色谱或质谱技术串接式联用的方法，则可以实时地对分解产物进行从无到有的浓度和种类变化进行分析。

1.4.2 热分析技术的局限性

以上列举了热分析技术相对其他分析方法的优势，然而由于热分析技术作为一种唯象的宏观性质测量技术，其本身还存在着一定的局限性。在应用该类方法时必须清醒地认识到这些局限性，以免在数据分析和选用方法时误入歧途。

一般来说，热分析技术主要存在着以下几个方面的局限性。

（1）方法缺乏特异性

由热分析技术得到的实验曲线一般不具有特异性，这给性质相似的试样的分析带来了不便。例如，在使用差热扫描量热（DTA）分析法分析试样的热分解过程时，若一个试样在分解时同时伴随着吸热和放热两个相反的热过程，则在最终得到的 DTA 曲线上有时会只出现一个吸热或放热过程，曲线的形状取决于吸热和放热这两个过程的热量的大小。如果吸热过程的热量大于放热过程，则 DTA 曲线最终会表现为吸热峰，反之亦然。如果这两个相反的过程不同步，但温度相近，则得到的 DTA 曲线会发生变形，出现不对称的“肩峰”现象。一般通过改变实验条件或与其他方法进行联用的方法来解决热分析技术的这一局限性。

（2）影响因素众多

如前所述，当测量材料的物理性质时，通过热分析技术可以改变材料所处的温度和气氛。温度的变化方式（即温度变化程序）和实验气氛（包括气氛气体的种类和流速）等均会对试样在不同的温度或时间时的性质变化产生较为显著的影响。此外，试样的状态（如尺寸、形状、规整度等）和用量对实验曲线的形状也会产生不同程度的影响。除了以上几种因素外，在进行热分析实验时所采用的仪器结构类型，热分析技术种类（如热重法、差热分析、热机械分析等）以及不同的操作人员其操作方式的差异等因素均会对实验结果带来不同程度的影响。

客观地说，热分析技术的这些影响给数据分析和具体应用带来较多的不便。但是，任何事物都具有两面性。热分析技术的这些影响因素恰恰反映了热分析技术的灵活性和多样性，在实际应用中可以通过改变实验条件来分析这些因素对实验结果的影响程度，从中探讨试样在不同条件下的性质变化，从而可以加深对试样在不同温度或时间下的性质变化规律的了解，进一步获得关于试样的更多信息。例如，很多非等温热分析动力学方法主要是通过实验得到三条以上不同加热/降温曲线，并由此得到转变或分解的动力学信息。

（3）曲线解析复杂

如上所述，热分析实验受到实验条件（主要包括温度程序、实验气氛、制样等）、仪器结构等因素的影响，导致由此得到的曲线之间的差异也很大。在实验结束后对曲线进行解析时，应充分考虑上述影响因素，对所得到的曲线进行合理的解析。

在拟定实验方案和曲线解析时，应充分考虑以上所述热分析技术的优势和局限性。在实际应用中，只有充分利用热分析技术的优势，扬长避短，才可以达到事半功倍的效果。

1.5 热分析曲线的影响因素

热分析方法作为一种强有力的性质分析手段，可以用来研究材料的性质在一定气氛下随温度和时间的改变而发生变化的连续过程。其优势是快速、方便、灵敏度高、所需样品量少、可以连续地记录变化的全过程，但也应注意到，试样的来源、前处理方式、实验条件如温度程序、试样容器以及实验所用仪器自身的差异等因素均会对最终的实验结果带来不同程度的影响。如果忽视这些影响因素，将很难对热分析实验结果进行完美的解释，有时甚至会得到错误的实验结论。因此，在实验开始之前和对热分析曲线进行解析之前，十分有必要了解影响热分析实验结果的因素。

一般来说，影响热分析实验结果的因素主要可以分为仪器因素、实验条件因素和人为因素等方面。在下面的内容中，将概要介绍这些因素的影响。

1.5.1 仪器因素

一般来说，实验时所用的热分析仪器的结构形式等差异对实验结果的直接影响主要体现在基线的位置、形状和漂移程度的变化，而试样支持器的形状、热电偶的位置、气氛流速、仪器结构等因素均会引起基线的变化等。一般来说，由仪器本身对实验曲线的影响可以通过空白基线校正和扣除空白基线等方式来减弱其对实验结果的影响。

例如，在热重实验中，随着炉内温度的升高，试样周围气体的密度会发生变化，从而会引起气体的浮力发生变化。另外，当试样周围的气体受到加热后，由于密度变小而形成向上的热气流，从而导致表观的质量变化。此外，实验时使用的流动的实验气氛的流动方式也会引起浮力和对流的变化。

不同的仪器结构引起的浮力和对流效应也不一样。一般来说，水平式（也称卧式）结构的热重仪比立式（也称垂直式）结构的同类仪器的浮力和对流效应要小。但是，水平式结构的热重仪由于其支架自身的热胀冷缩现象也会引起所得到的热重曲线的表观质量变化。另外，一些立式结构的热重仪通常采用防热辐射屏蔽板、炉子夹层循环冷却水来降低由炉子周围温度差引起的对流等方式来减弱这些负面的影响。

此外，由于用途的不同，一些仪器的灵敏度和分辨率也存在着较大的差异，使用较低灵敏度和分辨率的仪器得到的实验数据给后期的数据分析也会带来影响。在实际应用中，应根据实际的需要来选择合适的仪器。

1.5.2 操作条件因素

与仪器因素相比，操作条件即实验条件对热分析实验结果的影响程度最大也是最复杂的。概括来说，实验条件的因素主要包括温度程序、实验气氛、实验时使用的容器和支架类型、（对于热机械分析仪的）力的作用方式和变化过程、实验气氛的种类和流速等。

1.5.2.1 温度程序的影响

对于同一个试样，如果采用不同的温度程序通常会导致最终得到的实验曲线发生很大的差异。一般来说，温度变化速率的快慢对热分析曲线的基线、峰形和温度都会产生较为显著的影响。温度变化速率越快，意味着在较短的时间间隔内会伴随着更多的反应。此时，所得到的曲线会表现出峰的强度变大、峰值向高温方向移动等显著特征。因此，对于一些反应或转变而言，所得到的热分析曲线（主要为 DSC 或 DTA）为尖锐而狭窄的峰。另外，温度变化速率的升高还会影响相邻峰的分辨率。通常，较低的温度变化速率使相邻的峰易于分开，而温度变化速率太高则容易导致相邻峰重叠在一起。当温度变化速率较低时，加热炉和其中的试样的热条件趋近于平衡；在较高的温度变化速率下，它们并不是处于热平衡状态，较高的温度变化速率可能会在试样中导致一个不平衡的温度分布。一般来说，过热现象可能会在高加热速率的情况下出现。

在图 1-2 中给出了在不同的加热速率下获得的铟 DSC 熔融曲线[30]。实验时，在每个加热速率下均已经对仪器进行了校准，以确保在不同的实验条件下在相同的温度下开始发生熔融。当 DSC 曲线以热流与时间的关系表示时，随着加热速率的增加，峰高和峰前沿的斜率增加，而熔融样品所需的时间减少，如图 1-2（a）所示。当将 DSC 曲线以热流对温度的关系表示时，随着加热速率的增加，峰值变宽，而峰的前沿的斜率保持不变，如图 1-2（b）所示。另外，由图 1-2 还可以看出，在较低的加热速率下，峰值高度随着加热速率增加而急剧增加；在较高的加热速率下，峰值高度之间的差异变得稍微小一些。

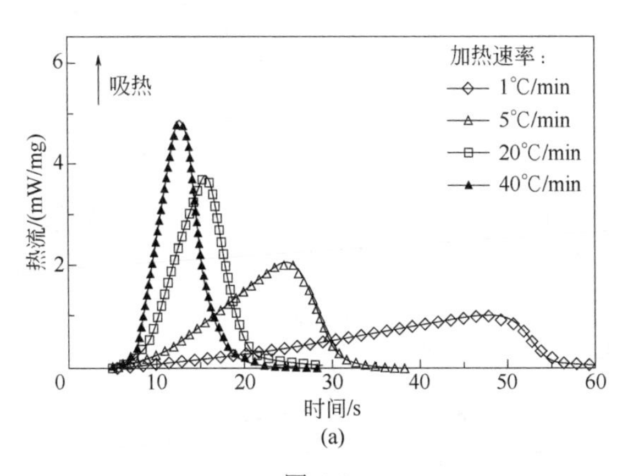

图 1-2

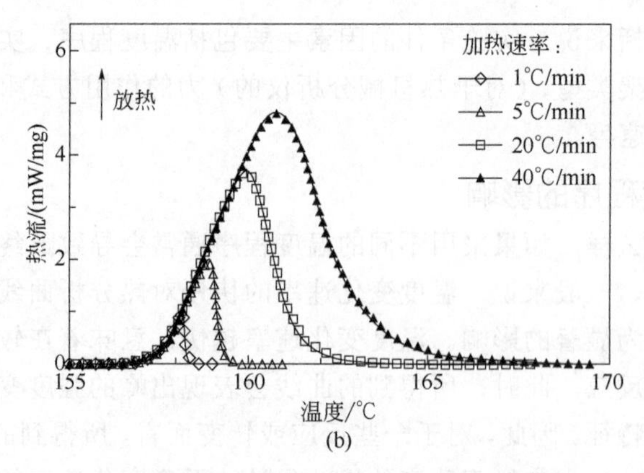

(b)

图 1-2　加热速率对铟的熔融过程的影响

（a）热流-时间 DSC 曲线；（b）热流-温度 DSC 曲线

但在实际应用中也存在着一些例外的情形，例如，在图 1-3 中给出了在不同的加热速率下得到的不同生物质的 DTG 曲线[31]。由图 1-3（a）可见，稻壳脱挥发分过程的 DTG 曲线的峰形比较复杂，不仅具有明显的主峰，而且还表现出在较低温度下的肩峰和拖尾现象。加热速率越高，曲线中的 T_{onset}（外推起始温度）、

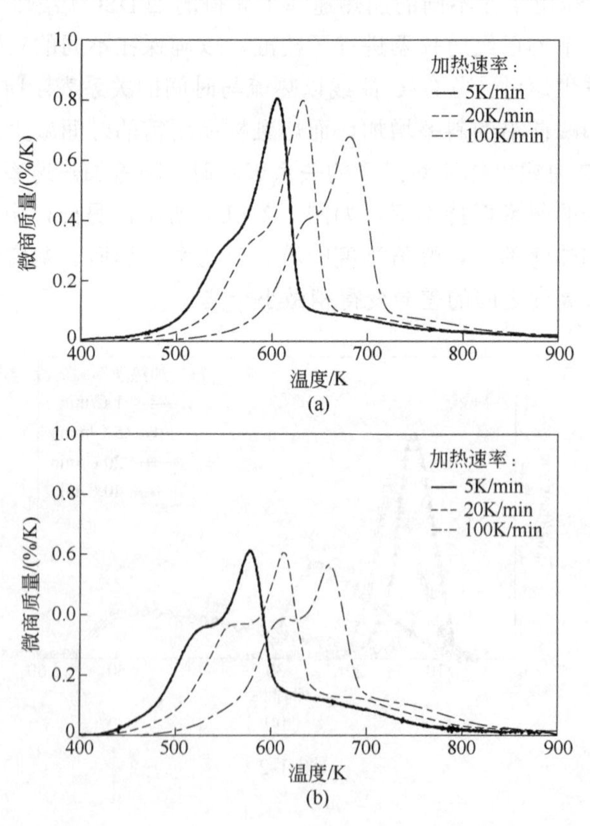

(a)

(b)

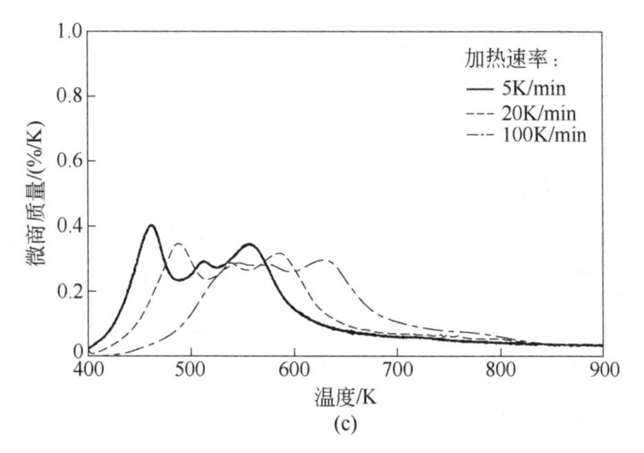

图 1-3 不同生物质的 DTG 曲线
（a）稻壳；（b）橄榄饼；（c）可可壳

T_p（峰值温度）和 T_{offset}（外推终止温度）的值也越高。例如，在 5K/min 时起始温度为 530K，而在 100K/min 时则为 617K。这种趋势在对数尺度上呈现线性关系（如图 1-4 所示），有利于将脱挥发分过程的参数与操作条件相关联。图 1-3 中的 DTG 曲线还表明，峰值的高度随加热速率的升高而略有下降。此外，当加热速率为 5K/min 时，在较低温度下的肩峰不如 100K/min 时明显。这意味着样品中前两种组分（半纤维素和纤维素）的反应性质受到了加热速率的不同影响。在较低的加热速率下，由半纤维素分解所对应的 DTG 肩峰（在低于 T_m 的温度下）几乎被包含在纤维素分解所对应的主峰中。而在较高的加热速率下，这两个峰的相对距离变大并且分离程度也越高，峰变得更加明显。通过比较在各种加热速率下橄榄饼的 DTG 曲线［图 1-3（b）］，也可以得到类似的结果，但其相对于稻壳的特征温度变得较低。例如，在相同的加热速率下，其脱挥发分的起始温度降低了约 25~30K。在较低温度下橄榄饼的肩峰比稻壳更明显，并且其在较高的加热速率下变得更明显。相比之下，可可壳的脱挥发分行为与其他两种物质的热稳定性不同，

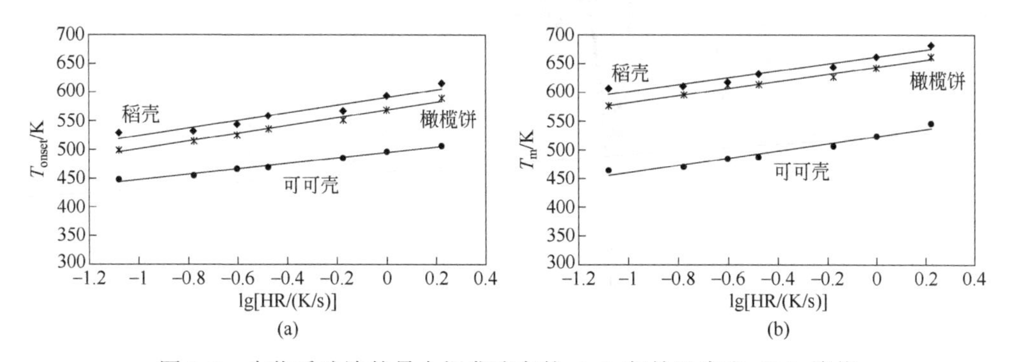

图 1-4 生物质残渣的最大挥发速率的（a）起始温度和（b）峰值温度作为升温速率（HR）的函数

脱除主挥发分的 DTG 峰并不明显，在图 1-3（c）中可以观察到至少三个强度相当的峰；此外，其脱挥发分的温度范围比其他两种材料更宽；特别是起始温度变得非常低：在 5K/min 时为 448K。

1.5.2.2 实验气氛的影响

如前所述，对于大多数物质而言，在热分析实验中与试样相接触的气氛十分重要，由不同的实验气氛下所得到的热分析曲线具有比较显著的差别。在设计实验方案时，应结合实验目的来选择合适的实验气氛。此外，在对所得到的曲线进行解析时，首先必须清楚地了解在实验时所采用的气氛对曲线的影响程度。

对于大多数有机化合物的分解过程而言，实验气氛的变化对其热分解过程有着较大的影响。在图 1-5 中（a）和（b）图分别给出了在加热速率 20°C/min 下在具有不同氧浓度的 N_2/O_2 气氛中城市固体废物（MSW）的反应进度曲线和 DTG

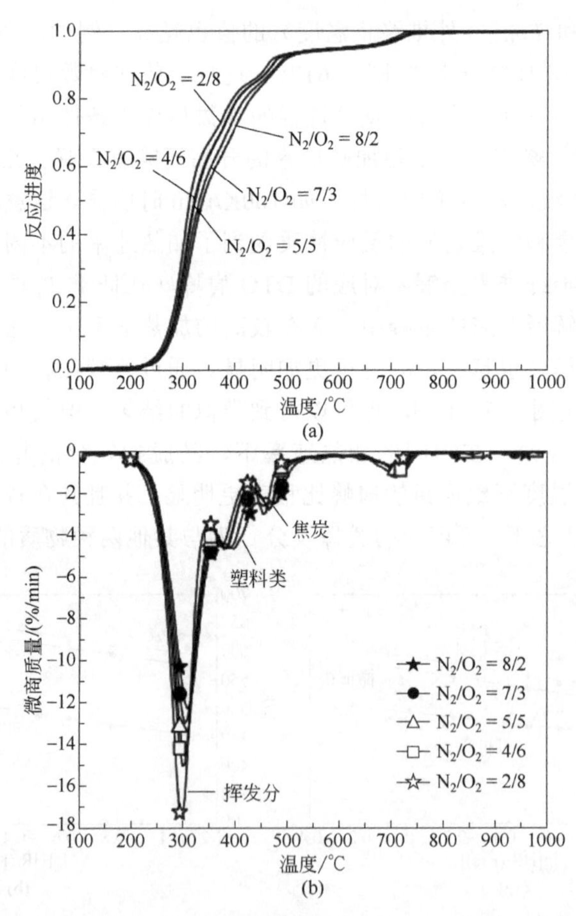

图 1-5 MSW 在不同比例 N_2/O_2 气氛下以 20°C/min 加热速率的氧化分解

（a）反应进度曲线；（b）DTG 曲线

曲线[32]，在表 1-3 中给出了在不同比例的 N_2/O_2 气氛下 MSW 分解过程的特征变化信息。在表 1-3 中，T_v 是挥发性组分释放的起始温度；T_f 为终止燃烧温度，定义为 99%转化温度；DTG_{max} 是最大失重速率。$T_{DTG_{max}}$ 是与 DTG_{max} 所对应的温度。如图 1-5（a）所示，随着氧浓度增加，反应进度曲线和 DTG 曲线向较低温度的方向移动，而其形状并没有发生显著的变化，表明 MSW 在富氧燃烧中遵循类似的分解机理。在 200°C 之后，样品出现了较为明显的失重现象。所有的样品在 200~540°C 的温度范围内质量损失最多，占总失重量的 94%。在 540~1000°C 范围内的缓慢失重量约为 6%。由图 1-5（b）中的 DTG 曲线更容易区分分解过程的不同步骤。随着温度的升高，在 DTG 曲线中出现了四个失重峰，其中以 305°C、380°C 和 465°C 为中心的质量减少过程所对应的峰值较为明显，而以 710°C 为中心的质量减少过程所对应的峰值相对较小。其中，第一个峰值可以归因于挥发性组分（简称挥发分）的逸出，第二个峰主要对应于塑料类物质的分解，第三个峰则主要对应于焦炭的燃烧过程[33,34]，而最后一个峰则可能对应于灰分的热分解过程。

表 1-3 MSW 在不同比例 N_2/O_2 气氛下的特征变化信息

O_2 含量	T_v/°C	T_f/°C	DTG_{max}①/(%/min)	$T_{DTG_{max}}$②/°C
20%	272.2	732.7	12.24	310.8
30%	271.9	729.0	12.96	305.9
50%	270.9	727.3	14.51	304.4
60%	269.0	726.1	15.08	302.4
80%	268.8	714.2	17.54	298.6

① 表示最大质量变化速率；
② 表示最大质量变化速率对应的温度。

在图 1-5（b）中，最大失重速率出现在 200~350°C 之间，在该温度范围内，氧气的浓度对反应速率有着较为明显的影响。随着氧气浓度在 N_2/O_2 气氛中从 20%增加到 80%，最大失重速率从 12.24%/min 增加到 17.54%/min。

因此，在开始热分析实验前，选择一个最佳的实验条件是决定实验成败的一个关键因素，在本书的相关章节中将结合具体的热分析方法详细介绍如何根据实验目的和样品选择合适的实验条件。

1.5.3 人为因素

除了仪器因素和实验条件会对实验结果造成影响之外，一些人为因素也会对热分析实验结果造成影响。一般来说，只要在使用分析仪器时按照操作规程进行实验，大多数情况下均可以得到比较正常的实验结果，因此在大多数情况下不需要考虑人为操作因素对实验数据造成影响。但鉴于热分析方法本身的特殊性，一些人为的操作也会对实验结果造成的不同程度的影响。即使对于从事多年热分析工作的技术人员而言，由于操作习惯的差异也会对实验造成不同程度的影响。概括来说，人为因素的影响主要表现在以下几个方面：

（1）制样的影响

不同的操作者对于加入到容器支持器上试样状态的判断不同，而这些差异可能会对实验结果带来影响。例如，对于大多数热重实验而言，一般每次使用的试样量约为坩埚体积的 1/3~1/2（快速分解可能会对仪器造成潜在危害的样品除外）。对于加入试样量的判断不同人之间存在着差异，加入试样量的体积和试样在坩埚中的堆积方式对于热分解时逸出气体的挥发会有不同的影响，由此得到的实验数据会有差异。

再如，在静态热机械分析实验中，试样在夹具上的受力程度如果不合适也会对实验曲线带来不同的影响。如果固定力较大会造成试样在夹具的连接处发生变形，受力较大时试样容易从夹持处发生断裂。反之，如果固定力较小，则试样容易从连接处发生滑移甚至脱落。当实验过程中出现明显的脱落现象时，应重新夹持试样。如果在实验中试样发生了一些较微弱的滑移现象时，一般不易判断，容易被误当作试样的应变来进行处理，会影响实验曲线的形状和位置。

（2）仪器工作状态的判断

一般来说，在仪器正常使用过程中应按照操作规程的要求定期进行检定（或校准）和核查，以免在仪器工作状态异常下完成实验。但是，在仪器长时间的工作过程中偶尔会出现一些不易被察觉的状态变化，仪器在这种“亚健康”状态下完成的实验数据一般不易被及时察觉出异常。一般来说，与正常状态下的数据相比，在这种状态下所得到的实验数据的准确性和重复性会差很多。如果发现有类似的现象出现，则应及时采取相应的措施进行补救。由于不同的操作人员对这种状态的判断标准不同，从而导致采取的措施有差异，由此也会对实验结果带来不同程度的影响。

1.5.4 实验室工作环境因素

热分析仪器所处的工作环境中的温度、湿度均会对实验数据产生不同程度的影响。一些灵敏度较高的热分析仪器如微量差示扫描量热仪对于所处的实验室环境的温度变化十分敏感，实验室环境温度波动 3~5°C 时会引起基线的变形。此外，一些容易潮解的试样在进行热重实验时，实验室的湿度变化也会引起热分析曲线（尤其是热重曲线）的形状发生变化。

实验室内所发生的一些意外的振动也会影响热重分析仪、热膨胀仪、热机械分析仪的正常工作，这些振动最终也会反映在所得到的实验曲线上。

1.5.5 其他影响因素

除了以上影响因素之外，试样本身的一些特性也会对热分析曲线造成不同程度的影响。

在研究材料的热分解过程时，试样本身的反应热（潜热）、导热能力、比热容都会对曲线产生影响。一般来说，试样本身在实验过程中出现的较大的吸热或放热过程会引起试样的温度低于或高于程序温度，从而引起热分析曲线的异常变形,消除这种现象的有效办法是减少试样的使用量和尽可能使用较浅的实验容器。

再比如，在进行热机械分析实验时，试样本身在加工时如果存在结构不均匀或存在气泡、裂痕等缺陷时，也会对实验曲线带来较大的负面影响，最终会导致曲线出现“失真”的现象。

此外，在较高温度下由于试样分解或挥发产生的气体产物在仪器加热炉或检测器的低温区域会出现冷凝现象。这些冷凝物的存在会对后续的实验造成影响，同时也会腐蚀仪器的相关部件。因此，定期对仪器的关键部位进行清洁是十分必要的。

综合以上分析，影响热分析曲线的因素很多，不同的因素对于不同实验的影响程度也不尽相同。因此，在进行数据分析时一定要合理地考虑这些因素的影响，以免受这些因素的干扰而影响对实验结果的判断。在之后的相关章节中，将详细讨论这些影响因素对热分析结果的影响。

1.6　热分析技术的应用领域

热分析技术自问世至今已有一百多年的历史，在过去的一百多年来，热分析仪器经过几代人的努力已经日趋成熟。现在，热分析技术在各个领域中的应用也在日益扩大并且正在向着更深的层次发展，热分析技术已经从最初应用于黏土、矿物以及金属合金领域扩展到几乎所有与材料相关的领域。由于热分析技术具有试样用量少、在实验时无需添加试剂、无污染且能够快速、准确测定等优点，其已经在与材料相关的各个领域中得到了日益广泛的应用。因此，热分析技术已经发展成了一类多学科通用的分析测试技术，被广泛应用于矿物、化工、冶金、陶瓷、有机物、生物、食品、医药及能源等领域。

以下举几个实例简要介绍常用热分析技术的应用。

作为常用的热分析技术之一，热重法现已成为生产部门和研究单位研究物质热变化过程的重要手段。其在生产中可直接用于控制工艺过程，理论上则可研究化合物的结构和热稳定性的关系，从而为合成新的化合物提供依据。热重法不仅可以用于研究物质物理性质的变化，如熔化、蒸发、升华和吸附等物理现象；还可以用来研究物质的热稳定性、分解过程、脱水、脱附、氧化、还原、成分的定量分析、添加剂与填充剂影响、水分与挥发物、反应动力学等化学现象。热重法的重要特点是定量性强，能准确地测量物质的质量变化及变化的速率。概括来说，只要物质在受热时发生质量的变化，就可以用热重法来研究其变化过程。现在，热重法广泛应用于塑料、橡胶、涂料、药品、催化剂、无机材料、金属材料与复合材料等各领域的研究开发、工艺优化与质量监控。主要应用于以下方面：无机物、有机物及聚合物的热分解；金属在高温下受各种气体的腐蚀过程；矿物的煅烧和冶炼；含湿量、挥发物及灰分含量的测定；脱水和吸湿；爆炸材料的研究；反应动力学的研究等方面。例如，在热氧化降解的研究中，通过热重法可以得出分子结构、分子内重复单元的排布情况、分子之间交联以及均聚物和共聚物分子链的端基情况等信息。由于热重法具有分析速度快、样品用量少等优势，在聚合物热老化方面的研究中得到了广泛的应用。利用热重分析法可以确定有机物在不同温度下的饱和蒸汽压、研究有机物分解的机理、研究炸药和固体火箭推进剂的分析等等。另外，通过热重法可以对药物的主要成分作出定性和定量的检测。从 TG 曲线可以估算出药物中主要成分的含量，可以确定出脱水、脱羧、中间体的形成和主要成分的挥发或升华，而由 DTG 曲线则可以将主要成分和其他成分的热分解过程区分开。热重法的优点是不必把药物的主要成分从片剂、胶囊和丸剂中分离出来而直接进行分析。

近年来，由于高灵敏度热分析仪器的出现，热分析在食品体系中的应用得到迅速发展，所研究的对象不仅包括水凝胶、蛋白质、淀粉和脂类等生物大分子，也包括食品加工过程中复合体系、食品组织等混合体系。与用一般谱学方法对蛋白质折叠、解折叠过程的监测不同，通过 DSC 对折叠、解折叠过程的监测可以测定热力学量的变化，可获得更多的有关热过程的能量学信息，从而为蛋白质的分析研究提供了更广泛的信息。另外，通常用 DSC 技术可以方便准确地测定出淀粉的糊化温度，还可以来研究淀粉老化过程中支链淀粉重结晶的速率和程度，根据 DSC 曲线中融化吸热峰的大小计算出老化淀粉结晶的含量，从而判断淀粉的老化程度。热分析技术的应用使食品的某些成分的性质的研究变得更加方便、快捷，对食品加工过程有较好的指导作用。联用技术的出现更加推动了这一技术的蓬勃发展，如 TG/MS、TGA/FTIR、TG-DTA/FTIR/MS 法等。

差示扫描量热法在制剂开发中可用于对药物和辅料的玻璃转化、重结晶和熔化等热力学现象的了解，为研究制剂开发前药的多晶型现象提供依据；还可用于检查药物与赋形剂有无化学反应，有无化学吸附、共熔、晶型转变等物理化学作用发生，从而为药物赋形剂的筛选提供有价值的参数。通常的做法是比较药物与辅料混合前后的差热曲线，观察药物熔融峰或其他热转变峰峰形、峰温和峰面积等的改变，从而判断有无化学反应或其他相互作用的发生。在制剂质量评价过程中，差示扫描量热法也发挥着非常重要的作用。当药物与辅料形成包合物时，药物的熔融峰完全消失，可能出现新的熔融峰。利用这种特点，可以用 DSC 来鉴定包合物的形成。在 DSC 曲线中，纯化合物的熔融峰非常尖锐。当混有杂质时，熔融峰随着杂质量的增加而逐渐变宽，并且熔融起始温度下降，峰的高度降低，同时熔程变大。因此，通过熔融峰的上述变化可用来测定物质的纯度。

1.7 热分析实验方案设计简介

如前所述，热分析是在程序控温和一定气氛下，测量物质的物理性质随温度或时间变化的一大类方法。作为一种强有力的物性分析手段，通过热分析方法可以获得材料的多种性质随温度和时间的改变而发生变化的连续过程，其优势是快速、方便、灵敏度高。

理论上，当温度或时间发生改变时，物质的一种或几种性质都会发生变化。通常可以选择不止一种热分析方法来研究这些变化，如何选择一种更为合适的方法来更为真实、高效、全面地反映这些变化显得尤为重要。

例如，当一种物质随着温度的升高发生分解时，将伴随着质量、热量、体积、折射率等性质发生变化，理论上我们可以选择与此相对应的热重法、差热分析、差示扫描量热法、热膨胀法等。热分析方法可以用来研究这种分解过程，但事实上，如果一个试样发生了大量的分解，一些未知的分解产物可能会对差示扫描量热仪、热膨胀仪的检测器和支架造成不同的程度的损害。因此，在研究物质的热分解过程时，应尽可能选择热重法、差热分析和与热重技术同时联用的差示扫描量热法（TG-DSC）。

再比如，随着温度的变化，一种物质将发生固相-固相相转变过程，当发生这种转变时，物质并没有发生分解。对于这类转变，一般用差示扫描量热法或热膨胀法从热量变化或体积变化的角度来研究这种相变，必要时还应通过质量百分比不发生变化的热重实验曲线来从侧面证实试样在实验温度范围内并没有发生分解。

一般来说，应根据实验需求来从十几种热分析技术中选择合适的实验方法。例如，当需要测量一种物质的熔融过程时，一般选择差热分析和差示扫描量热法。另外，在测量未知物的熔融过程时还应通过热重实验来提供间接的证据支持。

在选定合适的热分析方法后，还需要选择合适的实验条件，主要包括几个方面：

① 试样状态（粉末、薄膜、颗粒、块体等）；

② 试样用量；

③ 试样容器（坩埚）、适用于 DMA 实验的夹具、适用于 TMA 实验的探头种类；

④ 实验温度范围；

⑤ 实验气氛的种类的流速；

⑥ 温度变化方式主要包括等温、升温/降温扫描、温度调制等；

⑦ 其他条件（主要包括预加载力，力的施加方式，光源）。

另外，在选定了一种热分析方法之后，在实验过程中所用试样的来源、前处理方式、实验条件如加热速率、等温时间、试样容器以及实验所用仪器自身的差异等因素也会对最终的实验结果带来不同程度的影响。如果忽视这些影响因素，将很难得到理想的热分析实验结果，甚至得到错误的实验结论。因此，对于特定的实验目的，在实验开始前设计一个合理的实验方案十分重要。在本书第 2 章和第 3 章中，将详细阐述与热分析实验方案的设计相关的内容。

1.8 热分析曲线解析的基本原则

在完成实验后，对于热分析曲线进行合理、全面的解析十分关键。在对热分析曲线进行解析时，应结合所使用的热分析技术的特点和所采用的实验条件，遵循科学性、准确性、合理性、全面性的原则。在第 6 章中将对这些原则进行全面的阐述，限于篇幅在本部分内容中不再一一赘述。

1.9 热分析曲线解析步骤简介

如上所述，热分析曲线解析步骤是决定实验成败的一个十分关键的步骤。概括来说，热分析曲线解析主要包括以下几个方面的内容。

1.9.1 数据处理

在获得了热分析实验数据之后，用仪器附带的分析软件打开实验时生成的原始文件。由于数据采集软件是以时间为单位进行计时的，对于恒定升温/降温速率的实验而言，可以通过下式将时间换算成温度：

$$T = T_0 + \beta t \tag{1-1}$$

式中，T_0 为实验开始温度；t 为实验时间；β 为升温或降温速率。

对于 TG 曲线，在数据采集软件中的每一时刻 t 时分别记录了相对应的温度和质量。在作图时，可以直接用温度轴作为横坐标轴，也可以根据等式（1-1）将时间列中的数据直接转换为温度数据。通常用纵坐标轴表示质量。为了便于比较，一般通过软件将试样的绝对质量（单位一般为毫克）转换为相对质量（用百分比的形式表示）的形式。实验开始时的质量一般为 100%，在实验过程中的每一时刻（即温度）下的质量百分数为以百分比表示的试样质量，如图 1-6 所示。

由图 1-6 可见，在实验过程中发生的试样的质量变化过程通常为一个渐变的过程，并不是在某温度瞬间完成的。因此，TG 曲线的形状不呈直角台阶状，而是有过渡和倾斜区段的曲线。

在热分析曲线中，纵坐标从上向下表示所测得的质量（一般用百分比形式表示）的减少，横坐标从左向右表示温度或时间增加。

为了更加准确地确定所得到的曲线中的特征转变，通常会对曲线进行一阶或者多阶微商处理。例如，一阶微商热重曲线通常用来表示质量变化速率与随温度或时间的变化关系，其由质量曲线对温度或时间一阶求导得到，如图 1-7 所示。图 1-7 中的 DTG 曲线的峰面积即对应于图 1-6 中台阶的高度，峰值对应于质量减少最快的速率，峰的位置则对应于质量减少最快的温度。

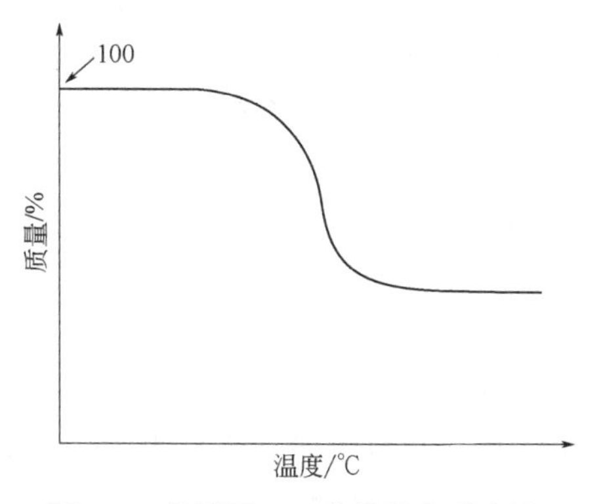

图 1-6　典型的 TG 曲线的表示方法

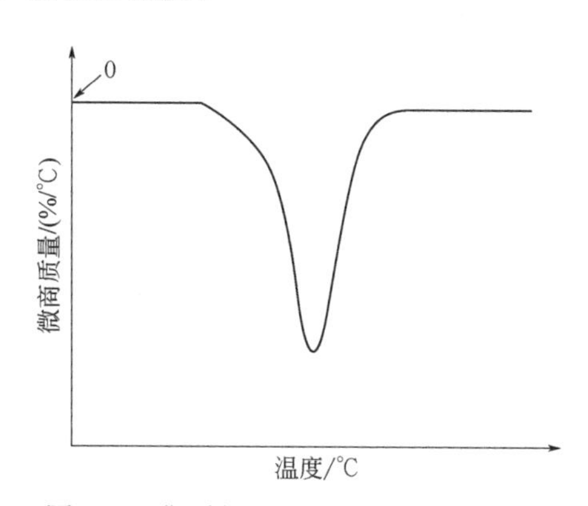

图 1-7　典型的 DTG 曲线的表示方法

一般情况下，采用相同的数据采集频率得到的不同加热速率下的热分析曲线经微分后，在较快的加热速率下得到的 DTG 曲线较为平滑。这是因为对于较快的加热速率而言，完成相同的温度范围的温度扫描所需要的时间较短，采集到的数据点也比较少，因此得到的曲线较为平滑。可以通过调整数据采集频率的方法来改善这种现象，即：较小的加热速率由于时间较长，可以加大采集点间距；而较大的加热速率由于实验较短，则应适当加大数据采集频率。

使用仪器配套的分析软件不仅可以方便地对实验得到的热分析曲线进行微分、积分以及标注相应的特征变化所对应的物理量及其变化，还可以将处理结果转化成相应的图片文件和在其他常用绘图和数据分析软件（如 Excel、Origin 等）运行的 ASCII 码文件。

1.9.2　标注曲线的特征变化

对于得到的热分析曲线而言，所使用仪器的灵敏度差异对曲线形状的影响很明显。而对于同一台仪器，由于实验条件的不同也会对曲线形状的变化产生较为显著的影响。通常通过曲线的特征物理量的变化来描述曲线中的一些特征变化。

某些物质在一定温度范围还可能会发生多个反应，而且很有可能多个反应同时发生或相互有重叠、覆盖，表现在热分析曲线上为台阶或者峰之间不明显，这时通常通过微商曲线往往可以获得更多有价值的信息。对于台阶而言，可以通过对曲线求导得到所对应的峰，通过峰则可以更加容易地确定特征量的变化。

1.9.3 热分析曲线的描述

对热分析曲线的描述是曲线解析十分重要的一步，应结合实验条件、样品的组成、结构、前处理、制备方法等相关信息对热分析曲线进行科学、合理、准确、全面的描述。

由热分析技术所得到的曲线是在程序控制温度和一定气氛下物质的性质与温度或时间关系的反映，即热分析曲线。曲线的横坐标一般为温度或时间，纵坐标为所检测的物理量。当试样在加热过程中因物理或化学变化而有挥发性产物逸出或转变为其他的状态或结构形式时，由热分析曲线可以得到它们的组成、热稳定性、热分解及生成的产物等与所测量的性质相关联的重要信息。另外，还可以通过动力学分析方法对热分析曲线进行分析，得到不同的过程所对应的动力学参数的信息。

为了获得可靠的曲线并对曲线作出正确的解释，首要的是确定合理的实验条件，并尽可能应用其他方法（例如X射线分析、逸出气分析等方法）对得到的结果作进一步的补充。这是因为热分析法容易受到许多因素的影响，由热分析曲线确定的反应温度只是在一定的仪器、实验条件与试样参数条件下的数值，是这些因素综合作用的结果。热分析法的另一个局限性是仅能反映物质在受热条件下所测量的性质的变化，因此由热分析曲线中得到的信息也是比较有限的。

1.9.4 热分析曲线的分析

如前所述，热分析曲线是实验过程的最终体现，不同的试样和实验条件下得到的曲线各不相同。试样、实验条件、仪器本身等因素对实验曲线均会产生不同程度的影响，全面、合理地分析热分析实验曲线显得十分重要。在分析曲线时要充分结合试样本身的组成、结构和性质以及实验条件等因素进行综合分析。

例如，在对热重曲线进行分析时，除了需要确定以上的特征温度外，还需对热重实验曲线中每一个质量变化过程作更为详细和具体的解释和说明，但有时仅通过热重曲线得到的信息难给出全面、合理的解释，此时需要与其他的表征手段得到的实验数据结合起来进行综合分析，这些内容在之后的相关章节中加以阐述。

由于原始的热重曲线并不一定符合热重曲线有关表达的要求和规范，因此不能直接作为最终形式的实验数据直接列入正式报告，通常需要将原始的热重曲线转换成规范的热重曲线。

1.9.5 热分析曲线的规范报道

在对热分析曲线进行报道时，应将测试数据结合热分析曲线来表示。在结果报告中可包括以下内容：

① 标明试样和参比物的名称、样品来源、外观、检测时间、样品编号、委托单位、检测人、校核人、批准人及相关信息；

② 标明所用的测试仪器名称、型号和生产厂家；

③ 列出所要求的测试项目，说明测试环境条件；

④ 列出测试依据，即对应的检测方法和标准；

⑤ 标明制样方法和试样用量，对于不均匀的样品，必要时应说明取样方法；

⑥ 列出测试条件，如气体类型、流量、升温（或降温）速率、坩埚类型、支持器类型、文件名等信息；

⑦ 列出测试数据和所得曲线；

⑧ 必要时和可行时可给出定量分析方法和结果的评价信息。

在热分析曲线中，横坐标中自左至右表示物理量的增加，纵坐标中自下至上表示物理量的增加。

对于单条热分析曲线，当特征转变过程不多于两个（包括两个）时，应在图中空白处标注转变过程的特征温度或时间、物理量（如质量、热量等）等信息；当特征转变过程多于两个时，应列表说明每个转变过程的特征温度或时间、物理量（如质量、热量等）等信息。使用多条曲线对比作图时，每条曲线的特征温度或时间、物理量（如质量、热量等）等信息应列表说明。

在对热分析曲线进行作图时，应注意以下几个方面的问题：

① 热分析曲线的纵坐标用归一化后的检测物理量表示；

② 对于线性升温/降温的测试，横坐标为温度，单位常用°C 表示。进行热力学或动力学分析时，横坐标的单位一般用 K 表示；

③ 对于含有等温条件的热分析曲线横坐标应为时间，纵坐标中增加一列温度。当只需显示某一温度下的等温曲线时，则不需要在纵坐标中增加一列温度。

参 考 文 献

[1] 刘振海，张洪林. 分析化学手册. 第 3 版. 第 8 分册. 热分析与量热学[M]. 北京：化学工业出版社，2016.

[2] 王玉. 热分析法与药物分析[M]. 北京：中国医药科技出版社，2015.

[3] Wunderlich B. Thermal Analysis of Polymeric Materials[M]. Berlin Heidelberg: Springer-Verlag Press, 2005.

[4] 蔡正千. 热分析[M]. 北京：高等教育出版社, 1993.

[5] Tsujiyama S., and Miyamori A. Assignment of DSC thermograms of wood and its components[J]. *Thermochim. Acta*, 2000, 351: 177-181.

[6] Sarge S., Bauerecker S., and Cammenga H. K. Calorimetric determination of purity by silumation of DSC curves[J]. *Thermochim Acta*, 1988, 129: 309-324.

[7] Duval C., Inorganic Thermogravimetric Analysis, 2nd Ed.[J]. Amsterdam: Elsevier, 1963.

[8] Coni E., Di Pasquale M., Coppolelli P. and Bocca A. Detection of animal fats in butter by differential scanning calorimetry: A Pilot Study[J]. *JAOCS*, 1994, 71: 807-810.

[9] ASTM E228-17 Standard Test Method for Linear Thermal Expansion of Solid Materials With a Push-Rod Dilatometer[S].

[10] Ribeiro S., et al., Effect of heating rate on the shrinkage and microstructure of liquid phase sintered SiC ceramics[J]. *Ceram. Int.*, 2016, 42: 17398-17404.

[11] Kozlovskii Y. M., Stankus S.V. Thermal expansion of beryllium oxide in the temperature interval 20-1550°C[J]. High Temp., 2014, 52: 536-540.

[12] Cerdeiriña C.A., Míguez J.A., Carballo E., Tovar C.A., de la Puente E., Romaní L. Highly precise determination of the heat capacity of liquids by DSC: calibration and measurement[J]. *Thermochim. Acta*, 2000, 347: 37-44.

[13] Mathot V.B.F. and Pijpers M.F.J. Heat capacity, enthalpy and crystallinity of polymers from measurements and determination of the DSC peak baseline[J]. *Thermochim. Acta*, 1989, 151: 241-259.

[14] McHugh J., Fideu P., Herrmann A., Stark W. Determination and review of specific heat capacity measurements during isothermal cure of an epoxy using TM-DSC and standard DSC techniques[J]. *Polymer Testing*, 2010, 29: 759-765.

[15] Flynn J. H. and Levin D. M. A method for the determination of thermal conductivity of sheet materials by differential scanning calorimetry[J]. *Thermochim. Acta*, 1988, 126: 93-100.

[16] Kucukdogan N., Aydin L., Sutcu M. Theoretical and empirical thermal conductivity models of red mud filled polymer composites[J]. Thermochim. Acta, 2018, 665: 76-84.

[17] Agrawal A., Satapathy A. Mathematical model for evaluating effective thermal conductivity of polymer composites with hybrid fillers[J]. Int. J. Therm. Sci., 2015, 89: 203-209.

[18] GB/T 6425—2008 热分析术语[S].

[19] Hill J.O., For Better Thermal Analysis and Calorimetry III[M]. ICTA, 1991.

[20] ASTM E473-18 Standard Terminology Relating to Thermal Analysis and Rheology[S].

[21] Bakirtzis D., Tsapara V., Liodakis S., Delichatsio M. A. ATR investigation of the mass residue from the pyrolysis of fire retarded lignocellulosic materials[J]. Thermochim. Acta, 2012, 550: 48-52.

[22] De Santis F., Adamovsky S., Titomanlio G., Schick C. Scanning nanocalorimetry at high cooling rate of isotactic polypropylene[J]. Macromolecules, 2006, 39: 2562-2567.

[23] Brandts J. F., Lin L. N. Study of strong to ultratight protein interactions using differential scanning calorimetry[J]. Biochemistry, 1990, 29: 6927-40.

[24] Bruylants G., Wouters J., Michaux C. Differential scanning calorimetry in life science: thermodynamics, stability, molecular recognition and application in drug design[J]. Curr. Med. Chem., 2005, 12: 2011-20.

[25] Freire E. Differential scanning calorimetry[J]. Methods Mol Biol, 1995, 40: 191-218.

[26] Sanchez-Ruiz JM. Differential scanning calorimetry of proteins[J]. Subcell Biochem., 1995, 24: 133-76.

[27] Orava J., Hewak D.W., Greer A. L. Fragile-to-strong crossover in supercooled liquid Ag-In-Sb-Te studied by ultrafast calorimetry[J]. Adv. Funct. Mater., 2015, 25 (30): 4851-4858.

[28] Orava J., Greer A. L. Kissinger method applied to the crystallization of glass-forming liquids: regimes

revealed by ultra-fast-heating calorimetry[J]. Thermochim. Acta, 2015, 603: 63-68.

[29] Orava J., Greer A. L., Gholipour B., Hewak D. W., Smith C. E. Ultra-fast calorimetry study of Ge2Sb2Te5 crystallization between dielectric layers, Appl. Phys. Lett., 2012, 101(9): 091904-091906.

[30] Wang G., Harrison I. R.Polymer melting: heating rate effects on DSC meltingpeaks[J]. Thermochim. Acta, 231 (1994) 203-213.

[31] Biagini E., Fantei A., Tognotti L. Effect of the heating rate on the devolatilization of biomass residues[J]. Thermochim. Acta, 2008, 472: 55-63.

[32] Lai Z. Y., Ma X. Q., Tang Y. T., Lin H. A study on municipal solid waste (MSW) combustion in N_2/O_2 and CO_2/O_2 atmosphere from the perspective of TGA[J]. Energy, 2011, 36: 819-824.

[33] Grammelis P., Basinas P., Malliopoulou A., Sakellaropoulos G. Pyrolysis kinetics and combustion characteristics of waste recovered fuels[J]. Fuel, 2009, 88(1): 195-205.

[34] Muthuraman M, Namioka T, Yoshikawa K. A comparison of co-combustion characteristics of coal with wood and hydrothermally treated municipal solid waste[J]. Bioresour. Technol., 2010, 101(7): 2477-82.

第 II 部分

热分析实验方案设计

第 2 章　热分析实验方法的选择

如本书第 1 章中所述，在正式开始热分析实验之前，实验者应综合考虑需要采用的实验方法（即采用的实验技术）、样品信息以及实验条件等各方面的因素，结合实验目的来拟定合理的实验方案。科学、合理的实验方案是决定热分析实验成败的十分关键的因素之一。实验方案主要包括实验方法和实验条件两部分，其中选择合适的热分析方法是进行热分析实验方案的第一步。根据第 1 章中对热分析方法的特点描述可知，热分析方法包含 9 类 17 种相对应的热分析技术，其中每一种热分析技术之间存在着比较大的差别。在进行实验之前，实验者应根据实验目的和样品信息来选择合适的热分析方法。在本章中将对热分析实验方法选择的基本原则以及在常见的应用领域中选择热分析实验方法的原则进行简要的介绍，期望使读者能够对热分析实验方法的选择形成一个较为系统的认识。

2.1　实验方法选择的基本原则

概括而言，热分析实验方案设计的核心思想是围绕实验目的和样品自身的性质来进行的。在实验前，应根据实验的目的和所研究的样品的性质来选择合适的热分析实验方法(即热分析技术)。当所研究材料的性质随着温度和时间发生变化时，有多种热分析方法可供选择。例如，当研究材料的热稳定性时，可以利用热重法、差热分析法等热分析技术，由材料的质量和热效应的变化来反映其热稳定性的变化。从实验的角度来看，通常根据试样在实验温度范围内是否发生了明显的质量变化这一基本原则来选择具体的热分析技术。

2.1.1　发生较明显质量变化过程的实验方法选择

对于在实验过程中发生了较为明显的质量变化过程而言，在加热过程中发生的这些过程（尤其是当质量变化超过 5%时）容易对仪器产生潜在的损害。

这类具有较为明显的质量变化过程通常对应于无机物、有机物（包括药物）、高分子化合物、无机-高分子复合材料、无机-有机复合材料、含能材料、生物材料、配位化合物的氧化与分解以及溶剂的挥发过程，一般通过 TG、DTA、TG-DTA 或 TG-DSC 进行研究。对于分解过程或结构组成较为复杂的物质，也可通过将这些热分析技术与 FTIR、MS 或 GC/MS 联用的方法来研究其热分解机理或其结构、成分的变化信息。

对于一些快速分解反应或爆炸反应而言，在实验时应注意控制试样量和气氛气体的流速，在实验过程中尽量避免仪器受到损害。通常采取尽可能少的试样量和较大的气体流速的方法来最大程度地降低这类实验过程对仪器造成的损害。对于一些反应速率较慢的过程，可根据实验需要适当加大试样量。对于一系列样品、多加热速率样品的实验而言，实验时所采用的样品量、样品形状应保持一致。

对于非分解反应引起的液相-气相相转变（蒸发、汽化）过程而言，一般使用 TG、DSC、TG-DTA 或 TG-DSC 实验方法，也可以使用将这些热分析技术与 FTIR、MS 或者 GC/MS 联用的串接联用法来验证汽化产物是否由发生了分解反应引起。对于这类过程，TG 曲线通常表现为失重，DTA 曲线表现为吸热峰或者放热峰。

2.1.2 发生较少质量变化过程的实验方法选择

对于在加热过程中发生了较少的质量变化过程（包括溶剂挥发），例如含结晶水化合物的分解或气化、高分子化合物的老化、前驱物的分解、少量溶剂的挥发等过程而言，实验过程中发生的这类较小的质量变化现象对仪器造成的损害较小。在这些过程中，可以采用的热分析实验方法主要包括 TG、DTA、TG-DTA 或 TG-DSC，以及由这些热分析技术与 FTIR、MS 或者 GC/MS 联用的串接式联用法。

对于质量变化少于 5%（特殊情况如溶剂为水时质量变化可以放宽到 10%）的过程，在充分了解待测样品信息的前提下，还可以选用 DSC、TMA、DMA、DIL 等技术。对于含有少量溶剂的样品，在测试固相相转变（包括 T_g）时，应首先通过预加热（DSC 坩埚要扎孔）把溶剂除掉。实验时所采用的温度不宜过高，最高温度满足实验要求即可。对于 DIL、TMA、DMA 实验，尤其应注意最高实验温度，确保样品在实验温度范围内不发生大面积的熔融或者分解等变化。

对于一些与分解无关的过程而言，在研究非分解引起的固相-液相相转变（熔融及流动态的转变）时，一般使用 STA、DSC（包括显微 DSC）。对于这类实验，在 TG 曲线中几乎没有发生明显的质量变化。对于未知物而言，仍需要通过 TG 作为辅助手段来验证。需要指出，对于有机物和高分子化合物而言，在熔融过程中往往伴随着分解反应，实验时应注意这种分解反应可能会对仪器带来的潜在风险。对于大多数可逆过程（包括可逆程度）而言，可通过对同一试样进行循环加热-降温的方法来验证。

对于非分解反应引起的固相相转变过程而言，在TG曲线中几乎不会出现较为明显的质量变化现象。对于未知的转变过程而言，仍需要由TG实验来验证（验证在这种固相相变过程未发生明显的质量变化）。实际应用中，研究这类相变过程主要使用的方法有DSC、TMA、DIL、DMA，在高温时也可以采用DTA法。在DSC曲线中，许多的晶型转变表现为吸热峰和放热峰等不同的过程。其中，曲线中的吸热峰对应于物质由有序态转变为无序态的过程，而放热峰则对应于物质由无序态转变为有序态的过程。另外，这类固相-固相相转变过程在TMA曲线和DIL曲线中的膨胀率随温度或时间的曲线上表现为曲线的转折，这种变化可以作为DSC曲线的吸热/放热峰的有效补充。一些更微弱的次级转变如β、γ、δ等转变只有通过DMA技术才可以检测到，这些转变过程在DMA曲线上表现为E''和$\tan\delta$为向上的峰，DMA技术是检测这种微弱的次级转变的最为有效的实验方法。

在对材料随温度变化而发生的常见的相转变、分解、特征热物理参数测量、样品制备以及特殊环境下的热分析实验过程进行研究时，应结合样品的特点和实验目的选择合适的热分析技术。在下文中，将分别介绍在这些领域中热分析实验技术的选择方法。

2.2 在研究相转变时的热分析实验方法选择

相变材料（Phase Change Material，简称PCM）是指随温度变化而改变形态并能提供潜热的一类材料，其主要是利用相变过程中固-液、固-气、固-固、液-气相变从环境吸收或释放热量从而达到储存和释放能量的目的。例如固-液相变，当将固态相变材料加热到熔融温度时，将会产生从固态到液态的相变。在发生熔融的过程中，相变材料吸收并储存大量的潜热。当对相变材料进行冷却时，储存的热量在一定的温度范围内散发到环境中，发生了从液态到固态的逆相变。在这两种相变过程中，所储存或释放的能量称为相变潜热。当物理状态发生变化时，材料自身的温度在相变完成前几乎维持不变，形成一个较宽的温度平台。在相变过程中虽然温度保持不变，但其吸收或释放的潜热却相当大。

相变材料的热学性质是衡量相变材料性能的一个十分重要的指标，通过热分析技术能够准确、快速地测定出材料中的相转变。热分析技术通过测定材料在发生相变的过程中伴随的一些吸热、放热或尺寸变化等现象，得到相变材料的相转变点、相变焓、比热容等特性，通过这些性质可以为评判相变材料的性能优劣提供很好的依据，同时也可以为新型相变材料的开发提供很好的指导作用。

在本部分内容中，先简要介绍相变的背景知识，之后再对研究相转变时的热分析实验方法选择进行详细介绍。

2.2.1　相变简介

相转变，简称相变，是指物质在所处的外部环境（如：温度、压力、磁场等等）连续变化下，从一种相（态）转变成另一种相的过程。在自然界中最常见的三相变化是指物质的固态、液态、气态之间的相互转变过程，然而在实际的应用中，很多材料中还存在着许许多多的相变现象。理论上，在大多数材料发生相变时通常伴随着热效应，还会伴随着其他的性质如膨胀系数、比热容、光学性质、磁学性质、电学性质等的变化。

需要特别指出，通常所说的相变是指的狭义上的相变，并不同于化学变化。化学变化是指相互接触的分子间发生原子或电子的转换或转移，生成新的分子并伴有能量变化的过程。因此，化学变化的本质是旧键的断裂和新键的生成。另外，在许多化学变化的过程中常常伴有物理变化，在化学变化过程中通常有发光、放热或吸热现象等。

2.2.1.1　相变的分类

相变的种类和方式很多，通常有以下几种分类方法：

按物态的变化形式及含义不同，通常将相变分为狭义相变和广义相变。狭义相变仅限于相同组成的两个固相之间的结构转变，即相变是物理过程，不涉及化学反应，所研究的对象多为体系的晶型转变。广义相变包括相变前后相组成发生变化的情况，包括多组分体系的反应。为了叙述的方便，本书中所指的相变为狭义上的相变。

按相转变方向的不同，可以将相变分为可逆与不可逆相变。可逆相变是指在加热和冷却时晶型之间发生了完全可逆的变化，而不可逆相变则是指由处于高能量状态的介稳相向能量相对较低的物相之间的转变。

根据临界温度和临界压力时化学势各阶偏导数的连续性，又可以把相变分为一级相变、二级相变等。其中，一级相变是指在临界温度和临界压力时，两相之间的化学势相等，但其化学势的一阶偏导数不相等的相变；二级相变则是指在相变时的化学势及其一阶偏导数相等，而二阶偏导数不相等的相变；在发生相变时，化学势及其一阶、二阶偏导数相等，但三阶偏导数不相等的相变则称之为三级相变。实际上，通常称二级以上的相变为高级相变。对于大多数材料所发生的相变而言，高级相变很少，所发生的大多数相变为低级相变。

根据在相变过程中质点的迁移情况，可以将相变分为扩散型相变和非扩散型相变。在发生相变时，通过原子（离子）的扩散来进行的相变称为扩散型相变，例如材料随温度变化发生的晶型转变、熔体结晶、有序-无序转变等过程均属于这种类型的相变。在非扩散型相变过程中一般不存在原子（离子）的扩散过程，或者虽存在扩散但不是相变所必需的或不是主要过程的相变，例如常见的在合金中的马氏体转变即属于这种类型的相变过程。

按照结构变化及转变速率的快慢，可以将相变过程分为重构型相变和位移型相变。重构型相变在相变前后伴随着旧键破坏和新键形成，这类相变所需要的能量高、速率慢，通常伴随着化学反应；而在位移型相变过程中，仅发生了原子间的键长、键角的调整，没有发生旧键破坏和新键形成。因此，位移型相变所需要的能量低、速度快。

按相变机理不同，又可以将相变分为成核-生长相变、连续相变、有序-无序相变：①成核-生长相变是由于材料的组成变化程度大、所处空间范围小的波动开始发生的相变，初期波动形成新相的核，之后新相核长大。这种成核过程通常可以分为均相成核与非均相成核两类。②连续相变是由材料组成变化程度小、空间变化范围较大的波动引起的相变，即变化连续地生长而形成新相，包括连续有序相变及颗粒变大相变等。③有序-无序相变包括由位置、取向以及电子和核旋转状态变化所引起的有序-无序转变。从结构上看，位置的有序-无序转变是由于其中的原子占据了不同的亚晶格造成的。例如，对于铜-锌合金，其有序的低温结构为两种相互贯穿的简单立方结构。当温度升高时，其中的Cu原子和Zn原子开始发生错位。当这两种原子所占据的晶格结点的概率相等时，其晶体结构变为体心立方结构，形成了在高温下相对无序的结构形式。取向（空间方向）无序发生于由多原子基团占据晶格位置的情况下，在发生结晶时该基团的取向可能多于一个方向，此时倾向于发生有序-无序的转变。

2.2.1.2 相图

相图（phase diagram）在材料科学研究领域有着举足轻重的地位，其在新材料设计、优化工艺参数等方面具有重要的指导意义。相图是表示在一定条件下，处于热力学平衡状态的体系中的各个平衡相之间关系的图形，又称为平衡图、组成图或状态图等。在相图中的每一点可以反映出在一定的条件下，体系中某一组成材料在平衡状态下的每个相的成分与含量，由此可以得到每个相稳定存在的区域。相图是材料热力学的宏观体现，其在材料设计中发挥着十分重要的作用，广泛应用于材料、冶金、化工等领域。

相图是指采用的热力学变量不同而构成不同的相图。狭义相图，也称相态图、相平衡状态图，是用来表示相平衡体系的组成与一些参数（如温度、压力）之间关系的一种图，其在物理化学、矿物学和材料科学中具有很重要的地位。

广义的相图是在给定条件下体系中各相之间建立平衡后热力学变量强度变量的轨迹的表达形式，相图表达的是平衡态，严格说是相平衡图。

通常，相图不能说明平衡过程的动力学，不能用来判断体系中可能出现的亚稳相。

从定义上看，相图是用来表示相平衡体系的组成与一些参数（如温度、压力）之间平衡关系的几何图形，相图的研究属于热力学范畴。相图是根据各种成分材料的临界点绘制的，临界点表示物质结构状态发生本质变化的相变点。相图和热力学密切相关，通过相图不仅能够直观地给出目标体系的相平衡状态，而且能够表征体系的热力学性质。由相图可以确定热力学数据，由热力学原理和数据也可以构筑相图。相图研究的一个重要作用是可以用来判断一个过程的方向和限度，确定几种化合物混合后的相组成，判断材料在使用条件下结构稳定性，设计新材料的组成，确定材料制备工艺等等主要问题。在实际应用中，需要通过一定的方法来建立许多的多组分相图。概括来说，构建相图的方法主要有两大类，一类是通过热力学计算而发展起来的相图计算方法；另一类是通过实验的方法来测定相图。目前，由实验方法测定所研究体系的相图是一类比较主流的建立相图的手段。

在通过实验测定相图时，主要通过实验测量和观察来确定材料中的相平衡关系，并绘制出相图。在相图中，每一个相区对应于材料一定的平衡状态。当材料跨越不同的相区时，将会出现状态的变化，还可以得到新相出现或者旧相消失的范围。在这些过程中伴随着材料的物理性质和化学性质的变化，利用这种变化可以测定出材料的相平衡关系。随着温度的变化，在材料发生相变的过程中通常伴随着一些吸热、放热或尺寸变化等现象，由此可以得到相变材料的熔点、相转变点、比热容等性质。通过这些性质可以为评判相变材料的优劣提供很好的依据，同时也可以为新型相变材料的开发提供很好的指导作用。在实验上可以通过多种热分析技术测定这些变化过程，如差热分析、差示扫描量热法、热膨胀法、热机械分析法等。图 2-1 中给出了可用于相图测定的实验方法。

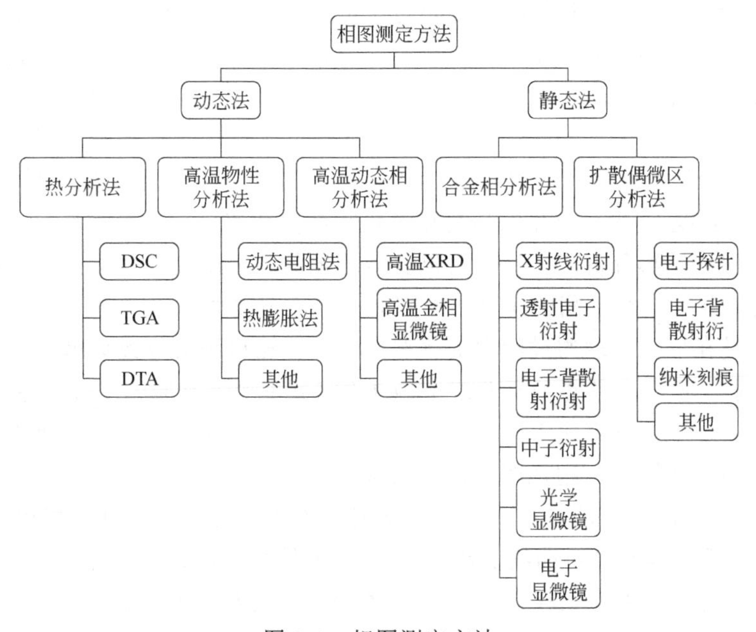

图 2-1 相图测定方法

由实验测量得到的相图结果的准确度与所使用的方法及仪器本身的精度有着较为密切的关系，经常会出现一种实验方法可能适合这个体系而不适合另外的体系的现象。因此，在选用相图的测量方法时必须综合考虑在相变过程中所测量的性质的变化大小和仪器对这一变化的灵敏程度。动态法中的热分析法和静态法中的扩散偶微区分析法，是目前使用比较广泛的方法。

2.2.2 可用于相变研究的常用热分析技术

对于大多数在相变过程中不发生质量变化的相变而言，通常采用热分析技术如差热分析（DTA）、差示扫描量热法（DSC）、静态热机械分析法（TMA）和动态热机械分析法（DMA）来研究大多数的相变。DSC 法主要通过测量材料在相变过程中所伴随的热效应的变化，而 TMA 和 DMA 则主要用来研究材料在发生相变时所伴随的形变和模量的变化。根据这些物理性质的变化，可以得到材料的形变信息。对于大多数可逆过程（包括部分可逆的过程）而言，可以通过重复加热的方法来验证这种相变的可逆程度。

2.2.2.1 差热分析

差热分析（Differential Thermal Analysis，DTA）是在程序控温和一定气氛下，连续测量物质的温度和参比物的温度之间的温度差与温度或时间关系的一类技术。通过 DTA 可以测量物质在随温度或时间变化过程中产生的热效应。实验时，将试样和参比物分别放入坩埚中，然后将坩埚放置在到样品支架上，按照设定的温度程序进行实验。随着温度或时间的变化，当试样产生热效应（如相转变）时，试样端与参比物端之间的温度差将会随之发生变化，在 DTA 曲线中表现为相应的吸热或放热峰。显然，温度差越大，所得到的峰也越大。试样发生变化的次数越多，则在曲线中所得到的峰的数目也就越多。因此，可以根据所得到的吸热峰和放热峰的个数、形状和位置与相应的温度，来定性地比较所研究物质的热过程。

例如，DTA 技术可以用来研究微晶玻璃的晶化工艺、玻璃析晶动力学、玻璃分相等。根据差热分析测试结果可以获得玻璃的特征温度，由这些特征温度可以计算出各种指标，从不同的角度和不同的指标判定玻璃的稳定性[1]。

分相是在形成玻璃的过程中的普遍现象，分相过程会导致玻璃具有 2 个高体积分数的相，反映在差热分析曲线上为 2 个（或多个）不同的 T_g 温度值。由于玻璃分相形成 2 个化学组成不同相，因此其 T_g 也不同。若在试样差热曲线上明显出现 2 个不同温度的 T_g，则说明该玻璃在晶化之前已发生了分相。

例如，在 Na_2O-CaO-SiO_2 玻璃中加入适量 CaF_2（玻璃分为富氟相和贫氟相），在由实验得到的差热分析曲线上存在 2 个 T_g（如图 2-2 所示）。同样在 PbF_2-LaF_3-ZrF_4 玻璃的差热分析曲线上也存在两个 T_g，说明该玻璃发生了分相，其中对应于较低 T_g 的相为富 PbF_2 相，对应于较高 T_g 的相为贫 PbF_2 相（如图 2-3 所示）[2]。

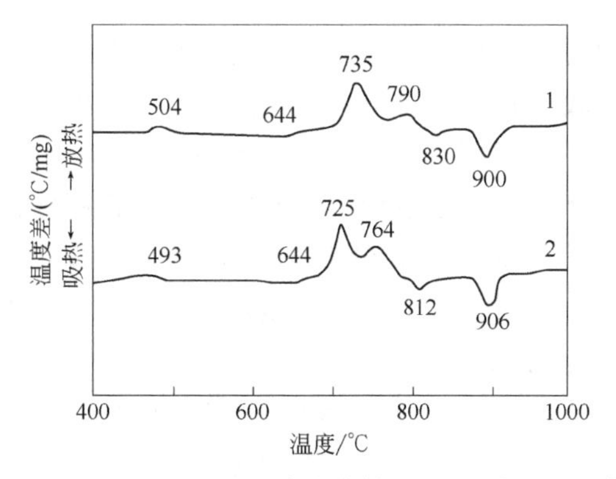

图 2-2　Na_2O-CaO-SiO_2 玻璃中掺入 CaF_2 的 DTA 曲线

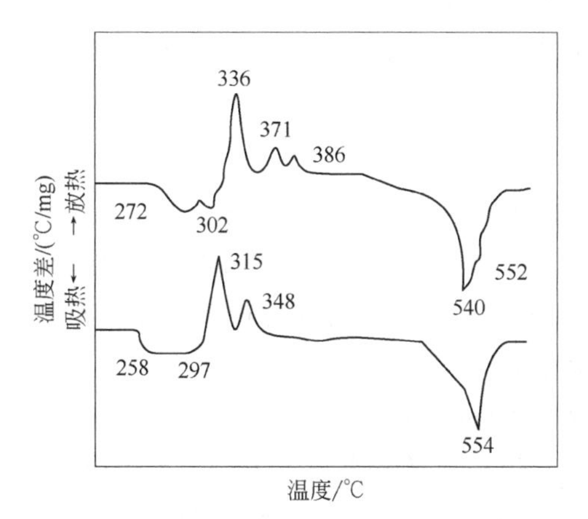

图 2-3　PbF_2-LaF_3-ZrF_4 玻璃的 DTA 曲线

2.2.2.2　差示扫描量热法

差示扫描量热法（Differential Scanning Calorimetry，简称 DSC）是在差热分析的基础上发展起来的一种热分析技术。DSC 的定义为：在程序控制温度和一定气氛下，测量试样相对于参比物的热流（或功率）随温度连续变化的一种技术。DSC 技术克服了 DTA 在定量计算热量变化方面的困难，为定量获得热效应的数据带来了很大的方便。近年来 DSC 的应用发展很快，其常用于测定物质的熔融、结晶、固相相转变以及反应等过程中产生的热量以及特征温度等参数，其已成为材料研究方法中不可缺少的重要手段之一。按照工作原理的差异，常用的 DSC 仪器可以分为热流型和功率补偿型两大类。

在相变研究中，DSC 有着十分广泛的应用。例如：

① DSC 法可用来研究多元醇、层状钙钛矿等相变材料的热物理性能[3]。通过季四戊醇及多元醇混合物二元体系的相变过程分析，可以探究该类相变蓄热材料的形成机理。在常温下多元醇一般为低对称性的层状晶体，当温度升高发生固-

固相变后转变为高对称性的面心立方结构，分子中氢键的断裂导致了无序旋转和无序振动，因此吸收较多热量。对于“层状钙钛矿”有机金属化合物，其固-固相变是由于结构中发生了从有序到无序的结构转变而引起的。在低温下，长链为有序结构，较高温度下转变为无序结构，而无机层的结构则保持不变。

② 可用 DSC 研究液晶物质 2-(4-烷氧苯基)-6-取代苯并噻唑的相变，通过冷却过程的 DSC 实验可以研究化合物的端基对介晶态和相变温度的影响以及相变焓、熵和介晶相的稳定性[4]。

③ 通过对 Ti-Ni 形状记忆合金时效后的 DSC 曲线，可以得到 Ni 含量-时效-相变图[5]。利用该相图可以对给定合金不同时效工艺下的相变类型进行预测，并根据相变类型来设计合金，制定热处理工艺。

④ 用 DSC 法可以准确确定石蜡的熔点及相变焓，研究其液-固相变的过程[6]。

2.2.2.3 热机械分析法

机械性质（力学性质）是材料的重要性质，因此热机械分析法是材料科学的重要研究方法。另外，热机械分析技术也是研究材料相变的一种十分重要的研究手段。概括来说，热机械分析主要分为静态热机械分析和动态热机械分析两大类。

（1）静态热机械分析法

静态热机械分析法（Thermal Mechanical Analysis，简称 TMA）是在程序温度控制（线性升/降温、恒温或循环温度）下，测量物质在非振荡性的负荷（如恒定负荷）作用时所产生的形变随温度变化的一种技术。TMA 对研究和测量材料的应用范围、加工条件、力学性质等都具有十分重要的意义，其可用来研究材料的热机械性能、玻璃化转变温度（T_g）、流动温度（T_f）、软化点、杨氏模量、应力松弛、线膨胀系数等。

热膨胀法（Dilatometry，简称 DIL）可以看作是一种结构最简单的静态热机械分析技术，通过形变曲线可以得到材料在不同的温度程序下的尺寸变化信息，据此可以得到材料在发生尺寸变化时引起的相变等结构变化信息。热膨胀法是在一定的温度程序、负载力接近于零的情况下，测量样品的尺寸变化随温度或时间变化的函数关系的一种热分析测试方法。

（2）动态热机械分析法

动态热机械分析法，又称动态力学热分析法（Dynamic Mechanical Thermal Analysis，简称 DMA 或者 DMTA），通常是在程序控制温度下测量物质在振动负荷作用下的动态模量或力学损耗与温度的关系。动态热机械分析法在材料研究中的应用广泛，尤其可以用于研究在等温或变温条件下材料发生的微弱的相变过程。在比较宽的温度和频率范围内，动态力学实验十分有利于研究物质的化学结构与物理状态的变化。当研究物质尤其是高聚物的相转变时，动态力学实验方法往往是最灵敏的方法。

相比于 DSC、DTA 而言，DMA 在测定物质的相变时具有较高的灵敏度。根据 DMA 曲线中的储能模量 E'、损耗模量 E'' 以及损耗因子 $\tan\delta$ 与温度的关系曲线，可以确定物质的转变温度。当分子的运动状态发生转变（例如玻璃化转变）时，其宏观的力学性质的变化变得较为显著。在较窄的转变温度范围前后，E' 将会迅速下降 3~4 个数量级。在此过程中，链段运动被激发，引起很大的能量损耗，从而使 E'' 和 $\tan\delta$ 出现极大值。由于 DMA 对样品的物理尺寸十分敏感，因此为了得到重复性较好的结果，必须对样品进行严格的预处理。

由于 DSC 法测量的是样品随温度变化的热效应，因此在实验时所采用的温度变化速率、样品的颗粒度、装填方式等都会对测试结果产生不同程度的影响。而 DMA 法测试的是样品模量或力学损耗随时间的变化情况，实验时根据需要采用不同形状的样品，所得到的实验结果受样品的形状、测试频率及升温速率等影响。对于交联体系而言，分子运动产生的热效应较小，在发生微弱的结构转变时热容变化不明显，从而导致 DSC 测试结果不够准确，DMA 法更为可靠。

综合以上分析，在使用以上这些热分析技术研究相变时，应结合所研究相变的性质选择一种或多种合适的热分析技术来进行实验。

2.3 研究热分解时的热分析实验方法选择

热分析法在研究物质的热分解方面具有十分重要的应用，通过实验可以获得关于物质的热稳定性、结构变化以及组成等方面的信息。

由于物质在分解过程中通常伴随着较为明显的质量和热效应的变化，通常用于研究热分解的热分析技术主要包括热重法（TG）、热重-差热分析法（TG-DTA）、热重-差示扫描量热法（TG-DSC），由这些热分析方法可以得到在分解过程中试样产生的质量变化以及伴随的热效应信息。对于在分解过程中有气体产生的过程，还常将这些技术与可用于快速分析在分解过程中逸出气体的结构以及成分变化的红外光谱、质谱、气相色谱/质谱联用技术进行联用。

热重法是在程序控温下，测量物质的质量随温度（或时间）的关系。其测量原理是在程序控制温度和一定气氛下，测量由于物质的物理或化学特性改变而引起质量的变化曲线。通过得到在实验过程中试样质量的实时曲线，分析引起物质性质改变的温度或时间信息。通过 TG-DTA 法和 TG-DSC 法除了可以得到在实验过程的质量信息外，还可以得到被测物在物理性质改变过程中吸收或者放出的能量，从而来研究物质的热性质。

当试样在实验过程中发生热分解时，其质量通常会出现明显的变化，因此热重法是研究物质分解过程的重要手段。图 2-4 为在 20°C/min 的加热速率下得到的稻草的 TG 和 DTG 曲线[7]。图中稻草在 225°C 时开始发生分解，主要的质量减少阶段发生在 225~350°C 范围，此时半纤维素和纤维素发生分解形成热分解产物。这个分解过程一直持续到 700°C，在 350°C 以上分解速率减缓是因为在分解过程中产生了木质素和炭化现象。图 2-4 中的 DTG 曲线表明，在 100°C 以下的失重峰是由于水分损失引起的，发生在 330°C 时的第二个失重峰是由于半纤维素和纤维素的热分解造成的。

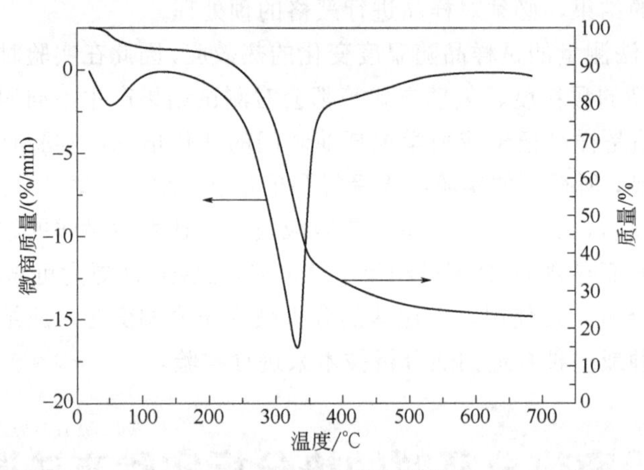

图 2-4　在 20°C/min 下得到的稻草的 TG-DTG 曲线

热分析/红外联用技术（TA/FTIR）主要通过气氛气体将在热分解过程中产生的挥发分或分解产物通过加热至恒定的温度下的传输管线及红外气体池引入至红外光谱仪的光路中，并通过红外光谱仪的检测器进行分析，得到逸出气体官能团信息的一种串接式热分析联用技术。由于该技术弥补了由热重法只能给出热分解温度以及在分解过程的质量变化百分含量，而无法确切地给出挥发气体组分定性结果的不足，因而其在各种有机材料、无机材料以及复合材料的热稳定性和热分解机理研究领域中得到了广泛的应用。

例如，可以用热重法（TG）和傅里叶变换红外光谱法（FTIR）联用技术分析松木屑的热分解和燃烧过程[8]。通常用热裂解气相色谱/质谱（Py-GC/MS）技术分析在松木屑热解过程产生的逸出气体的组成和结构。TG 结果表明，马尾松木屑的热解和燃烧过程均分别呈现出三个失重阶段。在 239~394°C 温度范围，热分解反应的表观活化能为 108.18kJ/mol；而在 226~329°C 和 349~486°C 范围，燃烧过程的表观活化能分别为 128.43kJ/mol 和 98.338kJ/mol。由不同温度下逸出的气体产物的红外光谱图，可以判断在热解和燃烧过程中的气态产物主要为水、甲烷、一氧化碳、二氧化碳、苯酚和烷烃。Py-GC/MS 的分析结果表明，松木屑热分解的主要化合物是小分子气体、乙醛、乙酸、甲酸酐和乙酸酐。由此可以推断主要热解产物可能的形成途径。

热分析/质谱联用技术（TA/MS）是将热分析技术与质谱技术这两类重要的分析技术联用而形成的一种新的分析方法，这种方法充分体现了热分析和质谱两种技术联用而形成的优势互补，是对传统热分析技术的突破，也拓宽了传统的热分析技术和质谱技术的研究和应用领域。热分析法（TA）是在程序控制温度和一定气氛下，测量物质的性质与温度关系的一种热分析技术，具有仪器操作简便、准确度高、灵敏快速、以及试样微量化等优点，因此广泛应用于无机、有机、化工、冶金、医药、食品、能源及生物等领域。但通过热分析技术无法对体系在受热过程中逸出的挥发性组分加以检测，这给研究反应进程、解释反应机理带来了一定的困难。而通过质谱分析法能直接鉴定热反应过程中所逸出的气体。质谱具有灵敏度高，响应时间短的突出优点，在确定分子式方面具有独特的优势，因此 TA/MS 联用技术的研究和应用得到了广泛的应用。热分析和质谱联用技术为探索和改进材料的制备工艺，为准确解释材料热化学反应的机制提供了新的科学依据。

通过这种联用技术不仅可以用来研究研究样品热分解过程中质量、能量变化，还可以用来监测热分解过程中逸出气体产物，推测样品的微观热分解机理。

例如，可以通过热重法和热重/质谱联用技术分别研究氨酚醛树脂的热解反应行为[9]。结果表明，在加热过程中，氨酚醛树脂在 375°C 以下发生分解，产物主要为树脂内部的水、乙醇、一氧化碳等小分子，受热后以气体的形式逸出。当温度超过 375°C 以后，树脂发生裂解反应。该裂解过程分为两部分：第一部分（温度范围为 375~640°C）为链裂解和解聚反应过程，产物主要为甲烷、水、一氧化碳、苯酚、烷基酚；第二部分（温度范围为 500~800°C）为脱氢、成环反应过程，产物主要是水、甲烷和氢气。随着升温速率的增加，氨酚醛树脂的起始失重温度和终止失重温度变化不大，但失重速率峰值的位置向高温方向移动。

可以用以上这些热分析技术来研究各种热分解过程，在实际应用中应根据具体的需要选择合适的实验方法。对于一些结构组成已知的小分子无机物，有时可以只通过热重法即可满足实验要求。例如，对于碳酸钙的热分解过程，根据对其结构信息的了解，碳酸钙在高温下会分解成为二氧化碳和水。如果只是需要简单确定碳酸钙的分解过程和含量，则只通过热重实验即可满足实验目的。例如，图 2-5 为一种由碳酸钙和 α-氧化铝组成的混合物的 TG 曲线。在实验过程中，在 600~900°C 范围只出现了一个台阶，失重量为 36.3%。由于在实验温度范围内 α-氧化铝不发生质量变化，并且由于 α-氧化铝的存在，使碳酸钙的失重量由理论值 44%下降为 36.3%，因此可以计算出碳酸钙的含量为 82.5%。

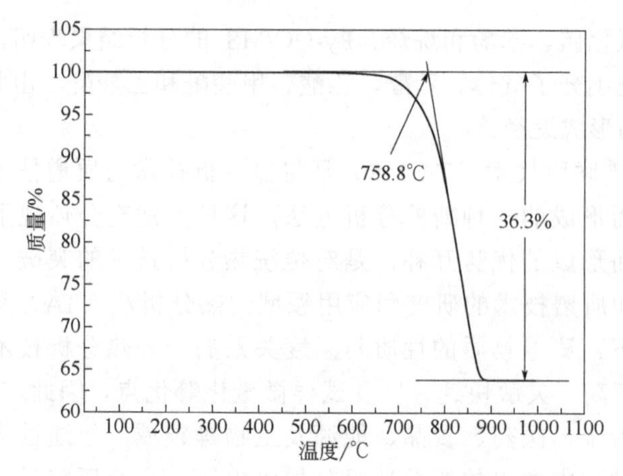

图 2-5 碳酸钙和 α-氧化铝混合物的 TG 曲线

实验条件：在流速为 50mL/min 的氮气气氛下，由 25°C 以 10°C/min 的升温速率加热至 1000°C；敞口氧化铝坩埚

对于热分解过程比较复杂的样品而言，当需要研究其热分解机理时，通常需要使用热分析与红外光谱、质谱或者 GC/MS 联用技术进行联用的方法，得到物质在不同温度下的气体产物的结构和成分的关系。

2.4 特征物理参数的测量

通过热分析技术可以方便地得到材料在不同的实验条件下的物理参数，这些物理参数主要包括比热容、热膨胀系数、热导率、纯度、蒸气压等。在本书第 7 章中，将介绍由 DSC 法测量物质的比热容、纯度、热导率等这些特征物理量的方法。

在选择具体的热分析技术来确定这些物理参数时，应注意不同的实验方法对样品的要求和其工作时的实验参数。例如：

① 在使用 DSC 法测量比热容时，应将材料加工成与所用的标准物质的尺寸相似的形状。

② 在测量物质的纯度时，通过 DSC 法测定物质的纯度的原理是利用了物质（主组分）的熔点随杂质含量的升高而下降的原理，根据 van't Hoff 方程来确定杂质的含量。另外在确定物质纯度时，样品中的主组分应具有熔点并且其中杂质的含量不应高于 10%。因此，并非所有物质的纯度都可以通过 DSC 来确定。对于不具有熔点的非晶态化合物，则无法利用 DSC 法来确定其纯度。对于含有较高杂质的无机物而言，可以由 TG 法来确定杂质的含量。例如在本章 2.3 节中由 TG 法确定碳酸钙中 α-氧化铝的含量的实例。

③ 在确定物质的热膨胀系数时，应根据所需确定的膨胀系数的大小和温度范围来选择合适的热膨胀仪。对于热膨胀系数很小的物质，应使用膨胀系数很小的石英材质的支架来进行测量。当需测量高温下的膨胀系数（如 1200°C 以上）时，由于石英的工作温度一般不高于 1000°C，因此不得不采用膨胀系数略大于石英的氧化铝材质的支架来进行测量。另外，当测量接近室温的温度范围（如室温至 200°C）的热膨胀系数时，所使用的热膨胀仪应具有冷却至室温以下的制冷装置，由只能从室温以上开始实验的仪器得到的实验结果的重复性和准确度均较差。

2.5　在确定样品的热处理条件时的实验方法选择

由于热分析实验是在程序控制温度和一定气氛下进行的，通过其可以方便地模拟在真实的合成和加工过程中材料的结构、成分和性质方面的变化，根据这些信息可以对材料的合成和加工工艺的改善提供有价值的信息。在实际应用中，应结合所关注的问题、样品的性质和工艺的参数来选择合适的实验方法。例如：

① 在确定无机材料的合成条件时，根据 TG-DSC 法不仅可以确定前驱物的分解温度、分解的百分比以及伴随的热效应等信息，还可以判断材料中前驱物被完全烧尽的温度和在焙烧过程中所关注的无机物形成的温度条件等关键信息。

② 在研究陶瓷坯体材料的烧制工艺时，可以结合 TG-DSC 法和 DIL 法从质量、热效应、形变等角度综合分析坯体在不同的温度范围所发生的变化，根据这些信息来优化相应的热处理工艺。根据陶瓷坯体烧结过程中的收缩曲线，可以确定陶瓷烧结过程中快速收缩的温度区间、不同温度的收缩量和最佳烧结温度。结合 TG-DSC 曲线，可以准确地表征出陶瓷坯体在烧结过程中发生一系列的物理化学变化过程，如吸附水和结构水的排除、碳酸盐、硫酸盐及硫化物的分解、旧晶相的消失、新相的产生等。利用热膨胀仪可以测定陶瓷坯体和陶瓷釉的热膨胀系数，选择合理匹配的热膨胀系数，增强坯釉的适应性；通过模拟陶瓷烧结过程进行原位测试，获得不同烧结温度和保温时间的线收缩率，因此可以进一步进行陶瓷材料的烧结动力学研究。

例如，图 2-6 为由两种不同配方制得的电瓷坯体样品的 TG-DSC 曲线[10]。由 TG 曲线可知，两种样品在室温至 300°C 范围内出现了少量的失重，该过程主要是由于坯体失去吸附水引起的。两个样品的主要失重阶段分别发生在 431~571°C 和 436~537°C 范围，并且在两个样品的 DSC 曲线中分别在 478°C 和 437°C 处出现了一个明显的吸热峰。根据样品的矿物组成信息，可以判断此阶段的失重过程主要是由于高岭石分解逸出结构水，最终形成偏高岭石而引起的。由于在坯料中含有一些碳酸盐矿物，根据碳酸盐类矿物的分解温度为400~1000°C，可以判断在此失重阶段可能还伴随着碳酸盐类矿物的分解。在实验过程中，两个样品的总失重率分别为4.81%和3.39%。

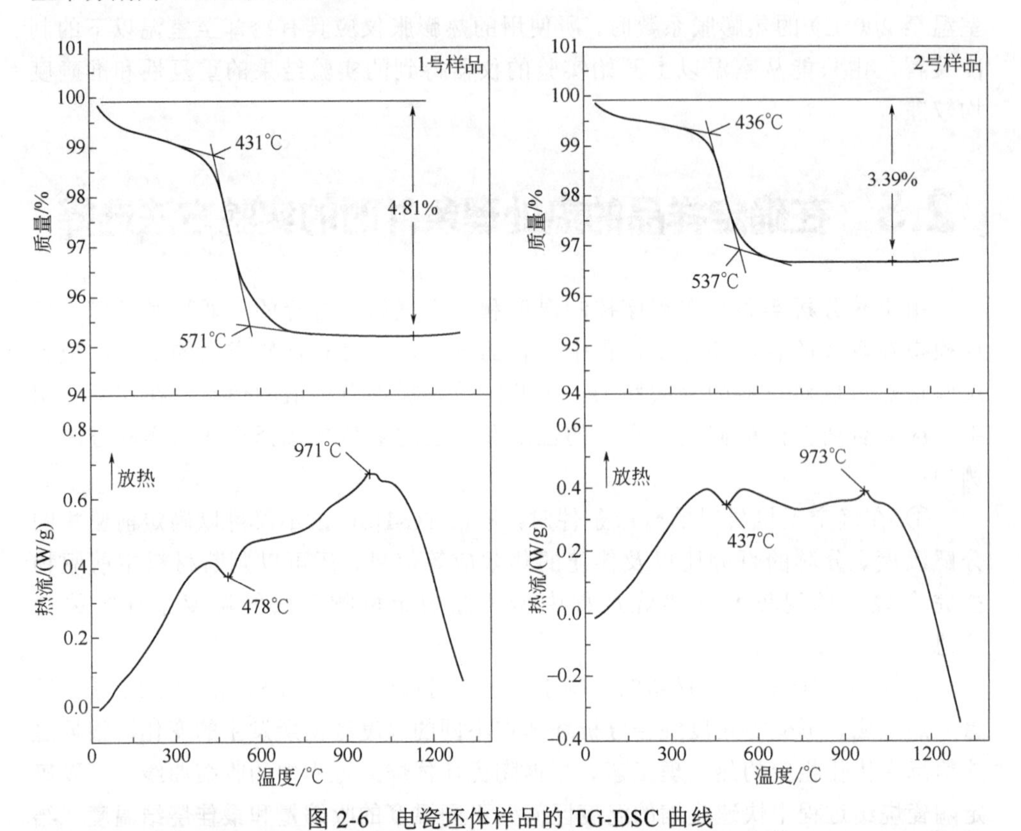

图 2-6 电瓷坯体样品的 TG-DSC 曲线

另外，实验用的两个样品分别在971°C和973°C出现一个放热峰，在此温度下TG曲线并无明显变化，依据相关文献[5]可推知此时为偏高岭石转变为Al-Si尖晶石的过程[11]。

图2-7为由热膨胀仪测得的1号和2号样品的烧结收缩/膨胀曲线。两个样品分别在1280°C和1290°C时停止收缩，然后分别在1320°C和1330°C开始发生膨胀。由此可见，1号样品和2号样品的烧结温度范围分别为1280~1320°C和1290~1330°C。

综合以上分析，在本例中通过DIL曲线可以准确地测定烧结温度，通过TG-DSC曲线可以表征烧结过程中发生的物理、化学变化等。

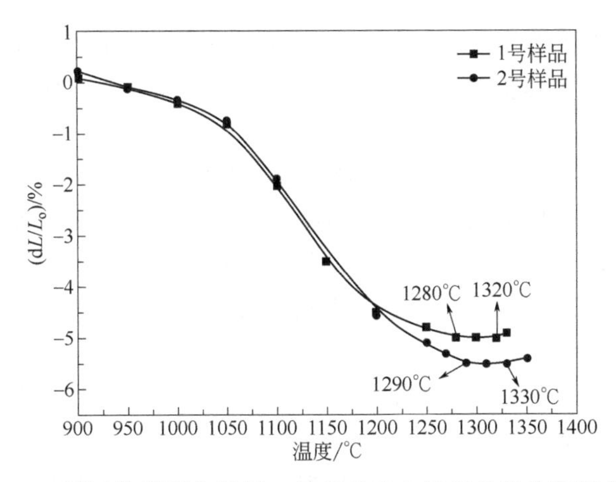

图 2-7　通过热膨胀仪得到 1 号样品和 2 号样品的热膨胀曲线

2.6　特殊环境下的实验方法选择

在实际应用中，一些热分析实验需要在特殊的环境（如控制湿度、高压、真空、光照、磁场、电场等）下完成，此时应选择可以满足这些条件的实验方法。在进行这类特殊环境下的实验时，应结合样品性质和实验目的选择相应的实验方法。

在进行该类型的实验时，需要准确了解可以实现这类实验条件的实验设备的工作原理、样品要求和相关实验参数等相关信息。例如：

① 在对光敏涂料进行等温条件下的紫外光固化实验时，通常由 DSC 实验来研究固化时间和固化热量。在确定实验方法时，应明确可以和 DSC 连接的紫外光固化装置的相关工艺参数（如光照强度范围、波长分布、可正常工作的温度范围等）是否可以满足实验的要求。例如，如果实验要求在某一固定波长（如 360nm）下进行光照，若仪器无法完成这种固定波长的实验，则该实验方法无法满足实验的要求。

② 在进行高压实验时，应了解在实验中实现高压的方式。一些热分析仪（如 DSC、TG）实现高压的方式是通过密封的高压坩埚，在高温下使溶剂发生汽化或者气体产物逸出等途径由自增压的方式实现高压的实验条件。在该类高压实验过程中，无法实时记录下在实验过程中压力的变化信息，也无法方便、准确地控制压力。如果实验需要在可控的压力下进行，则通过这种实验方法无法满足实验要求。应选择通过改变高压气体的压力而使样品所处环境的压力发生变化的方法来满足这类实验要求，可以在实验过程中通过这种压力变化方式控制压力。另外，

当一些热分析仪在配置了压力附件之后，其工作的温度范围（尤其是最高工作温度）通常会变窄。在实验前，应确定这些关键的实验参数在实际的压力环境下的实际数值。

③ 在进行真空实验时，需注意仪器对样品状态的要求。对于一些密度很小的样品在进行真空条件下的实验时易被抽离测量体系，从而很难得到真实的实验结果，通常通过坩埚加盖并扎孔或者控制真空泵的抽速等方式来减弱这种现象。因此，在确定可实现真空下的热分析实验仪器时，应明确仪器达到设定真空状态的方式。

④ 当实验需要考察样品在磁场或电场的作用下的热性质的变化时，需要在相应的热分析仪中加载该类辅助装置来实现这些特殊环境的变化。首先应确认可以实现该类特殊环境下实验的装置与仪器之间的兼容性（电场或磁场对仪器正常工作的影响程度），之后应确认可加载的电场和磁场的方式、强度范围以及可正常工作的温度范围等工作参数。

参 考 文 献

[1] 匡敬忠. 差热分析在玻璃相变中的应用[J]. 玻璃, 2006(4): 29-33.

[2] 曹超, 彭同江, 丁文金. 晶化温度对 $CaO-Al_2O_3-SiO_2-Fe_2O_3$ 系粉煤灰微晶玻璃析晶及性能的影响[J]. 硅酸盐学报, 2013, 41(1): 122-122.

[3] 阮德水, 张太平, 张道圣, 梁树勇, 胡起柱. 相变贮热材料的 DSC 研究[J]. 太阳能学报, 1994, 01: 19-24.

[4] 陆振荣, 杨立. DSC 法研究液晶物质 2-(4-烷氧苯基)-6-取代苯并噻唑的相变热性质[J]. 物理化学学报, 1992, 01: 130-133.

[5] 贺志荣, 张永宏, 解念锁. Ti-Ni 形状记忆合金 DSC 曲线的特征[J]. 理化检验(物理分册), 1997, 04: 21-23+28.

[6] 卞雯, 何观伟. DSC 法测量蜡的熔点及相变焓[J]. 化学工程, 2014, 09: 40-41+47.

[7] Liang Y. G., Cheng B. J., Si Y. B. Thermal decomposition kinetics and characteristics of Spartina alterniflora via thermogravimetric analysis. Renewable Energy[J]. 2014, 68: 111-117.

[8] Huang Y. F., Kuan W. H., Chiueh P. T., Lo S. L. Pyrolysis of biomass by thermal analysis-mass spectrometry (TA-MS)[J]. Bioresource Technology, 2011, 102: 3527-3534.

[9] 黄娜, 刘亮, 王晓叶. 热重质谱联用技术对酚醛树脂热解行为及动力学研究[J]. 宇航材料工艺, 2011: 99-102.

[10] 周海球. 热分析技术在陶瓷材料烧结过程中的应用研究[D]. 湖南: 湖南大学, 2012.

[11] 尹荔松, 周歧发, 唐新桂等. 焙烧高岭土相变研究[J]. 光谱实验室. 1998 (13): 35-37.

第3章　热分析实验条件设计

在确定实验方案后，选择合适的热分析实验条件是决定实验结果能否满足实验要求的另一个关键因素。与其他实验方法不同，由热分析实验得到的曲线受实验条件的影响十分显著。概括来说，影响热分析曲线的实验条件主要包括试样状态、制样方法、实验气氛、温度控制程序、实验容器或支架、仪器结构形式以及仪器状态等。本章将结合实例介绍在实际应用中结合这些影响因素设计合理的实验条件的方法。

3.1　确定实验条件的基本原则

在根据实验目的和实验样品信息确定了相应的热分析技术之后，应选择合适的实验条件来进行热分析实验。实验时，需要确定的实验条件主要包括以下方面。

3.1.1　试样量/试样形状的选择

由于热分析仪器的种类、结构形式、实验条件等因素的差异，导致不同的热分析仪器（有时也包括不同的实验条件）对试样量或试样形状的要求差别较大。

① TGA、DTA、TG-DTA 和 TG-DSC 实验的样品用量一般为坩埚体积的 1/3~1/2。对于密度较大的无机样品而言，所对应的试样质量一般为 10~20mg；对于在实验过程中不发生熔融的样品，在保证仪器安全的前提下，当需要研究较弱的转变时，可根据需要适当加大试样量。热分析串接联用仪（热分析与红外光谱、质谱或 GC/MS 联用技术）对试样的要求与该类热分析仪对试样的要求相同。

② 进行独立的 DSC 实验时，所需要的试样量一般盖满坩埚底部即可，金属等密度较大的样品用量一般不超过 20mg。

对于以上的 TGA、DTA、TG-DTA、TG-DSC 和独立的 DSC 实验而言，这些方法对状态没有严格的要求，液态、块状、粉状、晶态、非晶态等形式均可以进行这类实验。实验前可以不进行专门的处理，直接进行测试。对于比较潮湿的样品，一般在实验前进行干燥处理，以避免因溶剂或吸潮而引起曲线变形。

另外，实验时所用的试样的粒度及形状也会影响由以上热分析技术得到的曲线的形状和特征变化的位置。对于大多数实验而言，试样的粒径不同会引起气体产物扩散的变化，导致气体的逸出速率发生变化，从而引起曲线的形状发生变化。一般情况下，试样的粒径越小，反应速率越快，反映在曲线上的起始分解温度和终止分解温度也降低。同时反应区间变窄，而且分解反应进行得也越彻底。

③ 对于 DIL 实验，在需要准确测定膨胀系数时，所需的试样尺寸应与标准样品的尺寸接近。一般为长度 25mm，直径 2~3mm。试样的具体尺寸取决于所使用的仪器。

④ TMA 实验所需的试样尺寸取决于所采用的实验模式、温度程序和仪器探头的尺寸。

⑤ 当进行 DMA 实验时，实验时所需的试样尺寸取决于实验模式、温度程序和夹具的尺寸。高模量（>50GPa）的材料应该用长而薄的试样，以保证挠度的精确测量。低模量（<100MPa）的材料应该用短而厚的试样，以保证作用力的测量具有足够的精度。DMA 实验时，对于双悬梁夹具，要求试样的跨（自由长度）/厚比>16、跨/宽比>6；对于三点弯曲夹具，要求试样的跨/厚比>8、跨/宽比>3。需要注意的是，在进行 TMA、DMA 实验时，试样的长度、宽度和厚度的测量要尽可能准确。测量时应进行多次测量，测量较软的样品时不宜用力过大。

3.1.2 实验气氛的选择

热分析实验可选择的气氛通常为静态（真空、高压、自然气氛）或动态气氛（氧化性气氛、还原性气氛、惰性气氛、反应性气氛），实验时应根据需要选择合适的实验气氛和流速。实验气氛的流速一般不宜过大。在较大的流速下，往往会出现较轻的试样来不及发生完全分解而被气流带离测量体系的现象，从而影响热分析曲线的形状和位置；而过低的流速则不利于分解产物及时排出，一般会使分解温度升高，严重时也会影响反应机理。

在选择实验气氛时，应明确实验气氛在实验过程中的作用。以下列出了在几种常见的应用中选择气氛的方法：

① 如果仅通过气氛使炉内温度保持均匀，及时将实验过程中产生的气体产物带离实验体系，则通常选用惰性气氛。

② 如果需要考查试样在特定的气氛下的行为时，应选择特定的实验气氛。此时气氛的作用可以是惰性气氛，也可以是反应性气氛。

③ 当需要研究试样在自然气氛（即自发性气氛）下的热行为时，此时样品室不需要通入气氛气体（将流速设为 0 或者关闭气体开关）。需注意，当试样发生分解时，这种实验方式通常会污染检测器。

④ 对于相邻的两个过程，可以通过改变实验气氛来实现相邻过程的有效分

离。例如，图 3-1 为碳酸锶的 DTA 曲线，当实验气氛由空气切换为 CO_2 时，$SrCO_3$ 的晶型转变温度（立方晶型变为六方晶型）基本维持在 927°C 不变，而初始分解温度由 950°C 升高至 1150°C，升高了 200°C 变化很大。这是由于 CO_2 气氛的存在不利于碳酸锶分解为 CO_2 和氧化锶，导致反应在更高的温度下进行。

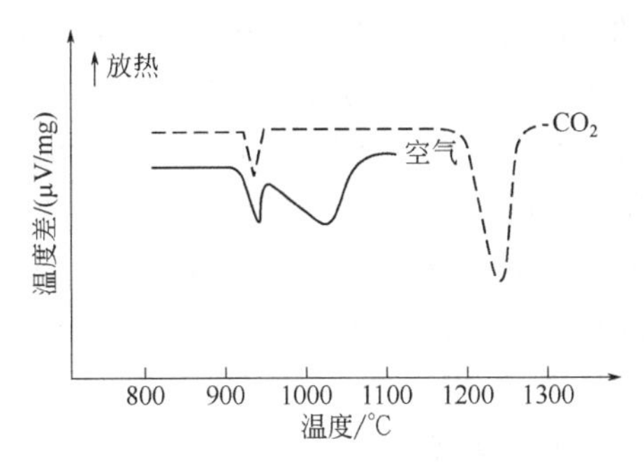

图 3-1 在不同气氛下碳酸锶的 DTA 曲线

⑤ 对于含有复合材料或者含有有机物的混合物，通过对比其在氧化性气氛和惰性气氛下的分解过程可以确定其中无机组分和有机组分的相对含量。对于含有 C、H、O、N 等元素的有机物，在惰性气氛下发生热裂解过程时，键合最弱的结构部分最容易发生裂解，该过程通常在较低的温度下发生。对于一些键合作用较强、含有不饱和键的结构单元，在惰性气氛下容易形成结构更稳定的化合物，在惰性气氛不容易发生彻底的分解。当氧气分子存在时，这种较稳定的化合物容易发生氧化分解。根据不同组分在不同温度范围发生的热分解过程，可以确定热稳定性不同的组分的含量。

⑥ 当使用反应性气氛时，应充分评估在实验条件下气氛对仪器的关键部件的安全性。一些反应性气氛如氢气、纯氧等，在高温下可能会与仪器的关键部件发生反应，对仪器造成不可逆的损害。

3.1.3 温度控制程序的选择

在热分析实验中所采用的温度控制程序主要包括加热、降温、等温以及这些方式的组合等形式，其中以在一定的温度范围内按照恒定的加热/降温速率的方式改变温度的温度控制程序最为常用。

对于 TG、DTA、DSC、TG-DTA 和 TG-DSC 实验，由于所用的仪器的加热炉体积较小、实验时的试样量较小，常用的温度扫描速率一般为 10°C/min。而 DIL、TMA、DMA 实验由于加热炉体积较大、试样体积较大，因此常用的升温速率一般为 3~5°C/min。

（1）温度扫描速率的选择

对于线性加热或降温的过程而言，采用较快的升温速率可以有效地提高仪器的灵敏度，但这样会导致分辨率下降，从而使相邻的转变过程更难分离。一般情况下，在实际应用中，应综合考虑转变的性质和仪器的灵敏度，折中选择一个合适的温度扫描速率。

对于较弱的转变过程而言，可以通过提高升温/降温速率的方法来提高灵敏度。一般而言，较高的升温速率会使测得的转变温度移向高温，而较快的降温速率则会使测得的转变温度移向低温。通常通过多个温度扫描速率实验，在数据分析时外推至 0 温度扫描速率的方法得到较为准确的转变温度。

例如，图 3-2 为在不同的升温速率下得到的一种无机相变材料的 DSC 曲线。由图可见，当升温速率变大时，峰值温度向高温方向移动，同时峰的强度变大。当升温速率由 2.5°C/min 增加至 30°C/min 时，DSC 曲线的峰值温度由 70.3°C 升高至 73.7°C；曲线的峰高由−0.3W/g 变大至−0.9W/g，峰高增加了 3 倍。但同时也注意到，在图 3-2 中，当升温速率变大时，除峰高变大外，峰宽也随之变大。对于相邻的转变而言，较大的峰宽使转变变得更加难以分离。

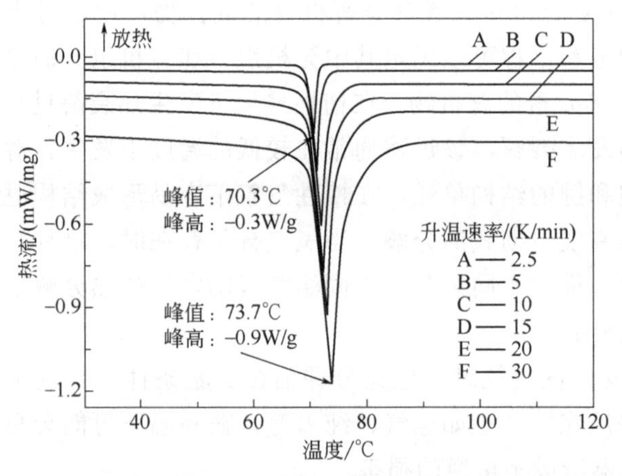

图 3-2　不同升温速率下得到的一种无机相变材料的 DSC 曲线

实验条件：流速为 50mL/min 的氮气气氛；以图中所示的不同的升温速率在 0~180°C 重复加热同一试样；密封固体铝坩埚；试样质量为 22.15mg

（2）在降温过程中温度程序的选择

降温实验一般适用于研究可逆转变过程，可用于研究过冷度。当实验过程中需要降至较低温度时，需要考虑降温设备的制冷能力。

一般来说，采用一级机械制冷的冷却装置可以实现大约−40°C 的低温环境，而通过二级制冷装置则一般可以达到−110~−90°C 的低温环境。对于大多数采用二级制冷降温装置的 DSC 仪器而言，从室温至−50°C，可以控制的降温速率小于 10°C/min，而在−90~−50°C 范围的降温速率则通常小于 10°C/min。液氮制冷效果优于机械制冷，液氮制冷一般可以实现最低温度约为−170°C，一些制冷设备好的仪器可以达到−190°C，不能达到与液氮温度相当的 77K 低温。利用液氮制冷方式，在−100°C 以上的降温速率可达到 20°C/min。在实验过程中除了可以采用以上两种制冷形式外，还可采用其他的制冷方式如空气制冷、干冰制冷、盐浴制冷等。

（3）温度范围的选择

从仪器角度来看，独立的 DSC 仪器通常不用来研究分解过程，实验时的最高温度应至少低于分解温度 5~10°C。使用 TMA、DIL、DMA 时最高温度设到初始熔融温度即可，应避免使试样在实验过程中发生大面积熔融和烧结，否则可能会污染样品支架或探头。

另外，由于 DMA 仪器的炉体通常比 DSC 仪大得多，因此其升/降温速率明显低于 DSC。

在进行等温实验时，从开始温度达到设定温度所需的时间越短越好（即热惯性越小越好），以避免所关注的变化在达到设定温度的过程中已经发生。

3.1.4　实验容器或支持器的选择

对于 TG、DTA、DSC 以及同步热分析仪而言，由于其测试对象主要是粉末，在实验时通常用坩埚来盛装实验用的样品。对于 TMA、DIL 和 DMA 而言，通常将用来支撑块状样品的容器或支持器称为探头或者夹具。无论是坩埚还是支架或者探头，其在实验过程中均不能与试样发生任何形式的反应。

一般来说，用于热分析实验的坩埚主要有敞开式和密封式两大类。坩埚的材质有很多种，常用的主要有铝、石墨、金、白金、银、陶瓷和不锈钢等材质，在实验时应根据样品的状态、性质和测量目的合理地选择坩埚的形状和材质。

敞开式坩埚是指在实验时通常不加盖子的情形，需要加盖子时将盖子小心置于坩埚口即可（常用 TG 实验）。有些实验中为了使试样和坩埚底之间有更好的传热效果而在加盖后进行了压片密封处理（通常指铝坩埚），但是常用的坩埚的密封性较差，一般可以承受 3~5atm[1]的压力。如果样品中含有较多的挥发性成分，在实验前为液态，或者在实验中出现液态或发生分解，则通常不适宜采用完全封闭的坩埚。有时为了避免挥发或者分解的气体产物对仪器的污染，通常会采用在封闭的坩埚上扎孔的方法。对于热稳定性不明确的样品，在进行 DSC 测试前，需预先通过一个热重实验来大体确定其分解温度。在 TG、DTA 实验中，对于剧烈分解的样品而言，除了采用尽可能少的试样量外，通常采用加盖的坩埚，并在盖子中心位置扎一个圆形的小孔，以便使在实验过程中产生的气体产物及时逸出。当使用敞口坩埚时，若出现试样来不及分解即被带出坩埚（迸溅现象）时，也应采用坩埚加盖扎孔的方法。

---

[1] 1atm=101.325kPa。

需要注意，相比于不加盖的实验，由加盖后的坩埚得到的热分析曲线的形状通常会产生比较大的变化，得到的相应的特征温度也比不加盖的高。图 3-3 为一种含有剧烈分解有机组分的树脂材料在实验时采用坩埚加载带有小孔的盖子前后得到的 TG 曲线。由图可见，当试样坩埚不加载盖子时，在 150°C 附的近时 TG 曲线出现了急剧的失重，加热至 155°C 时质量剩余量不足 1%；而在加载盖子后，TG 曲线在 150°C 附近出现了连续的多个失重台阶。当加热至 1100°C 附近时，剩余质量为 9%。由此可见，对于该试样而言，当试样中的有机组分发生急剧分解时，瞬间产生的大量气流会将坩埚中未分解的组分带走而引起大量的失重（即在分解时发生了剧烈的样品迸溅现象）。当在坩埚上加载了带有小孔的盖子后，盖子可以有效地阻止在剧烈分解时产生的气体将未分解的组分带离坩埚，在该条件下得到的 TG 曲线更加接近样品中每种组分的分解过程。

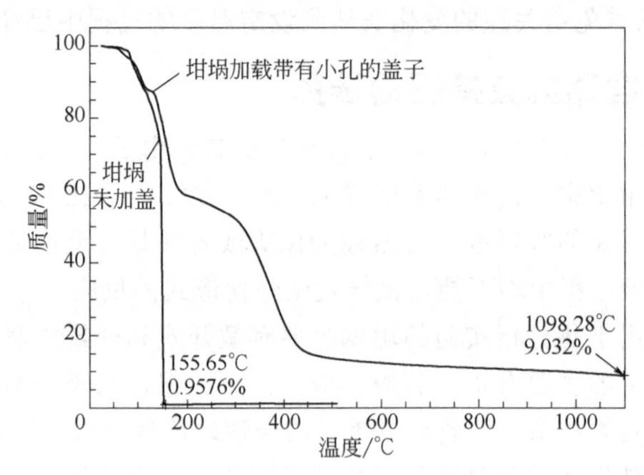

图 3-3　一种含有剧烈分解有机组分的树脂材料，在实验时坩埚加载带有小孔的盖子前后的 TG 曲线

实验条件：流速为 100mL/min 的氮气气氛；由室温以 10°C/min 的升温速率加热至 1100°C；氧化铝坩埚

另外，在选择坩埚的材质时还应注意不同材质的坩埚可以承受的最高温度。例如，铝坩埚的最高使用温度一般不应超过 600°C，在进行更高温度的实验时可选择使用金坩埚或者铂坩埚。研究分解反应的 TG、DTA 实验一般不能用铝坩埚，常用氧化铝、陶瓷、铂、铜、不锈钢等坩埚，在使用时应注意坩埚的最高使用温度。如果样品中含磷、硫和卤素试样，则不能用铂坩埚。铂对许多有机、无机反应有催化作用，如对棉纤维、聚丙烯腈等聚合物的分解过程有催化氧化作用。碱性物质通常不使用陶瓷类坩埚，含氟的聚合物因会与硅形成硅化合物也不能使用陶瓷坩埚。

在向坩埚中加载试样之前，应注意检查坩埚的底部是否平整，确认其中是否存在裂纹。铝坩埚通常一次性使用，而大多数实验中的铂坩埚、金坩埚和刚玉坩埚可以重复使用。在重复使用过程中对坩埚的清洗很重要，清洗方法因内部残留物质成分不同而不同。对于可以取出的残渣，应取出后再进行清洗、烘干后的坩埚可以再次使用。大多数残留物难以清理，如果残留物是有机物，可以用酒精喷灯或者便携式燃烧器灼烧；当残留物是金属时，需用稀盐酸或稀硝酸浸泡；当残渣是玻璃、陶瓷时，可用氢氟酸清洗。在使用酸进行浸泡时需要考虑坩埚的材质。例如，铂坩埚不能使用王水，刚玉坩埚（氧化铝）不能使用氢氟酸。在实际工作中常常将污染过的坩埚积累到较多的数量（通常为几十个）后，依次用酸、酒精、丙酮浸泡，超声波清洗之后，再用大量水、去离子水浸泡冲洗，最后置于马弗炉中高温灼烧。

一些微量量热仪采用可重复使用的安瓿瓶或者与测量单元结合为一个整体的固定式量热池作为容器，实验时用移液器将需测试的样品直接加入其中。有些情况下也可以不使用容器，例如当使用 DSC 测试大尺寸块状试样（D<5mm）的固相相转变时，在保证仪器安全的前提下可以不用坩埚，这样可以提高测量的灵敏度。

对于热机械分析实验，通常将试样直接放置在相应的支架或者夹具中。在实验过程中，应注意在实验的温度范围内试样不应发生较为明显的熔融或者分解现象，即实验的最高温度应低于样品的熔融或者分解温度。

3.1.5　其他实验条件的选择

在进行热机械分析实验时，需要确定在实验时的力、形变的变化条件。应根据实验目的和实验样品的性质，确定合适的试样形状，并根据试样形状选择需加载的预加载力、应变、力的频率和力的加载方式等实验条件。另外，不同厂商的商品化仪器的实验模式之间存在着较大的差别，实验时应结合所用的仪器的特点来选择合适的力加载方式、应力、应变的变化条件等实验条件。

3.1.6　控制环境下的实验条件的选择

在确定以上条件后，有时还应根据需要来选择在实验时是否需要控制湿度、磁场、电场、光照等条件。

在实际应用中，应结合实际的实验目的来判断所使用的热分析仪能否满足实验要求的特殊条件，仪器通常以附件的形式来实现上述的特殊实验条件。在实验时，应根据实验需要设置相应的实验参数。

3.1.7　数据采集频率的设置

对于大多数实验而言，在实验过程中 1s/点的数据采集频率足以准确记录在实验过程中试样的性质的变化信息。但对于一些非常快的变化过程而言，由仪器默认的数据采集频率无法实时记录下该过程中的变化信息。例如，对于近年来兴起的闪速差示扫描量热技术，其加热速率可达 3×10^{6}°C/min[1-5]，完成一次加热过程所需的时间往往只需要几毫秒或者微秒，此时如果再使用默认的1s/点的数据采集频率，显然是无法记录下实验过程中发生的快速的变化信息。另外，对于耗时很长的等温实验或者较低加热速率的实验（例如，加热速率低于0.1°C/h）而言，如果仍然使用1s/点的数据采集频率，将会导致得到的数据文件非常大，经常会出现在数据分析软件中无法分析或者分析速度十分缓慢的现象。另外，在这种条件下所得曲线的基线噪声也很大，有时会影响对曲线中正常的变化的分析。

综上分析，实验者应综合考虑仪器、样品等各方面的因素，结合实验目的来拟定合理的实验方案，这是决定热分析实验成败的十分关键的因素之一。

在本章3.1节中简要地介绍了实验条件选择的基本原则，为了便于读者在实际应用时针对每种常用的实验方法来合理确定实验条件，在以下的内容中将简要介绍在常用的热分析技术的实验条件设定时常见的问题。对于一些在3.1节中已经介绍过的内容将不作重复性的介绍。

3.2 热重法的实验条件选择

热重法（TG）是指在程序控制温度和一定气氛下测量待测样品的质量与温度或时间变化关系的一种热分析技术，其主要用于研究固态和液态物质的分解、化合、脱水、吸附、脱析、升华、蒸发等伴有质量改变的热变化现象。由TG法可以对物质进行定性分析、组分分析、热参数测定和动力学参数测定等，其在研发和质量控制方面都是比较常用的检测手段。在实际的材料分析中，TG法经常与其他分析方法联用，进行综合热分析，以全面、准确地分析材料的热性质，是应用最多、最广泛的一种热分析技术。

以下简要介绍在热重实验中需注意的与实验条件设置相关的常见问题。

3.2.1 制样

理论上，除气体状态之外的所有状态的物质均可用于热重实验。在制样时应注意以下问题：

① 在实际的实验过程中，如果对于样品中含有的溶剂或者从环境中吸附的水分等组分不感兴趣，为了避免这些组分对于曲线的干扰，应首先对用于TG实验的样品进行预干燥处理。

② 对于含有大量溶剂的溶液样品（浓度大于3%~5%）或者含有易挥发的组分的样品，当需要由热重实验确定其组分时，应首先在控制软件中编辑相应的实验信息并对空白坩埚进行称重、去皮操作。然后快速制样，同时将坩埚放置在仪器的支架或吊篮中，在关闭炉体后尽快开始实验。

③ 每次实验的试样量一般为坩埚体积的 1/3~1/2。对于需要通过分解过程确定样品中含量较低的组分时，试样量应尽可能多，以提高测量的灵敏度。对于样品中含有在高温下易发生爆炸或快速分解的样品而言，应选取尽可能少的试样量进行实验，同时应采用尽可能大的气氛气体的流速。

④ 对于块状样品或者薄膜样品，在制样时应将试样放置在坩埚底部的正中间位置，以保证实验结果的重复性。

⑤ 对于混合物样品或分布不均匀的块状样品，在取样时应尽可能保证样品的均匀性和代表性，必要时应进行多次重复实验。

3.2.2 实验气氛

TG 实验中的实验气氛除了可以起到保持试样周围温度的均匀性的作用之外，还可以及时将实验时产生的气体产物带离实验体系。在一些应用中，实验气氛还与试样或分解产物发生进一步的反应。在设定 TG 实验中的气氛条件时应注意以下几个方面的问题：

① 明确实验气氛的性质。如需考查试样在不同温度下的热裂解过程，则需采用相对于整个实验体系为惰性（即在实验过程中不参与反应）的气氛气体，气氛气体的主要作用为及时将分解过程中产生的气态产物带离测量体系。

② 当需要根据热稳定性质的差异来确定混合物组分时，通常需要根据组分的性质分别采用惰性气氛加反应性气氛的方法。在实际应用中，可以通过分别对比惰性气氛下和反应性气氛下的 TG 曲线的方法来确定组分含量，也可通过在一次实验中在不同的温度范围采用切换不同的气氛条件的方法来确定。

③ 在设置气氛气体的流速时，应充分考虑样品的密度和分解性质。对于较轻的样品和比较剧烈的分解过程（即在分解时产生大量的气体，将未分解的产物带出坩埚）而言，应采用较低的气氛流速。如果通过降低流速还无法得到理想的实验曲线时，则应采用在坩埚上方加载带有小孔的盖子的方法来消除未分解的试样被气体带走对曲线产生的影响。

3.2.3 温度程序

按照采用的实验模式不同，TG 实验主要分为以下两种类型：①等温（或静态）热重法，即在恒温下，连续测量物质质量的变化与时间的关系，通常以时间为横坐标；②非等温（或动态）热重法，即在程序控温（一般是升温）下，连续测量物质质量与温度的关系，通常以温度为横坐标。在这两种实验模式中，以非等温（或动态）热重法最为常用。常用的非等温热重实验为在一定的气氛下，由室温开始以恒定的加热速率加热至实验中需达到的最高温度。在实际的应用中，还会采用其他形式的温度控制程序（如在加热过程中在某一温度下设置等温或者降温操作）。

温度程序通常对 TG 曲线产生十分重要的影响，由不同的温度程序得到的曲线之间的差别很大。在设定温度程序时，应结合实验目的和样品自身的性质设定合适的温度程序。在设置温度程序时，应注意以下几个方面：

① 对于易从环境中吸水的样品，需要在仪器中进行“原位”干燥。在设置温度程序时，通常在进行正式的加热实验之前设置一个室温至100~150°C并等温的预处理程序。例如，图 3-4 为在一个含有预干燥处理的温度控制程序下得到的煤粉的 TG 曲线。由图可见，在干燥处理阶段，试样的质量变化了（3.276−3.561）÷3.561×100% = −8%。即在该阶段试样的质量减少了 8%，对应于样品中含有的水分和其他易挥发物质。在降至室温后重新进行加热的过程中，在室温至 100°C 范围没有再出现明显的质量变化。

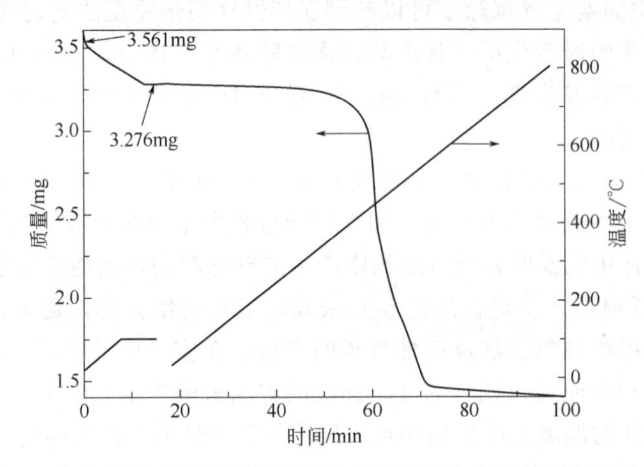

图 3-4 在含有预干燥处理的温度控制程序下得到的煤粉的 TG 曲线

实验条件：流速为 100 mL/min 的氮气气氛；由室温以 10°C/min 的加热速率加热至 100°C，等温 5min，然后快速降至室温，以 10°C/min 的加热速率加热至 800°C；敞口氧化铝坩埚

② 当需要对物质的质量变化过程进行动力学分析时，通常采用多速率非等温动力学分析法。此时，需要得到三条以上的不同加热速率下的 TG 曲线。实验时选择的加热速率应具有一定的变化范围（如成倍变化），常用的加热速率（°C/min）为 5、10、20、40。在由一系列加热速率下得到的 TG 曲线中，随加热速率升高，TG 曲线一般整体向高温方向移动。

另外，在进行动力学分析时，在所选择的加热速率范围内，曲线的形状应相似，不应出现明显的形状变化。图 3-5 为在一系列加热速率下得到的五水合硫酸铜的 DTG 曲线。由图可见，随着加热速率的增大，DTG 曲线整体向高温方向移动，但也出现了峰形的明显变化，主要表现在较高温度下的峰随加热速率的升高明显增强。在较低的加热速率（20°C/min）下，DTG 曲线的两个峰高相差不大。而当加热速率升高至 100°C/min 以上时，高温处的峰已经明显比低温位置的峰增强了几倍，这表明在较高的加热速率下结晶水的失去机制发生了明显的变化。由于在图 3-5 中的加热速率范围下得到的 DTG 曲线的峰形出现了明显的变化，因此这些曲线不适合用来进行动力学分析。

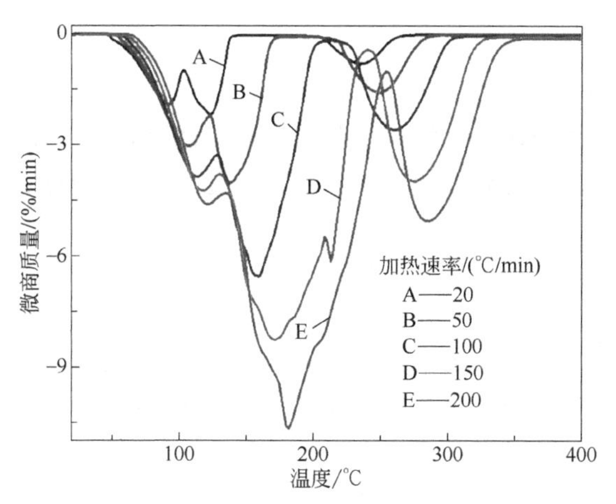

图 3-5　在不同的加热速率下得到的五水合硫酸铜的 DTG 曲线

实验条件：流速为 100mL/min 的氮气气氛；从室温以图中所示的加热速率加热至 400°C；敞口氧化铝坩埚

此外，当进行等温下的动力学分析时，在不同的温度下得到的 TG 曲线的形状应相似，不应出现明显的形状变化。

③ 当 TG 曲线中出现了多个连续变化的台阶时，应采用较低的加热速率或者采用速率超解析的方法使相邻的台阶尽可能分开，以准确确定每一个过程的特征变化量。图 3-6 为分别在 5°C/min 和 10°C/min 的加热速率下得到的金属有机化合

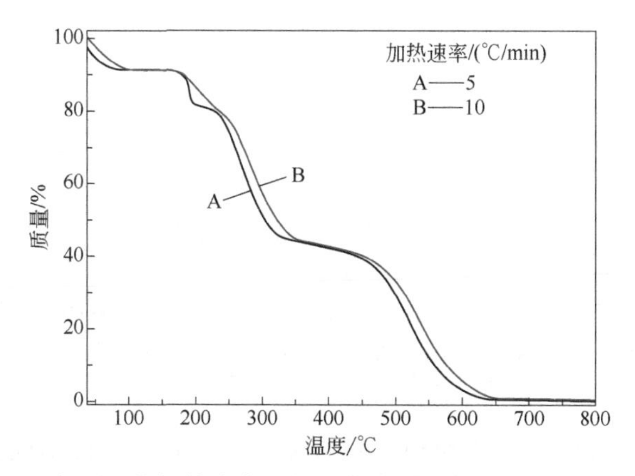

图 3-6　在不同的加热速率下得到的金属有机化合物的 TG 曲线

实验条件：流速为 50mL/min 的氮气气氛；由室温以图中所示的加热速率加热至 800°C；敞口氧化铝坩埚

物的 TG 曲线，由图可见，在较低的加热速率（5°C/min）下得到的 TG 曲线中的每一个失重台阶的形状均比在 10°C/min 下明显得多。由此可见，通过较低的加热速率可以有效地分离几个连续的过程。

3.2.4 坩埚

坩埚是在实验中用来盛装试样的容器，试样在加热过程中有气体产物逸出时，实验中逸出气体的速率受坩埚形状的影响。因此，在 TG 实验时所用的坩埚的形状和材质均会影响得到的曲线的形状和位置。在确定 TG 实验所用的坩埚时，应注意以下问题：

① 坩埚是在热重实验时用于盛装试样的容器，在实验过程中不能与试样发生任何形式的反应，也不能在高温下对试样的反应过程具有催化作用（包括加速和减速作用）。例如，图 3-7 为一种聚合物纤维材料在铂坩埚和氧化铝坩埚中得到的 TG 和 DTG 曲线。由图可见，使用铂坩埚得到的 TG 曲线在 200~500°C 出现了两个较为明显的失重台阶，而由氧化铝坩埚得到的 TG 曲线在该温度范围则出现了一个较为明显的失重台阶。当加热至 700°C 时，由氧化铝坩埚得到的 TG 曲线的剩余质量（22.8%）远大于由铂坩埚得到的 TG 曲线的剩余质量（4.5%）。这是由于铂坩埚中的铂在聚合物发生分解时对于分解过程起到了明显的加速作用，使该聚合物的热分解过程进行得更加彻底。

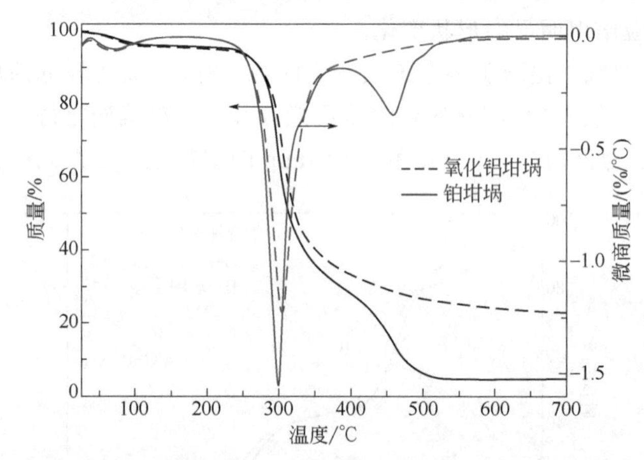

图 3-7　一种聚合物纤维材料在铂坩埚和氧化铝坩埚中得到的 TG 和 DTG 曲线

实验条件：流速为 50mL/min 的氮气气氛；从室温以图中所示的加热速率加热至 700°C；坩埚分别为敞口铂坩埚和敞口氧化铝坩埚

② 当试样在分解过程中快速产生较多的气体时，应使用底部较大的坩埚。同时在实验时应加入较少的试样量，以利于气体产物的逸出。在这种条件下得到的 TG 曲线的重复性明显高于由底部较小的坩埚得到的曲线。

③ 对于急速分解的样品，由于这类样品在短时间内产生了大量的气体，在气体逸出时易将尚未来得及分解的试样带离坩埚，在实验时通常使用加盖的坩埚。坩埚的盖子上通常具有一个形状规则的小孔，以便气体及时逸出。在 3.1.4 节中介绍了类似的内容。有时由加盖的坩埚得到的 TG 曲线会出现难以解释的过程，并且这类曲线的重复性也比由敞口的坩埚得到的 TG 曲线的重复性差。图 3-8 为在坩埚加盖前后分别得到的一种由草酸钙、氢氧化镁、氧化钙组成的混合物的 TG 曲线。由图可见，在加盖后 TG 曲线整体向高温方向移动，并且在 350~450°C 出现了两个连续的台阶变化。根据样品的组成信息，该温度范围对应于草酸钙分解成一氧化碳和碳酸钙的过程，该过程为一步反应，该温度范围得到的 TG 曲线应为一个台阶。而在加盖后，在 350~450°C 出现了两个连续的台阶变化，与真实的过程不相符。当把坩埚盖去除后，该范围的失重台阶变为了一个，与预期的过程一致。

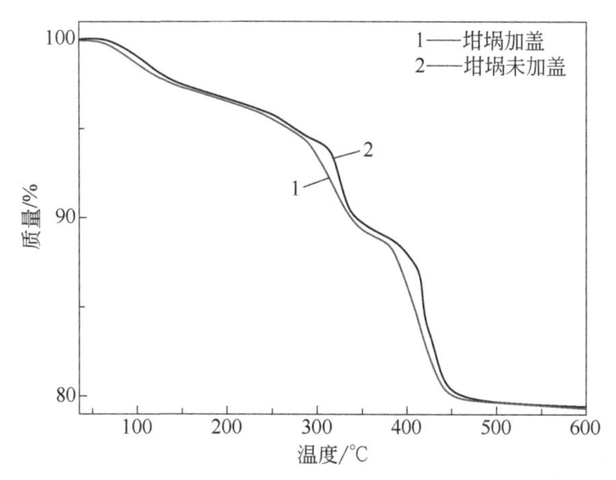

图 3-8 在坩埚加盖前后分别得到的一种由草酸钙、氢氧化镁、氧化钙组成的混合物的 TG 曲线

实验条件：氮气气氛，流速 50mL/min；以 10°C/min 的加热速率加热至 600°C；氧化铝坩埚

3.3 差示扫描量热法的实验条件选择

差示扫描量热（DSC）法是在程序控制温度和一定气氛下，测量输入到试样和参比物之间的热流量（或功率差）与温度（或时间）关系的一种技术。由 DSC 曲线不仅可以方便地得到物质在发生物理和化学变化过程的热效应（包括吸热和放热过程）和比热容变化的信息，还可以得到物质相转变的定量或定性的信息，其优点是分析速度快、样品用量少，且制样简便，适用于大多数固体和液体状态

的样品，可以实现在较宽的温度范围（−180~725°C）下的实验。DSC 具有较好的定量能力，是应用最为广泛的热分析技术之一。

DSC 不仅能够应用于材料的特性研究，如材料的玻璃化转变温度、冷结晶、相转变、熔融、结晶、热稳定性、固化/交联及氧化诱导期等，还适用于药物分析及其他无机物、有机物的热性质分析。

对于灵敏度较高的独立 DSC 仪而言，由于结构设计比较复杂，通常不用其研究分解，其主要被用来得到物质随温度或时间变化的热性质。在本节将简要介绍独立 DSC 的实验条件选择方面的内容。与 TG 法的实验条件选择相似，DSC 实验条件选择主要包括以下几个方面。

3.3.1 制样

与热重法的制样要求相似，除气体状态之外的所有状态的物质均可用于 DSC 实验。在制样时应注意以下问题：

① DSC 制样时，试样量不宜太多。对于大多数样品而言，试样量覆盖坩埚底部即可。由于测量单元位于坩埚正下方，试样应与坩埚底部保持充分接触。

② 样品选择应具有代表性。

③ 试样的质量一般通过差减法由十万分之一克（10^{-5}g）的分析天平准确确定。

④ 在实验过程中试样中含有的溶剂或水分等挥发性物质汽化所产生的热效应（例如汽化、熔融、结晶等过程）会影响 DSC 曲线的形状，对于大多数不关心这类物质的实验而言，在制样前应对样品进行相应的处理，以尽可能消除该类影响。

3.3.2 实验气氛

由于一般不用独立的 DSC 仪来研究物质的热分解过程，因此在大多数的 DSC 实验中的实验气氛为惰性气氛，其作用主要是使试样周围的温度保持均匀。实验时，应根据需要选择合适流速的气氛。在一些应用中，例如需要由 DSC 确定物质的氧化诱导过程时，通常使用氧化性的实验气氛，使其与试样发生氧化反应，测得在该过程中的热效应和特征温度或时间。

3.3.3 温度程序

与 TG 实验相似，DSC 的实验模式主要分为等温（或静态）DSC 和非等温（或动态）DSC 两种，其中以非等温（或动态）DSC 法最为常用。在 DSC 实验中的温度控制程序往往比 TG 实验要复杂得多，例如通常会对同一试样进行多次重复的加热/降温实验，以比较不同的加热/降温次数对所研究的变化的影响。图 3-9 为不同的加热和降温实验的次数（温度程序中包括 15 次加热和 15 次降温）对于一种无机相变材料在 0~100°C 相变的影响的 DSC 曲线，图 3-10 为实验过程所对应的温度-时间曲线。由图 3-9 可见，在加热过程中，随着加热次数增加，所研究的相变的特征温度逐渐移向高温侧，且相变峰依次呈减弱趋势。在降温过程中，随着降温次数的增加，高温侧的相变峰随降温次数的增加而逐渐移向低温侧，而低温侧的肩峰依次则向高温侧移动。

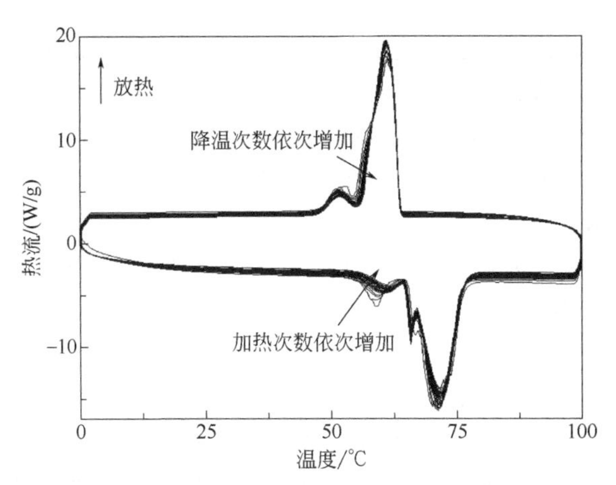

图 3-9　不同的加热和降温实验的次数对无机相变材料相变过程影响的 DSC 曲线

实验条件：流速为 50mL/min 的氮气气氛；在 0°C 等温 5min，以 10°C/min 的升温速率加热至 100°C，等温 5min，以 10°C/min 的降温速率降温至 100°C，重复该温度控制程序 15 次；密封铝坩埚

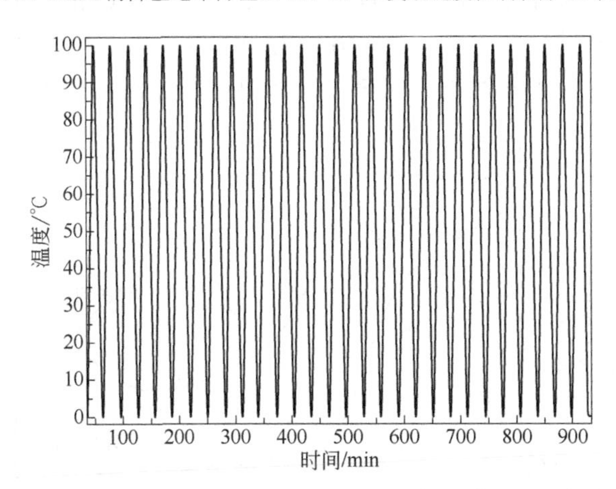

图 3-10　图 3-9 中 DSC 曲线所对应的温度-时间曲线

实验条件：流速为 50 mL/min 的氮气气氛；在 0°C 等温 5min，以 10°C/min 的升温速率加热至 100°C，等温 5min，以 10°C/min 的降温速率降温至 100°C，重复该温度控制程序 15 次；密封铝坩埚

与 TG 实验相似，较高的温度扫描速率对相邻的两个热过程的分辨率下降，但灵敏度会明显增加，在实际应用中，应根据样品性质和实验目的设定合适的温度控制程序。

另外，在进行降温DSC实验时，应根据所要求的降温范围和降温速率选择合适的制冷装置，实验前需要了解所使用的仪器所配置的降温设备的制冷能力。在本章3.1.3节中分别介绍了不同的温度范围所采用的制冷方式，在制定降温程序时可以参考。

3.3.4 坩埚

DSC实验中常用铝坩埚作为实验容器，通常采用密封的方式使试样与坩埚的底部保持充分接触。根据试样状态的不同，常用的DSC坩埚有液体坩埚和固体坩埚两种类型。实验时应根据以下原则来确定所使用的坩埚的类型：

① 对于液态样品或在实验过程中可能有液体生成的样品，在进行DSC实验时应使用液体坩埚。

② 对于实验前、实验过程中以及实验结束后均保持固态的样品，在实验时应使用固体坩埚。由于固体坩埚在制样时，通过盖子将试样压实密封在坩埚中，试样与坩埚底部的接触比较充分。在实验过程中热效应损失较小，曲线中的变化过程更加明显，数据更加准确。

③ 对于含有少量的溶剂的样品，当在实验过程中不希望看到溶剂自身的汽化、熔融等过程对曲线的影响时，通常在使用的液体坩埚盖上扎一个小孔，以利于溶剂在实验过程中挥发逸出。图3-11为含有少量溶剂的聚合物的DSC曲线。由图可见，在第一次加热过程中，DSC曲线在30~135°C出现了一个较宽的吸热峰，该过程是由于试样中含有的溶剂在加热过程中汽化后引起的，汽化后的溶剂分子从坩埚盖子中的小孔逸出。在第二次加热过程中没有出现该溶剂汽化过程，

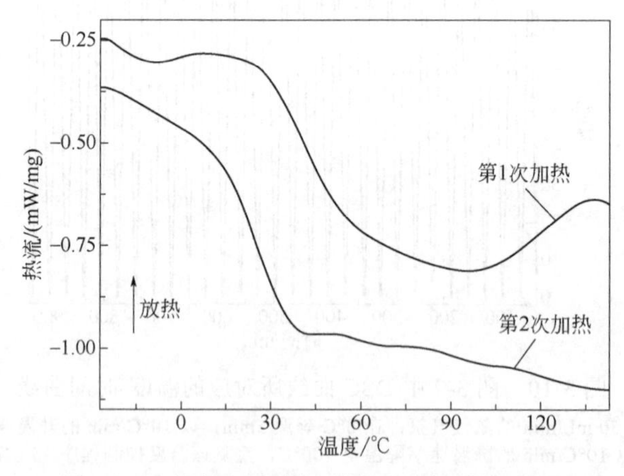

图3-11 含有少量溶剂的聚合物的DSC曲线

实验条件：流速为50mL/min的氮气气氛；在−20°C等温5min，以10°C/min的升温速率加热至135°C并等温5min，再以最快的降温速率降温至−20°C并等温5min，最后以10°C/min的加热速率加热至135°C；密封扎孔铝坩埚

在 0~40°C 出现了一个向吸热方向的台阶，对应于聚合物的玻璃化转变过程。在第一次加热过程中，DSC 曲线中该过程对应的台阶被溶剂汽化过程所对应的吸热峰所掩盖。

④ DSC 实验常用的坩埚的材质为纯铝，当样品在实验前后或者在实验过程中的产物可能会和铝发生反应时，应更换其他材质的坩埚。由于金属材质的坩埚导热效果明显优于陶瓷材质的坩埚，因此，在确保坩埚不与试样及其产物发生反应的前提下，优先使用金属材质的坩埚。

⑤ 在使用合适类型的坩埚时，实验时的最高温度不应高于坩埚所能承受的最高温度，即在实验过程中坩埚不能发生变形、熔融、氧化、反应等现象。

3.4 同步热分析法的实验条件选择

本部分所指的同步热分析法特指热重-差热分析（TG-DTA）技术和热重-差示扫描量热（TG-DSC）技术，属于最常用的同时联用技术。TG-DTA 技术是将热重技术（TG）与差热分析技术（DTA）结合在一起的一种热分析联用技术，实验时由同一个试样在一次测量过程中可以同步获得 TG 和 DTA 曲线。同样地，TG-DSC 技术是将 TG 技术与差示扫描量热技术（DSC）结合在一起的一种热分析联用技术，实验时由同一个试样在一次测量过程中可以同步获得 TG 和 DSC 曲线。

与单独的 TG、DTA 和 DSC 相比，这种同步热分析法具有以下优点：

① 可以有效地消除不是同步进行的两次实验过程所带来的试样质量、均匀性、仪器结构、温度控制、气氛流量等差异带来的影响，使 TG 与 DTA、DSC 曲线之间的一致性更好，一般的同步热分析实验比独立的 DSC 实验可用更多试样量。

② 可以通过实验曲线方便地确定在某热效应过程中是否发生了相应的质量变化，有助于判定该热效应对应的物理、化学过程。通过对照 TG 曲线，如果质（重）量未发生变化，则可以判断在 DTA（或者 DSC）曲线中的吸热峰可能是由于熔融、液晶或不同晶型的转变过程所引起的热效应引起的；而质量未发生变化的放热峰极有可能是结晶；根据试样的物理或化学过程中所产生的质量与能量的变化情况，可以对 DTA（或者 DSC）曲线和 TG 曲线所对应的过程可作出大致的判断。

③ 可以方便地校准热重曲线的温度。独立的热重仪通过居里点和金属丝熔断的方法来进行温度校正，温度的读数仍然受炉内恒温区大小和升温速率的影响，而同步热分析仪的热电偶紧贴着试样皿，因而通过熔融过程中的热效应得到的校正温度数值更加准确。

④ 由于同步热分析仪的加热炉和样品支架所使用的材料一般更耐高温和腐蚀，

与单纯的TGA相比，同步热分析仪的耐腐蚀性要好得多，并且温度测量范围更宽。

但这种形式的同步热分析仪也存在着一定的缺点，例如这种技术一般不如单一的热分析技术灵敏，重复性也比较差。

在一些研究领域中，TG-DTA和TG-DSC技术得到了广泛的应用，例如可以用于确定试样的组成、工艺优化、质量控制、热稳定性分析等领域。

这类技术的实验条件的确定方法基本与TG法相同，在此不做重复介绍。

3.5 热机械分析法的实验条件选择

热机械分析法主要包括热膨胀法（DIL）、静态热机械分析法（TMA）和动态热机械分析法（DMA）三种基本方法。在材料科学中，热机械分析方法应用十分广泛，其可以用来研究聚合物材料的玻璃化转变温度（T_g）、材料的热膨胀系数与收缩性能、热机械性能、软化温度、针入性能、热塑性材料的热性能分析、热固性材料的固化性能、相转变、应力与应变的函数关系、薄膜和纤维的拉伸收缩等性质。

与DSC法相似，由热机械分析可以得到材料在维持自身结构组成时的机械性质信息，即通常不用该类技术来研究材料的分解过程。另外，由于在该类实验中，试样通常与支撑试样的组件（通常称为支持器，在不同的技术中有不同的称谓：DIL中称为支架，TMA中称为探头，而在DMA中则称为夹具）直接接触，因此，除非采用特制的支持器组件，在实验中通常要求试样始终保持固态（一些特殊实验允许发生轻微的熔融现象）。

其中，DIL是在一定的实验气氛、温度程序下和负载力接近于零的情况下，测量试样的尺寸变化随温度或时间的函数关系的一种热分析技术。由DIL实验可以得到用来衡量材料的热膨胀性的指标，即热膨胀系数。热膨胀系数是材料的主要的物理性质之一，它是衡量材料的热稳定性好坏的一个重要指标。它包括两种膨胀系数，即体积膨胀系数（α_V）和线膨胀系数（α_L）。对材料的热膨胀测定具有重要的意义，如可以提高材料的热稳定性、材料的使用安全和材料的强度，根据材料的热膨胀系数，选择合适的材料，从而提高材料的合理使用性。

TMA是在程序温度控制下（等速升温/降温、恒温或循环温度）和一定气氛下，测量物质在受非振荡性的负荷（如恒定负荷）时所产生的形变随温度变化的一种技术。由于各种物质随温度的变化，其力学性能也会发生相应的变化。因此，热机械分析对研究和测量材料的应用温度范围、加工条件、力学性能等具有十分重要的意义。尽管热机械涉及的材料对象非常广泛，包括金属、陶瓷、无机、有机等材料，但用它来研究聚合物材料的玻璃化转变温度（T_g）、流动温度（T_f）、相转变点、杨氏模量、应力松弛等更具有特殊的意义。

DMA 是在程序温度控制下测量物质在承受振荡件负荷（如正弦负荷）时模量和力学阻尼随温度变化的一种技术，其在测量分子结构单元的运动，特别在低温时比其他分析方法更为灵敏，更为有用。在某些方面 DMA 具有一定的优越性，如黏弹性的测量、微小的相变化、预测材料的使用寿命和模拟生产及使用中的环境变化对材料的影响等。DMA 主要应用于：玻璃化转变和熔化测试、二级转变的测试、频率效应、转变过程的优化、弹性体非线性特性的表征、疲劳试验、材料老化的表征、浸渍实验、长期蠕变预估等最佳的材料表征方案。

由于在本章 3.1 节中简要介绍了与热机械分析方法相关的实验条件设计的内容，因此，在本部分不做重复介绍。在以下的内容中仅简要介绍在设定实验条件时需注意的主要问题。

3.5.1　制样

与以上所述的几种热分析方法不同，热机械分析技术的实验对象主要为块状试样，试样可以为方条状、圆柱状、薄膜或纤维等形式，不同的实验模式对于试样的要求有较大的差别。制样时应注意以下几个方面：

① 加工试样时，应注意取样的代表性。试样表面应保持平整、无气泡，试样的形状应尽可能规则，符合所用的实验模式的要求。例如，在进行压缩模式的实验时，要求试样的上下底面与夹具或探头的接触面应尽可能紧密，因此要求试样的上下两个底面应尽可能光滑并且保持平行。

② 如 3.1.1 节所述，在进行热膨胀实验时，为了得到相对准确的测量数据，试样的长度应尽可能与标准样品的长度保持一致。

③ 在测量试样的尺寸时，应尽可能采用相同的条件来进行。

④ 在进行系列实验时，所用试样的尺寸应尽可能保持一致。

3.5.2　实验气氛

由于热机械分析技术一般不用来研究物质的热分解，因此大多数的该类实验中的实验气氛为惰性气氛或者用压缩空气，其作用主要是保持试样周围温度的均匀性。不同的仪器在正常工作时的气氛的流速差别较大，实验时应根据实际需要来进行灵活选择。

3.5.3　温度程序

与 DSC 相似，热机械分析的实验模式主要分为等温（或静态）和非等温（或动态）两种，这两种形式的温度程序在实际应用中均得到了广泛的应用。在一些工艺优化实验中，通常会采用较为复杂的温度控制程序。例如，图 3-12 为通过 DIL 实验模拟一种陶瓷坯体在实际烧制工艺中的实验曲线。可见为了避免在加热过程中发生坯体开裂现象，在进行热处理过程中需要根据形变量调整加热速率，必要时添加等温段（有些烧制工艺中还会加入降温阶段），使坯体中添加的黏合剂、表面活性剂等组分在加热中缓慢逸出。在这些添加物大部分逸出后，在烧制阶段后期可以采用较快速的加热速率。在有些烧制工艺中，为了提升材料的性能，在烧制后期通常会插入等温段，使陶瓷在高温下形成一定的相态。

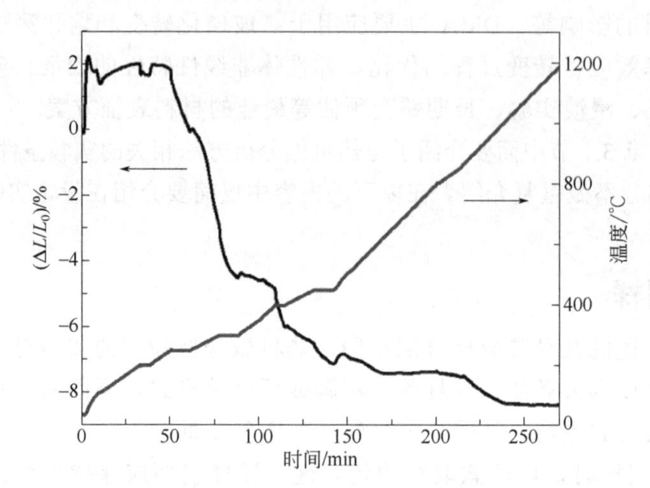

图 3-12　通过 DIL 实验模拟一种陶瓷坯体在实际烧制工艺中的实验曲线

实验条件：流速为 100mL/min 的空气气氛；按照图中向右箭头所示的温度程序由室温升温至 1200°C

由于热机械分析实验中所用的试样多为块体状态，实验时所需的试样量明显多于 TG 和 DSC 实验，再加上该类实验的加热炉的体积通常较大，因此，为保证试样在实验过程中的温度均匀，在温度程序中所采用的温度扫描速率通常低于 5°C/min。

另外，在进行降温实验时，应根据所要求的降温范围和降温速率选择合适的制冷装置，在实验前需要了解仪器所配置的降温设备的制冷能力。在 3.1.3 节中介绍了不同的温度范围所采用的制冷方式，在制定降温程序时可以参考。

3.5.4　支持器类型

如前所述，在进行热机械分析实验时，试样与支撑试样的支持器之间通常直接接触。在实验过程中对试样施加的不同形式的作用力通过支持器传递到试样，并使之产生相应的形变。在 TMA 和 DMA 实验中，常用的力的加载方式主要有拉伸、压缩、弯曲、剪切等。对于大多数 DIL 实验而言，通常通过压缩形式对试样施加一个很小的作用力。对于一些配备有拉伸模式的支架的 DIL 仪，还可以对试样施加一个很小的拉伸形式的作用力。

实验时，应根据试样的状态和实验需要选择合适形式的作用力。例如，对于弹性较好的橡胶等弹性体，其在外力作用下容易发生变形。对于薄膜状态的试样，在进行热机械分析时通常采用拉伸模式进行实验；对于块体状态的试样，可以采用压缩或者剪切模式进行实验，具体的受力模式应根据实际的实验需求进行选择。对于储能模量较大的不易发生变形的样品，通常采用弯曲模式进行实验。在不同的受力模式下得到的曲线之间的差别通常较大，在设定实验条件和对曲线进行解析时必须考虑不同的受力方式的影响。

3.5.5 实验模式

与TG和DSC实验相比，在热机械分析实验中多了应力、应变、频率（对于DMA实验）等变量，使得实验条件的设定变得更加复杂。

一般来说，静态热机械分析实验包括标准模式（即在恒应力或应变下，进行时间或温度扫描）、应力/应变模式（即在等温下进行应力或应变扫描得到应力应变曲线）、蠕变/应力松弛模式等。在实验中应根据样品的不同性质和实验目的，选择不同的操作模式。

相比于静态热机械分析法，由动态热机械分析法可以实现的操作模式更加丰富。通过DMA仪不仅可以实现TMA仪可以实现的操作模式（即应力或应变的变化频率为0）外，还可以实现在周期性变化的应力或应变下的线性升温速率/多振幅扫描、线性升温速率/单频率实验、步阶升温和定温/单频率实验、步阶升温和定温/多频率扫描、等温-定频率/应变扫描等操作模式。在实验中，应根据样品的不同性质和实验需求选择不同的操作模式。

3.6 热分析联用技术的实验条件设定

在3.4节中介绍的同步热分析法属于热分析联用技术中的同时联用热分析技术，这类技术的实验条件设定与TG十分相似。与同时联用技术相比，间歇式联用分析技术的实验条件相对复杂一些。

在实际的间歇式联用技术中，不仅包括热分析仪（主要为TG仪、TG-DTA仪和TG-DSC仪）分别与红外光谱仪、质谱仪、气相色谱仪、气相色谱/质谱联用仪的两种技术之间的两级联用技术，还包括热分析仪与以上两种以上的技术之间的多级联用技术，例如热分析/红外光谱/质谱联用技术。由热分析仪逸出的气体可以依次经过红外光谱仪、气相色谱仪、质谱仪（即多级串联联用技术），也可以自热分析仪逸出后同时经过红外光谱仪、质谱仪或气相色谱/质谱联用仪（也可以是独立的气相色谱仪）。

以上所介绍的不同的联用技术之间的实验条件设定大同小异，为避免内容重复，在本部分中仅介绍间歇式联用技术中常用的热分析技术与红外光谱、质谱联用技术的实验条件设定方法。为了叙述方便，热分析部分以热重分析为例来进行介绍。

3.6.1 热分析/质谱联用技术的实验条件设定

概括来说，热重/质谱联用的实验条件设定主要包括热重仪实验条件设定、质谱仪实验条件设定和传输管线的实验条件设定三部分内容。

3.6.1.1 热重仪部分的实验条件设定

实验时应根据实验需要选择实验气氛种类及流速、温度控制程序（主要包括加热/降温速率、温度范围、等温条件等）、坩埚类型、样品制备等方面的实验条件。

（1）气氛种类及流速选择

为了便于使实验时试样产生的气体产物及时被质谱实时检测，在实验时通常使用动态的实验气氛。如果需要考查试样在设定的温度程序下的热裂解行为（试样不与动态气氛发生反应，气氛的作用只是将热重仪产生的气体产物传送给质谱进行检测），此时需要使用惰性气氛（如 Ar、He 等气体）。氮气虽然对于大多数实验而言是惰性气氛，但其对于一些反应是反应性气氛，在选择氮气作为实验气氛时应充分考虑在实验过程中产物是否与其发生反应。如果在实验时需要考查试样与气氛的氧化、还原等反应过程，此时应根据需要选择特定的气氛，常用的气氛有 O_2、CO_2 与惰性气体的混合气体。注意：在选择气氛时应充分考虑质谱检测时需要考查的质量数，如果需要考查分解产物中低质量数的小分子信息，此时应尽可能选择分子量较小的气体，如 He。如果在实验时选用 Ar 作为气氛，则在质谱检测时质量数低于 40（Ar 的原子量为 40）的 H_2O、CH_4、NH_3、H_2 等信息则很难由质谱检测到明显的变化，此时应选择 He 作为气氛。

在选择合适的气体种类后，还应选择合适的气氛流速。气氛流速的大小决定着气体产物由热重仪经传输管线到达质谱检测器的时间，选择不同的流速时，应使用已知产物的样品（如一水草酸钙或碳酸钙）来确定这个时间延迟，以使质谱仪检测产物过程与热重仪质量减少过程保持同步。

（2）温度控制程序设定

实验时应根据需要选择合适的温度控制程序，主要包括加热/降温速率、温度范围、等温条件等。常用的温度程序为在一定的温度范围内以一定的加热速率进行加热试样，例如，在室温至 800°C 范围内以 20°C/min 的加热速率进行实验。实验时，还可根据实验需要选择较为复杂的加热/等温/降温的加热速率。

需要特别指出，在较慢的加热速率或者等温条件下，试样的质量变化过程较慢，由此得到的气体产物的浓度较低。如果需要检测含量较低的气体产物，此时应选择较快的加热速率。另外，也可通过加大试样量的方法来提高气体产物的浓度。

（3）坩埚类型的选择

坩埚在实验过程的作用为盛载试样的容器，在实验过程中其不能与试样发生任何形式的反应，也不能对分解过程起加速或减速的作用。常用的坩埚材质为氧化铝和铂，由于铝坩埚其自身化学性质较活泼而易与产物发生反应，因此其在热重实验时较少使用。

另外，应根据热重仪的样品支架的形状选择合适尺寸的坩埚。由于气体产物需要及时由载气经传输管线传输至质谱仪，通常不在坩埚上方加盖（扎孔）。

（4）样品制备

试样量、试样状态等因素对于实验结果有着较大的影响，实验时应根据需要选择合适的试样量和试样状态。通常使用的试样量为所使用的坩埚体积的1/3~1/2。对于一些分解较为快速的样品，将试样量加至覆盖坩埚底部即可。对于一些在实验过程中可能会发生剧烈分解的含能材料，还应进一步减少样品用量。

对于一些容易挥发的样品而言，在制样时应快速完成，以免由于实验时间过长引起其组成的变化。

3.6.1.2　质谱仪部分的实验条件设定

质谱仪的实验条件设定取决于所使用的仪器，通常设定的实验条件包括全扫描的质量数范围和选择离子通道的质量数以及每个通道的检测时间。对于一些质量数较小的分子（如 H_2O、CH_4、NH_3、H_2），由于质谱的背景值通常较高，需要通过选择离子检测得到。对于一些重点关注的目标分子的特征质量数，也应通过选择离子通道检测得到。

除了需要设定质量数外，还应设定质谱仪的工作条件（离子源和质谱的检测参数），在图 3-13 中给出了一种与热分析仪联用的质谱仪的工作参数界面。

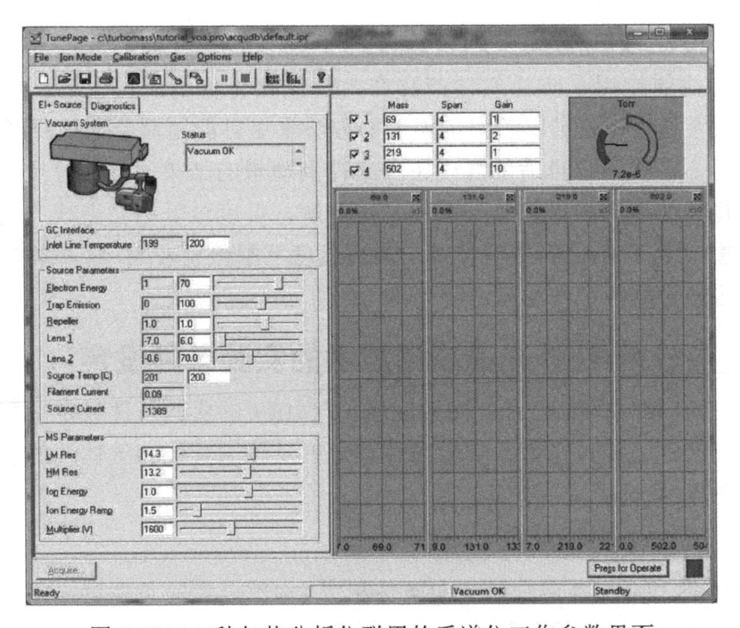

图 3-13　一种与热分析仪联用的质谱仪工作参数界面

在质谱仪工作一段时间后，还应使用标准物质（全氟三丁胺）标定质谱的质量数（图 3-14）。当发现检测信号很弱时，还应检查灯丝是否正常和离子源是否受到了污染。

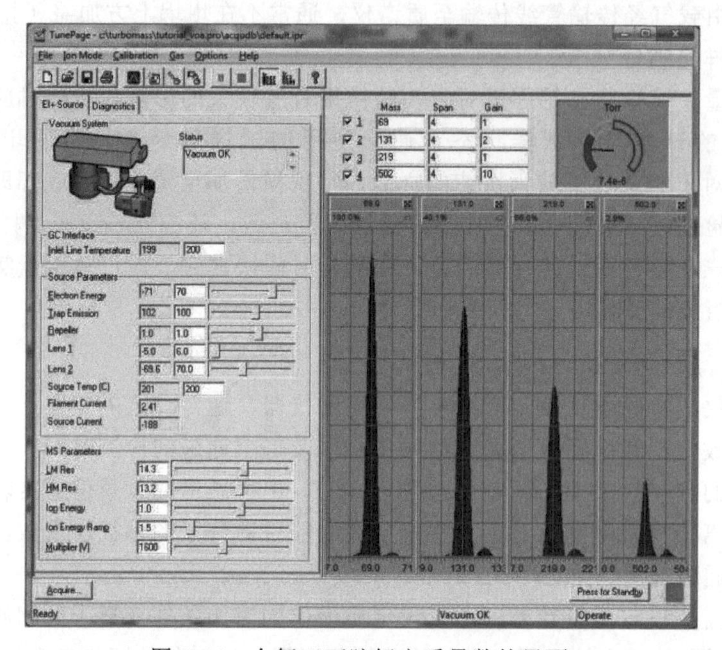

图 3-14 全氟三丁胺标定质量数的界面

3.6.1.3 传输管线的实验条件设定

传输管线的作用是防止气体产物在由热重仪传输到质谱仪过程中出现的冷凝现象，通常通过改变传输管线的温度的方法来尽可能地避免这种冷凝现象。

实验时，需要设定合适的温度条件来得到理想的结果。传输管线的温度过高会引起热稳定性不高的产物分子发生二次分解，温度过低则会造成产物的冷凝。不同的热重/质谱联用仪的传输管线的最高温度范围差别较大，应根据实验需要选择合适的传输管线的工作温度。

3.6.2 热分析/红外光谱联用技术的实验条件设定

与 TG/MS 相似，热重/红外光谱联用（TG/IR）的实验条件设定主要包括热重仪实验条件设定、红外光谱仪实验条件设定以及传输管线和气体池的实验条件设定三部分内容。

3.6.2.1 热重仪实验条件设定

与 TG/MS 仪中 TG 部分的实验条件相似，本部分实验条件设定主要包括气氛种类及流速选择、温度控制程序设定、坩埚类型的选择以及样品制备几方面的内容。为了避免重复，本部分仅介绍与 3.6.1.1 节中有差别的内容，相似的内容请参考 3.6.1.1 节。

在确定气氛种类及流速时，与热分析/质谱联用技术在选择气氛时应充分考虑质谱检测时需要考查的质量数不同，在进行热分析/红外光谱联用实验时不需要尽可能选择分子量较小的气体，如 He。由于红外光谱检测不到一些非极性分子如 N_2、H_2、Ar、He、O_2 等气体的信息，因此可以方便地采用以上这些气体作为载气。但是，红外光谱对于空气中含有的微量 H_2O 和 CO_2 等小分子十分敏感，在实验时通常通过扣除空白背景的方法来消除这些小分子的影响。如果在实验时采用了 CO_2 作为气氛，虽然在实验前可以通过背景扣除来消除 CO_2 的信息，但是由于在红外气体池中气流的影响造成气体分布不均匀，有时仍可得到 CO_2 的信息。在实验得到的红外光谱图中将可以看到明显的 CO_2 的吸收峰，有时甚至会出现由于背景扣除引起的负峰现象（图 3-15）。

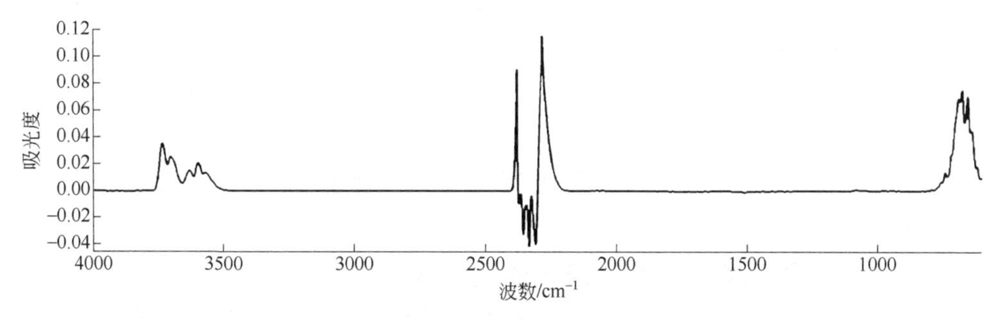

图 3-15　实验中使用 CO_2 气氛得到的气体红外光谱图

在选择合适的气体种类后，还应选择合适的气氛流速。气氛流速的大小决定着气体产物由热重仪经传输管线到达红外光谱仪检测器的时间，选择不同的流速时，应使用已知产物的样品（如一水草酸钙或碳酸钙）来确定这个时间延迟，以使红外光谱仪检测产物的时间与热重仪质量减少保持同步。

3.6.2.2　红外光谱仪实验条件设定

红外光谱仪的实验条件设定取决于所使用的仪器，通常需要设定的实验条件包括检测时间、叠加次数和光谱分辨率。理论上，对于一些结构较复杂的气体分子和气体混合物应使用较高的光谱分辨率，但是光谱分辨率越高，检测时间也越长，基线的噪声也越大。

大多数常用的红外光谱仪检测器是利用硫酸三甘肽晶体（简称 TGS）极化随温度改变的特性制成的一种红外检测器，经氘化处理后称为 DTGS（Deuterated Triglycine Sulfate）。DTGS 热释电型检测器，其工作原理是由于温度的变化，热释电晶体会出现结构上的电荷中心相对位移，使它们的自发极化强度发生变化，从而在其两端产生异号的束缚电荷。对于常用的 DTGS 检测器而言，在 8cm^{-1} 的光谱分辨率下，得到一张红外光谱的时间约为 1s。在 4cm^{-1} 的光谱分辨率下，则需要 5s 左右。在 1cm^{-1} 下，约需要几十秒的时间才可以得到一张红外光谱图。

有时为了提高分析复杂的气体分子和气体混合物的能力，在红外光谱仪上还配置了 MCT 检测器。MCT 检测器的灵敏度很高，至少比 DTGS 的高 10 倍。其由宽频带的半导体碲化镉和半金属化合物碲化汞混合形成，其组成为 $Hg_{1-x}Cd_xTe$（$x\approx0.2$）。通过改变 x 值，可获得测量波段不同灵敏度各异的各种 MCT 检测器。MCT 属于光电导型检测器，其工作原理为在光线作用下，半导体材料可以吸收入射光子能量，若光子能量大于或等于半导体材料的禁带宽度，则激发出电子-空穴对，使载流子浓度增加，半导体的导电性增加，阻值降低，这种现象称为光电导效应。MCT 检测器在液氮温度下工作。对于常用的 MCT 检测器而言，在 1cm^{-1} 的光谱分辨率下，得到一张红外光谱的时间约为 1s。

在实验时，为了提高检测信号的灵敏度通常会采用多次叠加的方法。实际上，在热分解过程中由于气体分子的浓度在时刻发生变化，采用这种叠加有时会得到异常的结果。对于一些变化较为缓慢的过程，可以采用叠加的方法来提高检测的灵敏度。

对于 TG/IR 实验，红外光谱仪的检测时间应与热重仪的温度控制程序所需的时间保持一致。

3.6.2.3 传输管线和红外光谱气体池的实验条件设定

传输管线的作用是防止气体产物在由热重仪传输到红外光谱仪气体池以及在流经红外光谱气体池过程出现冷凝现象，通常通过改变传输管线和气体池的温度的方法来尽可能地避免这种冷凝现象。

实验时，需要通过设定合适的温度条件来得到理想的结果。传输管线和红外气体池的温度过高会引起热稳定性不高的产物分子发生二次分解，而温度过低则会造成产物的冷凝。不同的 TG/IR 联用仪的传输管线和气体池的最高温度范围差别较大。应根据实验需要选择合适的传输管线和气体池的工作温度，一般来说红外气体池的温度应大于等于传输管线的温度。

综合以上分析，在设定实验条件时，应综合考虑样品的实际情况并结合所用的热分析技术的实际特点选择合理的实验方案。当现有的实验方案无法满足实验目的时，应根据实际情况进行灵活调整。相信在经过不断的探索之后，最终一定可以找到一个可以满足实验目的的实验条件。

参 考 文 献

[1] Rhoades A. M., Williams J. L., Wonderling N., Androsch R., Guo J. Skin/core crystallinityof injection-molded poly (butylene terephthalate) as revealed by microfocus X-ray diffraction and fast scanning chip

calorimetry[J]. J. Therm. Anal. Calorim., 2017, 127 (1): 939-946.

[2] Mathot V. B. F., Poel G. V., Pijpers T. F. J. Benefits and potentials of high performance differential scanning calorimetry (HPer DSC), in: M.E. Brown, P.K. Gallagher (Eds.), Handbook of Thermal Analysis and Calorimetry, Vol. 5[M]. Amsterdam: Elsevier, 2008, 269-297 (Chapter 8).

[3] Minakov A. A., Schick C. Ultrafast thermal processing and nanocalorimetry at heating andcooling rates up to 1 MK/s[J]. Rev. Sci. Instrum. 2007, 78 (7): 073902-073910.

[4] Zhuravlev E., Schick C. Non-adiabatic scanning calorimeter for controlled fast cooling andheating, in: C. Schick, V. Mathot (Eds.), Fast Scanning Calorimetry[M]. Cham, Switzerland: Springer, 2016, 81-104.

[5] Schawe J. E. K. Thermal characterization of the initial polymer sample using fast scanning calorimetry[J]. Thermochim. Acta, 2016, 635: 34-38.

第4章 典型的实验方案设计应用实例

在本书第2章和第3章中分别介绍了实验方法选择和实验条件设计方面的内容，本章将结合不同的应用实例来介绍合理的实验方案设计方法。本章中所列举的实例大多来源于已经发表的科研论文，为了便于读者了解在应用实例中实验方案设计中的细节，在每个实例中详细列出了相应的实验条件信息。另外，由于在本书后面曲线解析相关章节中将有大量的实例阐述数据分析的方法，为了避免内容上的重复，在本章中将不重点描述曲线解析相关的内容。

4.1 利用热分析法确定物质的热稳定性的实验方案设计

热稳定性是一个比较笼统的概念，是指物质可以在一定的结构状态或者存在形式下可以承受的极限温度。广义上，热稳定性可以是固相-固相相变、固-液-气三态变化、热分解，几乎可以用所有的热分析技术来研究这类热稳定性。狭义上，热稳定性特指物质开始发生分解的温度。为了叙述方便，本部分所指的热稳定性仅局限于物质由于受热引起分解的最高承受的温度。

当材料发生分解时，通常伴随着质量和热效应的变化，可以通过热分析技术中常用的TG、DTA、DSC、TG-DTA和TG-DSC方法来得到在分解过程中的质量和热效应变化信息，据此评价所研究对象的热稳定性。本部分拟结合文献中已经发表的科研论文来分析在确定物质的热稳定性时的实验方案设计方法。

4.1.1 确定化学品的热稳定性和含水量

通过TG -DTA实验，可以方便地分析一些化学品的热稳定性和含水量。例如，可以用TG-DTA技术分析在室温以上甘油的热稳定性，并且可以通过DTG曲线测定其含水量[1]。

设计的实验方案如下：

样品制备：将分析纯的甘油（纯度高于99.5%）与蒸馏水混合，制得含水量分别为3%~30%的甘油溶液。试样量在10~20mg范围。

实验仪器：美国TA仪器公司SDT 2960 TG-DTA仪。

温度程序：自30°C开始，以10°C/min的加热速率加热至1000°C。

实验气氛：分别在空气和氮气气氛下，气氛流速为100mL/min。

坩埚类型：敞口的铂金坩埚。

通过比较在不同的气氛下的TG、DTG和DTA曲线可以确定甘油的热稳定性，根据浓度已知的不同样品的DTG曲线变化得到的标准曲线，可以用来确定未知水含量的甘油溶液的浓度。

该应用实例中，由于甘油溶液易挥发，在实验前应预先将试样信息（样品名称、文件名等）以及实验条件等信息输入至仪器的控制软件中，然后将试样加入坩埚后应尽快转移至仪器的检测器支架中的相应位置，关闭炉体，平衡较短的时间后即开始实验。应注意使不同浓度的样品的实验操作所用的时间和每次的试样量尽可能接近，同时实验室环境的温度和湿度也应尽可能接近。

4.1.2　确定复合材料在不同条件下的热稳定性

通过TG法可以确定在无氧和有氧环境下不同组成的复合材料的热稳定性，由DSC法可以确定不同材料的初始氧化温度，根据这些指标可以评价所制得的材料的应用效果。

在文献[2]中研究了复合材料中不同的竹纤维和洋麻纤维的含量对材料的热稳定性和初始氧化温度的影响。

实验条件如下：

样品制备：制备不同质量比的竹纤维和洋麻纤维增强的环氧树脂，并且控制总的纤维质量在40%。制备时将纤维垫排列在模具中，随后浸没在环氧树脂基底中。分别制备了三种具有不同的竹子纤维和洋麻纤维的质量比的复合材料，同时制备了仅由竹纤维复合的环氧树脂、仅由洋麻纤维复合的环氧树脂以及空白的环氧树脂作为对照样品。在制备过程中，环氧树脂和固化剂按照2∶1的比例混合15min。随后将其放在模具中用环氧树脂基底浸渍。在250bar❶的压力下110°C加热10min使产品固化，并在250bar压力下冷却至室温。

热重实验条件：实验仪器为Mettler Toledo公司TGA 1热重仪，分别在流速为50mL/min的氮气气氛和氧气气氛中，以20.0°C/min的升温速率从30°C加热至800°C，实验时的样品用量为30~40mg，试样置于敞口氧化铝坩埚中进行实验。

DSC实验条件：实验仪器为Mettler Toledo公司DSC 1差示扫描量热仪，在流速为50mL/min的氧气气氛中，以2.0°C/min的升温速率从25°C加热至250°C。实验时的样品用量为20mg，试样置于敞口氧化铝坩埚中，另一个空的氧化铝坩

❶ 1bar=10^5Pa，全书同。

埚盘作为参比。

由TG仪在惰性气氛和氧化气氛中得到的TG曲线确定每一种复合材料的热稳定性，由在给定的升温速率条件下得到的DSC曲线确定初始氧化温度，为放热峰的外推起始温度。

实验结果表明，含竹纤维组分的材料比含洋麻组分的材料在惰性气氛和氧化气氛中均表现出更高的热稳定性，而且复合材料的热稳定性和热氧稳定性随着竹子纤维质量比的增加而不断增强。DSC测量结果表明，在环氧树脂中加入天然纤维可以显著降低其起始氧化温度，这可能是因为纤维素、半纤维素、木质素的化学结构中存在羟基，而羟基更容易发生氧化。

在该应用实例中，由于该类复合材料是通过浸渍制得的，在进行热分析实验时每次的取样量很少（在20~40mg），应确保在取样时的均匀性。必要时应进行重复性实验，对得到的定量结果给出不确定度分析。

4.1.3 利用热分析法研究药物的热稳定性

当药物通过与辅料的相互作用或保存条件发生变化时，其稳定性可能会受到影响，其中温度是导致药物和制剂加速分解的重要因素。热分析技术常被用来评价药物的热稳定性，其具有对样品要求低、快速等优势。例如，可以通过DSC法和TG法对成药硝苯地平片剂、辅料和两种已知的硝苯地平降解产物的热稳定性进行评价[3]。

实验条件如下：

实验样品：含有20mg硝苯地平的片剂制剂，硝苯地平片中含有的主要组分硝苯吡啶和辅料微晶纤维素、不同黏度的羟丙基甲基纤维素（HPMC100、HPMC50）、硬脂酸镁、二氧化硅。

DSC实验：仪器为Mettler Toledo 822 DSC，流速为50mL/min的空气气氛，升温速率为10°C/min，温度范围为25~350°C，加盖扎孔密封铝坩埚。实验时，硝苯地平片剂和辅料的初始质量约为5mg，标准品硝苯吡啶的初始质量约为1mg。

TG实验：仪器为Mettler Toledo TG/SDTA 851e同步热分析仪，流速为50mL/min的空气气氛，升温速率为10°C/min，温度范围为25~350°C。敞口氧化铝坩埚，每次实验的样品用量约为6mg。

由实验得到的TG曲线和DSC曲线可以确定硝苯地平片剂、辅料的热稳定性。另外，由热分析曲线得到的信息还可看出，硝苯地平与辅料或降解产物之间不存在较为显著的相互作用。

4.2 利用热分析法确定物质组成的实验方案设计

根据样品中的不同组分在实验过程中热稳定性的差异，可以由热分析技术对物质的组成进行分析。在由热分析技术确定物质组成时，需满足以下条件：

① 应明确物质中每种组分的结构；

② 在实验条件下，含有 N 种组分的物质中的 $N-1$ 种组分的相关性质（质量、热效应等）需产生相应的变化；

③ 每个组分的性质变化应足够明显，含量应在所使用的热分析技术的定量限之上。

在满足以上条件时，可以通过热分析曲线中所对应组分的峰面积或者台阶的高度来确定每种组分的含量。

对于一些连续发生变化的过程，可以通过改变实验气氛、温度扫描速率或将热分析技术与红外光谱、质谱、气质联用等分析技术联用的方法来合理地确定相关组分的含量。虽然理论上几乎所有的热分析技术均可用于确定物质的组成，但常用于定量确定物质组成的热分析技术主要为 TG、DSC、TG-DTA 和 TG-DSC。在实际应用中，也有少量的研究工作通过 TG/FTIR、TG/MS 等热分析联用技术来确定物质的组成。以下举例说明这些应用中的实验方案设计方法。

4.2.1　利用热分析法确定超导化合物中氧含量

热分析技术在氧含量测定中有着特别明显的优势，而氧含量的测定对于标定氧化物的化学价态有重要实用价值。由于复合氧化物中的金属离子或者变价碱土金属离子和稀有金属氧化物分层存在，通过测定这些化合物的氧含量可以标定化学价[4]。另外，铜氧化物的化学价态，特别是铜的化学价态与超导临界温度之间有着密不可分的联系，用热分析方法可以方便地对化学价态进行研究。例如在研究铜氧化物的化学价时，一般制备的样品量都比较少。用其他方法通常存在样品量过少而导致实验不精确的现象，同时由常用的滴定方法不能准确确定某些化学价态的含量。而热重法的优势在于需要的样品量少、准确度高。

热重法测定超导化合物中氧含量的原理是：在还原性气氛中加热到高温，如果知道还原产物的类型，通过热重实验过程的质量损失量可以计算出在反应过程中有多少氧化态的物质被还原，由此可以确定在实验前样品中氧的含量。实验时常用的还原气氛为 H_2、CO 或者 H_2/Ar、H_2/CO 混合气。

另外，也可以采用氧化性气氛将样品中含有的氧空位进行氧化，根据质量增加信息来确定样品中氧空位的个数。例如可以通过以下实验条件来确定复合氧化物中氧缺陷的含量[5]。

样品制备：通过固相反应制备了 $CuLaO_2$。按照化学计量比称量 Cu_2O 和 La_2O_3 粉末，然后在玛瑙研钵里与乙醇混合。压制成型后在 1000°C 加热 12h。

热重实验条件：仪器为 Bruker 公司的 TG-2000 热重仪，在 300mL/min 的空气气氛下，以 10°C/min 的升温速率从室温加热到 1000°C，试样量为 100mg。

结果表明，$CuLaO_2$在500°C以上的氧化反应可用化学反应式$4CuLaO_2+O_2 \rightarrow 2CuLa_2O_4+2CuO$，铜的价态从+1变为+2。在500°C以下，$CuLaO_2$与$O_2$反应生成$CuLaO_{2.66}$。

4.2.2 利用热分析法确定催化剂的组成

固体催化剂的催化性能主要取决于其结构和化学组成，在其制备过程中常借助元素分析、原子吸收光谱、X射线衍射分析等方法来确定催化剂的组成。由热分析技术可以跟踪催化剂在实验条件下物质发生的热效应和质量等性质的变化，因此可以根据催化剂活性组分的某一特定反应来确定催化剂的组成信息[6]。例如，通常用浸渍法制备金属氧化物负载型催化剂。浸渍法虽操作简单，但影响浸渍效果的因素很多。因此，所得催化剂实际金属活性组分含量常常与理论上的含量之间有较大的差异。可以通过在高温下还原的方法，确定所制备的催化剂中的金属活性组分的准确含量。例如，可用以下实验条件来确定Pt/WO_x-ZrO_2催化剂中W的负载量[7]。

样品制备：Pt/WO_x-ZrO_2催化剂通过在ZrO_2载体上浸渍钨和铂前驱体得到。将一定比例的原料仲钨酸铵、氢氧化锆和氯化铂（Ⅱ）混合发生反应、在不同的温度下煅烧，得到理论上含（质量分数）1%铂和10%、15%、20%钨的样品。

TG实验条件：使用Mettler TGA-851热重仪，先在25mL/min的氮气气氛中由室温以20°C/min的升温速率加热至100°C，恒温30min以干燥样品，之后在25mL/min的氢气气氛中以20°C/min的升温速率从100°C加热至900°C，试样量为约30mg，敞口氧化铝坩埚。

通过DTG曲线得到在加热过程中还原催化剂中氧化态的Pt和W时所消耗的氢气的量，准确确定催化剂中Pt和W的含量。

4.2.3 利用热分析法确定复合材料的组成

对于含有无机组分和有机组分的复合材料，在确定其组分时，通常用热重法在氧化性气氛中使有机组分完全氧化，根据质量损失量与剩余质量的信息可以确定无机组分和有机组分的含量。

热重法是一种可以快速测定结石成分的方法，也是鉴别结石类型的一种有效手段。在加热过程中，结石的许多成分会发生失水或分解，因此通过质量损失可以进行定量分析。可以用TG法对分别含有草酸钙、草酸盐和磷酸盐的混合物、尿酸和尿酸铵、草酸钙和尿酸盐、胱氨酸的结石进行分析。

例如，热重法可用于测定合成混合物中胆固醇、碳酸钙和草酸钙的含量[8]。采用的实验条件如下：

样品信息：胆固醇、草酸钙和碳酸钙的纯度均大于 99%，为细粉状，粒径<100μm。实验前将这三种物质混合在一起制备出胆固醇含量分别为 20%、40%、50%、70%、80%、90%，加上其余两种成分的总含量为 100%的标准样品。实验用的胆结石来自医院，实验前将胆结石用去离子水冲洗，去除福尔马林防腐剂，风干三天，研磨成颗粒粒径小于 100μm 的粉末。

TG 实验条件：所用仪器为美国杜邦公司 1090 热重仪，实验时将约 10mg 的样品加入至敞口铂坩埚中，在流动的氮气气氛下，采用 25°C/min 的升温速率从室温加热至 1000°C。

在实验时，如果 TG 的失重台阶相邻，可以通过降低加热速率的方法来使其有效分离。

另外，可以通过 TG 法来定量测定水泥中的石膏含量，该方法通过在加热过程中石膏的失水量来确定其含量[9]。实验方案如下：

样品：来自于不同制造商的水泥产品，密封保存。

TG/DSC 实验条件：仪器为美国 TA 公司 SDT Q600 热重-差热分析仪，实验时将不同的水泥试样分别加入至铂金坩埚中，在 100mL/min 的氮气气氛下，以 10°C/min 的升温速率由室温加热至 1000°C。之后进行以下补充实验：将水泥样品与水按照 1∶1 的比例混合并水合 1h 后，按照之前的实验条件从室温以 10°C/min 的升温速率加热至 1000°C。

在补充实验中的 1h 的水合时间内，原始水泥中存在的任何形式的脱水的硫酸钙都会完全转化为二水合状态。因此，从以非水合水泥初始质量为基础获得的 TG 曲线数据，可以估算出更准确的石膏含量值。

在实际应用中，也可以用 DSC 法根据有机组分的特征变化的信息来确定有机组分和无机组分的含量。例如，由 DSC 法可以确定无机和有机富锌底漆的干燥漆层中金属锌含量[10]。目前常用的富锌底漆主要有两大类，即无机富锌底漆和有机富锌底漆。无机富锌底漆中的载体是硅酸盐，通常是四乙基正硅酸盐，这种涂料与空气中的水分发生反应而固化。有机富锌底漆中的黏合剂通常是环氧树脂，有时也使用其他树脂。单独使用固化剂或掺杂活化剂组分与环氧富锌底漆一起使用，以实现低分子量环氧树脂的固化。实验方案如下：

样品信息：样品为商品硅酸乙酯无机富锌底漆和环氧聚酰胺富锌底漆，在空气中干燥形成漆膜。

DSC 实验条件：仪器为 Perkin Elmer 公司的 DSC6 差示扫描量热仪，用药匙将 4~8mg 的干燥样品转移到 DSC 坩埚中，加盖密封坩埚。参比坩埚为空白密封铝坩埚。实验前用锌标准物质对仪器进行校准。在氮气气氛下，以 10°C/min 的升温速率在 370~440°C 范围内对校准用的标准品和样品进行分析。

这种方法通过 DSC 测量样品的熔化热，并将测量值与纯锌的熔融热的数值

108J/g 进行比较。通过这种方法可以方便地确定样品中金属锌的百分含量，并且不受样品中存在的氧化锌的影响。统计分析结果表明，DSC 方法的误差小于 5%。这种 DSC 法的主要优点是适用于干漆膜且可以实现快速分析、所需样品量少、数据准确可信。在使用这种方法之前，应对仪器的工作状态进行校准。

4.2.4 利用热分析法确定聚合物的组成

对于由多种结构接近的聚合物组成的样品而言，在加热时其分解过程比较复杂，很难通过单一的 TG 来分析其组成，通常需要将 TG 与 FTIR、MS 或 GC/MS 等技术进行联用的方法来进行分析。例如，可以由 TG/(GC/MS) 联用技术分析接枝到硅片上的功能性聚苯乙烯（PS）和聚甲基丙烯酸甲酯（PMMA）的二元共聚物的超薄膜组成[11]。实验方案如下：

样品：首先通过电子转移再生活化剂原子转移自由基聚合（ARGET-ATRP）的原理合成羟基封端的嵌段共聚物（PS-*b*-PMMA），通过快速热处理（RTP）处理接枝样品来获得表面接枝样品，以促进接枝过程。接枝过程在 18°C/s 的升温速率下进行。接枝温度为 290°C，而热处理时间为 1~600s。接枝过程完成后，在超声波中通过甲苯处理除去未接枝的聚合物。

TG/(GC/MS)实验条件：仪器由两部分组成，TG 部分为梅特勒 TGA/SDTA 851e，GC/MS 部分由 FINNIGAN TRACE GC-ULTRA 和 TRACE DSQ 组成。GC 的工作条件为：Phenomenex DB5-5ms 毛细管柱（长 30m，内径 0.25 mm，壁厚 0.25μm），进样口温度为 250°C（不分流模式），氦气作为载气，流速为 1.0mL/min，将 MS 传输线和柱箱温度分别设置为 280°C 和 150°C。MS 信号是在“EI+”模式下以 70.0eV 的电离能和 250°C 的离子源温度采集的。分别采集在 *m*/*z* 20~350 范围的全扫描模式下的数据和在选择离子扫描模式（SIM）下采集对应于 *m*/*z* 104（对应于苯乙烯）和 *m*/*z* 100（对应于 MMA）的数据。从 TG 到接口以及从接口到 GC 的传输线的温度均设置为 200°C，接口温度为 150°C，采样频率为 $30s^{-1}$。从定量环开启到气体采集的时间间隔为 10s，进样环的体积为 2.5mL。实验时将含有薄膜的硅片置于敞开的氧化铝坩埚中。

结果表明，这种方法可以用于准确确定在不同基材上形成的二元或多组分刷子的表面成分。

4.3 利用热分析法确定热分解机理的实验方案设计

可以通过热分析技术来确定物质的热分解机理，对于结构和组成均简单的物质可以通过 TG、DSC、DTA、TG-DTA 和 TG-DSC 等技术来确定其热分解机理。对于结构和组成均较为复杂的物质，需要通过以上热分析技术与 FTIR、MS、GC/MS 等技术联用的方法来确定其分解机理。以下举例说明需通过热分析技术确定热分解机理时的实验方案设计方法。

4.3.1　利用热分析法确定简单体系的热分解机理

在 TG 曲线或 DTA 曲线中，简单体系的热分解过程通常表现为单个或者多个独立的失重台阶或者吸热/放热峰，根据质量变化信息可以确定分解的程度。如果同时得到了在多个不同速率下的热分析曲线，则可以进行动力学分析，得到在分解过程的动力学参数。例如，对水镁石进行热重实验时，由 TG 曲线计算出在分解过程中水的总释放量约为 27%，该值与 $Mg(OH)_2$ 去除 1mol H_2O 的理论值 30.9% 略有偏差，这很可能是由于杂质或晶体缺陷的存在引起的[12]。

实验方案如下：

样品信息：$Mg(OH)_2$ 粉体，纯度为 95%，粉末的粒径小于 5μm。实验前在真空烘箱中 120°C 干燥约 12h 以去除吸附水。

TG 实验条件：所用仪器为美国 TA 公司 TGA Q50 热重仪（质量测量精度±0.01%），在 60mL/min 的恒定流速的氮气气氛下进行实验。为了避免实验过程中传质和传热的差异，每次实验的样品量均维持在 5mg 左右，由 TG 读取准确质量。试样容器为敞口氧化铝坩埚。实验时，试样放置在仪器上后，关闭炉体，在室温下恒温 30min 以确保从样品室中除去所有的氧气，然后以恒定的升温速率加热至 600°C。采用五种不同的升温速率（°C/min），分别为 5、10、15、20 和 25，每次实验的其他条件（样品质量、粒度、气氛流速等）均尽可能保持一致。

实验结果表明，升温速率显著影响水镁石的热分解行为。动力学分析结果表明，在第一反应阶段水镁石的热分解属于随机成核及后续生长机制，过程主要受中后期水分子扩散的控制。

4.3.2　利用热分析法确定复杂体系的热分解机理

对于较复杂体系的热分解过程，通常仅由 TG 无法准确判断其热分解机理，需通过与 TG 联用的 FTIR、MS 和 GC/MS 对加热过程中产生的气体的结构进行分析，根据所生成产物的信息确定分解机理。例如，TG/FTIR 联用技术可以用来研究对苯二酚双［二（邻甲苯基）磷酸酯］（HMP）的热分解机理（参见 187 页）[13]。实验方案如下：

样品：HMP 由三氯氧磷、氢醌和 2-甲基苯酚在实验室合成。

TG/FTIR 实验条件：联用仪的热重部分为 TGA 851 热重仪，傅里叶变换红外光谱仪为 Nicolet iS10，实验时将重约 8mg 的样品放在铝材质的坩埚中，并分别在流速为 30mL/min 的氮气和空气气氛下以 10°C/min 的升温速率从 50°C 加热至 800°C。在实验过程中，由 TG 逸出的气氛气体（氮气或空气）将热解气体产物流经传输管线和红外气体池（温度维持在 200°C，以避免气体产物发生冷凝），最终由红外光谱仪进行检测。

实验结果表明，在氮气气氛下，HMP 在 392~475°C 范围一步分解为苯甲醇和氢醌磷酸酯。在空气气氛下，HMP 的分解过程分为两步。在 385~452°C 范围为第一步分解过程，HMP 分解成苯甲醇、氢醌磷酸酯、二氧化碳、水和炔烃；而在 491~800°C 范围则为第二步分解过程，最终分解为二氧化碳、水和炔烃。

另外，TG/FTIR 技术可以用来研究聚丙烯腈（PAN）的热分解机理[14]。

聚丙烯腈（PAN）是生产碳纤维的最常见的前驱体，在过去的几十年里一直作为许多研究的研究对象。一般认为 PAN 在高温下的热分解过程由三个不同的化学反应组成，即环化、脱氢和氧化（有时为交联）。当这三个过程发生时，由 DSC 曲线可以得到放热峰。由于在工业生产时的工艺多为有氧环境，在文献中对 PAN 热分解的研究主要在氧化性气氛中进行[15,16]。在这种条件下得到的 DSC 曲线中通常会出现较为复杂的重叠放热峰，其分辨率主要取决于加热速率和用于 DSC 分析的样品重量。另一方面，在一些研究工作中得到了 PAN 在惰性气氛下分解时的实验结果，实验中排除了氧化过程的影响[17]。只有少数研究在两步稳定程序中研究了 PAN 的热分解行为，两部热处理过程包括惰性气氛下的预处理和随后的氧化热处理过程[18]。与 PAN 的直接氧化过程相比，由两步法可更深入地了解 PAN 在热处理过程中发生的化学变化。由 DSC 曲线得到的不同形状的放热峰，这也有力地证实了在这种处理过程中存在着不同的反应机理[19,20]。此外，用该方法得到的稳定化聚丙烯腈的结构也有很大的差异，这可能会对所得的碳纤维的结构、稳定性和性能产生很大的影响。

通过 TG、TG/FTIR、DSC 等热分析技术可以对 PAN 均聚物的两步热分解过程进行研究。通过在惰性环境中进行预处理进行稳定，并将发生的反应以及形成的聚合物结构与在一步（直接）氧化中发生的反应进行比较，可以得到相应的分解机理。采用的实验方案如下：

（1）实验样品信息

PAN 均聚物样品购自 Aldrich 公司，平均分子量为 M_w=150.0kDa，玻璃化转变温度 T_g=109.8°C、熔融温度 T_m=185.0°C，白色粉末状。

（2）热重实验条件

仪器型号：美国 PerkinElmer 公司 STA6000 同步热分析仪。

样品用量：20mg。

温度程序：按照图 4-1 的温度程序对 PAN 样品进行两步或一步预处理，随后将试样加热至 600°C 进行预炭化处理。两步处理法包括在 260°C 下在氮气中等温

50min（纯度为 99.999%，流速为 100mL/min）和随后在 240°C 下氧化 40min（合成空气气氛，21%氧气，100mL/min）。将预处理后的样品以 5°C/min 的速率加热至 600°C，然后在 600°C 下保持 20min。与两步法不同，一步法的唯一区别是第一个等温段是在空气中而不是氮气中进行。

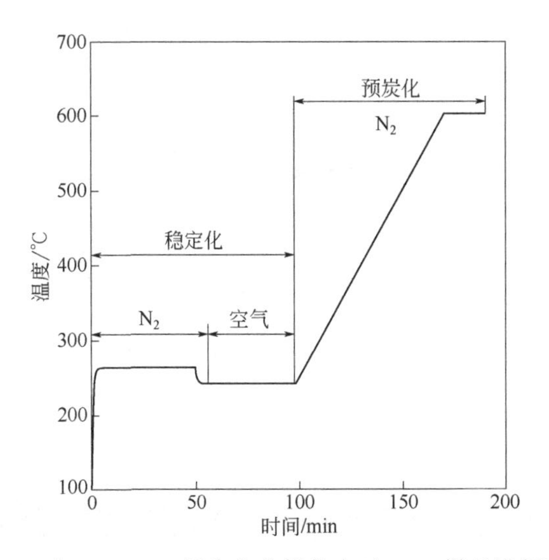

图 4-1 在 STA6000 同步热分析仪中对 PAN 样品进行两步或一步预处理的温度控制程序

（3）TG/FTIR 的实验条件

TG/FTIR 实验是由 STA 6000 同步热分析仪通过可加热的传输管线 TL8000 与傅里叶变换红外光谱仪（FTIR）串接联用的仪器得到的。温度程序同 TG 实验。

实验时由 STA6000 产生的气体由 TL8000 传输管线实时传输至可加热的气体池，气体池的两端为透明的 KBr 窗片。在实验开始之前，FTIR 在 4000~600cm^{-1} 范围进行了 16 次扫描得到背景光谱。在实验过程中每隔 7~8s 从气相中采集一张样品光谱，进行背景校正和偏移校正，不抑制 H_2O/CO_2 的吸收峰。

（4）DSC 的实验条件

DSC 实验由美国 TA 仪器 Q2000 DSC 完成，以 10°C/min 升温速率得到样品的玻璃化转变温度。测定了敞口铝坩埚中以 5°C/min 升温速率下得到 PAN 成环过程放热峰，采用 S 形基线积分。在氮气和空气下以 0.7°C/min 的升温速率进行测量，分离出单个放热过程（图 4-2）。

实验结果表明，通过对 DSC 和 TG/FTIR 曲线的分析可以得到在不同的条件下 PAN 的热分解机理，并可以从反应机理的角度论证和解释惰性气氛下预处理对后续炭化处理过程中 PAN 结构稳定性的积极影响。

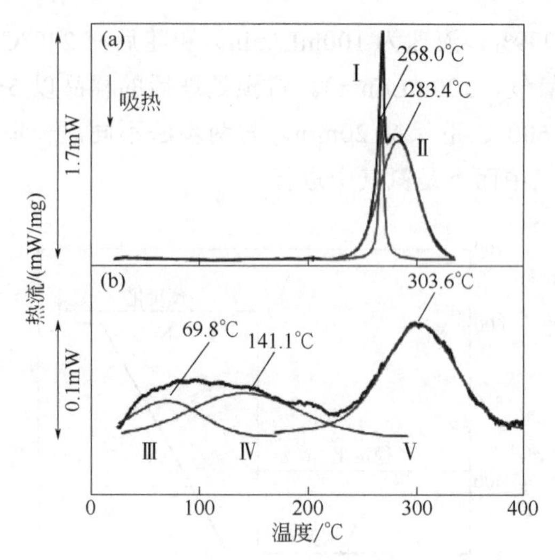

图 4-2　在 DSC 坩埚中加热 PAN 时观察到的放热峰（Ⅰ~Ⅴ）的分离过程

实验条件：升温速率 0.7°C/min。(a) 在氮气气氛中；(b) 在空气气氛中

4.4　利用热分析法研究物质的相变的实验方案设计

如第 2 章所述，有较多的热分析技术可以用来研究物质在不同的实验条件下的相变过程，通过对系列组分的体系进行研究，还可以得到相图。在本节将简要介绍在利用常见的热分析技术研究相变时的实验方案设计实例。

4.4.1　利用热分析法研究物质的熔融过程

对于仅需要确定熔融温度的实验，由 TG-DTA、TG-DSC 或 DSC 法即可满足要求。对于未知物的熔融温度，还需要由 TG 曲线来确认在 DTA 或 DSC 曲线的吸热过程中未发生质量变化。而当需要测量物质的不同降温过程对熔融的影响时，则需要通过多次重复升温-降温实验，通常由具有制冷装置的 DSC 来完成这类实验。例如，由 DSC 可以实现不同的温度程序，据此可以研究不同熔体结构的全规聚丙烯（iPP）的熔融过程对其结晶行为的影响[21]。

实验方案如下：

样品：通过熔融挤出得到不同分子量的 β-成核 iPP 颗粒。

实验条件：所用仪器为瑞士 Mettler Toledo 公司 DSC1 差示扫描量热仪，实验气氛为 50mL/min 的高纯氮气。实验前以铟为标准物质进行温度校准，以保证数据的可靠性。每次实验过程中的样品用量为大约 5mg。实验时，通过控制熔体的温度来调控 iPP 的熔体结构（即 iPP 熔体中有序结构的含量），采用的程序温度如

图 4-3 所示[22]。在 DSC 测量中，样品首先被加热到 200°C，保持 5min，以消除热历史。然后以 10°C/min 的降温速率冷却至 50°C，再以 10°C/min 的升温速率加热至不同的熔融温度（T_m，160~200°C），恒温 5min，形成不同的熔体结构。之后再以 10°C/min 的降温速率冷却到 50°C。最后以 10°C/min 的升温速率加热至 200°C。

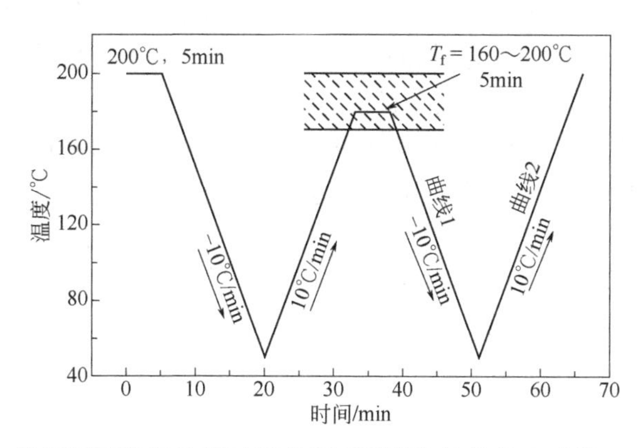

图 4-3　应用不同的热处理过程研究不同熔体结构的 β-成核 iPP 样品的结晶和多态性行为的温度-时间图[22]

结果表明，较高的 iPP 分子量更有利于形成较高 β 相含量（β_c）的结构状态。通过调整加热温度，可以对 β-成核 iPP 的熔体结构（熔体内有序结构含量）进行控制。结果发现，在所有样品中，随着 T_m 降低，β_c 明显升高，说明有序结构与成核剂 β-NA 之间存在着协同作用（有序结构效应，简称 OSE）；随着 iPP 分子量的降低，OSE 诱导的 β_c 逐渐升高，发生 OSE 的熔融温度范围逐渐减小。此外，随着在 T_m 时的保持时间从 1min 增加到 120min，随后的样品熔化曲线保持不变，表明形成的有序结构的热稳定性非常高，与 iPP 分子量无关。

在实际测量的物质的加热熔融和降温结晶过程受加热或冷却速率的影响较大。当升温/降温速率变大时，熔融峰对应的温度升高，而结晶峰温度则降低，可以通过样品中的热梯度来解释这种现象。在 DSC 中，由温度传感器监测样品的表面温度（忽略坩埚的影响）。在加热过程中，尽管样品的表面温度升高，但由于样品的导热滞后现象，导致样品的内部温度仍然低于表面温度，这意味着在加热过程中样品温度偏高。加热速率越高，样品的内外温差越大，即使表面温度已超过实际终止熔化温度，样品仍会吸收潜热，因此峰值会移向更高的温度。相反，在降温过程中，样品温度被低估，因此峰值将移向较低的温度。另外，在不同升温或降温速率下的熔化热几乎相同，这意味着熔化热不受升温或降温速率的影响[23]。通常通过设计一系列的升温/降温速率，通过将不同的升温/降温速率下得到的熔融/结晶温度外推至升温/降温速率接近于 0，得到在平衡状态下的熔融/结晶温度。

4.4.2 利用热分析法研究物质的固相相变

一般来说，当材料发生固相-固相相转变时，其体积通常会随之发生变化，同时伴随着较微弱的热效应，而在该过程中质量则一般保持不变。通常可用于研究物质在温度变化时发生的固相相变的热分析方法主要包括 DSC 法和热机械分析法（包括静态热机械分析和动态热机械分析），也可以通过 TG-DSC 和 TG-DTA 研究一些在高温下发生的固相相变。例如，可以通过 DSC 和 DMA 研究聚(偏二氟乙烯)/氧化石墨烯（PVDF/GO）纳米复合材料的固相相变行为[24]。实验方案设计如下：

样品：通过热压法制得 PVDF/GO 薄膜，DMA 实验的薄膜尺寸为 25mm×2mm×0.5mm，在进行 DSC 实验时将薄膜剪至适合坩埚尺寸。

DSC 实验条件：所用仪器为美国 TA 仪器公司 DSC Q200 差示扫描量热仪，实验时首先将 PVDF 和 PVDF-GO 样品加热至熔点以上并保持 10min，之后将样品以 80°C/min 的冷却速率快速冷却至 140~150°C 的温度（实验时设定的温度分别为 140°C、142°C、145°C、150°C），该温度略低于样品的熔点。将样品在结晶温度下保持 30min。

DMA 实验条件：所用仪器为美国 TA 仪器公司 DMA Q800 动态热机械分析仪，拉伸模式，分别以 0.05Hz、0.1Hz、0.2Hz、0.5Hz、1Hz、2Hz 的固定频率在−120~80°C 范围内进行温度扫描。

DSC 结果表明 GO 的存在促进了 PVDF 的结晶，而 DMA 实验结果则表明通过添加 GO 可以改变 PVDF 的非晶相和结晶相。证明了 GO 通过 PVDF 的氟基团与 GO 的羰基基团之间的相互作用影响 PVDF 的结构。二维 GO 片不仅增强了结晶 PVDF 结构的侧链的有序性，而且还限制了非晶 PVDF 结构，导致极性结晶 β 相的纳米区域的体积增加。

另外，通过灵敏度很高的微量差示扫描量热法（micro DSC）可以研究磷脂双层膜在液相中发生的凝胶相变和液晶相变过程。实验方法如下[25, 26]：

样品溶液：分别用经脱气的去离子水配制 3.0mL 浓度为 2.0mg/mL 的不同的二肉豆蔻酰磷脂酰胆碱（DMPC）、二棕榈酰磷脂酰胆碱（DPPC）和二硬脂酰磷脂酰胆碱（DSPC）磷脂溶液。

实验条件：实验用仪器为美国 Microcal VP-DSC 微量差示扫描量热仪，仪器测量单元为固定池结构，池体积为 0.509mL。实验温度范围分别为 5~45°C（DMPC）、20~60°C（DPPC）和 35~70°C（DSPC），在温度范围的起始温度的平衡时间为 10min，温度扫描速率为 60°C/h，数据采集频率为 4s/数据点。

通过实验可以得到在磷脂发生凝胶相变和液晶相变过程的ΔH_{cal}、ΔS、ΔH_{VH}、T_{m}、$\Delta T_{1/2}$，其中凝胶向液晶的转变为一级相变，具有一些二级转变的特征。

另外，用 DSC 可以方便地研究固相相变过程中发生的微小变化信息。例如，亚硝酸钠存在两个相变，这两个相变之间的焓值差别很大，但温度相近[27]。通过 DSC 研究这种相变的实验方案如下：

样品：试剂级亚硝酸钠，实验前没有进行进一步的化学处理，仅将结晶化合物研磨成粉末。

实验条件：所用仪器为美国 Perkin Elmer 公司 DSC-7 差示扫描量热仪，实验气氛为 40mL/min 的氮气，实验前用 In 标准物质分别对仪器的温度和热效应进行校准。实验时的样品用量为 3.2~7.7mg 不等。实验的升温和降温速率分别为 1.0°C/min、2.0°C/min、4.0°C/min、5.0°C/min 和 10.0°C/min。为了确定升温/降温速率对相变过程中的表观转变温度和表观焓值的影响，在每个升温和降温速率下运行多次实验以得到平均焓值和平均温度。

通过 DSC 实验可以证明亚硝酸钠分别在 (436.1±1.1)K 和 (437.3±1.3)K 处出现了两个可逆的相变，在加热过程中的 ΔH 值分别为约 (249±5)J/mol 和 (27±3)J/mol，ΔS 值分别为(0.60±0.01)J/(mol·K) 和 (0.06±0.01)J/(mol·K)。另外，这两种转变都表现出热滞后现象，这种转变温度的变化可能是由于升温速率的影响引起的。

由 DSC 法结合 TG 法还可以方便地对药物的晶型转变进行研究，结合 XRD 数据可以确定在温度变化过程中晶型结构的变化信息。例如，更昔洛韦（GCV）是一种治疗巨细胞病毒感染的抗病毒药物。据报道，该药物以四种固态晶体形式存在，其中晶型Ⅰ和晶型Ⅱ为无水型，晶型Ⅲ和晶型Ⅳ为水合物。通过 TG 实验、DSC 实验、FTIR 实验和 XRD-DSC 同步测量结果，可以对这些晶型转变进行研究[28]。实验方案如下：

样品：GCV 由制药公司提供，纯度为 99.0%，室温下为晶型Ⅰ。实验时不作任何处理。

TG 实验：所用仪器为日本 Shimadzu 公司 TGA-50 热重仪，在 50mL/min 的动态氮气气氛下，以 10°C/min 的升温速率由 25°C 加热至 500°C，试样量约为 15mg，精确质量由仪器读取，敞口铂坩埚。实验前使用 $CaC_2O_4 \cdot H_2O$ 标准物质校准仪器。

DSC 实验：所用仪器为日本 Shimadzu 公司 DSC-50 差示扫描量热仪，在 50mL/min 的动态氮气气氛下，以 10°C/min 的升温速率由 25°C 加热至 500°C，试样量约为 2mg，无盖铝坩埚。分别使用 Zn（mp=419.6°C）和 In（ΔH_{melt}=28.6J/g，mp=156.6°C）作为标准物质对仪器进行温度和热量校准。

XRD-DSC 同步实验：所用仪器为带有 Thermo Plus DSC 附件的 SmartLab 多用途衍射仪。XRD 的实验条件为：X 射线源为 Cu Kα（λ= 1.54186Å），管电压为 45kV，电流为 200mA。扫描模式为以 100°/min 的扫描速度、步长为 0.02°，在 3°~35°（2θ）之间连续进行。DSC 的温度程序为：在 50mL/min 的动态氮气气氛下，以 5°C/min 的升温速率由 25°C 加热至 350°C。

实验结果表明 GCV 的晶型Ⅲ在室温和 180°C 之间保持稳定，在 189°C 左右转化为晶型Ⅰ。此外，通过缓慢的溶剂蒸发进行结晶研究，得到了四种 GCV 晶型（Ⅰ型、Ⅲ型、Ⅳ型和Ⅴ型），一种是无水状态，三种是水合状态。实验结果还表明，随着时间的推移，GCV 的所有重结晶形式都转化为Ⅰ型，这与Ⅰ型的热力学稳定形式一致。

4.5 利用热分析法测量物质的玻璃化转变的实验方案设计

玻璃化转变过程主要发生于非晶化合物及结晶化合物的非晶区中，分子运动的本质是无定形部分的链段运动形式发生了由冻结状态向可整体运动的变化。对于聚合物而言，由其玻璃化转变可以得到物质的固化程度、热历史、材料的最高使用温度、共聚、共混物组分的相容性和相分离、组分的定性和定量等信息。可以通过多种热分析技术来评估玻璃化转变，由不同的方法或者相同的方法和不同的测试条件可能会得到不同的 T_g。这是因为玻璃化转变是在一个温度范围内发生，而不是发生于某一点，而且不同技术所依据的原理也不相同。DMA 的损耗模量的峰值和由 MDSC、DSC 所得到的 T_g 相差不大，TMA 最小，DEA 最大。因此在比较 T_g 时必须注明实验中所用的仪器、样品形状、测试条件（加热/冷却速率、频率等）。对于玻璃化转变较弱的体系，通常由 DEA、TMA 和 DMA 来测量这些较弱的玻璃化转变过程。在用 DSC 检测较弱的玻璃化转变过程时，应采用较高的温度扫描速率。以下给出了由常用的热分析技术测量玻璃化转变温度的实验方法。

4.5.1 利用 DSC 或 DTA 法测量物质的玻璃化转变

DSC 是确定物质的玻璃化转变温度的常用热分析技术之一，具有测量快速、需要样品量少等优势。由于 DSC 的灵敏度高于 DTA，因此在 DSC 的工作温度范围之内时，应尽可能优先选用 DSC 来确定物质的玻璃化转变温度。

由 DSC 或 DTA 技术确定玻璃化转变温度的常用的实验方法如下：①实验气氛通常为惰气气氛（如氮气），流量为 25~100mL/min；②试样量约 0.5~20mg；③常用的升温速率一般为 10~20°C/min，温度范围一般从低于预期的 T_g 约 50°C 以下开始，加热至高于外推终止温度 T_{eg}，对部分结晶的样品则需加热到比样品熔融峰终止温度高约 30°C。若样品在加热时会发生进一步的反应或需评价试样的热性能时，只需要一次加热过程。如果需消除材料的热历史，则可以在第一次加热之后骤冷至足够低的温度后再重新进行第二次升温过程。如果需要研究在降温过程中的逆玻璃化温度或者样品的液晶、结晶温度时，则应采取合适的冷却速率。

在一些应用中，还可以采用温度调制 DSC（TMDSC）来测量 T_g。TMDSC 是在传统 DSC 线性升温的基础上叠加一个正弦振荡的变化的一种技术，由 TMDSC 除了能得到传统 DSC 的总热流信号之外，还可得到与材料的比热容相关的可逆热流信号和与动力学相关的不可逆热流信号。TMDSC 实验的升温速率较慢，一般为 5°C/min 或以下，周期为 40~100s，温度调制振幅为±(0.03~3)°C。确定升温速率和周期时一般遵循在所研究的转变温度范围内至少有四个周期振荡的原则。

例如，可以通过 TMDSC 来测量热固性材料的玻璃化转变温度。分析从热流测量值（总的及可逆的）和热容（复合热容的模量）获得的玻璃化转变的不同值，并将其与由常规 DSC 获得的值进行比较[29]。实验方案如下：

样品：在 130°C 下固化 12h，并在 160°C 下固化 2h 得到完全固化的环氧树脂。

实验条件：TMDSC 测量由带有机械制冷的瑞士 Mettler Toledo 公司的 DSC821e 差示扫描量热仪完成，并使用 Mettler Toledo STAR 软件的 ADSC 功能来进行相应的数据分析。实验前分别通过铟和锌标准物质进行温度和热量校准，并确定传感器的时间常数。实验时采用的调制条件是振幅为 0.5K，周期为 1min，基本加热速率（或冷却速率）为 1K/min。在这些条件下，最大和最小的加热速率分别为 4.14K/min 和−2.14K/min。为了校准热流信号、校正振幅并消除样品池的不对称性，在样品测量之前，先进行空白对照试验，在参比侧放置一个加盖的空坩埚，在样品侧同样放置一个加盖的空坩埚。常规 DSC 测量的加热速率为 10K/min。

在 DSC 和 TMDSC 实验中，通常使用标准铝坩埚。为了提高灵敏度，实验直接在坩埚内固化的样品上进行，试样的质量约为 10mg。实验时为了确保在测定玻璃化转变时具有相同的热历史，将样品在高于 T_g 的温度 20°C 以下加热 5min，然后淬火至远低于 T_g 的温度（约低于 T_g 60°C）。然后立即将样品以指定的加热速率重新加热，并在此扫描过程中测量 T_g。在指定的冷却速率下，从高于 T_g 的温度约 40°C 到低于 T_g 的温度，确定冷却过程的 T_g。

4.5.2 利用 TMA 或 DIL 法测量物质的玻璃化转变

由于材料在玻璃化转变前后膨胀系数发生了变化，因此可以通过 TMA 或者 DIL 技术测量玻璃化转变温度。与 DSC 测量比热容的变化的方法相比，由 TMA 或者 DIL 技术测量体积变化的方法要灵敏得多。当发生玻璃化转变时，在测得的形变曲线中会发生较强烈的变化，在曲线中表现为一个转折，该转折前后切线的交叉点所对应的温度即为 T_g。以下给出了由 TMA 或者 DIL 技术确定玻璃化转变温度的常用的实验方法：

实验气氛：一定流速（通常为 25~100mL/min）的惰性气氛（通常为氮气）。

测量模式：通常为膨胀模式，对于易变形的较薄的试样需采用拉伸模式。

预加载力：尽可能小，在实验过程中保持恒定。所设置的预加载力不应使试样发生明显变形。

试样形状：膨胀模式的样品的直径一般为3~10mm的圆柱状或方块状，厚度或长度为5~25mm，试样的两个底面应尽可能平整并且应保持平行。

升温速率：一般为3~5°C/min，起始温度一般设置为至少低于预测玻璃化温度15°C，终止温度一般高于预测温度20°C。在实际应用中，应注意在实验过程中试样不应出现大面积的熔融或者分解现象。

在仪器的支架上加载试样之后，待炉温调整至所设定的开始温度并将尽可能小的恒定力加载于样品，保持一段时间后线性升温。如果由于热历史的影响TMA曲线发生了变形，则应将探头及所加的力移除，使炉温降至开始温度后重新进行第二次测试可以得到正常的平滑曲线。

例如，可以通过TMA技术测量热固性树脂的起始玻璃化转变温度[30]。实验方案如下：

样品：两种树脂都是通过光化学固化反应得到的两种不同加工工艺的聚氨酯丙烯酸酯（PUA）。

实验条件：TMA实验在美国Perkin Elmer公司的TMA2上进行，试样的厚度为1mm、直径为10mm，在氦气气氛下以5°C/min的加热速率从20°C升至140°C。实验时分别采用100mN、1000mN和3340mN的三种静态力。

4.5.3 利用DMA法测量物质的玻璃化转变

DMA法是通过对试样施加恒振幅的正弦交变应力或者应变，检测材料的应变或应力随温度或时间的变化规律，从而根据计算得到的力学参数来表征材料黏弹性的一种实验方法。由DMA实验可以得到储能模量（E'）、损耗模量（E''）和损耗因子（tanδ）三条曲线。在玻璃化转变区域，E'急剧下降直至形成较为平缓的平台，得到的E''和tanδ均为峰的形式。在DMA曲线中通常有三种T_g，分别是E'曲线的外推初始温度、E''和tgδ的峰值温度，由此得到的三个T_g温度呈现依次增大的变化趋势。DMA具有很高的灵敏度，除了可以得到T_g的转变信息外，还可以得到非常微弱的二次松弛过程，尤其适合研究高结晶、高交联的复合材料或填充材料的T_g。以下给出了由DMA技术确定玻璃化转变温度的常用的实验方法：

试样要求：不同厂家、不同夹具所要求的样品尺寸存在着一定的差异。以单悬臂梁夹具为例，样品一般为矩形条状，样条平整且无缺陷（没有裂纹或气泡），同系列样品的尺寸应保持均一，低模量的样品制作厚度应适当加大一些，高模量的样品则要求制作的薄一些，长厚之比尽可能大于10。

实验条件：在设定的受力模式下，在惰性气体或空气气氛下，加热速率一般为1~5°C/min，频率一般为1Hz，根据不同材料设定振幅使样品形变保持恒定（一般低于1%）。从低于预期玻璃化转变区域30°C开始到高于转变区域20°C结束。

在美国材料试验协会标准《ASTME1640—2018 通过动态力学分析测定玻璃化转变温度的标准试验方法》（ASTME1640—2018 Standard Test Method for Assignment of the Glass Transition Temperature by Dynamic Mechanical Analysis）中对于由 DMA 测定材料的玻璃化转变温度作了规范，标准中对于实验方案设计方面主要包括以下内容：

① DMA 实验时的样品可以是任意的尺寸或形状，但通常采用矩形状态。如果在实验前对样品进行了某些热处理而得到这种现状，应在论文或报告中指出这些处理。由于动态力学分析仪种类繁多，在标准中没有统一要求试样的尺寸。一般来说，试样的合适尺寸在 1mm×5mm×20mm 和 1mm×10mm×50mm 之间。实验时，应选择适合于材料和测试设备的试样尺寸。例如，低模量材料可能需要厚样品，而高模量材料可能需要薄样品。实验时，准确测量试样的长度、宽度和厚度，准确至±0.01mm。

② 实验前应分别根据 ASTM E1867、E2254 和 E2425 对储能模量、损耗模量和温度信号进行校正。

③ 在实验过程中，仪器采用的最大应变振幅应在材料的线性黏弹范围内。标准中推荐的应变小于 1%，不应超过 5%。

④ 实验时通常以 1°C/min 的加热速率和 1Hz 的频率进行测试。在实际应用中也可以使用其他加热速率和频率，但应特别注明。通过动态力学分析测定的玻璃化转变温度取决于加热速率和振动频率。实验中采用的加热速率和振动频率应足够慢，以使整个样品达到可接受的热力学平衡。当加热速率或振动频率提高时，实验时间缩短，表观 T_g 升高。对于典型的无定形材料，实验时间变化 10 倍通常导致玻璃化转变温度改变 8°C 左右。另外，可以通过两个或多个加热速率下的实验结果对比得到温度因素对 $\tan\delta$ 峰的影响信息。

⑤ 应按照从低于可能的玻璃化转变区 30°C 到高于 20°C 的原则来选择实验的温度范围。

⑥ 在实验过程中，当温度每升高 1°C 时，仪器应至少采集一个数据点。在低频和高频时，应谨慎选择扫描速率和频率。应合理选择测试条件和数据的采集速率，以确保对样品的力学响应有足够的分辨能力。

4.5.4 利用介电热分析法测量物质的玻璃化转变

在玻璃化转变过程中，由于高分子链段运动的增加，材料中的偶极子或离子受电场影响重新排列和消耗能量，导致材料的介电性能发生很大的变化。因此，可通过介电热分析法（DEA）来确定玻璃化温度。DEA 技术通过将正弦电压施加于夹有试样的两电极之间而测量电流的变化，通过激发电压的频率、响应电流的振幅和相位角的变化可换算出介电性能的三个信息：介电常数 ε'、损耗因子 ε''和介电损耗 tgδ。在玻璃化转变过程中介电常数和介电损耗曲线会出现陡然增高的现象，而损耗因子形成一个峰。一般把曲线中较平坦部分和陡升部分所作前后切线的交点，即 ε' 和 tgδ 的外推初始温度，以及 ε'' 峰值确定为玻璃化温度。

DEA 仪器测试参数：样品可以是固体、液体、胶体，根据不同的样品选择传感器，一般采用平板式传感器，加热速率一般为 3°C/min，频率一般为 1Hz。

参 考 文 献

[1] Castello M. L., Dweck C. J., Aranda D. A. G. Thermal stability and water content determination of glycerol by thermogravimetry[J]. J. Therm. Anal. Calorim., 2009, 97: 627-630.

[2] Chee S. S., Jawaid M., Sultan M. T. H., Alothman O. Y., Abdullah L. C. Evaluation of the hybridization effect on the thermal and thermooxidative stability of bamboo/kenaf/epoxy hybrid composites[J]. J. Therm. Anal. Calorim., 2019, 137: 55-63.

[3] Filho R. O. C., Franco P. I. B. M., Concei E. C., Leles M. I. G. Stability studies on nifedipine tablets using thermogravimetryanddifferentialscanning calorimetry[J]. J. Therm. Anal. Calorim., 2008, 93 (2): 381-385.

[4] Karppinen M., Niinistö L., Yamauchi H. Studies on the oxygen stoichiometry in superconducting cuprates by thermoanalytical methods[J]. J. Therm. Anal., 1997, 48: 1123-1141.

[5] Fujishiro F., Takaichi S., Hirakawa K., Hashimoto T. Analysis of oxidation decomposition reaction scheme and its kinetics of delafossite-type oxide $CuLaO_2$ by thermogravimetry and high-temperature X-ray diffraction[J]. J. Therm. Anal. Calorim., 2016, 123:1833-1839.

[6] 辛勤. 固体催化剂研究方法[M]. 北京：科学出版社, 2004.

[7] Pedrosa A. M. G., Souza M. J. B., Melo D. M. A., Araujo A. S. Thermo-programmed reduction study of Pt/WO_x-ZrO_2 materials by thermogravimetry[J]. J. Therm. Anal. Calorim., 2007, 87(2): 349-353.

[8] Alexander K. S., Dollimore D., Dunn J. G., Gao X., Pate1 D. The determination of cholesterol, calcium carbonate and calcium oxalate in gallstones by thermogravimetry[J]. Thermochim. Acta, 1993, 215: 171-181.

[9] Jo D., Leonardo R. S., Cartledge F. K., Reales O. A. M., Filho R. D. T. Gypsum content determination in Portland cements By thermogravimetry[J]. J. Therm. Anal. Calorim., 2016, 123:1053-1062.

[10] Weldon D G and B M Carl. Determination of metallic zinc content of inorganic and organic zinc-rich primer by differential scanning calorimetry[J]. J. Coatings Technol., 1997, 69 (868): 45-49.

[11] Antonioli D., Sparnacci K., Laus M., Lupi F. F., Giammaria T. J., Seguini G., Ceresoli M., Perego M., Gianotti V. Composition of ultrathin binary polymer brushes by thermogravimetry-gas chromatography-mass spectrometry[J]. Anal. Bioanal. Chem., 2016, 408: 3155-3163.

[12] Liu C. J., Liu T., Wang D. J. Non-isothermal kinetics study on the thermal decomposition of brucite by thermogravimetry[J]. J. Therm. Anal. Calorim., 2018, 134: 2339-2347.

[13] Chen L., Yang Z. Y., Ren Y. Y., Zhang Z. Y., Wang X. L., Yang X. S., Yang L., Zhong B. H. Fourier transform infrared spectroscopy thermogravimetry analysis of the thermal decomposition mechanism of an effective flame retardant, hydroquinone bis(di-2-methylphenyl phosphate)[J]. Polym. Bull., 2016, 73: 927-939.

[14] Szepcsik B., Pukánszky B. The mechanism of thermal stabilization of polyacrylonitrile[J]. Thermochim. Acta, 2019, 671: 200-208.

[15] Huang X., Fabrication and properties of carbon fibers[J]. Materials, 2009, 2: 2369-2403.

[16] Nunna S., Naebe M., Hameed N., Fox B.L., Creighton C. Evolution of radial heterogeneity in polyacrylonitrile fibres during thermal stabilization: an overview[J]. Polym. Degrad. Stabil., 2017, 136: 20-30.

[17] Liu H.C., Chien A., Newcomb B.A., Davijani A.A.B., Kumar S., Stabilization kinetics of gel spun polyacrylonitrile/lignin blend fiber[J]. Carbon, 2016, 101: 382-389.

[18] Wu S., Gao A., Wang Y., Xu L., Modification of polyacrylonitrile stabilized fibers via post-thermal treatment in nitrogen prior to carbonization and its effect on the structure of carbon fibers[J]. J. Mater. Sci., 2018, 53 (11): 8627-8638.

[19] Szepcsik B., Pukanszky B., Separation and kinetic analysis of the thermo-oxidative reactions of polyacrylonitrile upon heat treatment[J], J. Therm. Anal. Calorim., 2018, 133 (3): 1371-1378.

[20] Schimpf W.C. (Hercules Inc.). Thermally stabilized polyacrylonitrile polymers for carbon fiber manufacture[P]. European patent 0 384 299 A2, 1990.

[21] Kang J., Chen Z. F., Chen J. Y., Yang F., Weng G. S., Cao Y., Xiang M. Crystallization and melting behaviors of the b-nucleated isotactic polypropylene with different melt structures-The role of molecular weight[J]. Thermochim. Acta, 2015, 599: 42-51.

[22] Zhang Q., Chen Z., Wang B., Chen J., Yang F., Kang J., Cao Y., Xiang M., Li H. Effects of melt structure on crystallization behavior of isotactic polypropylene nucleated with a/b compounded nucleating agents[J]. J. Appl. Polym. Sci., 2014, 132: 41355.

[23] Jin X., Xu X. D., Zhang X. S., Yin Y. G. Determination of the PCM melting temperature range using DSC[J]. Thermochim. Acta, 2014, 595: 17-21.

[24] Jiang Z. Y., Zheng G. P., Han Z., Liu Y. Z., Yang J. H. Enhanced ferroelectric and pyroelectric properties of poly(vinylidenefluoride) with addition of graphene oxides[J]. J. Appl. Phys., 2014, 115: 204101.

[25] Ohline S. M., Campbell M. L., Turnbull M. T., and Kohler S. J. Differential Scanning Calorimetric Study of Bilayer Membrane Phase Transitions: A Biophysical Chemistry Experiment[J]. J. Chem. Ed., 2001, 78(9): 1251-6.

[26] Koyama T. M., Stevens C. R., Borda E. J., Grobe K. J., and Cleary D. A. Characterizing the Gel to Liquid Crystal Transition in Lipid-Bilayer Model Systems[J]. Chem. Educator, 1999, 4: 12-15.

[27] House J. E., Goerne J.M. Thermal studies on the phase transitions in sodium nitrite[J]. Thermochim. Acta, 1993, 215: 297-301.

[28] Roque-Flores R. L., Matos J. R. Simultaneous measurements of X-ray diffraction-differential scanning calorimetry. The investigation of the phase transition of ganciclovir and characterization of its polymorphic forms[J]. J. Thermal Anal. Calorim., 2019, 137: 1347-1358.

[29] Montserrat S. Measuring the Glass Transition of Thermosets by Alternating Differential Scanning Calorimetry[J]. J. Therm. Anal. Calorim., 2000, 59: 289-303.

[30] Ledru J., Youssef B., Saiter J. M., Grenet J. Poly(urethane Methacrylate) Thermo-Setting Resins Studied by Thermogravimetry and Thermomechanical Analysis[J]. J. Therm. Anal. Calorim., 2002, 68: 767-774.

第 III 部分

热分析曲线解析

第 5 章 热分析曲线解析的原则

在按照本书第 2 章和第 3 章介绍的实验方案设计方法基础上完成热分析实验之后，即可得到相应的热分析曲线。概括来说，热分析曲线是使实验样品按照设定的实验方案所得到的实验结果的最终体现形式。在对热分析曲线进行解析时，应密切结合实验时所用的样品的结构、成分、制备方法或处理条件等信息，并结合所使用的热分析方法自身的特点和实验条件对曲线进行科学、规范、准确、合理、全面的解析。在本章中将结合实例对热分析曲线解析时所需要遵循的基本原则进行简要概述。

5.1 热分析曲线解析的科学性

在解析热分析曲线时，首先应了解所研究的物质随温度或时间变化所发生的化学变化和物理变化的基本规律，并根据热分析方法自身的特点，综合热分析曲线提供的信息和辅助方法的信息，以科学、严谨的准则，对所得到的热分析曲线进行科学的解析。

当所得到的热分析曲线的形状和位置在实验条件下发生变化时，在对这些变化进行解析时，应首先考虑所得曲线中这些变化所对应的科学意义。

首先，在对热分析曲线解析时应熟悉所使用的热分析技术的基本原理、实验过程和应用领域。

其次，应了解所测量的样品在实验过程中可能会发生哪些变化，所发生的变化在所使用的热分析技术得到的曲线中应表现为何种形式。

再次，应结合实验目的、样品信息、所用的实验方法和实验条件对曲线中的变化进行科学的解释。

最后，当从所得到的热分析曲线中无法得到所需要研究的现象时，应及时调整实验方案。

5.1.1 根据不同的热分析技术确定可能解决的科学问题

当使用不同的热分析技术解决具体的科学问题时，应首先了解不同的热分析技术的基本原理、实验过程和应用领域。例如，当需要对如图 5-1 所示的聚四氟乙烯（PTFE）的 TG-DSC 曲线进行解析时，发现在 DSC 曲线中的 300~350°C 范围内出现了一个向吸热方向的峰，表明该过程为吸热过程。同时，还注意到该样品的 TG 曲线和 DTG 曲线在该温度范围内没有出现明显的变化，即在 TG 曲线没有出现台阶（无论是向增重方向还是失重方向）、DTG 曲线中也没有出现峰，表明 DSC 曲线中的吸热峰对应于一个无质量变化的吸热过程。对于该吸热过程所对应的过程而言，主要为分解、熔融、汽化、升华以及固相相转变等物理或化学过程。由于有气体产生的分解、汽化、升华过程均伴随着质量的变化，因此可以排除这些过程。根据以上的这些信息可以判断该吸热过程是由于 PTFE 样品在该温度范围发生了固相相转变或熔融过程引起的。

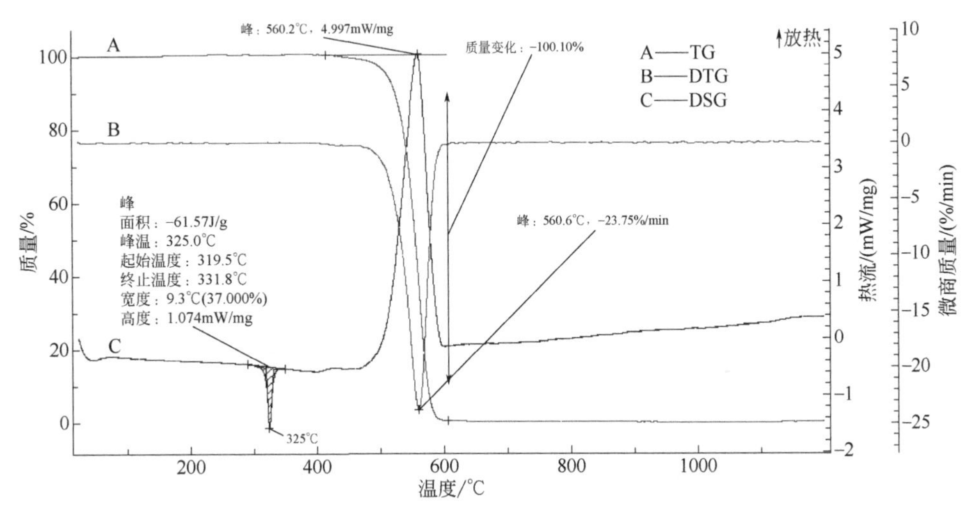

图 5-1　聚四氟乙烯（PTFE）在空气气氛下的 TG-DSC 曲线

实验条件：空气气氛，流速 50mL/min；加热速率 10°C/min；敞口氧化铝坩埚

通过一个简单的加热实验即可验证该过程对应于固相相转变还是熔融过程，即：向坩埚中加入 PTFE 试样后，当升温至 350°C 时立即停止加热，待温度降至室温附近时打开加热炉，取下坩埚。可以发现坩埚中的试样由原来的棱角分明的颗粒状态变成了块体状态，由此可以判断试样在加热过程中发生了熔融过程。由于 DSC 曲线在室温至 350°C 范围内出现了一个峰值温度在 325°C 的吸热峰，且熔融过程为吸热过程，因此可以判断该过程为熔融过程，该温度范围与文献[1]所报道的温度数值接近。

在本实例中，在判断熔融过程时，充分利用了由 DSC 曲线得到的吸热峰和在吸热峰产生的温度范围内的 TG 曲线中没有发生质量变化这一特征。

5.1.2 结合样品结构信息解析曲线中的特征信息

在通过热分析实验得到的曲线中，试样在实验过程中所发生的结构变化过程的所有信息均包含在其中。在对曲线进行解析时，应充分考虑样品的结构信息。以下以一种贝壳化石的TG-DSC曲线为例来说明结合样品的结构信息来解析热分析曲线的方法。图5-2为通过实验得到的TG-DSC曲线。

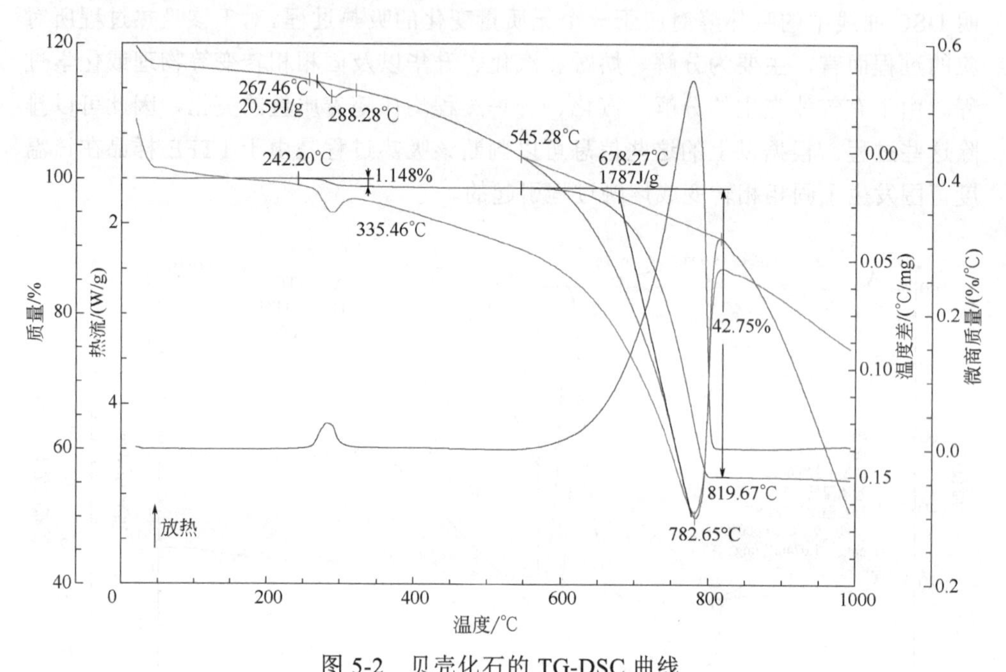

图5-2 贝壳化石的TG-DSC曲线

实验条件：加热速率10°C/min；氮气气氛，流速为50mL/min；敞口氧化坩埚

图5-2中的TG曲线表明，试样在整个测试温度范围内存在两个失重过程。第一个失重过程的温度范围为242.2~335.5°C，失重率为1.15%；第二个失重过程发生在545.3~819.7°C，失重率为42.8%。由于天然贝壳中含有一定量的结合水和有机质，因此可以认为第一个较小的质量变化过程对应于贝壳内有机质及水分的分解和挥发过程。这些成分的含量约为1.0%~1.2%，与文献中其他种类的生物贝壳有机质含量1%~2%的范围相吻合[2,3]。第二个失重过程对应$CaCO_3$的分解过程，该相对质量变化对应于产物中CO_2的含量。由于样品中结合水和有机质的存在，在545.3~819.7°C范围内$CaCO_3$分解变为CaO和CO_2过程的失重率小于理论值(44%)。据此可以计算贝壳中碳酸钙的含量为42.8/44=97.3%。

另外，在图5-2中的DSC曲线也分别在两个失重过程中出现了明显的吸热峰，分别对应于有机质及$CaCO_3$分解时的吸热过程。

在本实例中，结合贝壳化石的结构组成信息，由TG曲线分别确定了样品中的结合水和有机质、碳酸钙的含量，并通过 DSC 曲线的吸热峰证实了这两个过程为吸热过程。

5.1.3 科学解释曲线中的微弱变化信息

在进行曲线解析时，不可避免地会遇到一些十分微弱的变化信息。在对这些微弱的变化信号进行解析时，应充分结合样品自身的结构信息和所采用的实验条件来进行合理的解析。

图 5-3 为用动态力学热分析仪（DMTA）技术研究 Pb 纳米颗粒的表面发生熔化过程所得到的 DMTA 曲线。由图 5-3 可见，DMTA 曲线在 Pb 熔点附近（320~330°C 范围）出现了损耗峰，而纯铝样品在 Pb 熔点附近并没有出现损耗峰。由图 5-3 还可以看出，对于同一样品而言，Pb/Al 样品中的损耗峰的峰高（H）随升温速率升高而变大，并且随升温速率越大，峰位向高温移动。如需得到较为明显的损耗峰，应使用较快的加热速率。应注意在较快的加热速率下，该转变过程远离了平衡状态。为了得到较为准确的测量数据，应选择一个较为适中的加热速率，既应保证可以得到较为明显的转变峰，还应满足实验的需要[4]。

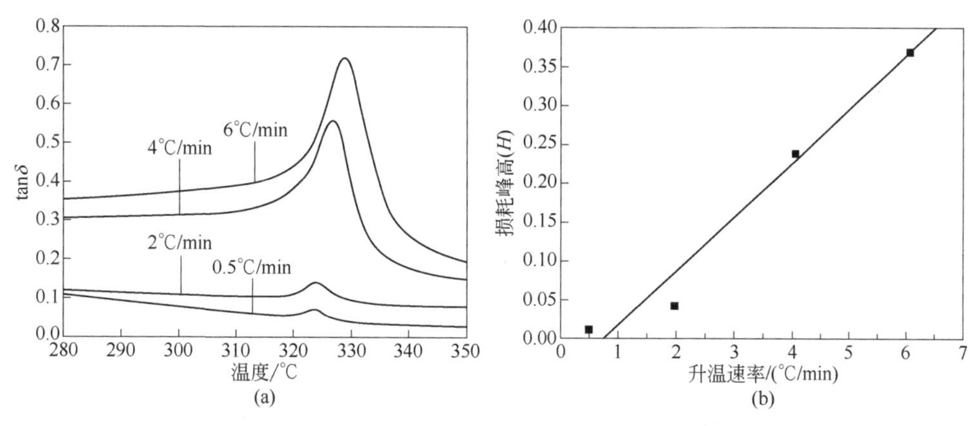

图 5-3　（a）Al-5%（原子含量）Pb 球磨样品不同升温速率下的损耗因子曲线，频率为 0.5Hz；（b）（a）图中的损耗峰高与升温速率的变化关系

需要注意，并非所有的较弱的转变过程都可以通过提高升温速率来得到改善。图 5-4 为由常规的差示扫描量热仪得到的浓度为 20%（质量分数）的表面活性剂 Pluronic F127 溶液的 DSC 曲线，升温速率为 10°C/min。图 5-4 中，在 23°C 附近的微弱的肩峰对应于组成该溶液的 PEO-PPO-PEO 三嵌段聚合物分子在水溶液中的相分离过程，该过程对应于热力学中的低临界相转变温度（LCST）。在发生相分离之前的温度范围，溶液为无色透明状态。当发生相分离时，浓度较低的溶液颜色变成了浅蓝色，浓度较高的溶液呈现出白色浑浊溶液状态。由图 5-4 不难看出，DSC 曲线中的该 LCST 过程十分微弱。图中较为明显的较宽的吸热峰（峰

值在 14°C 左右）对应于溶液中的溶剂的挥发过程，该过程比 LCST 转变过程明显很多倍。在这种情况下，通过提高升温速率对增加 LCST 转变过程所对应的吸热峰没有明显的促进作用。此时，应使用一种更加灵敏的微量差示扫描量热仪（通常简称 micro DSC）来研究该过程。与常规的 DSC 仪采用具有较小体积（通常为 20~50μm）的可拆卸的坩埚作为样品容器不同，这种类型的 micro DSC 仪通常采用比坩埚的体积大几倍甚至几十倍（通常为 0.3~0.6mL）的导热性很好的固定量热池作为样品容器。另外，micro DSC 仪的参比池中通常使用空白溶液作为参比，这样可以有效避免在实验过程中由于溶剂的挥发而对基线形状产生的不利影响。图 5-5 为由 micro DSC 实验得到的曲线，升温速率为 1°C/min，浓度范围为 0.01%~1.00%（质量分数）[5]。与图 5-4 相比，图 5-5 中的 DSC 曲线所对应的浓度降低了至少 20 倍，并且升温速率也降低了 10 倍。很明显，图 5-5 中的 micro DSC 曲线比图 5-4 中的 DSC 曲线明显很多。通过 micro DSC 曲线还可以方便地比较溶液的浓度对于 LCST 的影响程度，而通过常规的 DSC 实验则无法完成该类实验。

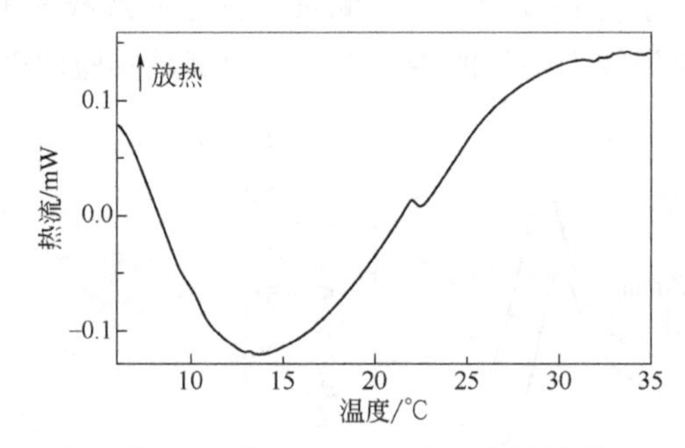

图 5-4 浓度为 20%的 Pluronic F127 水溶液的 DSC 曲线

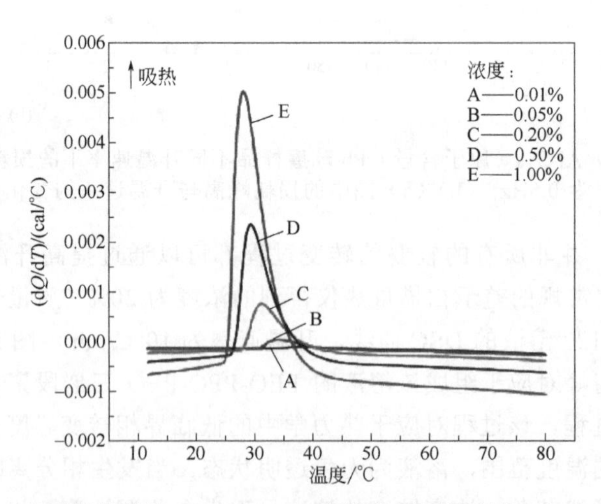

图 5-5 在质量分数为 0.01%~1.00%范围的不同浓度的 Pluronic F127 水溶液的 micro DSC 曲线

5.2 热分析曲线解析的规范性

在对热分析曲线进行解析时，应规范表示由相应的热分析曲线所得到的信息。此处所指的规范主要指曲线的作图以及对曲线所反映的信息的描述等应符合相关的规范和标准的要求。

5.2.1 热分析曲线作图的规范性

在大多数科研论文和报告中，通常以图表的形式列出由热分析实验得到的曲线。在进行作图时应注意以下几点：

① 在得到的热分析曲线中，横坐标中自左至右表示物理量的增加，纵坐标中自下至上表示物理量的增加（图5-6）。

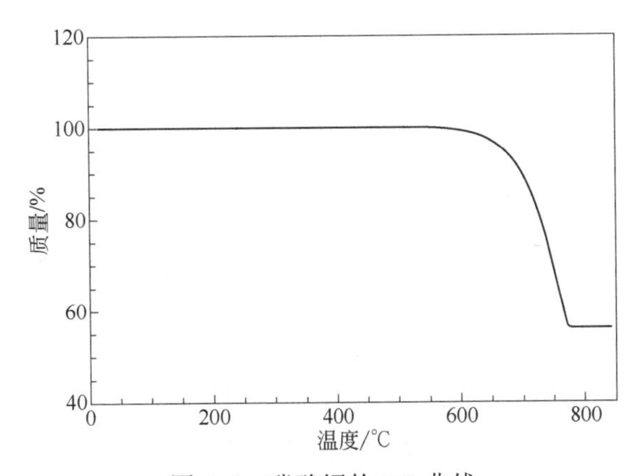

图5-6　碳酸钙的TG曲线

实验条件：升温速率10°C/min；氮气气氛，流速20mL/min；敞口氧化铝坩埚

图5-6为典型的TG曲线，由图可见，横坐标为温度，自左至右表示温度依次递增。纵坐标为质量，为了便于比较，通常用归一化后的相对质量表示，自上至下表示质量依次递减。

② 对于单条热分析曲线，当实验过程中发生的特征转变过程不多于两个（包括两个）时，通常在图中空白处标注转变过程的特征温度或时间、物理量（如质量变化、热量等）等信息；当特征转变过程多于两个时，通常采用列表说明每个转变过程的特征温度或时间、物理量（如质量变化、热量等）等信息的方法。当需要对得到的多条曲线对比作图时，对每条曲线的特征温度或时间、物理量（如质量变化、热量等）等信息也应采用列表说明的方式进行表述。

图5-7为在不同升温速率下得到的具有固相相变的无机复合氧化物的DSC曲

线，由图可见，随着升温速率的增大，吸热峰整体向高温方向移动，峰高也出现了依次增大的现象，可以通过列表的方式来对比特征温度和峰面积所对应的相变热量的变化。

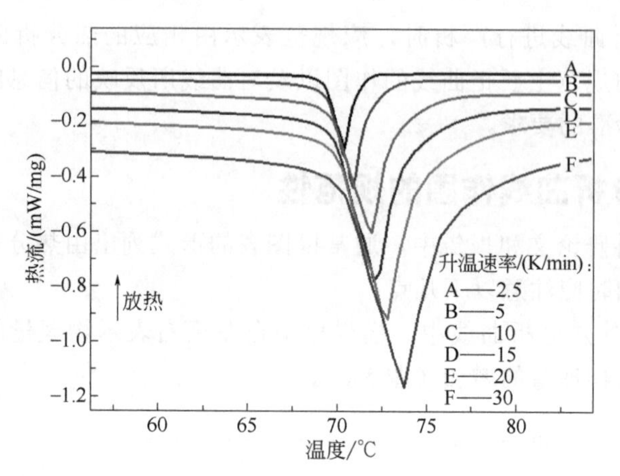

图 5-7　在不同的升温速率下得到的具有固相相转变的无机复合氧化物的 DSC 曲线

实验条件：密封铝坩埚；氮气气氛，流速 50mL/min

③ 作图时，还应遵循以下几点作法：

a. 热分析曲线的纵坐标用归一化后的检测物理量表示，纵坐标的名称为所检测的物理量的名称，单位为归一化后的物理量的单位。例如，DSC 曲线的纵坐标的名称为热流，单位为 mW/mg 或者 W/g；

b. 对于线性升温/降温的测试，横坐标为温度，单位常用°C 表示。进行热力学或动力学分析时，横坐标的单位一般用 K 表示；

c. 对于含有等温条件的热分析曲线横坐标应为时间，需要在纵坐标中增加一列温度。当只需显示某一温度下的等温曲线时，则不需要在纵坐标中增加一列温度。

图 5-8 为在室温至 800°C 范围内，以 10°C/min 的升温速率的实验条件下得到的横坐标以时间表示的一种纸张的 TG 曲线。

由图 5-8 可见，在实验温度范围内，TG 曲线出现了三个质量变化阶段。在 DTG 曲线中，在每个质量变化阶段均呈现了不同的峰。另外，在分析曲线时很容易发现存在一个这样的问题，即不太方便由图 5-8 确定每一个质量变化阶段所对应的温度范围。在确定相应的温度时，需要先由横坐标对应的时间找到图中的时间-温度曲线所对应的温度，这种做法显得比较费力、费时、不直观。在这种情况下，应以温度为横坐标进行作图，如图 5-9 所示，这样可以方便地确定每个质量变化阶段所对应的特征温度。

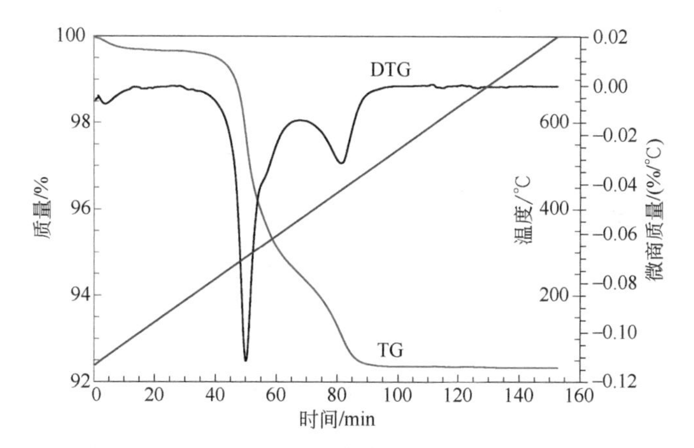

图 5-8 在室温至 800°C 范围内，以 10°C/min 的升温速率的实验条件下得到的横坐标以时间表示的一种纸张的 TG 曲线

实验条件：空气气氛，流速 50mL/min；敞口氧化铝坩埚

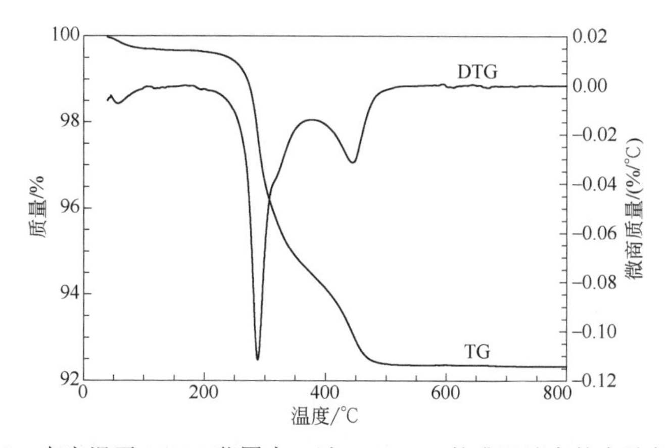

图 5-9 在室温至 800°C 范围内，以 10°C/min 的升温速率的实验条件下得到的横坐标以温度表示的一种纸张的 TG 曲线

实验条件：空气气氛，流速为 50mL/min；敞口氧化铝坩埚

对于较复杂的温度控制程序（尤其当含有等温段时）而言，横坐标通常以时间表示。图 5-10 为横坐标以温度表示的温度控制程序中含有多个等温阶段的 TG 曲线，不难看出图中的曲线在每个等温的温度下存在着陡降的现象。这种现象是由于在等温时出现了质量的减少而引起的。当以温度为横坐标轴进行作图时，这种质量减少表现为某一个温度点下的质量变化，这种变化在曲线中就会表现出陡降的现象。当将横坐标改为如图 5-11 所示的以时间表示的在温度控制程序中含有多个等温阶段的 TG 曲线时，不难看出图中的曲线在每个等温温度下的陡降现象消失了。因此，由这种形式的作图方法可以方便地得到在每个温度下的质量变化信息。

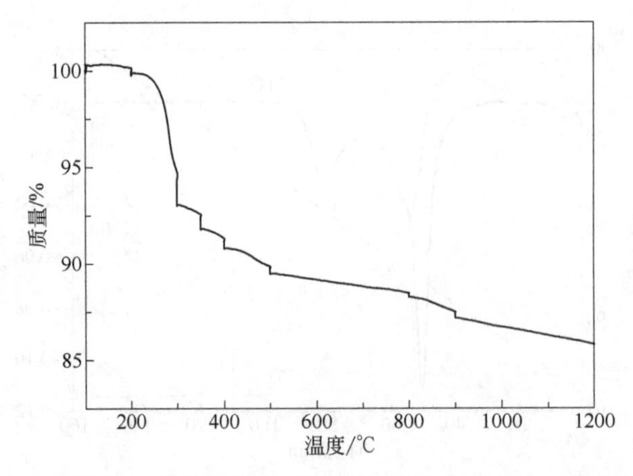

图 5-10　含有多个等温阶段的复杂温度控制程序下的 TG 曲线（横坐标以温度表示）
实验条件：空气气氛，流速 50mL/min；敞口氧化铝坩埚

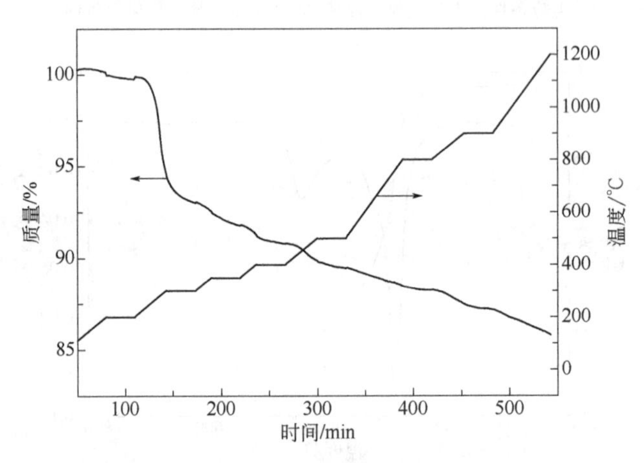

图 5-11　含有多个等温阶段的复杂温度控制程序下的 TG 曲线（横坐标以时间表示）
实验条件：空气气氛，流速 50mL/min；敞口氧化铝坩埚

5.2.2 规范确定热分析曲线中的特征物理量

在实验过程中，当物质的性质发生变化时，其特征量也会相应地发生明显的变化。对于热分析曲线而言，当测量的特征量发生了明显的变化时，在曲线中通常表现为峰、拐点或台阶。在对热分析曲线进行解析时，应按照相应的标准或规范的要求来规范表示这些特征物理量。

以下以教育行业标准《JY/T0589.3—2019 热分析方法通则 第 3 部分 差示扫描量热法》和《JY/T0589.4—2019 热分析方法通则 第 4 部分 热重法》中对相应的热分析曲线的特征物理量的确定要求来介绍由常见的差示扫描量热曲线和热重曲线的特征物理量的确定方法。

5.2.2.1　差示扫描量热曲线中的特征物理量的确定方法

由 DSC 曲线所得的特征变化主要是由热效应引起的，对于所得到的 DSC 曲线而言，主要以吸热峰或者放热峰的形式体现热效应的变化信息。应从以下几个方面描述 DSC 曲线。

（1）特征温度或时间

DSC 曲线的特征温度或时间主要包括以下几个特征量：

① 初始温度或时间。由外推起始准基线可确定最初偏离热分析曲线的点，通常以 T_i 或 t_i 表示。

② 外推始点温度或时间。外推起始准基线与热分析曲线峰的起始边或台阶的拐点或类似的辅助线的最大线性部分所做切线的交点，通常以 T_{eo} 或 t_{eo} 表示。

③ 中点温度或时间。某一反应或转变范围内的曲线与基线之间的半高度差处所对应的温度或时间，通常以 $T_{1/2}$ 或 $t_{1/2}$ 表示。

④ 峰值温度或时间。热分析曲线与准基线差值最大处，通常以 T_p 或 t_p 表示。

⑤ 外推终点温度或时间。外推终止准基线与热分析曲线峰的终止边或台阶的拐点或类似的辅助线的最大线性部分所做切线的交点，通常以 T_{ef} 或 t_{ef} 表示。

⑥ 终点温度或时间。由外推终止准基线可确定最后偏离热分析曲线的点，通常以 T_f 或 t_f 表示。

对于已知的转变过程，以上特征温度或时间符号中以正体下角标表示转变的类型，如 g（glass transition）对应于玻璃化转变过程；c（crystallization）对应于结晶过程；m（melting）对应于熔融过程；d（decomposition）对应于分解过程等。

图 5-12 以非等温 DSC 曲线为例，示出了以上列出的特征温度的表示方法。对于已知的转变过程，图 5-12 中的特征温度或时间符号中以正体下角标表示转变的类型，如 g 对应于玻璃化转变过程；c 对应于结晶过程；m 对应于熔融过程；d 对应于分解过程等。

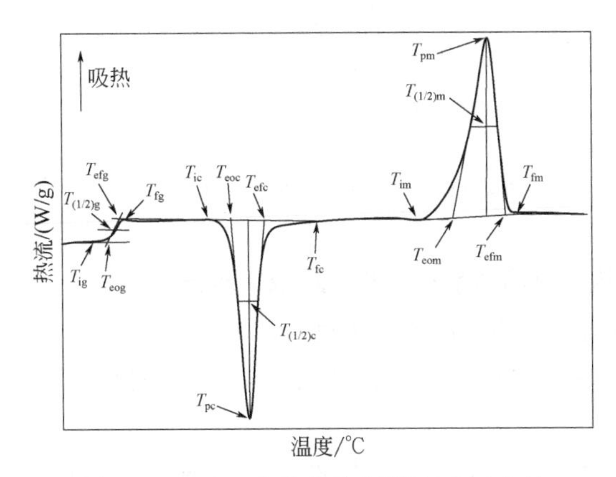

图 5-12　DSC 曲线的特征温度表示方法

（2）特征峰

由热分析曲线所得到的特征峰是指曲线中偏离试样基线的部分，曲线达到最大或最小，而后又返回到试样基线。峰主要包括以下几个特征量：

① 吸热峰。就 DSC 曲线的吸热峰而言，是指转变过程中试样的温度低于参比物的温度。这相当于吸热转变。

② 放热峰。就 DSC 曲线的放热峰而言，是指转变过程中试样的温度高于参比物的温度。这相当于放热转变。

③ 峰高。准基线到热分析曲线出峰的最大距离，峰高不一定与试样量成比例，通常以 H_T 或 H_t 表示。

④ 峰宽。峰的起、止温度或起、止时间的距离，通常以 T_w 或 t_w 表示。

⑤ 半高宽。峰高度二分之一所对应的起、止温度或起、止时间的距离，通常以 $T_{(1/2)w}$ 或 $t_{(1/2)w}$ 表示。

⑥ 峰面积。由峰和准基线所包围的面积。

对于 DSC 曲线而言，峰面积对应的为发生的吸热或放热的热效应数值，通常以 Q 表示。

图 5-13 以由结晶引起的非等温 DSC 曲线的放热峰为例，示出了特征峰的各物理量的表示方法。

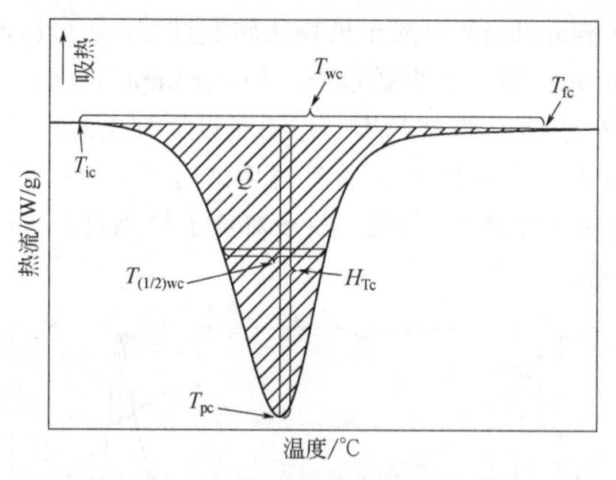

图 5-13 DSC 曲线的特征峰表示方法

5.2.2.2 热重曲线中的特征物理量的确定方法

（1）TG 曲线特征物理量的表示方法

由 TG 曲线可确定变化过程的特征温度和质量变化等信息。应从以下几个方面描述 TG 曲线：

① 初始温度或时间。由外推起始准基线可确定最初偏离热分析曲线的点，

通常以 T_i 或 t_i 表示。

② 外推始点温度或时间。外推起始准基线与热分析曲线峰的起始边或台阶的拐点或类似的辅助线的最大线性部分所做切线的交点，通常以 T_{eo} 或 t_{eo} 表示。

③ 外推终点温度或时间。外推终止准基线与热分析曲线峰的终止边或台阶的拐点或类似的辅助线的最大线性部分所做切线的交点，通常以 T_{ef} 或 t_{ef} 表示。

④ 终点温度或时间。由外推终止准基线可确定最后偏离热分析曲线的点，通常以 T_f 或 t_f 表示。

⑤ 预定质量变化百分数温度或时间。预定质量变化百分数（假定以 x%表示）所对应的温度或时间，通常以 $T_{x\%}$ 或 $t_{x\%}$ 表示。

⑥ 质量变化率。一定温度或时间范围内的质量变化百分比，通常以 M%表示。图 5-14 以非等温 TG 曲线为例，示出了以上特征物理量的表示方法。

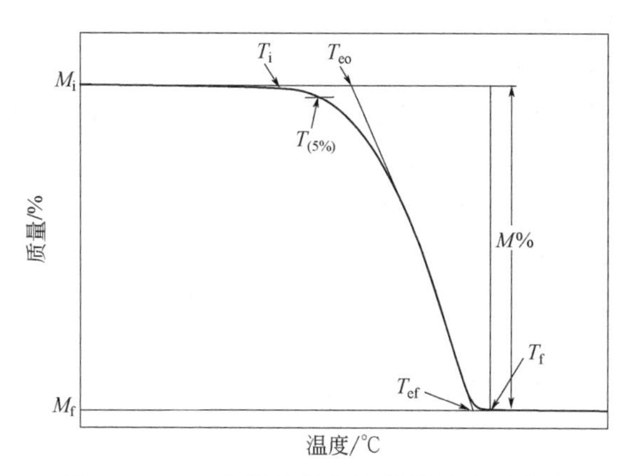

图 5-14　TG 曲线的特征物理量的表示方法

（2）DTG 曲线特征物理量的表示方法

由 DTG 曲线可确定变化过程的特征温度和质量变化速率等信息。

应从以下几个方面描述 DTG 曲线：

① 最大质量变化速率。试样在质量变化过程中，质量随温度或时间的最大变化速率，即 DTG 曲线的峰值所对应的质量变化速率，常用 r_T 或 r_t 表示。

② 最大质量变化速率温度或时间。质量变化速率最大时所对应的温度或时间，即 DTG 曲线的峰值所对应的温度或时间，通常以 T_p 或 t_p 表示。

图 5-15 是以由图 5-14 中 TG 曲线得到的 DTG 曲线为例，示出了 DTG 曲线的各物理量的表示方法。图中的峰面积对应于图 5-14 中的失重百分比 M%。

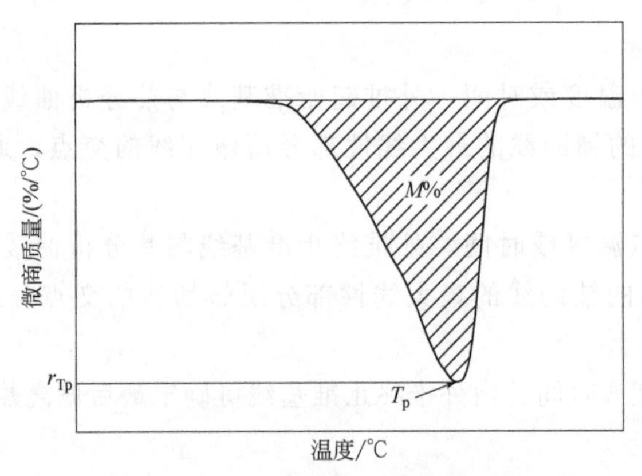

图 5-15　DTG 曲线的特征物理量的表示方法

5.2.3　规范描述热分析曲线所对应的实验条件以及所得到的信息

在结果报告中应将测试数据结合热分析曲线来表示由热分析曲线所对应的实验条件以及所得到的信息。

通常来说，在最终形式的结果报告中应包括以下内容中的几种或全部信息：

a）标明试样和参比物的名称、样品来源、外观、检测时间、样品编号、委托单位、检测人、校核人、批准人及相关信息；

b）标明所用的测试仪器名称、型号和生产厂家；

c）列出所要求的测试项目，说明测试环境条件；

d）列出测试依据；

e）标明制样方法和试样用量，对于不均匀的样品，必要时应说明取样方法；

f）列出测试条件，如气体类型、流量、升温（或降温）速率、坩埚类型、支持器类型、文件名等信息；

g）列出测试数据和所得曲线；

h）必要时和可行时可给出定量分析方法和结果的评价信息。

在以上信息中，在出具的检测报告中应尽可能全部包括以上所列举的信息。在科研论文或研究报告中，应至少包括以上内容中的 a）、b）、e）、f）、g）等方面的内容。其中 a）部分内容中“外观、检测时间、样品编号、委托单位、检测人、校核人、批准人及相关信息”在论文中一般不需要提供。

5.3　热分析曲线解析的准确性

在对热分析曲线进行解析时，除了应满足以上的科学性和规范性的要求外，还应尽可能准确地对曲线所蕴含的信息进行表述。此处所指的准确除了数据准确外，还包括对曲线所对应过程的准确归属等方面的内容。

5.3.1　热分析曲线所对应的数据的准确性

通常通过对所用的仪器定期或不定期校准或者检定来确保实验所得数据的准确性。在对热分析曲线进行解析之前，十分有必要对实验所用仪器的状态有较为详细的了解。

当在对热分析曲线解析时出现以下情况时，应及时了解获得曲线所使用的热分析仪器的工作状态。

（1）曲线中出现一些与实验条件、样品信息相矛盾的信息

先看一个实例。

图 5-16 为杨木在 N_2 气氛下的 TG 和 DTG 曲线。由图可见，在 N_2 气氛中，生物质发生的热反应主要是热分解反应，TG 曲线有两个失重阶段：水分析出阶段（室温至 132°C 范围）和挥发分析出阶段（132°C 以上）。由于木质素的热稳定性较半纤维素和纤维素更高，在挥发分析出阶段首先是纤维素和半纤维素分解，随着温度升高至 400°C 之后，主要是木质素的分解。但在图 5-16 中，容易看出，当温度高于 350°C 时，TG 曲线出现了加速失重的特征，这种特征是生物质和其他有机物或高分子化合物在空气气氛中氧化分解的典型特征。曲线中表明在分解过程中有氧参与的另一个典型特征是：当温度高于 500°C 时，质量不随温度的升高而继续减少，表明样品中的有机碳发生了彻底的氧化分解。这些信息与实验时要求的惰性气氛（氮气气氛、流速 50mL/min）不一致，TG 曲线无法解释。这种情况下需要核实实验时所用的仪器状态，需核实的问题主要包括：①气氛流速是否正常？②气体的纯度是否满足要求？③仪器的加热炉的出气口是否保持畅

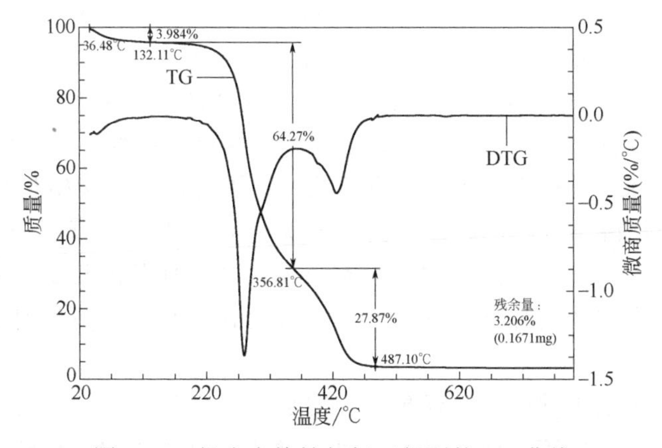

图 5-16　杨木在惰性气氛下得到的 TG 曲线

实验条件：氮气气氛，流速 50mL/min；加热速率 10°C/min；敞口氧化铝坩埚

通？④实验开始前，仪器加热炉及天平室内的残留氧有没有被彻底置换？在确认不存在以上问题时，重新进行实验。图 5-17 为调整仪器状态后重新进行以上实验所得到的 TG 曲线。与图 5-16 相比，图 5-17 中的 TG 曲线在第二阶段反应之后变化较为缓慢，在 800°C 下的剩余量约为 20%（质量分数）以上。从 DTG 曲线可以看出，图 5-16 中的 DTG 曲线出现了两个较为明显的失重峰，而图 5-17 中的 DTG 曲线则仅存在一个明显的失重峰。产生上述差异的原因是图 5-16 中的 TG 曲线在实验过程中存在一定浓度的氧气，氧气的存在会引起木质素分解产物炭的氧化燃烧，同时由于该反应属于放热反应，放出的热量会加快木质素的裂解，更多分解产物燃烧失重，因此图 5-16 中 TG 曲线在第三阶段的失重明显比图 5-17 中的 TG 曲线要高。

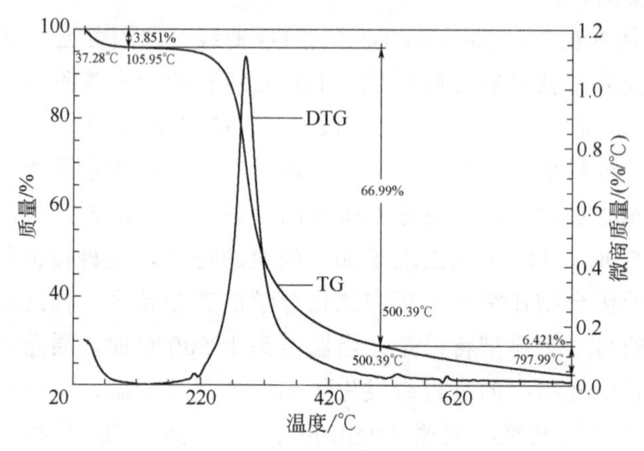

图 5-17　调整仪器状态后得到的杨木在惰性气氛下得到的 TG 曲线

实验条件：氮气气氛，流速 50mL/min；加热速率 10°C/min；敞口氧化铝坩埚

另外，在曲线解析时应谨慎解释在曲线中出现的急剧变化的较弱的尖峰，这类信号可能是在实验过程中由于检测器工作环境的异常波动引起的，大多和样品的变化无关。在图 5-18 中，该无机材料在加热过程中发生的相转变发生在 0~100°C，峰值温度在 70°C 左右，该过程为一缓慢的相变过程。在降温过程中，随着温度的下降，该相变过程由相变后的相态缓慢地回到初始状态。图 5-18 中一共记录了两次降温过程的相变，其中一次在 0°C 左右出现了一个很尖锐的小峰，该过程在另一次降温过程中并没有出现。结合样品的相变信息，可以判断该尖锐的小峰为曲线的异常波动引起的，因此在进行曲线解析时无需考虑这种现象。

对于这种无法正常解释的现象，在对曲线进行解析时应通过文献调研、对仪器状态和实验条件等方面的了解来进行确认，以免出现对曲线不准确解析的现象。

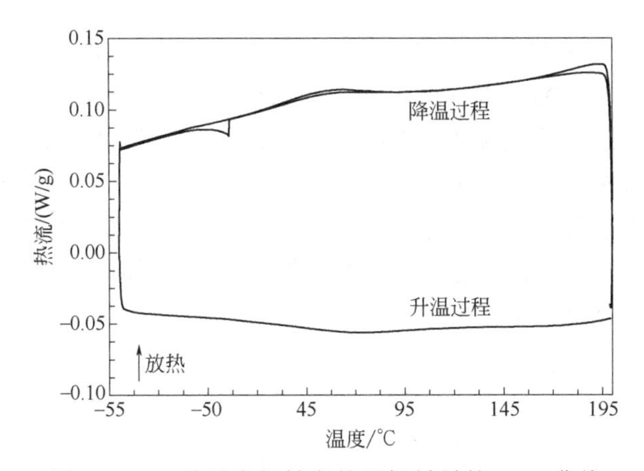

图 5-18　一种具有相转变的无机材料的 DSC 曲线

实验条件：氮气气氛，流速 50mL/min；加热/降温速率为 10°C/min；密封铝坩埚

（2）所获得的热分析曲线中的特征值与文献或预期的数值偏离较大

在对热分析曲线进行解析时，经常会出现所获得的曲线中的特征值与文献或预期的数值偏离较大的情形。此时，应结合所研究样品的具体情况（如制备工艺、处理条件、样品量等的差别）和所采用的实验条件来进行综合分析。如果在考虑了这些因素后仍出现无法正常解析的情况，则应考虑所使用的仪器的状态是否正常。

概括来说，对仪器状态的了解主要包括以下几方面的内容：

① 仪器是否按照要求进行了校准或者检定。

当存在以下情形时，应及时对仪器进行校准：(a) 使用性能相差较大的不同坩埚或支持器类型时，应分别做校准。(b) 当使用密度相差较大的不同气氛时，应分别做校准。(c) 根据仪器使用频率，在支持器没有发生较大污染、无关键部件更换、仪器没有大修的情况下应定期进行校准。在仪器状态发生较明显变化等异常情况下，应及时进行校准。(d) 首次使用或维修更换了新的支持器时，应进行校准。

只有当仪器的校准或者检定结果能满足实验要求时，才可以用来进行热分析实验。

② 仪器操作者是否按照仪器的操作规程的要求规范进行实验。

③ 在对曲线进行分析时，是否按照要求进行了基线校正、归一化、平滑或其他处理。

如果在曲线解析时没有按照对所得曲线进行基线校正、平滑、归一化等处理，所得到的曲线与正常曲线之间通常会存在较大的差别。

图 5-19 是利用分析软件对数据进行平滑前的 $CaCO_3$ 的 TG 和 DTG 曲线，图 5-20 是利用仪器的分析软件对图 5-19 中的 TG 曲线进行过度平滑后得到的 TG 和

DTG 曲线。由图 5-19 可见，在实验温度范围内，样品的 TG 曲线出现了三个明显的质量减少过程，在 DTG 曲线中也相应地出现了三个明显的峰。而当对 TG 曲线进行过度的平滑之后，所得到的TG曲线和DTG曲线的形状均出现了明显的变化（图 5-20）。在图 5-20 中，经平滑处理后图 5-19 中 TG 曲线的三个明显的台阶消失，并且在 200~600°C 范围内出现了连续的失重过程；DTG 曲线也由三个明显分立的峰演变成了一个具有肩峰的较宽的峰。如果在对曲线解析时使用图 5-20 中的曲线，则会得到与图 5-19 完全不同的结论。

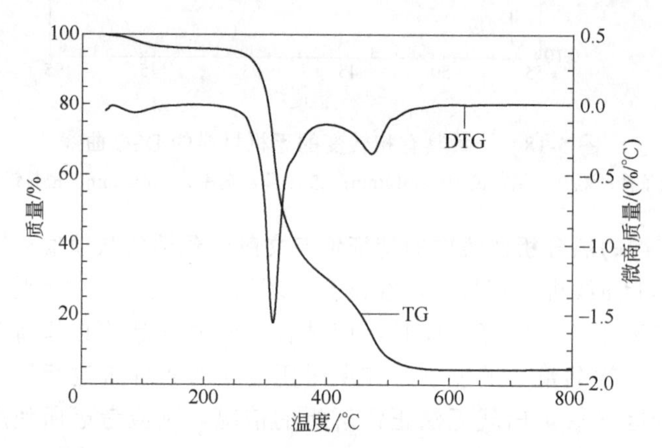

图 5-19　未进行平滑处理的一种秸秆的热重曲线

实验条件：氮气气氛，流速 50mL/min；加热速率 10°C/min；敞口氧化铝坩埚

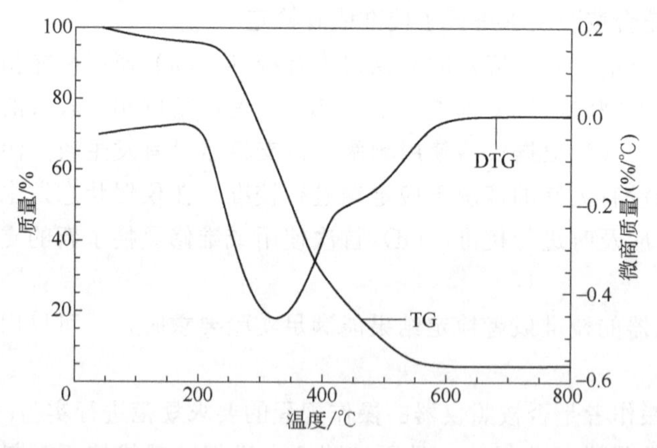

图 5-20　对图 5-19 中的热重曲线进行了过度平滑处理的一种秸秆的热重曲线

实验条件：氮气气氛，流速 50mL/min；加热速率 10°C/min；敞口氧化铝坩埚

5.3.2　结合样品信息准确解析热分析曲线

在对热分析曲线进行解析时，应结合样品的信息对曲线进行准确地分析。下面结合一个实例来介绍如何结合样品的信息来准确分析得到的热分析曲线。

例如，通常将含有 N 的前驱物通过加热聚合的方式来制备 $g\text{-}C_3N_4$，常用的前驱物有氰胺、二氰胺、三聚氰胺等[6]。利用热重法可以方便地研究 $g\text{-}C_3N_4$ 的合成过程及其稳定性，合理选择 $g\text{-}C_3N_4$ 的合成条件。

图 5-21 是使用三聚氰胺作为前驱物，在不同温度下通过聚合反应得到的产物的 TG 曲线和 XRD 图。如图 5-21（a）所示，在 450°C 与 500°C 下制备的样品在升温过程中首先在 100°C 有一个脱水的过程，紧接着在 430°C 开始发生三聚氰胺升华或分解的过程，所有样品在 550~600°C 范围的 $g\text{-}C_3N_4$ 的升华或者分解成为质量损失的主要因素。另外，在 550~650°C 下得到的 $g\text{-}C_3N_4$ 在 640°C 时有一个质量增

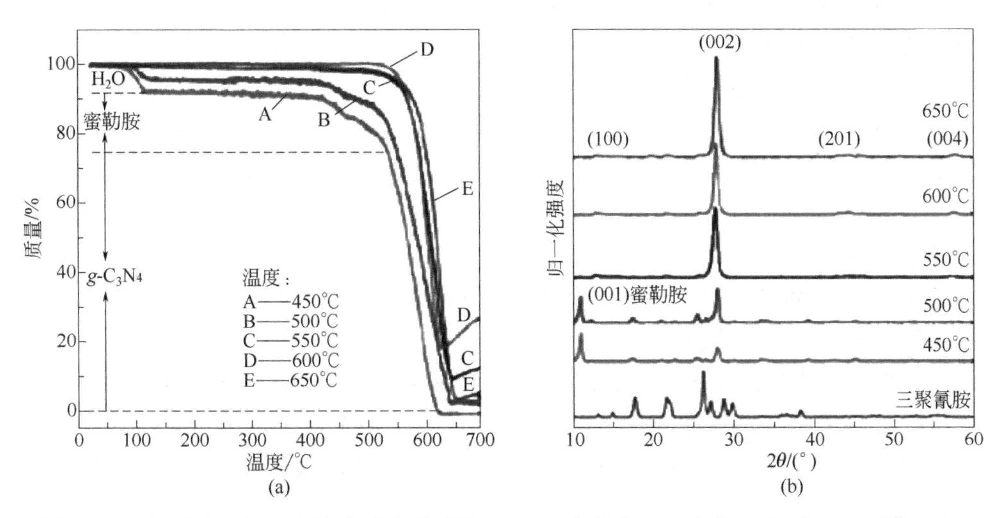

图 5-21　在不同温度下由聚合反应得到的 $g\text{-}C_3N_4$ 产物的 TG 曲线（a）和 XRD 图（b）

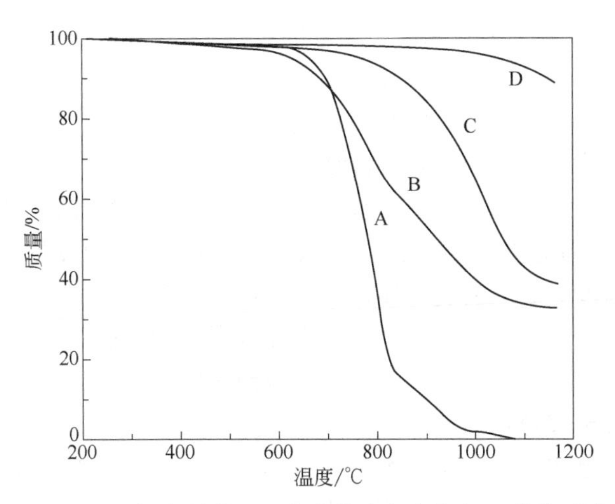

图 5-22　不同氮含量的 CN 化合物在氩气气氛下的热重曲线

A—CN1.0；B—CN0.83；C—CN0.63；D—石墨

加的过程，这可能是由这些 g-C_3N_4 中的杂质氧化所引起的。此外，从对应的产物的 XRD 可以看出，550°C 及以后前驱物能够完全形成 g-C_3N_4。考虑到产率等因素，因而，550°C 是较为合适的 g-C_3N_4 合成温度[7]。

图 5-22 为不同含氮量的碳氮化合物的热重分析曲线，可以看出，这些化合物均能够在 600°C 的温度下保持稳定。同时，随着含氮量的提高，其热稳定性也随之降低[8]。

5.3.3 结合实验方法自身特点准确解析热分析曲线

在对热分析曲线进行解析时，除了应结合样品的信息之外，还应充分考虑由不同的实验方法得到的信息之间的差别。

玻璃化转变是指无定形或半结晶的聚合物材料中的无定形部分在降温过程中从橡胶态或高弹态转变为玻璃态的一种可逆变化。在橡胶态、高弹态时，分子能够发生链的相对移动（即分子重排）。而在玻璃态时，分子重排被冻结。玻璃化转变可分为两类，一类是传统的玻璃化温度，可由传统的 DSC、DTA、TMA 技术获得，受冷却速率的影响；另一类是在动态条件下得到的玻璃化转变温度，通常由 MDSC、DMA 或 DEA 技术获得，受频率变化的影响。动态玻璃化转变温度通常高于玻璃化转变温度。

玻璃化转变过程在 DSC、DTA、MDSC 曲线上是一个向吸热方向的台阶。一般将台阶前后的两条外推基线分别与曲线拐点处切线的两个交点的温度的平均值定义为玻璃化转变温度（T_g），也可以对 DSC 曲线进行微分，取台阶范围内微分曲线的峰值而得到 T_g。

在橡胶态、高弹态下，由于分子重排需要比玻璃态下更多的空间，利用材料在 T_g 前后膨胀系数发生了变化，因此可以通过 TMA 技术测量玻璃化转变温度。相对于比热容的变化，体积变化要灵敏得多。当发生玻璃化转变时，在 TMA 曲线上是某温度区域内形变发生较强烈的变化，表现为曲线的转折现象，通常定义该转折前后切线的交叉点所对应的温度为 T_g。

在玻璃化转变的过程中，分子整体运动的范围大大增加，其黏弹性也随之发生了很大的改变。动态热机械分析（DMA）是对试样施加恒振幅的正弦交变应力，研究其应变随温度或时间的变化规律，从而计算得到相关的力学参数，并以此来表征材料黏弹性的一种实验方法[9-11]。通常所指的 DMA 曲线一般包括由储能模量 E'、损耗模量 E''和损耗因子 tgδ 三种信号得到的曲线。在玻璃化转变区域，储能模量急剧下降直至较稳定的平台，损耗模量、损耗因子均为峰的形式。因此，有三种可以用来确定 T_g 的方法，分别是 E'曲线的外推起始温度、E''曲线和 tgδ 曲线的峰温，由这三种方法得到的温度依次增大。DMA 方法具有相当高的灵敏度，可以用来测定非常微弱的二次松弛过程，尤其适合用来测定高结晶、高交联的复合材料或填充材料的 T_g。

在玻璃化转变过程中，由于高分子链段运动的增加，材料中的偶极子或离子就有了受电场影响重新排列和消耗能量的可能，因而材料的介电性能也随之发生很大的变化。因此，可通过介电热分析法（DEA）来确定玻璃化温度。DEA 将正弦电压施加于夹有试样的两电极间而测量电流的变化，通过激发电压的频率、响应电流的振幅和相位角的变化可换算出用来反映材料的介电性能的 3 种信息：介电常数 ε'、损耗因子 ε''和介电损耗 $\mathrm{tg}\delta$。在玻璃化转变过程中，介电常数和介电损耗曲线会出现急剧增高的现象，而损耗因子则形成一个峰。一般把曲线中较平坦的部分和快速上升的部分所作的前后切线的交点，即 ε' 和 $\mathrm{tg}\delta$ 的外推起始温度，以及 ε'' 的峰值确定为玻璃化转变温度。

可以通过多种热分析技术来测量材料的玻璃化转变温度，由不同的方法或者相同的方法不同的测试条件可能会得到不同的 T_g，这是因为玻璃化转变是在一个温度区域内发生的，而不是发生于某一点，而且不同技术所依据的原理也不相同。一般来说，由不同的仪器在各自标准测试参数下所得到的为各自的 T_g 值。一般来说，DMA 的损耗模量的峰值和由 MDSC、DSC 曲线所得到的 T_g 相差不大，TMA 最小，DEA 最大。因此在报道或引用 T_g 时必须注明在实验时所采用的仪器、样品形状、测试条件（加热/冷却速率、频率等）。

5.3.4　结合实验条件准确解析热分析曲线

如前所述，实验条件（如温度控制程序、样品量、气氛、坩埚类型等）对热分析曲线的形状和特征量的变化均会产生不同程度的影响。在对曲线解析时，必须充分考虑由实验条件对曲线带来的影响。

图 5-23 和图 5-24 分别为在空气和氮气气氛下由聚丙烯样品在不同升温速率条件下得到的 DTA 曲线[12]。当温度达到 180°C 左右时，聚丙烯吸收热量由固态转变为熔融液态。由于在此转变过程中并没有发生质量变化，因此从 TG 和 DTG 曲线中无法监测到此过程；当温度升高至 250°C 左右时，聚丙烯开始发生热解，在空气气氛下存在氧化放热过程。此时既有吸热过程也有放热过程，对外表现出来的热效应是这两个相反过程的综合作用的结果。而在氮气气氛下则仅有吸热过程存在，此阶段持续时间较长，直至聚丙烯完全氧化分解；当温度继续升高至 600°C 左右时，样品中的杂质开始吸热分解，此阶段吸收的热量较小。从实验结果对比可以看出，空气中的氧化放热作用对整个热解过程有着较大的影响，都存在着一个向上的放热峰，特别是在较低的升温速率条件下热解过程中的放热现象表现得较为明显；在氮气气氛下得到的 DTA 曲线中仅出现了三个吸热峰，分别对应于聚丙烯吸热熔融、聚丙烯吸热分解和杂质吸热分解三个变化过程。

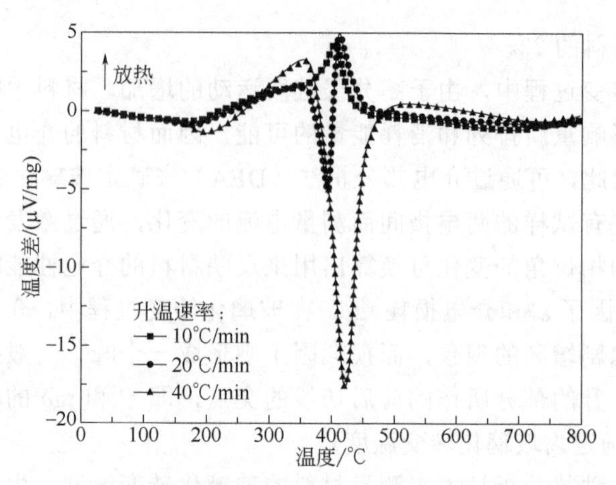

图 5-23 不同升温速率下聚丙烯样品的 DTA 曲线（空气气氛）

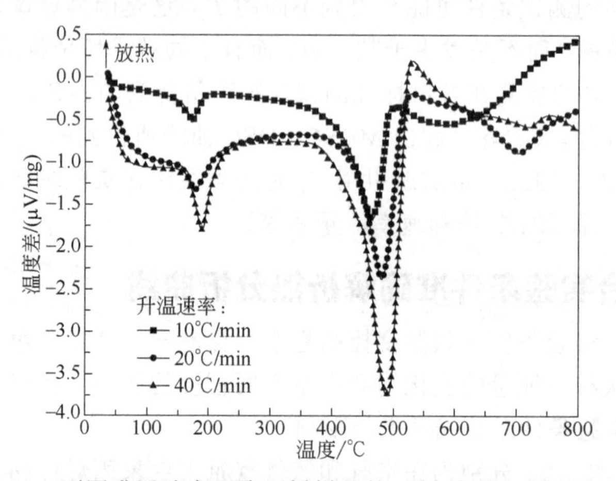

图 5-24 不同升温速率下聚丙烯样品的 DTA 曲线（氮气气氛）

5.4 热分析曲线解析的合理性

在对热分析曲线进行解析时，还应考虑由曲线得到的信息的合理性。

5.4.1 正确看待实验过程中仪器自身对曲线的影响

在一些热分析曲线中，有些曲线中的信号不一定为样品的变化信息。

5.4.1.1 DSC 曲线中的热钩问题

对于 DSC 曲线而言，当按照恒定的加热速率进行实验时，在曲线的开始阶段通常会伴随着一个向吸热方向的急剧下降现象（如图 5-25 所示），通常称这种现象为热钩（Start-Up Hook，也称启动钩）现象。这是由于在开始进行 DSC 升温扫描之前，会经历达到指定的开始温度的平衡、等温、开始变温等阶段，其目的是使加热炉内的温度保持均匀。此时，参比盘与样品盘之间达成热平衡，热流信号趋近于零（即 ΔT=0）。此时若令加热炉以设定的温度变化速率控制加热炉内的温度变化时，由炉内的加热器所产生的热量，经由导热性非常好的金属薄板到达参考盘与样品盘，使得二者以同样的温度上升。但因这两个盘的质量（或比热）不同，样品盘内包含了待测样品的质量，需要较多的热能流入，因此热钩会随着样品量的增加而增大；或者会随着升温速率的增加而增大。经过升温加热一段时间后，样品盘所多吸收的热流量会趋于一稳定值（ΔT=Const.），此时炉内达到另一个平衡状态，此时的热流信号会趋近于直线。在此之前，热钩对应于非平衡状态，不能用来检测样品。从热钩开始出现到稳定态，这个期间约为 2~3min。

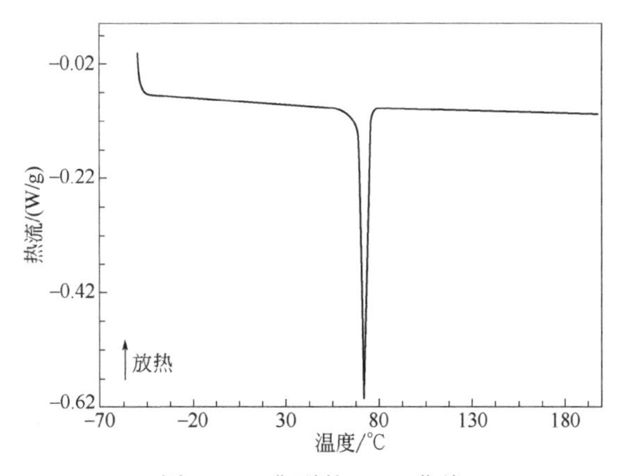

图 5-25　典型的 DSC 曲线

实验条件：50mL/min 氮气气氛；温度程序为由−50°C 开始，以 10°C/min 的加热速率升温至 200°C；密封固体铝坩埚

可以通过向参比盘内增加不同重量的盘盖来达到使热钩减小的效果，由图 5-26 可以发现在此条件下以 1.5 倍的盘盖增加量效果最佳。

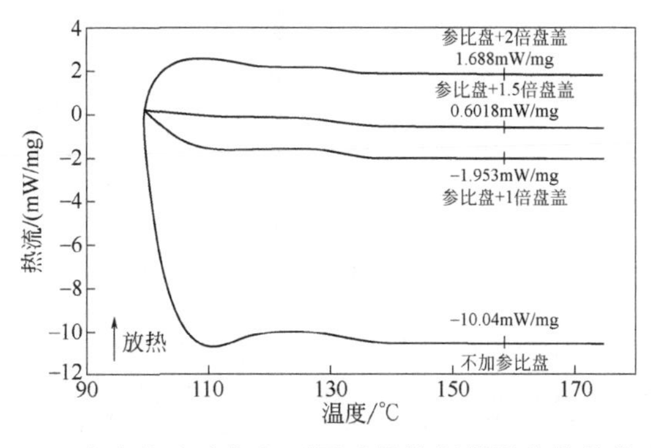

图 5-26　向参比盘中加入不同质量的铝坩埚盖使热钩减弱

另外，热钩与实验的开始温度无关，主要取决于实验时所采用的加热速率和样品量。图 5-27 为在不同的实验开始温度下所得到的 DSC 曲线，实验时的加热速率为 10°C/min，铝坩埚中未加入样品。由图可见，不同的实验开始温度对热钩曲线的形状没有产生较为明显的影响。图 5-28 为不同加热速率下所得到的曲线，由图可见，随着加热速率的升高，热钩的形状变化越明显。另外，不同的结构形式的 DSC 在传感器类型、炉体尺寸等方面存在着一定的差异，由这些仪器所得到的热钩的形状也存在着差异。

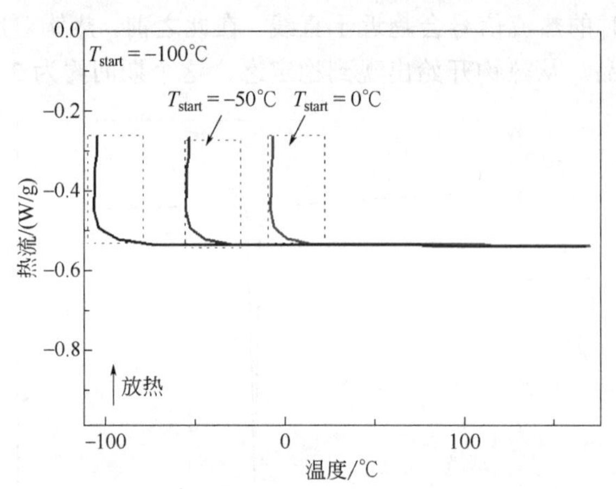

图 5-27　不同的实验开始温度对 DSC 曲线热钩的影响

实验条件：50mL/min 氮气气氛；温度程序为分别由−100°C、−50°C 和 0°C 开始，以 10°C/min 的加热速率升温至 180°C；密封固体铝坩埚

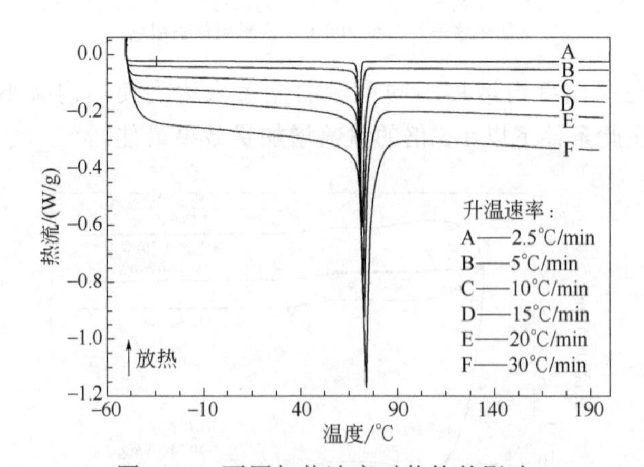

图 5-28　不同加热速率对热钩的影响

实验条件：50mL/min 氮气气氛；温度程序为由−50°C 开始，分别以图中所示的不同的加热速率升温至 200°C；密封固体铝坩埚

由以上分析可知，热钩是 DSC 测量方法本身对曲线产生的影响，与测量样品的结构关系不大，主要受样品量和温度程序的影响。图 5-29 为不同的样品量的 α-Al_2O_3 的 DSC 曲线，实验时用的坩埚为铝坩埚，加热速率为 10°C/min。由图可见，不同的样品量对热钩曲线的形状有较为明显的影响。随着样品量的增加，热钩现象变得越明显。

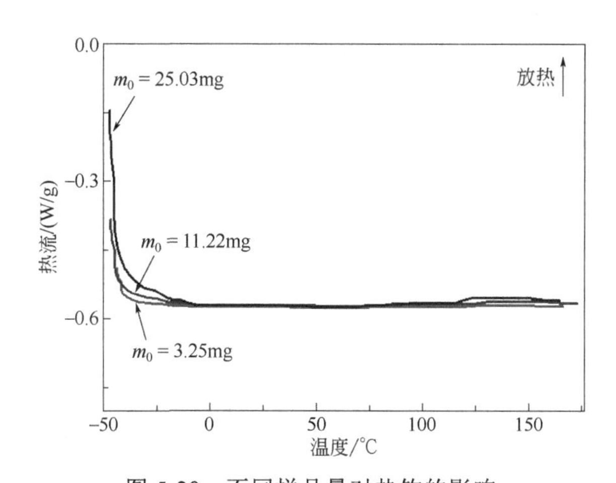

图 5-29　不同样品量对热钩的影响

实验条件：50mL/min 氮气气氛；温度程序为分别由−50°C 开始，以 10°C/min 的加热速率升温至 180°C；密封固体铝坩埚

综合以上分析，在对 DSC 曲线进行解析时，不应对曲线中的这种热钩现象进行过多的解释，更不应将这种现象当作样品的一种特征变化来进行解析。

5.4.1.2　实验室环境变化对热分析曲线的影响

一些灵敏度较高的实验受实验室环境的变化影响较大，这些影响主要包括实验室的环境温度变化、湿度变化以及意外的振动等影响。

对于一些较为灵敏的量热仪而言，其容易受实验室环境温度的波动影响。在图 5-30 中给出了室温环境变化对 micro DSC 曲线的影响程度，这类仪器要求环境的温度变化控制在 2°C 以内。在对这类曲线进行解析时，应充分考虑环境温度的波动是否在可控范围之内。

另外，对于一些预加载力较小的热机械分析实验而言，实验室环境中发生的微小的振动也会对曲线带来较为明显的影响。在图 5-31 中给出了实验室环境中微小的振动对 TMA 曲线的影响，由图可见，这种微小的振动使曲线在 360~380°C 范围内出现了较大幅度的起伏。这种异常现象对曲线的解析带来了不必要的麻烦，应在无振动的环境下重新进行实验以得到正常的结果（图 5-32）。

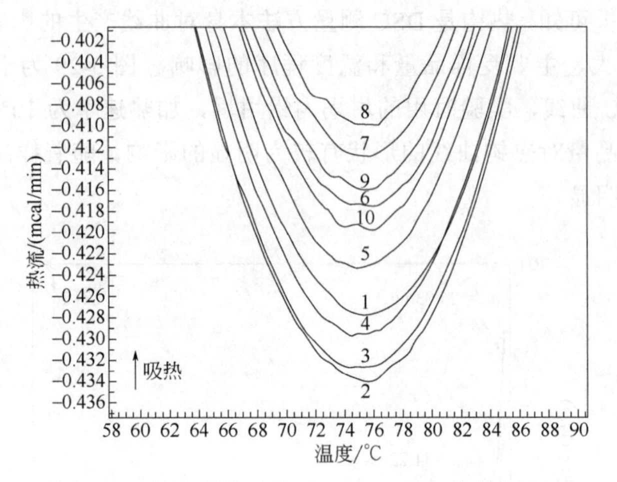

图 5-30　室温环境变化对 micro DSC 曲线的影响

曲线上的数字 1~10 代表扫描次数

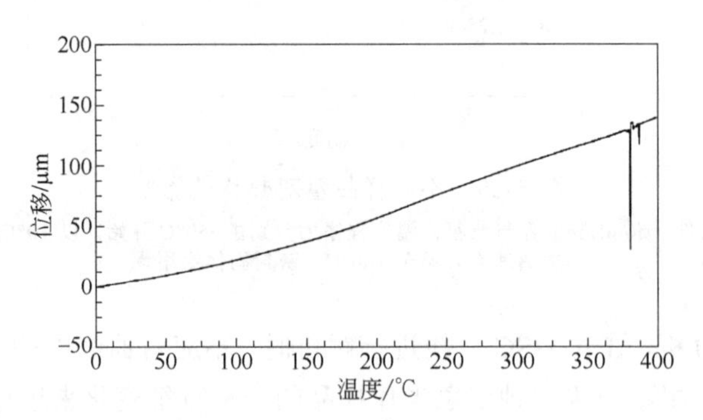

图 5-31　实验室环境中轻微的振动对 TMA 曲线的影响

实验条件：拉伸模式；预加载力 0.01N；加热速率 5°C/min；氮气气氛，流速 50mL/min

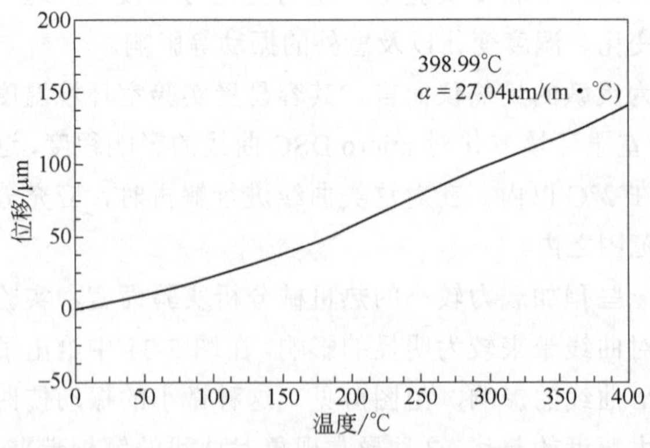

图 5-32　实验室环境无振动条件下得到的 TMA 曲线

实验条件：拉伸模式；预加载力 0.01N；加热速率 5°C/min；氮气气氛，流速 50mL/min

5.4.1.3　基线的不合理扣除对热分析曲线的影响

通常情况下，所得到的热分析曲线为在实验过程中和/或实验后扣除仪器基线后得到的，扣除基线的目的主要是消除仪器自身因素对曲线的影响。对于热重曲线而言，扣除基线的主要目的是为了消除浮力效应、对流效应、支架的热胀冷缩等因素对曲线形状的影响。对于 DSC 曲线而言，扣除基线的主要目的是为了消除样品盘和参比盘之间的差异、检测器自身结构差异等因素对曲线形状的影响。对于热机械分析曲线而言，扣除基线的目的主要是为了消除支架自身的形变等因素在测量过程中对曲线的影响。

在进行基线扣除时，应尽可能在与样品的实验条件一致的条件下进行。在实际应用中，不合理的基线扣除会造成曲线的变形。图 5-33 为选择不合适的基线进行扣除后得到的异常的 TG 曲线，由图可见 TG 曲线在实验开始阶段出现了无法解释的增重现象。

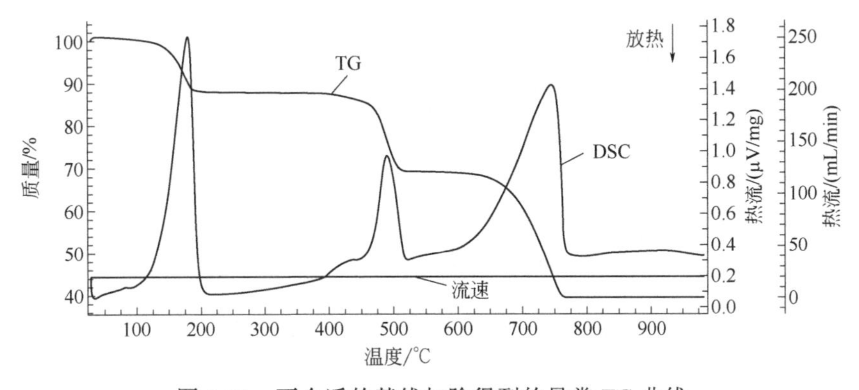

图 5-33　不合适的基线扣除得到的异常 TG 曲线

5.4.2　结合样品的实际信息对曲线进行合理的解析

通过热分析法可以实时监测样品在可控的气氛和温度程序下发生的变化信息，可以通过得到的热分析曲线来确定样品的结构、成分和性质的变化。

例如，通过热重法可以准确地分析出高分子材料中填料的含量。根据实验过程中填料的物理化学特性的变化，可以判断出填料的种类。一般情况下，在空气气氛下，高分子材料在 500°C 左右基本全部氧化分解，因此对于 600~800°C 之间的失重过程可以判断为碳酸盐的分解，失重量为放出的二氧化碳的质量，由此可以计算出碳酸盐的含量。剩余量即为热稳定性较高的填料的含量，如：玻纤、钛白粉、锌钡白等。对于高分子材料中填料种类的判断，也可以通过热重法与红外光谱相结合来进行分析。由热重法只能得出填料的含量，通常无法分析出填料的种类，将热重实验得到的残渣进行红外分析，即可判断出填料的种类。在图 5-34

中采用热重法对高分子材料中碳酸钙进行了定量研究，由图可见利用热重法不仅可以准确地确定高分子材料中碳酸钙的含量，同时还可以确定样品中的聚合物和挥发物的含量[13]。

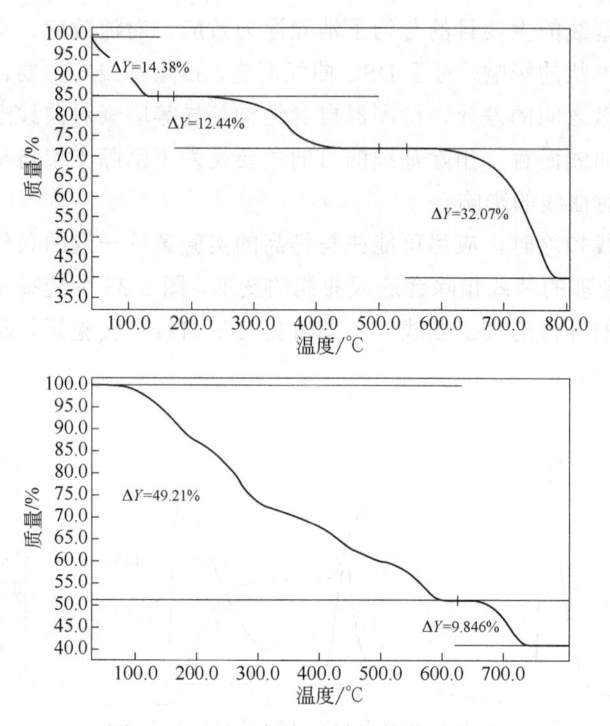

图 5-34 不同高分子材料的热重曲线

另外，还可以将热重法用于确定复合氧化物中氧空位的个数[14]。例如，$YBa_2Cu_3O_{6+x}$ 是高温超导氧化物，按所处的位置不同，可以将其晶胞中的氧原子分四类：$O_Ⅰ$、$O_Ⅱ$、$O_Ⅲ$和 $O_Ⅳ$。这四种氧原子因位置不同而具有不同的热稳定性，而且在一定的温度下可以彼此交换。在实际应用中可以利用这一性质将其用作一氧化碳氧化反应的催化剂。显然，该催化剂中可变氧原子数 x 对催化氧化至关重要。为确定这一可变的氧原子数 x，将 $YBa_2Cu_3O_{6+x}$ 在 N_2 气氛下脱氧和在 O_2 气氛下吸氧过程用 TG 进行了监测，在表 5-1 中列出了脱氧量和吸氧量的测定结果。

表 5-1　$YBa_2Cu_3O_{6+x}$ 脱氧和吸氧 TG 测定结果

催化剂	样品量/mg	脱氧		吸氧	
		温区/°C	失重量/mg	温区/°C	失重量/mg
1 号	49.12	460~698	0.56	340~505	0.58
2 号	47.15	470~680	0.62	330~505	0.63
平均	48.14	—	0.59	—	0.60

由表 5-1 可见，$YBa_2Cu_3O_{6+x}$ 催化剂在 N_2 气氛下两次脱氧量的平均结果与在 O_2 气氛下吸氧量的平均值基本相符，$YBa_2Cu_3O_6$ 的分子量为 650.2。由脱氧量和吸氧量平均值 0.595 即可算出 x 值。

$$\frac{16x}{650.2+16x}=\frac{0.595}{48.14}\qquad x\approx 0.5$$

因此，可以确定高温超导氧化物催化剂组成为：$YBa_2Cu_3O_{6+0.5}$。

5.4.3　结合实验条件对曲线进行合理的解析

在对热分析曲线进行解析时，除了需结合样品信息外，还应结合实验时所采用的实验条件对曲线进行合理的解析。

例如，在微量 DSC 中，通过测量不同的甲烷压力条件下的纯水（图 5-35）和 14%氯化钠溶液中水合物的分解过程的 DSC 曲线（图 5-36），可以得到钻井泥浆中天然气水合物的热动力学信息[15]。由图可以得出以下结论：在纯水中水合物的分解温度随压力的增加而升高（见图 5-35）；在 14%氯化钠溶液的 DSC 曲线中出现了两个冰的熔融峰，水合物的分解温度较高且随甲烷压力的增加而升高（见

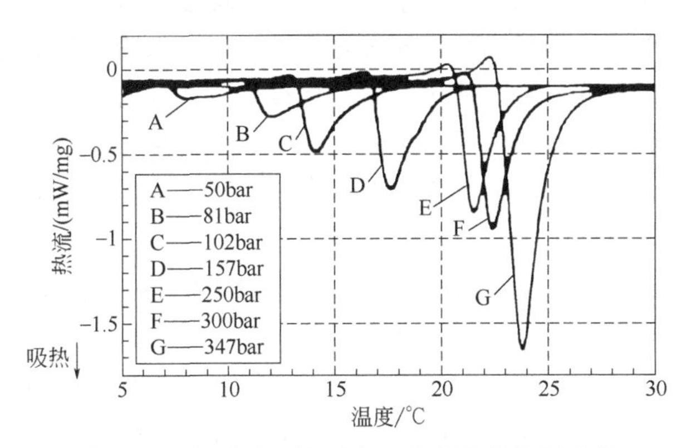

图 5-35　在不同甲烷压力下水合物的分解曲线

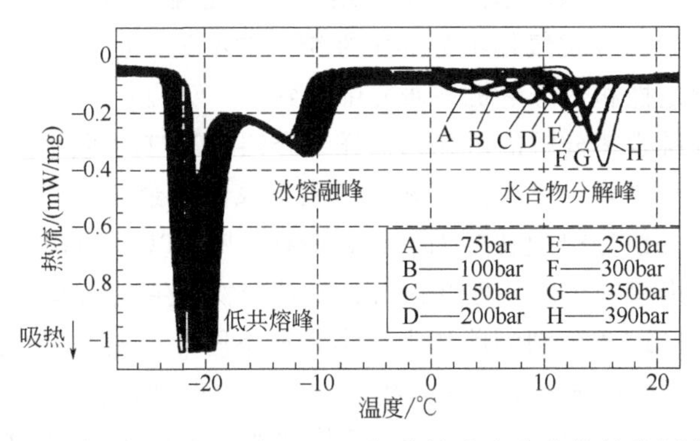

图 5-36　在不同甲烷压力下 14%氯化钠溶液水合物的分解曲线

图 5-36）。应用这一技术能够监测到水合物的相变时间、温度和压力，并且能够预测钻井泥浆中是否有水合物形成的危险区域。

5.5 热分析曲线解析的全面性

最后，在对曲线按照以上原则进行解析时，还应考虑由热分析曲线反映的信息的全面性，必要时应结合除热分析技术外的实验结果来尽可能全面地验证这些信息的可靠性。

5.5.1 结合热分析联用技术尽可能全面地解析热分析曲线

近年来，热分析联用技术成为热分析发展的主要趋势。将热分析技术与其他近代分析技术结合，使宏观的热分析数据和微观的结构分析手段有机地结合在一起，可以更加全面地阐明材料的热学性能和结构的关系。由热分析技术中的 TG、DSC 以及同步热分析仪与其他仪器的特点和功能相结合而实现的热分析联用仪，不仅扩大了仪器的应用范围，节省了实验费用、样品和时间，而且更加有效地提高了分析测试的准确性和可靠性。通过热分析联用技术除了能够增加可获得的信息之外，还可以提高分辨率，使实验条件标准化，并且能够提高测量结果的选择性。因此，在对热分析曲线进行解析时应尽可能结合与所使用的热分析技术联用的红外光谱技术、质谱技术、气质联用技术等的实验结果，对曲线中的每一个变化给出尽可能全面地解析。

5.5.1.1 应用热分析-红外光谱联用技术尽可能全面地解析热分析曲线

TG/FTIR 是利用气氛气体（通常为氮气或空气）将热分解过程中产生的挥发分或分解产物流经恒定在高温下（通常为 200~250°C）的特定材质的管道及气体池，将分解产物引入红外光谱仪的光路，并通过红外检测器分析判断逸出气组分结构的一种技术。由于该技术弥补了由热重法只能确定热分解温度和热失重百分含量而无法确切给出挥发气体组分的定性结果的不足，因而在许多的有机材料和无机材料的热稳定性和热分解机理研究中得到了广泛应用[16]。

下面以半纤维素热分解的研究为例详细介绍 TG/FTIR 联用技术的应用。

生物质是由纤维素、半纤维素和木质素组成的高聚物，它的热裂解行为可以认为是这三种主要组分热裂解行为的综合表现[17]。可以用 TG/FTIR 联用技术方便地研究蔗渣半纤维素的热解特性并探讨其热解产物的生成机理。

图 5-37 和图 5-38 分别为蔗渣半纤维素在不同升温速率下的热重曲线及微商热重曲线。从蔗渣半纤维素的 TG 曲线及对应的 DTG 曲线中可以看出，半纤维素在 150°C 以前只是发生脱水，即仅发生了物理变化；从 190°C 左右开始发生分解，

同时在 230°C 出现一个肩状峰，紧接着在 300°C 左右出现最大失重峰，失重过程在 550°C 左右结束，之后失重过程变得不明显。因此，蔗渣半纤维素的热解过程可以分为以下四个阶段。

① 在 190°C 以前为第 1 阶段。样品用于吸热而使温度升高，在这一阶段只发生物理变化，主要是蔗渣半纤维素的失水过程，失重率占原料的 1%~2%。

② 200~280°C 为第 2 阶段。在此阶段，半纤维素开始发生失重，对应于 DTG 曲线中的第一个肩峰，该过程对应于半纤维素的一个发生解聚转变现象的缓慢过程。

③ 第 3 阶段发生在 280~350°C。这是蔗渣半纤维素热解的主要反应阶段，在该温度区间内，蔗渣半纤维素热解生成小分子气体和大分子的可冷凝挥发分而造成明显失重，并且其失重速率在 300°C 左右达到最大值，这一主要分解反应阶段的失重率为 60%左右。

④ 400°C 以上为第 4 阶段。主要为炭化阶段，失重过程逐渐趋于平缓，通常认为该阶段是由于 C—C 键和 C—H 键的进一步断裂所造成的[18]。

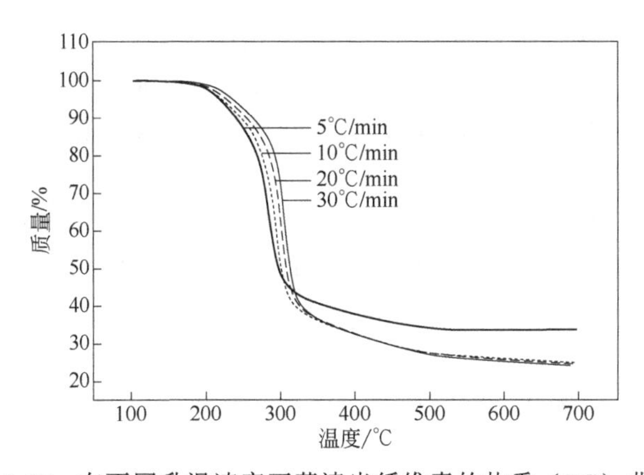

图 5-37 在不同升温速率下蔗渣半纤维素的热重（TG）曲线

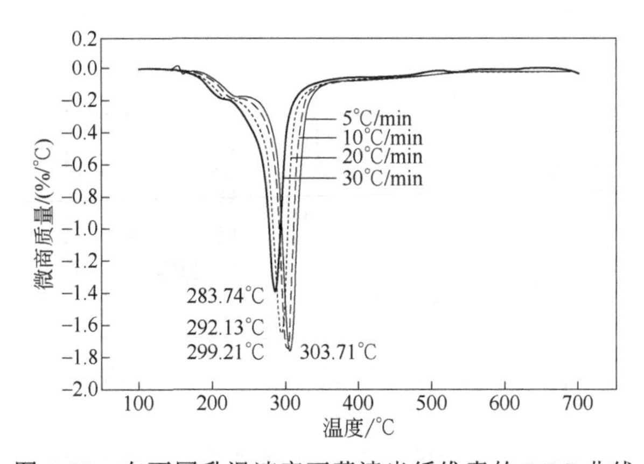

图 5-38 在不同升温速率下蔗渣半纤维素的 DTG 曲线

表 5-2 为在不同升温速率下的 TG 和 DTG 的分解过程的特征数据。从图 5-37、图 5-38 及表 5-2 中均可看出，在不同的升温速率下，蔗渣半纤维素热解的 TG 和 DTG 曲线具有一致的变化趋势。随着升温速率的增加，各个阶段的起始和终止温度向高温侧缓慢移动，并且主反应区间也略有增加。这是因为当达到相同温度时，升温速率越高，试样所经历的反应时间越短，反应程度越低。同时，升温速率影响到气相与试样表面、外层试样与内部试样间的传热差和温度梯度，从而导致热滞后现象加重，致使曲线向高温侧移动。

表 5-2　不同升温速率下蔗渣半纤维素的分解过程的特征数据

升温速率/(°C/min)	主要裂解段/°C	峰值温度/°C	残固得率/%
5	150~300	283.74	33.73
10	190~320	292.13	25.18
20	190~330	299.21	24.87
30	210~340	303.71	24.57

图 5-39 为四个不同热解时期的气相红外谱图，由图可见：

① 在热解开始时，在 3964~3500cm^{-1}、1300~1800cm^{-1} 处均存在较强的吸收峰，其主要对应于水蒸气的特征峰，说明在这个阶段主要是半纤维素的自由水和化合水的析出引起的。

② 热解初期阶段。在该阶段，半纤维素发生了脱水和解聚反应，糖醛酸侧链断裂，其内在结构开始发生变化，这个阶段对应了 DTG 曲线中的第一个肩峰。

③ 主要热裂解阶段。在 FTIR 谱图中吸收率最大处对应于样品的 DTG 曲线最大质量减少速率处，即 DTG 曲线中第二个峰。在此阶段，半纤维素结构中主要的苷键和 C—C 键断开，发生脱羟、脱羧、脱羰反应，形成各种烃类、醇类、醛类和酸类等物质[19]。

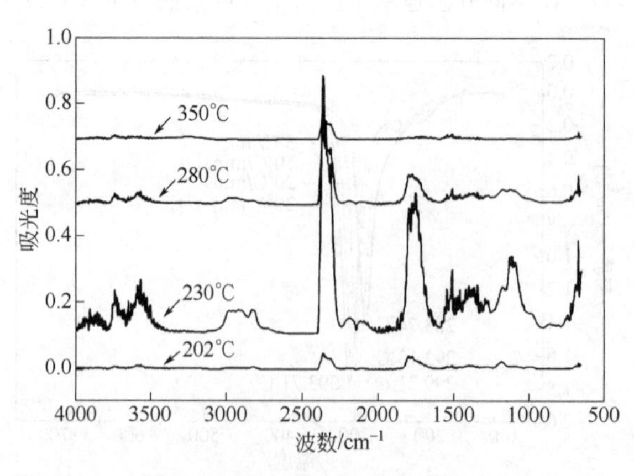

图 5-39　不同热解时期蔗渣半纤维素的气相 FTIR 图

④ 在裂解中期阶段，这些大分子物质又发生了二次裂解，形成了 CO_2、CO 等小分子气体。从图 5-39、图 5-40 中可明显识别 CO_2（2360cm^{-1}）、CO（2180、2120cm^{-1}）、H_2O（4000~3500cm^{-1}）的变化信息。在 3000~2650cm^{-1}、2400~2000cm^{-1}、1850~1600cm^{-1}、1500~900cm^{-1} 等范围出现了很强的吸收峰，分别对应于 C—H 伸缩振动、羰基 C═O 双键伸缩振动、C—H 面内弯曲振动、C—O 和 C—C 骨架振动等，分别对应于各种烷烃类、醛类、酮类、羧酸类、醇类等大分子物质。

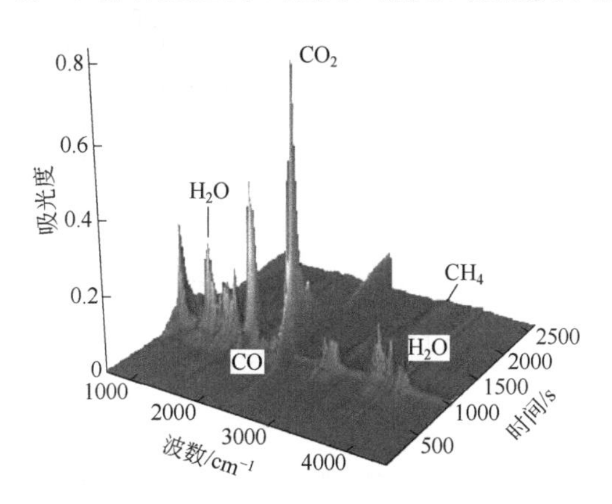

图 5-40 蔗渣半纤维素在升温速率为 20°C/min 下的热解气体分布三维图

⑤ 裂解后期，即炭化阶段。在此阶段主要是 C—H 键和 C—O 键进一步断裂过程，逐步形成石墨结构[20]。此时水的吸收峰已经很弱，CO_2 的吸收峰先逐渐变弱，后又变强，且出现了新的产物甲烷，说明产生的醛类、酸类等大分子发生分解生成 CO_2 和 CH_4 等气体产物。CO_2 在全程温度段都有析出，且为最主要的气体产物，可见 CO_2 既可以由一次反应中产生，又可以由一次挥发分发生二次裂解生成。

5.5.1.2 应用热分析/质谱联用技术尽可能全面地解析热分析曲线

热分析技术与质谱联用可以有效地用于热分解的研究，因而被广泛用于材料、环境等领域。热重（TG）法和质谱（MS）联用技术是一种能定性或定量地测定物质释放的挥发性物质或气体的成分和质量数随着温度变化的一种技术。TG/MS 联用技术可以分析体系在温度变化过程中逸出气体的成分，根据逸出气体的信息和热分析数据可对材料的热分解途径给出相当全面的表征，进而探讨热分解的机理。TG/MS 联用技术目前已经广泛地运用到科研和生产的许多领域，主要可以用来确定物质的结构和组成、推测反应机理、进行动力学分析、研究反应转化过程、定性分析产物等。以下以聚苯乙烯的热降解机理研究为例来介绍热重/质谱联用技术[21]。

图 5-41 为聚苯乙烯热降解过程的 TG/MS 曲线。从聚苯乙烯热降解的 TG 曲线和产物的质谱图可以看出，在 340~430°C 的热降解过程中都有苯乙烯产生，且

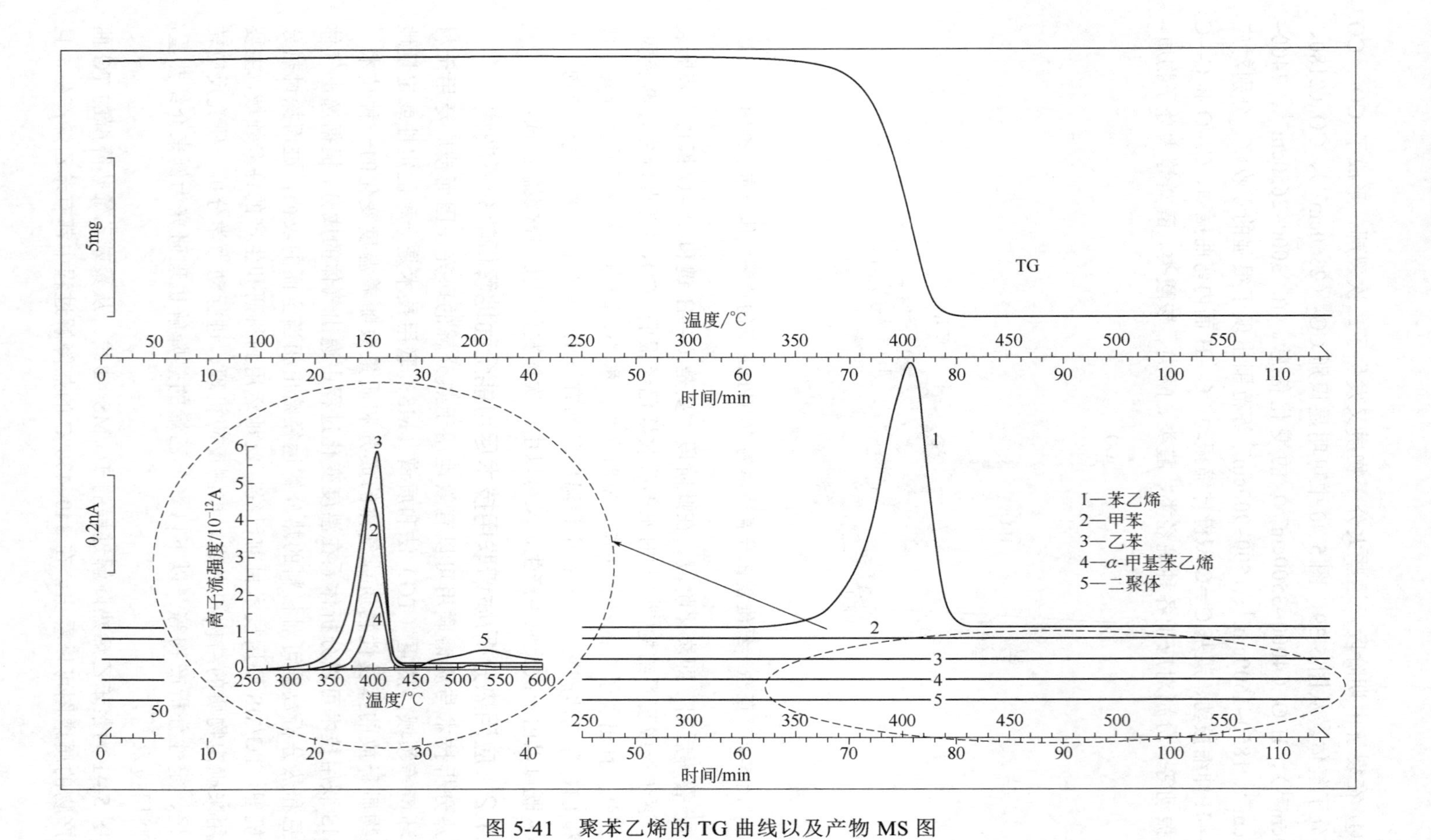

图 5-41 聚苯乙烯的 TG 曲线以及产物 MS 图

苯乙烯的离子流强度远大于其他产物的离子流强度。根据质谱定量分析方法对各产物进行了定量，得到了各产物的选择性，列于表 5-3 中。

表 5-3　聚苯乙烯热降解产物的选择性

产物	选择性/%
苯乙烯	93.97
甲苯	1.34
乙苯	2.79
α-甲基苯乙烯	0.47
二聚体	1.44

从表 5-3 可以看出，在聚苯乙烯热降解过程中，苯乙烯具有很高的选择性，达到 93.97%，其他产物的选择性很低。

目前公认的聚苯乙烯热降解机理为自由基反应，包含引发、增长、转移和终止过程。通常认为聚苯乙烯热降解有链端断裂和无规断裂两种引发方式，引发过程见图 5-42。自由基 A 发生 β-断裂反应，在产生苯乙烯的同时又生成一个自由基 A，所以自由基 A 能够不断发生 β-断裂，生成更多的苯乙烯单体。聚苯乙烯发生

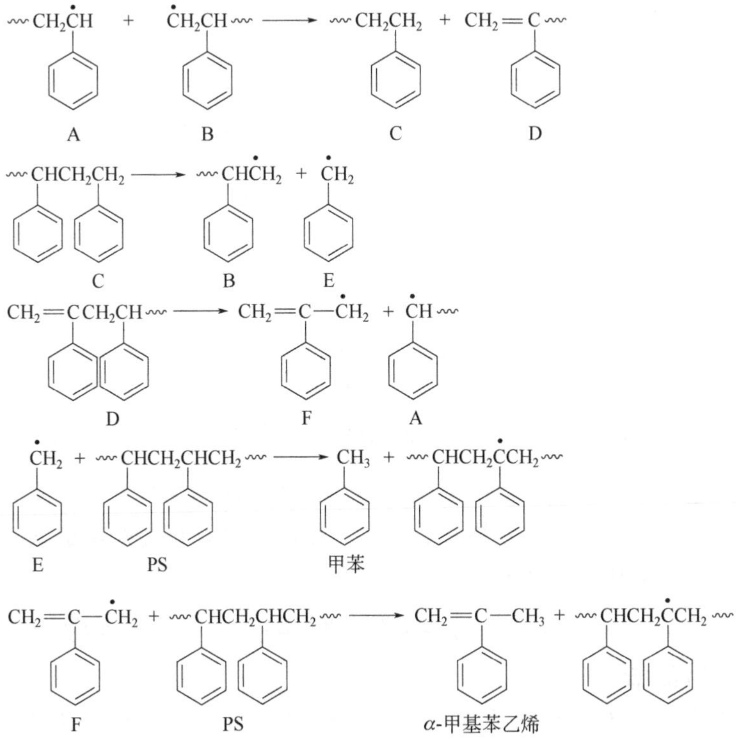

图 5-42　甲苯和 α-甲基苯乙烯的生成机理

无规断裂反应在产生自由基 A 的同时也产生了端基为亚甲基的自由基 B。自由基 B 容易与自由基 A 发生歧化终止，产生苯端基 C 和不饱和端基 D，其中苯端基 C 发生断裂反应产生苯甲基端基自由基 E，活泼的不饱和端基 D 发生断裂反应产生 α-甲基苯乙烯端基自由基 F。自由基 E 和自由基 F 分别夺取高分子主链上的氢，形成甲苯和 α-甲基苯乙烯。具体过程见图 5-42。

由表 5-1 可知，同苯乙烯的选择性相比，α-甲基苯乙烯和甲苯的选择性很低，这表明自由基 A 和自由基 B 发生歧化反应进而生成甲苯和 α-甲基苯乙烯的反应很少，进而可以认为聚苯乙烯链引发的主要方式是链端断裂而不是无规断裂。

图 5-43 为聚苯乙烯的 TG 曲线以及苯乙烯和二聚体的 MS 图，从中可以看出二聚体的含量很少，其选择性为 1.44%（见表 5-3）。将二聚体的 MS 图与聚苯乙烯的 TG 曲线对照可以发现，430°C 时二聚体含量开始增加，而此时聚苯乙烯已基本完全失重。二聚体在大气压下的沸点为 280°C，如果在 430°C 之前有二聚体产生，在质谱中应能够检测到其含量的变化。上述现象表明 430°C 为系统中二聚体开始产生的温度。

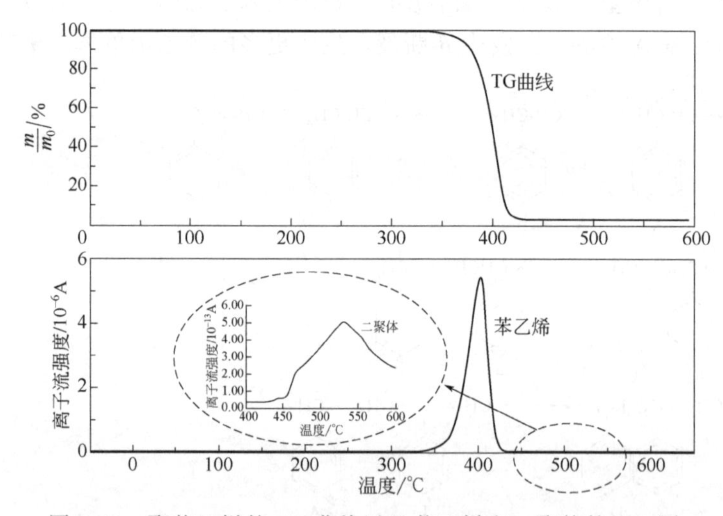

图 5-43　聚苯乙烯的 TG 曲线以及苯乙烯和二聚体的 MS 图

综上所述，苯乙烯具有很高的选择性，推测聚苯乙烯热降解的主要引发方式是链端断裂；二聚体在聚苯乙烯降解基本完全时产生，可能是降解最后阶段的剩余物，而不是自由基发生分子内转移的产物。

5.5.1.3　应用热分析/红外光谱/质谱联用技术尽可能全面地解析热分析曲线

通过热分析/红外光谱联用技术和热分析/质谱联用技术既可以得到物质在反应过程中的气体产物的种类信息，也可以定量得到某些气体量的信息。在应用中将热分析技术同时和红外光谱、质谱两种技术结合，可以使得到的气体信息更全更可靠。热分析/红外光谱/质谱（TA/FTIR/MS）联用技术将热分析仪中逸出的气体先引入红外光谱仪分析其官能团结构，再将红外光谱出口的气体部分引入质谱（绝大部分排出），测定其分子量，以更好地定性定量分析。

下面以硝酸铵（AN）的热分解过程为例，介绍使用同步热分析/红外光谱/质谱（STA/FTIR/MS）联用技术全面分析其热分解机理的方法。利用同步热分析技术分析样品初始变化温度、热效应，利用热分析/红外及热分析/质谱联用技术获得逸出产物信息。

（1）STA部分的实验结果

在图5-44、图5-45和图5-46中分别给出了硝酸铵在空气气氛、氮气气氛和氦气气氛下的TG-DSC曲线。

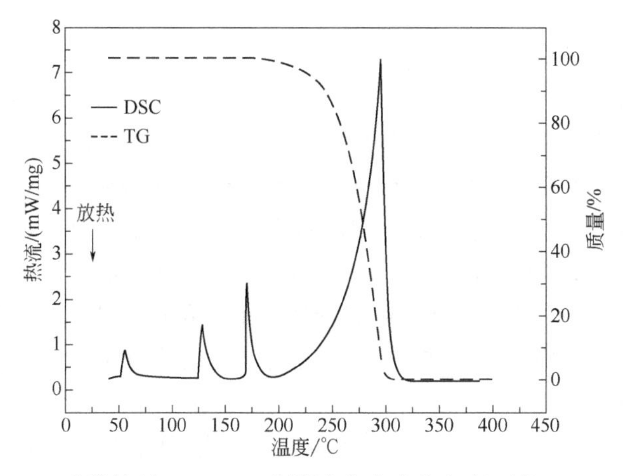

图5-44 硝酸铵以10K/min升温速率在空气气氛下的TG-DSC图

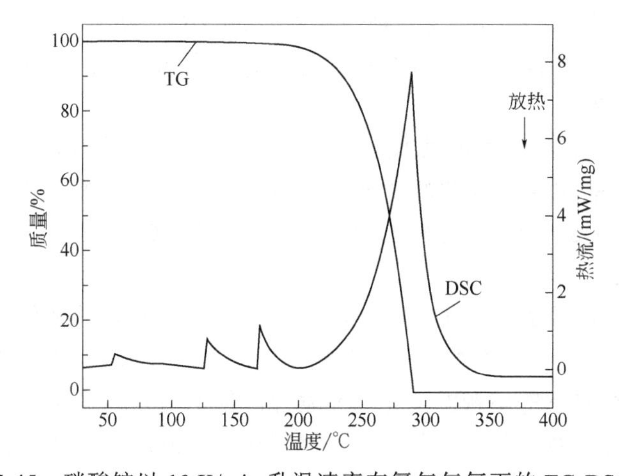

图5-45 硝酸铵以10 K/min升温速率在氮气气氛下的TG-DSC图

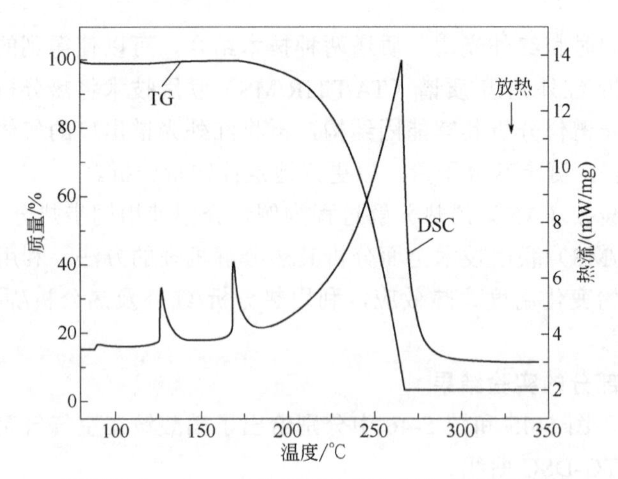

图 5-46　硝酸铵以 10K/min 的升温速率在氦气气氛下的 TG-DSC 图

由图 5-44 可知硝酸铵（AN）的 TG 曲线只有一个台阶，且质量损失为 100%，说明硝酸铵在 202~306°C 完全分解为气相物质。在 DSC 曲线中，位于 55°C、91°C 和 129°C 附近的吸热峰分别归属为晶型转变的吸热峰［其中，54.7°C 为 $AN_{IV} \rightleftharpoons AN_{III}$，91°C 为 $AN_{III} \rightleftharpoons AN_{II}$，129°C 为 $AN_{II} \rightleftharpoons AN_{I}$，其中 AN_{IV}为 α 斜方晶系、AN_{III}为 β 斜方晶系、AN_{II}为四方晶系、AN_{I}为正方晶系］[22,23]。在 168.4~ 189.5°C 内的吸热峰是由于试样熔融而引起的。而与 TG 失重相对应的在 200.1~361.9°C 内的较强吸热峰是由硝酸铵分解引起的，由 DSC 曲线知分解的起始温度为 266.4°C，峰温为 295.2°C，在这个实验条件下得到的热焓为 1240J/g。依据 TG-DSC 曲线可以推断出硝酸铵在升温过程中经历了如下热化学行为：在较低温度阶段发生一系列晶型转变，在 169°C 左右熔融并迅速发生分解反应。

由图 5-45 中的 TG 曲线可知，在实验温度范围内硝酸铵的质量损失为 100%，由 DSC 曲线可以确定晶型转变峰峰温分别为 54.9°C、92.7°C 和 128.9°C，熔融峰温为 169.9°C[24]。由 DSC 曲线知分解的起始温度为 264.7°C，峰温为 289.2°C，得到的热焓为 1418J/g。

由图 5-46 中的 TG 曲线可以确定硝酸铵在实验温度范围内的质量损失为 100%，由 DSC 曲线知晶型转变峰的峰温分别为 54.9°C、91.2°C 和 127.3°C，熔融峰温为 169.6°C，由 DSC 曲线知分解的起始温度为 237.4°C，峰温为 266.0°C，得到的热焓为 1749J/g。

在表 5-4 中比较了在不同气氛下的 DSC 的一些特征量的变化。由于不同的气氛气体的导热性不同，气体作为载气可能得到的曲线峰形以及起始位置会有差异。由表可知不同气氛下的熔融温度无明显差异，但初始分解温度差异比较大，放热量也发生了变化。氮气气氛下与空气气氛下这些特征量无明显差别，但是氦气气氛下的初始分解温度（T_d）和分解峰温（T_p）明显低 20~30°C。这是因为氦气的导热性最好，更能灵敏地测得微小的变化。

表 5-4　不同气氛下硝酸铵的 DSC 实验结果

气氛	T_m/°C	T_d/°C	T_p/°C	ΔH_d/(J/g)
空气	168.1	271.2	295.2	1240
氮气	169.9	268.7	289.2	1418
氦气	169.6	237.4	266.0	1749

图 5-47 是硝酸铵在不同加热速率（5K/min、10K/min、15K/min、20K/min）时的 TG 和 DSC 谱图。从图 5-47（a）和（b）中可知，在不同升温速率下的 TG 曲线和 DSC 曲线形状类似。这说明加热速率的改变并未影响硝酸铵的分解历程，只是特征温度和特征峰发生了变化。随着升温速率的增大，质量损失过程向高温移动，即分解起始温度和终止温度都向高温移动。从图 5-47（b）中可看出，晶型转变峰温和熔融峰温随升温速率变化不大，但是初始吸热温度和吸热峰温都是增大的。有研究者发现随着升温速率的增大，样品的晶型转变温度和熔点的变化不大，因为这些都是由热力学决定的；但是分解峰中的特征温度都向高温偏移，因为分解是由动力学决定的，并且样品所对应的分解焓有所递减[25]。由 DSC 曲线所得的具体的数据如表 5-5 所示。

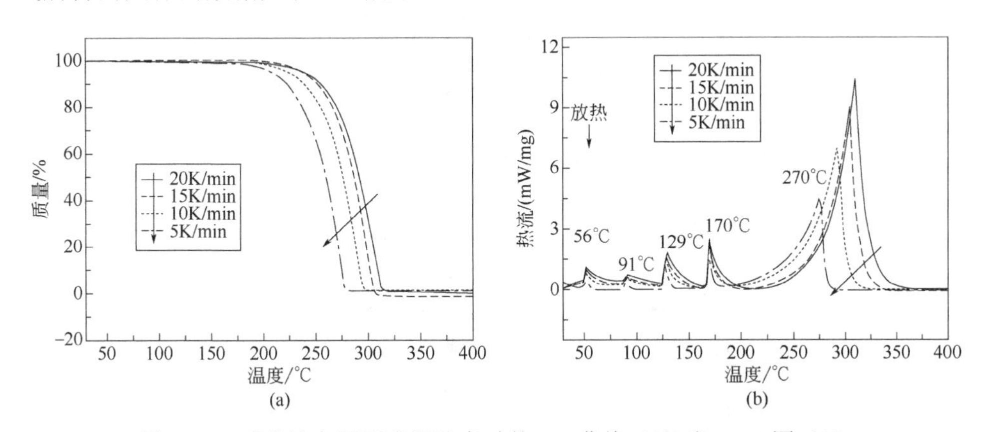

图 5-47　硝酸铵在不同升温速率时的 TG 曲线（a）和 DSC 图（b）

表 5-5　不同升温速率下硝酸铵的 DSC 实验结果

β/(K/min)	T_m/°C	ΔH_m/(J/g)	T_d/°C	ΔH_d/(J/g)
5	168.1	78.39	255.8	1573
10	168.1	70.67	271.2	1240
15	168.0	69.23	283.4	986.9
20	168.0	65.14	288.8	889.6

注：β 为升温速率；T_m 为熔融峰峰温；ΔH_m 为发生熔融所需要的热量；T_d 为分解吸热峰峰温；ΔH_d 为分解反应吸收的热量。

由表 5-5 可知，随着升温速率增大，熔融温度和分解温度均增大，但是吸热量的数值实际上是减小的，即单位质量的硝酸铵吸热量是减小的，但是影响有限。

（2）由红外光谱部分和质谱部分得到的不同气氛下的热分解气体产物

图 5-48 为试样在分解过程中逸出气体的红外三维谱图，图 5-49 为从图 5-48 中提取出的对应于不同时刻（分别对应于不同的温度）下相应温度的红外光谱图。其中，4000~3500cm^{-1} 为 H_2O 中 O—H 或 NH_3 中 N—H 伸缩振动峰，2238~2204cm^{-1} 强吸收峰归属为 N_2O 中 O═N—N 伸缩振动峰，1634~1596cm^{-1} 为 NO_2 分子中 N═O 特征振动峰，965~930cm^{-1} 为 NH_3 的 N—H 变形振动峰[26]。

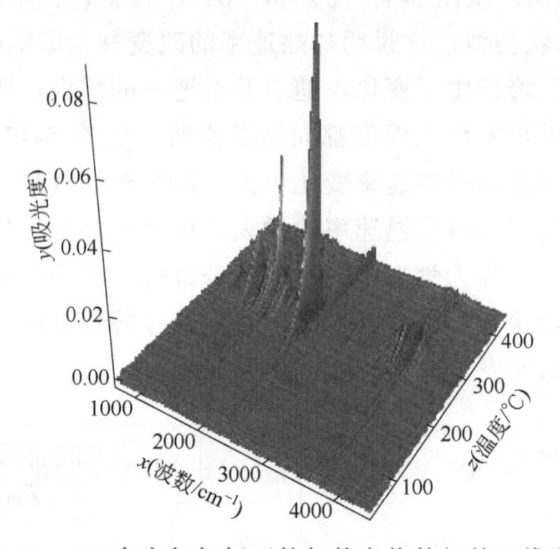

图 5-48 AN 在空气气氛下的气体产物的红外三维谱图

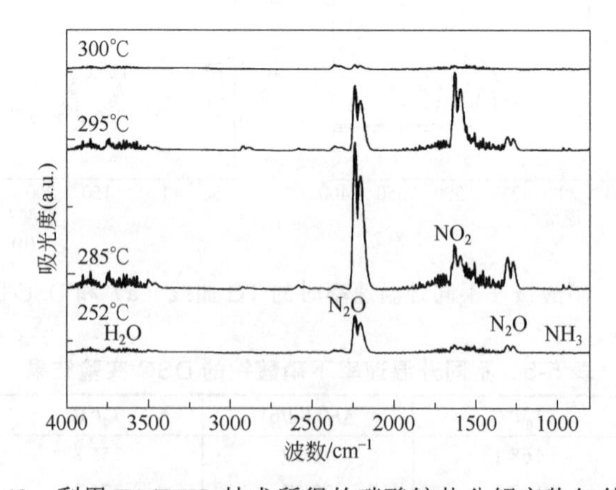

图 5-49 利用 TA/FTIR 技术所得的硝酸铵热分解产物红外光谱

利用 TA/MS 联用技术可以获得试样在分解过程中所产生的气相产物的质谱图（如图 5-50 所示），所得碎片峰的可能归属及其相应的检测起始温度和最高浓度所对应的温度（峰温）见表 5-6。其中，由图 5-50 知，所有的碎片离子都只有一个峰，荷质比 m/z 30 的碎片 NO^+有可能是 NO_2、N_2O 或 NO 的裂解产物。但由于在线逸出气体红外光谱图中未发现 NO 的特征峰（1965~1762cm^{-1}）[27]，并且 m/z 为 30 和 46 的峰形随温度变化的趋势相同，故可以将其归属为 NO_2 和少量 N_2O 的裂解碎片。

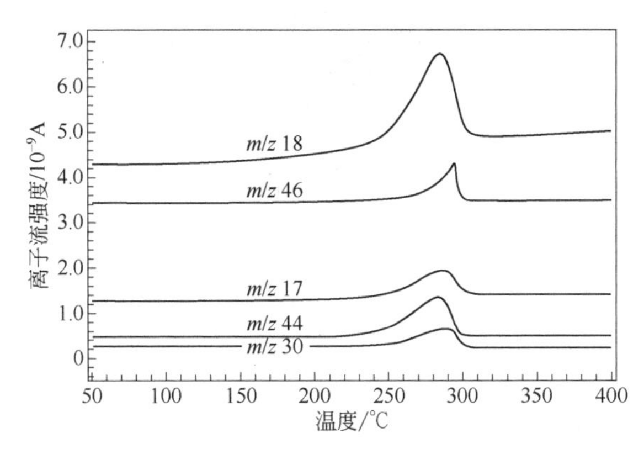

图 5-50　硝酸铵气体产物的质谱图

表 5-6　利用 TA/MS 联用技术所得硝酸铵分解产物碎片离子峰及可能的归属

m/z	T_p/°C	可能的归属
17	285.6	OH^+/NH_3^+
18	284.0	H_2O^+
30	284.8	NO^+
44	282.0	N_2O^+
46	285.0	NO_2^+

注：T_p 为质谱检测到某种逸出气体的最大浓度时的温度（峰温）。

综合逸出气体的质谱和红外光谱分析结果可知：在 252°C 左右硝酸铵在空气的分解产物中有 H_2O、N_2O 和 NH_3，在 257°C 左右的逸出气体中还有少量的 NO_2。

图 5-51 是在氮气气氛下，硝酸铵热分析/红外光联用得到的红外三维谱图，通过红外软件解析得到图 5-52，图 5-52 为硝酸铵分解的气体产物在 287°C 的红外光谱图，由图 5-51 知，在此温度下，总的逸出气体量达到最大，某种特定的气体量也最大。

图 5-53 为硝酸铵在氮气气氛下的质谱图。由图 5-53 可见，通过质谱检测出质荷比（m/z）为 17、18、30、44 和 46 的离子；检测到的质荷比、温度范围及可能的离子见表 5-7。

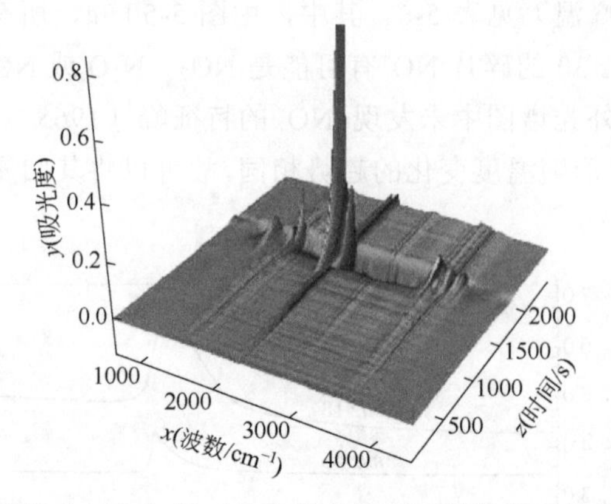

图 5-51　硝酸铵在氮气气氛下的气体产物在不同温度下的红外三维谱图

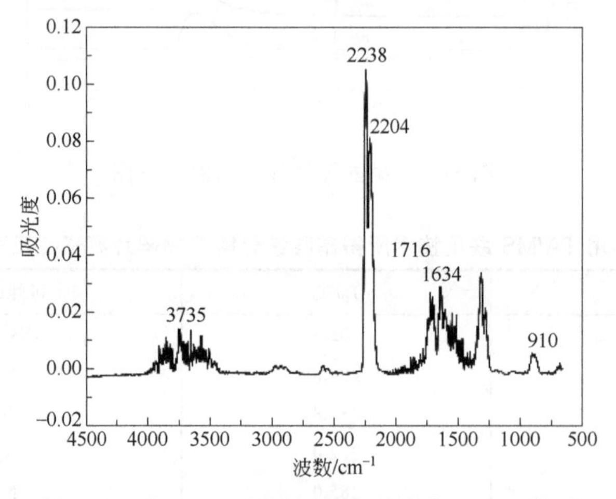

图 5-52　在 287°C 的硝酸铵气体产物红外光谱图

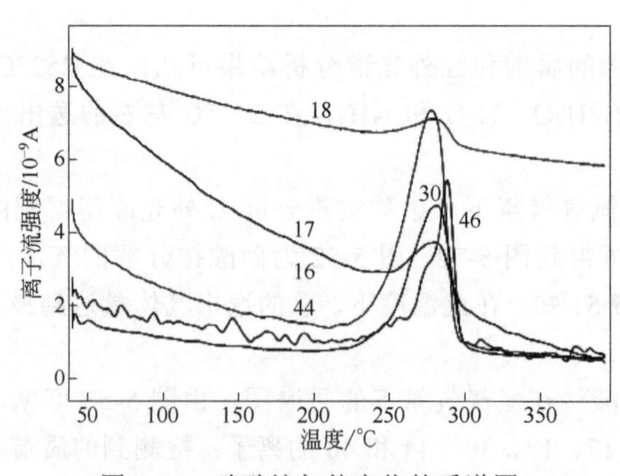

图 5-53　硝酸铵气体产物的质谱图

表 5-7　质谱分析得到的质荷比及可能的离子

m/z	T_p/°C	可能的碎片离子
46	295.0	NO_2^+
44	282.0	N_2O^+
30	284.8	$NO_2^+/N_2O^+/NO^+$
18	284.8	H_2O^+
17	285.6	NH_3^+/OH^+

由红外光谱图和得到的质谱碎片离子，综合分析知硝酸铵在氮气气氛下的气体产物中肯定含有 H_2O、N_2O、NO_2、NH_3，不存在 NO。由图 5-53 可知，最先逸出的气体产物为 N_2O 和 NH_3，它们在 223°C 就开始出现，H_2O 紧随其后在 224°C 出现，这几种物质在时间上的出现没有明显的区别。NO_2 在 251°C 左右出现。另外在实验过程中没有检测到 N_2，可能有残余的氧气，故也没有检测出氧气的变化。

在氦气气氛下由热分析/红外光谱联用得到的谱图与氮气、空气气氛下的无明显差别。图 5-54 给出了利用热分析/质谱联用技术获得的试样在分解过程中所产生的气相产物的质谱图，由图可知通过质谱检测出 *m/z* 为 17、18、30、46、14（N^+）和 28（N_2^+）的碎片离子。其中含有 *m/z* 14（N^+）和 *m/z* 28（N_2^+）碎片离子，表明硝酸铵在分解过程中产生了氮气。另外，*m/z* 32 的曲线也发生了微小的变化，说明过程中有少许的氧气生成或参与反应。

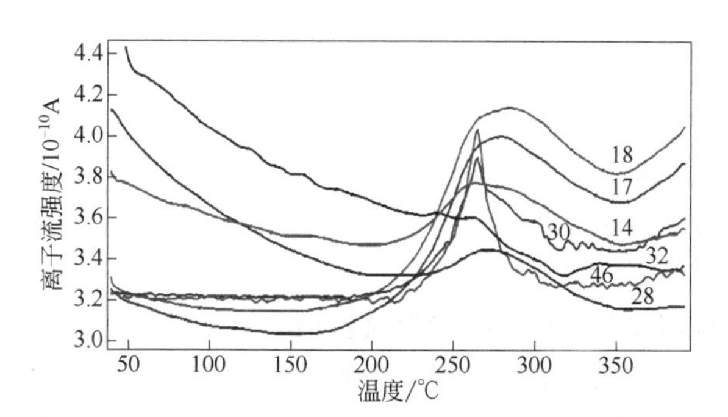

图 5-54　硝酸铵在氦气气氛下气体产物的质谱图

综合以上由不同气氛下得到的硝酸铵分解产物比较可知，不同气氛下气体产物的逸出温度不同。除了氦气气氛下检测到少量的氮气和氧气外，都能检测到 H_2O、N_2O、NO_2 和 NH_3，不存在 NO。

（3）硝酸铵分解机理分析

目前普遍认为硝酸铵的分解遵循以 N_2O　为主要产物的反应机理[28,29]：

$$NH_4NO_3 \xlongequal{\quad} NH_3 + HNO_3 \tag{5-1}$$

$$HNO_3 + HA \rightleftharpoons H_2O\,NO_2^+ \longrightarrow NO_2^+ + H_2O \quad (5\text{-}2)$$

式中，$HA = NH_4^+$，H_3O^+，HNO_3

$$NO_2^+ + NH_3 \longrightarrow [NH_3NO_2^+] \longrightarrow N_2O + H_3O^+ \quad (5\text{-}3)$$

目前还有研究成果显示，硝酸铵分解产生的 NH_3 和 HNO_3 有可能生成 N_2，如式（5-4）所示[30]。

$$5NH_3 + 3HNO_3 \longrightarrow 4N_2 + 9H_2O \quad (5\text{-}4)$$

由于在硝酸铵的分解产物中检测到了 NH_3、H_2O 和 N_2O，因此，硝酸铵的分解机理满足以上式（5-1）~式（5-3）。另外，通过在氦气气氛下检测到部分氮气的现象，也能验证在硝酸铵的分解过程中存在式（5-4）所示的反应。

此外，通过热分析/红外光谱联用技术和热分析/质谱联用技术在较高温度下硝酸铵的分解气体检测到了少量的 NO_2，可能是 HNO_3 在高温下的直接分解产物，反应方程式如式（5-5）所示，这点由逸出气体信息也得到了验证。

$$4HNO_3 \longrightarrow 4NO_2+O_2+2H_2O \quad (5\text{-}5)$$

硝酸铵在空气气氛下主要有两步反应，即应是反应式（5-1）和反应式（5-2），这两个反应发生之后会触发其他的反应。

通过利用同步热分析/红外光谱/质谱（STA/FTIR/MS）联用技术全面分析硝酸铵的热分解过程可以得到以下结论：

① 热分解机理的方法，硝酸铵在不同气氛下的热化学行为存在着差异：硝酸铵在空气气氛下的分解的起始温度为 271.2°C，峰温为 295.2°C，得到的热焓为 1240J/g；在氮气气氛下硝酸铵分解的起始温度为 268.7°C，峰温为 289.2°C，得到的热焓为 1418J/g；在氦气气氛下硝酸铵分解的起始温度为 237.4°C，峰温为 266.0°C，得到的热焓为 1749J/g。

② 硝酸铵的主要的气体产物为 H_2O、N_2O、NO_2、NH_3，不存在 NO，还存在少量的 N_2 和 O_2。

另外，还可以用 TG/FTIR/MS 对聚氧乙烯非氧化条件下的热分解过程和动力学过程进行全面的分析，实验结果表明得到的小分子气体产物主要为乙醇、甲醇、烯烃、甲醛、乙醛、水、环氧乙烷、一氧化碳、二氧化碳等，在氧气气氛下的产物完全不同，结合这些信息得到动力学数据，发现相边界反应成为主要的速率控制步骤[31]。

5.5.2 结合其他分析手段尽可能全面地解析热分析曲线

在 5.5.1 节中，结合实例介绍了通过热分析联用技术尽可能全面地解析热分析曲线。在实际应用中，经常会结合除热分析技术外的其他分析技术来全面地解析热分析曲线。在本部分内容中，以 VO_2 固相相变研究为例，介绍通过 DSC 和其他分析技术全面解析 DSC 曲线的方法。

VO_2 是一种相变型金属氧化物，具有金属-半导体相转变（MST）的特性。同时，在相转变过程中伴随有4~5个数量级的电阻率突变和明显的光学透过率的改变，即在高于相变温度时为金红石结构，呈导体性质，对红外线产生高的反射率；而在低于相变温度时为单斜结构，呈半导体性质，如图5-55所示。

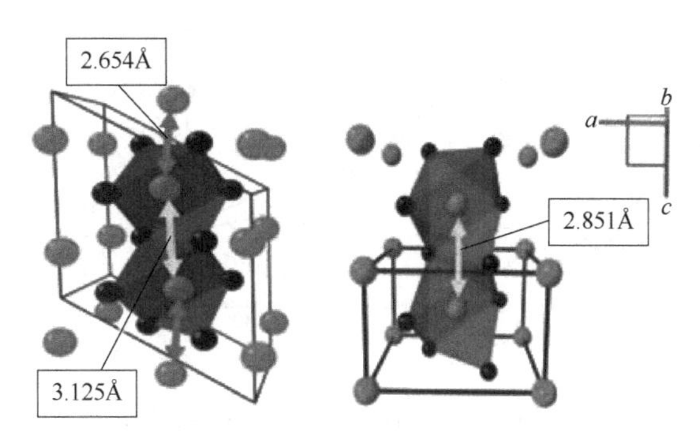

图5-55　VO_2单斜相（左）和金红石相（右）的结构图，两者最近邻的V—V键长在图中标注

尽管VO_2的金属-半导体相转变温度（MST）T_c=68°C，是最接近室温（T=25°C）的一种材料，在实际应用中需要根据具体的应用领域来调控相变温度。通常通过向VO_2中掺杂高价过渡金属（如W）来调控相转变温度，通常用DSC来研究调控前后的相转变过程的变化。另外，DSC还是用来研究VO_2的尺寸效应及其微观成核生长机理的一种有力工具，在对DSC曲线进行分析时需要结合XRD、SEM、TEM等技术手段来证实。

通常通过“两步法”，即sol-gel法制备$V_2O_5•nH_2O$凝胶，水热合成法用N_2H_4还原V_2O_5，经过在260°C下等温10h热处理，制备得到结晶性良好的不同浓度W掺杂的VO_2纳米颗粒[32]。图5-56中（a）和（b）是不同W掺杂浓度的DSC曲线。图5-56表明，在加热和冷却过程中相变温度不一致，存在热滞后现象。而且随着掺杂浓度的升高，VO_2相变温度显著降低［图5-56（c）］。以冷却过程中的相变温度对W掺杂浓度作图，可以得出相变温度（T_c）与x（$W_xV_{1-x}O_2$，$0\leqslant x\leqslant 0.025$）的线性关系，W的掺杂效率大约是21.96K/at.%。这个值与其他文献的W掺杂VO_2单晶相比非常匹配。并且在掺杂的VO_2样品的相变温度是55°C，远低于标准的68°C。这可能是由于颗粒的尺寸效应和晶格中缺陷引起的氧空位造成的。

此外，还可以利用$VO(acac)_2$和Na_2WO_4直接水热合成法经过700°C热处理制备W掺杂的VO_2颗粒[33]。在表5-8中列出了由DSC法测得的不同W掺杂的VO_2样品的相变温度，由表5-8可见，W掺杂降低了VO_2颗粒的相变温度，掺杂效率大约为22.6K/at.%。而未掺杂的VO_2相变温度是68.8°C，与标准相变温度相一致。

通过V_2O_5粉末和草酸在240°C下水热合成保温7天，可以制备出“雪花”状的W掺杂的VO_2粉末，形貌如图5-57所示[34]。

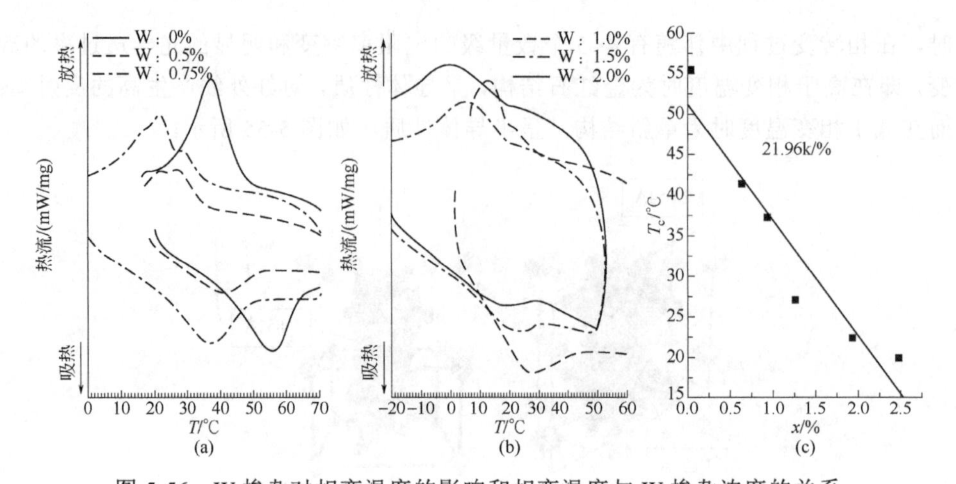

图 5-56　W 掺杂对相变温度的影响和相变温度与 W 掺杂浓度的关系

（a），（b）中的 W 掺杂浓度为实验掺杂浓度；而（c）中的是样品 XRF 检测得到的实际掺杂浓度

表 5-8　加热过程中的相变温度与 W 掺杂浓度关系

样品序号	原子浓度/%	相变温度/°C
1	0	68.8
2	0.97	49.4
3	1.23	43.1
4	1.67	32.4
5	2.98	2.0

图 5-57　（a）VO_2 粉末的低分辨率 TEM 图；（b）VO_2 粉末的场致 SEM 图；（c）雪花状的完美 VO_2 晶体结构；（d）雪花状的 VO_2 的生长

当 VO_2 发生相变时，可以在 DSC 曲线上得到明显的吸热或者放热峰。而这些峰对应的温度就是 VO_2 单斜相-金红石相变温度。图 5-58 给出了 W 掺杂 VO_2 的加热和冷却过程的 DSC 曲线。可以发现，图 5-58 中的吸热峰和放热峰均呈不对称形状，通过拟合可以分别得到两个独立的峰，加热过程的吸热峰的峰值是 24.6°C 和 41.9°C，而冷却过程的放热峰的峰值则是 5.3°C 和 23.7°C。较高的相变温度主要来源于棒状和雪花状的 VO_2，而低的相变温度主要来源于球形颗粒的 VO_2。

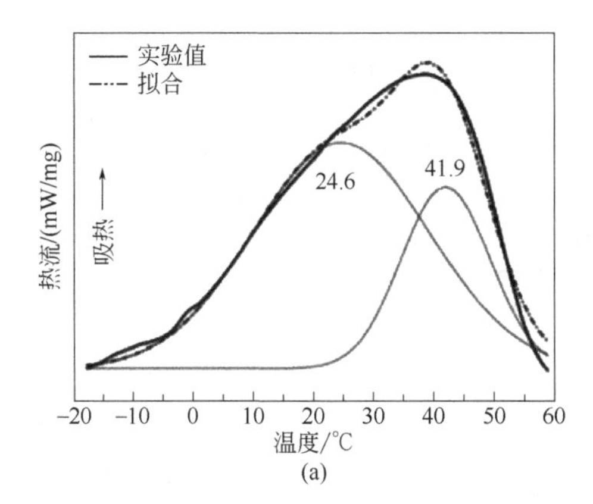

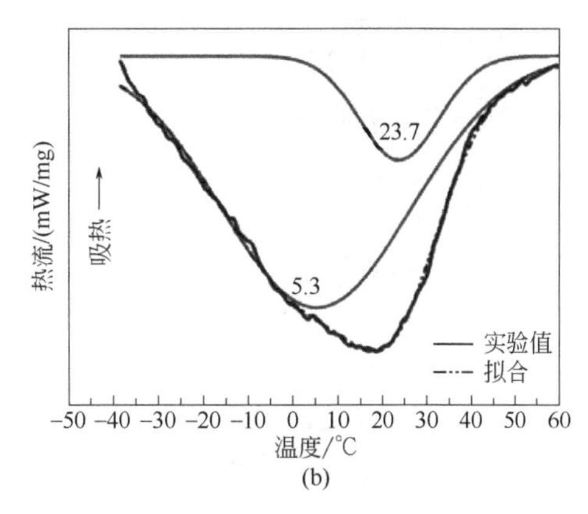

图 5-58　W 掺杂 VO_2 的 DSC 曲线

（a）加热过程；（b）冷却过程

通过以 V_2O_5 和草酸为原料，通过水热合成法在 260°C 下控制反应时间（4~24h）可以制得实验所需的 VO_2 纳米棒，可以通过 DSC 研究 VO_2 纳米棒从 B 型转变为 M 型的合核生长机理[35]。

VO_2 至少存在十几种晶体结构，主要包括单斜相 VO_2（B）（C2/m），单斜-金红石型相 VO_2（M）（$P2_1/c$）和四方金红石型相 VO_2（R）（$P4_2/mnm$）。其中最稳定的晶型是金红石型，存在一个 68°C 左右的低温单斜相（M）到高温金红石相（R）的相变。而很多研究表明，由 sol-gel 法、磁控溅射、水热合成法、高温热解法等方法制备的 VO_2 都是 B 型，必须经过热处理转化成为 M 型。

为了了解 VO_2 从 B 型转变为 M 型的机理，在图 5-59（a）~（d）中分别显示了不同生长阶段的 TEM、XRD 和 DSC 曲线。图 5-59（a）中在生长初期，3.2nm 的肿块在纳米棒表面缺陷处形核，没有 M 相衍射峰；图 5-59（b）和（c）中随着反应进行，纳米肿块生长和合并，开始出现 M 相衍射峰，并且逐渐增强；图 5-59（d）中 B 型最终完全转变成 M 相纳米棒。图 5-59（e）中给出了 VO_2 纳米棒从 B 型转变为 M 型的形核生长机理图。

DSC 结果表明，在不同的生长阶段，VO_2 相变温度和纳米颗粒的尺寸同时发生变化。在表 5-9 中列出了 VO_2 样品在不同阶段加热和冷却时的相变温度以及热

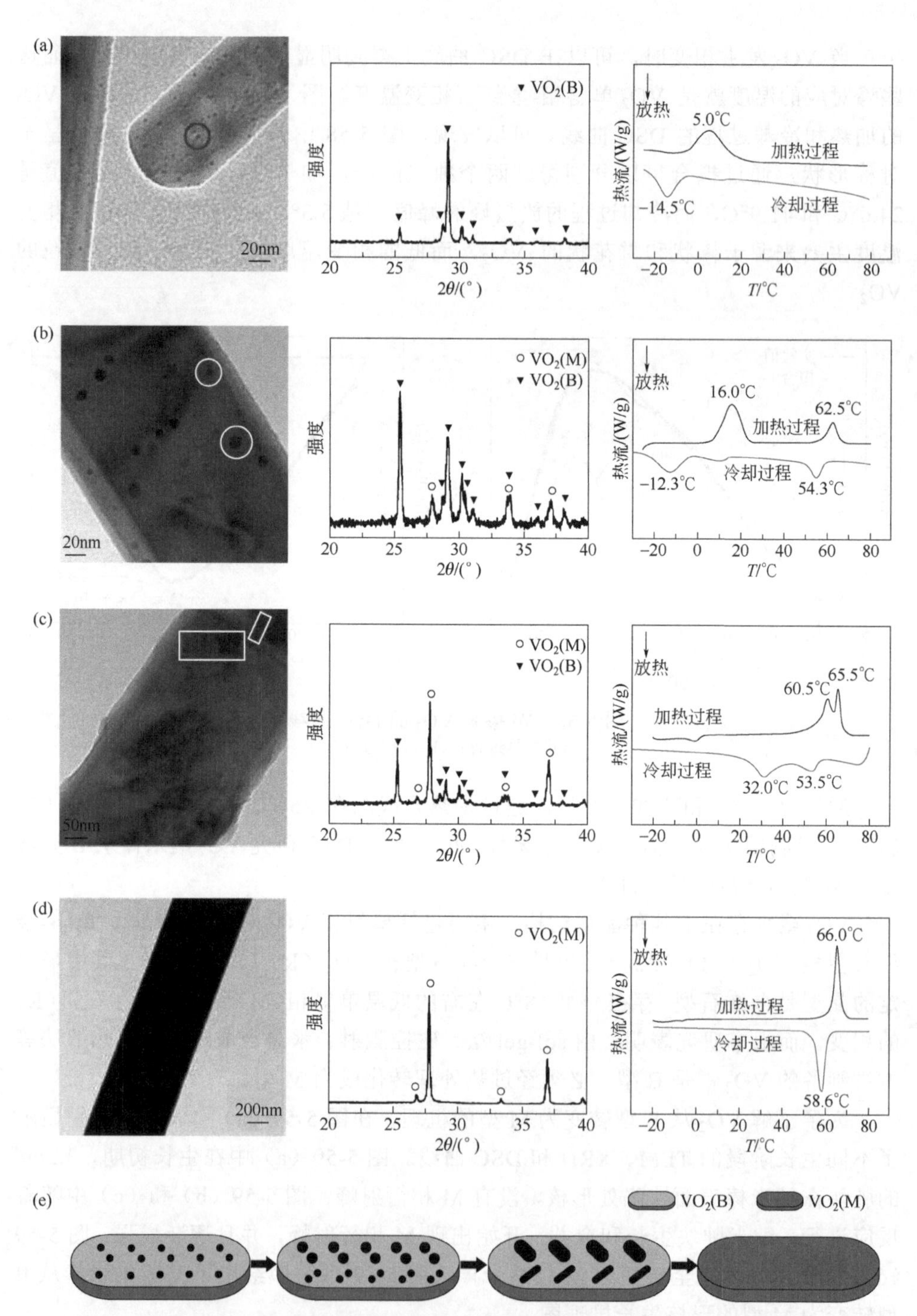

图 5-59 左侧是 TEM 图（用线标出纳米肿块的范围），中间是 XRD 衍射图，右侧是 DSC 曲线；样品在 260°C 下水热合成（a）4h，（b）16h，（c）18h，（d）20h；（e）VO_2 纳米棒从 B 型转变为 M 型的形核生长机理图

表 5-9 VO_2 的颗粒尺寸和 DSC 峰值

颗粒尺寸/nm	加热峰温/°C	冷却峰温/°C	热滞回线宽度/°C
3.2	5.0	−14.5	19.5
4.8	9.5	−13.7	23.2
5.8	11.0	−13.0	24.0
6.6	16.0	−12.3	28.3
7.2	17.0	−11.0	28.0
13.0	60.5	32.0	28.5
15.7	62.5	54.3	8.2
18.0	64.5	56.5	8.0
46.6	66.0	58.6	7.4

滞回线宽度。可以分为两个部分来分析：第一类是尺寸小于 8nm，所有样品在 MST 温度上显示很强烈的尺寸效应，分别是加热过程中 5~17°C 和冷却过程中 −14.5~−11°C。（c）图中 DSC 加热和冷却曲线显示两个峰值对应于 VO_2 纳米棒中存在两种不同的颗粒尺寸。第二类是尺寸大于 15nm，加热过程的 MST 温度都大于 60°C，而热滞回线宽度在 8°C 左右。这些性质与大块状的 VO_2 性质相一致。而当尺寸大小是 13nm 时，MST 温度分别是 60.5°C 和 32.0°C，热滞回线宽度达到 28°C。因此，13nm 对于强烈的尺寸效应是一个临界值。

此外，还可以将热重法和 XRD、SEM 等方法相结合，全面地研究水氯镁石在空气气氛下的热解机理及其中间产物，并采用单升温速率法和多升温速率法来研究水氯镁石的热解动力学。图 5-60 为分析纯 $MgCl_2\cdot 6H_2O$ 的 TG-DTA 曲线，图中的 DTA 曲线上有五个明显的吸热峰，相应的反应起始温度和峰温如表 5-10 所示。图中 TG 曲线在 843K 开始出现平台，相应的失重率为 80.41%，和 $MgCl_2\cdot 6H_2O$ 完全分解为 MgO 的理论失重率 80.30%一致[36]。

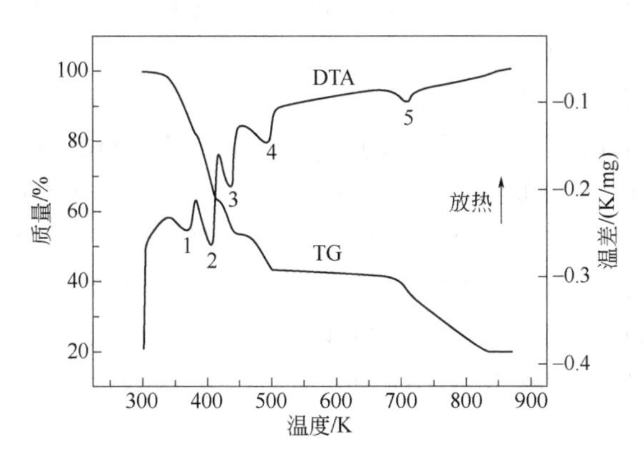

图 5-60 $MgCl_2\cdot 6H_2O$ 热解反应的 TG-DTA 曲线

表 5-10 $MgCl_2 \cdot 6H_2O$ 热解反应的 DTA 曲线各个吸热峰的起始温度与峰温

阶段	1	2	3	4	5
反应起始温度/K	342	402	440	476	688
吸热峰	1	2	3	4	5
温度/K	379	423	454	508	724

结合 XRD 和 SEM 技术，可以分别得到水氯镁石在 342K、402K、440K、454K、476K、508K、688K 不同阶段的分解产物的晶型和形貌，最终可以得到在空气气氛下水氯镁石的分解机理：

脱水反应：

$$MgCl_2 \cdot 6H_2O \xrightarrow{342K} MgCl_2 \cdot 4H_2O + 2H_2O \tag{5-6}$$

$$MgCl_2 \cdot 4H_2O \xrightarrow{402K} MgCl_2 \cdot 2H_2O + 2H_2O \tag{5-7}$$

脱水与水解反应：

$$MgCl_2 \cdot 2H_2O \xrightarrow{440K} aMgCl_2 \cdot nH_2O + bMgOHCl + bHCl + (2 - n\mathrm{a} - \mathrm{b})H_2O \tag{5-8}$$

$$(1 \leqslant n \leqslant 2,\ a+b=1)$$

$$MgCl_2 \cdot nH_2O \xrightarrow{476K} MgOHCl \cdot 0.3H_2O + HCl + (n-1.3)H_2O \tag{5-9}$$

$$(1 \leqslant n \leqslant 2)$$

$$MgOHCl \cdot 0.3H_2O \xrightarrow{508K} MgOHCl + 0.3H_2O \tag{5-10}$$

热分解反应：

$$MgOHCl \xrightarrow{688K} MgO + HCl \tag{5-11}$$

在图 5-60 中，在 440 K 较低温度下，$MgCl_2 \cdot 2H_2O$ 脱水生成 $MgCl_2 \cdot nH_2O$ 和无水 MgOHCl，$MgCl_2 \cdot nH_2O$ 在 476 K 时转变为 $MgOHCl \cdot 0.3H_2O$，$MgOHCl \cdot 0.3H_2O$ 在 508 K 转变为 MgOHCl。

用单一的升温速率和多升温速率的热分析曲线进行动力学研究，结果表明水氯镁石热解的前两个阶段为简单的 $MgCl_2 \cdot 6H_2O$ 和 $MgCl_2 \cdot 4H_2O$ 脱水过程，最后阶段为 MgOHCl 热分解过程，反应相对简单，反应机理比较明确。而中间阶段反应非常复杂，第三阶段 $MgCl_2 \cdot 2H_2O$ 同时水解与脱水生成 $MgCl_2 \cdot nH_2O$（$1 \leqslant n \leqslant 2$）和 MgOHCl，反应机理为以成核及核成长为控制步骤的 A3 机理；温度达到 476 K 时，$MgCl_2 \cdot nH_2O$（$1 \leqslant n \leqslant 2$）以二维相界面反应为控制步骤的 R2 机理同时进行水解和脱水生成 $Mg(OH)Cl \cdot 0.3H_2O$，再脱水转变成 MgOHCl，最后分解生成 MgO。

参考文献

[1] Pucciariello R., Villani V. Melting and crystallization behavior of poly(tetrafluoroethylene) by temperature modulated calorimetry[J]. Polymer, 2004, 45: 2031-2039.

[2] 范磊，邱家军，宋鹏，王纯阳，罗利嘉，周超，张文华. 珊瑚化石的组成及显微结构分析[J]. 岩矿测试, 2014, 33: 340-344.

[3] 郭健，覃亮，宋文东，罗杰，梁飞龙. 不同剖面马氏珠母贝贝壳的差热-热重同步分析. 科技传播, 2010, 19: 17.

[4] 陈晓明. Pb、In 纳米颗粒表面熔化的内耗研究[D]. 北京：中国科学院研究生院，2007.

[5] Wang R. J., Tang Y. Q., Wang, Y. L. Effects of Cationic Ammonium Gemini Surfactant on Micellization of PEO-PPO-PEO Triblock Copolymers in Aqueous Solution[J]. Langmuir, 2014, 30, 1957-1968.

[6] Wang X., Blechert S., Antonietti M. Polymeric graphitic carbon nitride for heterogeneous photocatalysis[J]. ACS Catalysis, 2012, 2(8): 1596-1606.

[7] Yuan Y., Zhang L., Xing J., et al. High-yield synthesis and optical properties of gC_3N_4[J]. Nanoscale, 2015, 7(29): 12343-12350.

[8] Komatsu T., Nakamura T. Polycondensation/pyrolysis of tris-s-triazine derivatives leading to graphite-like carbon nitrides[J]. J. Mater. Chem., 2001, 11(2): 474-478.

[9] 张俐娜. 高分子物理近代研究方法[M]. 第 2 版. 武汉：武汉大学出版社，2006：211-260.

[10] 陈镜弘. 热分析及其应用[M]. 北京：科学出版社，1985：326.

[11] 刘振海. 热分析仪器[M]. 北京：化学工业出版社，2006：177-220.

[12] 程旭东. 受限空间内典型热塑性材料熔融流动燃烧行为研究[D]. 合肥: 中国科学技术大学博士论文, 2010.

[13] 赵军. 热重分析对高分子材料中碳酸钙的定量研究[J]. 上海计量测试，2002，29(2)：15-17.

[14] 吴刚. 材料结构表征及应用[M]. 北京: 化学工业出版社, 2001: 394-398.

[15] Le Padour Christine Dalmazzone P.， Herzh B. Characterisation of gas hydrates formation using a new high pressure micro-DSC[J]. J. Therm. Anal. Calorim., 2004, 78: 165-172.

[16] 侯斌. 热重-红外联用技术的应用研究[J]. 齐鲁石油化工, 2008, 36(4): 276-281.

[17] Koufopanos C. A., Maschio G., Lucchesi A. Kinetic modelling of thepyrolysis of biomass and biomass components [J].Canadian J. Chem Engineer., 1989, 67: 75-84.

[18] Maschio G., Koufopanos C., Lucchesi A. Pyrolysis，a promising route for biomass utilization[J]. Bioresource Technol., 1992, 42(3): 219.

[19] Ivan S.，Varhegyi G., Antal M. J. Thermogravimetri/mass spectrometric characterization of the thermal decomposition of 4-*O*-methyl-D-glucurono-D-xylan[J]. J. Appl. Polym. Sci., 1988, 36: 721.

[20] 许风. 乔灌木及蔗渣生物结构、制浆性能及细胞壁重要组分的分离与结构鉴定[D]. 广州: 华南理工大学, 2005.

[21] 张敏华, 李春华, 姜浩锡. 热重质谱法研究聚苯乙烯热降解机理[J]. 化工进展, 2008, 4(27): 609-612.

[22] 亓希国, 汪旭光, 夏柏如. 利用 DSC 曲线表征添加剂对防爆硝酸铵晶变的影响[J]. 爆破器材, 2005, 34(2): 1-3.

[23] 王光龙, 许秀成. 硝酸铵热稳定性的研究[J]. 郑州大学学报（工学版）, 2003, 24(1): 47-50.

[24] Oxley J. E., Smith J. L., Rogers E., Yu M. Ammonium nitrate: thermal stability and explosivity modifiers[J]. Thermochim. Acta, 2002, 384: 23-45.

[25] Gunawan R., Dongke Zhang D K. Thermal stability and kinetics of decomposition of ammonium nitrate in the presence of pyrite [J]. J. Hazardous Mater., 2009, 165: 751-758.

[26] 刘子如，施震灏，阴翠梅，等. 热红联用研究 AP 与 RDX 和 HMX 混合体系的热分解[J]. 火炸药学报，2007, 30(5): 57-61.

[27] 王晓红，张皋，赵凤起，谢明召，等. DSC/TG-FTIR-MS 联用技术研究和热分解动力学和机理[J]. 固体火箭技术, 2010, 33(5): 554-559.

[28] Jimmie C. Oxley, James L.Smith, Evan Rogers, Ming Yu. Ammonium nitrate: thermal stability and explosivity modifiers[J]. Thermochim. Acta, 2002, 384: 23-45.

[29] 张杰，杨荣杰，刘云飞. 硝酸铵的吸湿性研究[J]. 火炸药学报, 2001, 24(3): 22-25.

[30] Kaljuvee T, Edro E, Kuusik R. Influence of lime containing additives on the thermal behaviour of ammonium nitrate[J]. J. Thermal Anal. Calorim., 2008, 92(3): 215-221.

[31] Pielichowski K, Flejtuch K. Non-oxidative Thermal Degradation of Poly(ethylene oxide): Kinetic and Thermonalytical Study[J]. Anal. Appl. Pyrolysis, 2005, 73(1): 131-138.

[32] Ji S., Zhang F., and Jin P Preparation of high performance pure single phase VO_2 nanopowder by hydrothermally reducing the V_2O_5 gel[J]. Solar Energy Materials and Solar Cells, 2011, 95(12): 3520-3526.

[33] Wang N., et al. Simple sol-gel process and one-step annealing of vanadium dioxide thin films: Synthesis and thermochromic properties[J]. Thin Solid Films, 2013, 534: 594-598.

[34] Cao C. X., Gao Y. F. and Luo H. J. Pure Single-Crystal Rutile Vanadium Dioxide Powders: Synthesis, Mechanism and Phase-Transformation Property[J]. J. Phys. Chem. C, 2008, 112(48): 18810-18814.

[35] Dai, L., et al. Synthesis and phase transition behavior of undoped VO_2 with a strong nano-size effect[J]. Solar Energy Materials and Solar Cells, 2011, 95(2): 712-715.

[36] 黄琼珠. 废弃水氯镁石热解制备高纯镁砂研究[D]. 上海：华东理工大学, 2013.

第 6 章 热分析曲线的解析过程

6.1 概述

在选择了相应的热分析技术并按照既定的实验方案完成实验后，接下来需要进行曲线的解析工作。热分析曲线解析是热分析实验过程中很重要的一个环节。概括说来，曲线解析主要包括以下几个环节：

① 热分析曲线的获取；

② 实验数据的导入与基本分析；

③ 在作图软件中对热分析曲线作图和进一步的分析；

④ 热分析曲线的描述；

⑤ 热分析曲线的初步解析；

⑥ 热分析曲线的综合解析；

⑦ 撰写实验报告或科研论文；

⑧ 建立并完善热分析曲线数据库（必要时）。

下面将对这些环节进行逐一阐述。

6.2 热分析曲线的获取

在确定实验条件之后，在商品化的仪器的控制软件中可以方便地输入所采用的样品信息、实验条件等信息。以下按照常用的热分析仪器的种类，分别介绍需要在控制软件中录入的信息。

6.2.1 与热重实验相关的信息

对于只能完成热重实验的独立热重仪而言，在实验前，需要在仪器的控制软件中录入与样品和实验条件等相关信息。图 6-1 为一种商品化热重仪的控制软件的操作界面，以下以该界面为例，介绍在仪器的控制软件中录入与样品和实验条件等相关信息的过程。

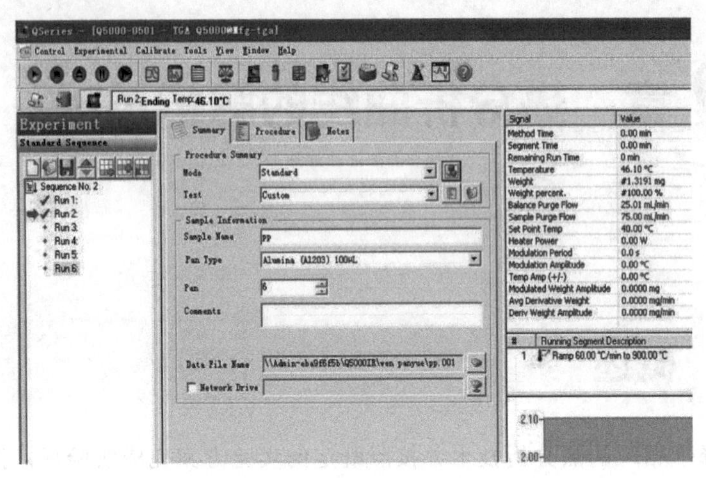

图 6-1 某仪器公司热重仪的控制软件的操作界面

（1）文件名

文件名是记录实验过程的重要信息。对于绝大多数热分析仪器而言，在其控制软件中对文件名的输入方式差别不大。目前绝大多数商品化的仪器的控制软件中要求文件名中不能出现汉字、标点符号、“/”等特殊字符，支持输入字母和/或数字的组合形式。一般来说，文件名应易辨识，且不宜太长（一般不超过 6~8 位）。有时为了避免混淆，常采用最后 4 位数字为日期的形式。一些商品化的仪器为了便于保存测量文件，在设定文件名时具有添加文件夹的功能。此时可以采用样品提供者或者实验测试者的姓名（姓名用字母表示）作为文件夹的名称（图 6-1 中的“Data File Name”栏），也可以用实验日期作为文件夹的名称。

（2）与样品相关的信息

TG 实验中与样品相关的信息主要包括样品名称、样品量、样品的来源、样品前处理等信息。在图 6-1 中的“Sample Name”栏可以输入样品名称，样品名称中可以加入汉字、特殊字符等信息。输入样品的质量时，可以通过仪器自动读取（图 6-1 中的界面对应的仪器在实验开始时自动读取试样的质量），也可以在软件的相关位置中输入。在软件中通常没有相应的位置来记录样品的来源、样品前处理等相关信息，为了便于在后续的数据分析时参考这些信息，可以在软件的备注界面中录入这些信息（图 6-1 中的“Comments”栏）。对于绝大多数热分析仪器而言，其控制软件中对样品相关的信息的输入方式差别不大。

（3）实验条件

在录入相关的样品信息后，还需在控制软件中输入与实验条件相关的参数。需输入的实验条件相关的信息主要包括坩埚类型、温度控制程序、气氛种类及流速、气氛的切换、附加装置的控制等信息。

在不同厂商的控制软件中，实验条件设定的方式差别较大。实验时应根据所使用的仪器的控制软件根据需要灵活设定这些参数。

例如可以通过以下方法设定坩埚信息。

通常称热重实验中用于盛装试样的容器为坩埚，实验前应在软件中设定实验时所使用的坩埚的信息。坩埚信息通常可以通过软件的下拉菜单直接选用（图 6-1 中“Pan Type”栏），一旦坩埚的类型选择完毕，在后续设定相关的温度程序时所设定的最高实验温度不得高于坩埚的最高温度。例如，当选用铝坩埚时，最高实验温度不得高于 650°C（有的软件设定的最高温度为 600°C）。

一些软件中会提供一些常用的实验方法的模板，在设定实验条件时可以先调入这些模板，然后根据实际的实验需求在模板文件中修改相关的参数即可。

对于带有自动进样器的仪器而言，在设定相关的实验参数信息时，应明确样品所对应的自动进样器的位置（图 6-1 中“Pan”栏），将自动进样器中待测样品的序号输入到实验文件中。

（4）其他信息

除了输入文件名、样品相关信息和实验条件信息外，在软件中有时还需要输入以下信息：（a）送样人（有时需要输入送样单位）；（b）检测人；（c）数据采集频率。

通常许多软件默认的数据采集频率是 1 点/s，即每秒采集一个数据点。在实际的实验中，应结合所研究的变化的性质来灵活选择数据采集频率。一般来说，数据采集频率较高的条件下得到的曲线的噪声较大（图 6-2），数据采集频率较低的条件下得到的曲线的噪声明显降低（图 6-3）。由图 6-2 和图 6-3 可见，较高的采点频率下得到的 TG 曲线和 DTG 曲线的分辨率明显优于较低的采点频率下的曲

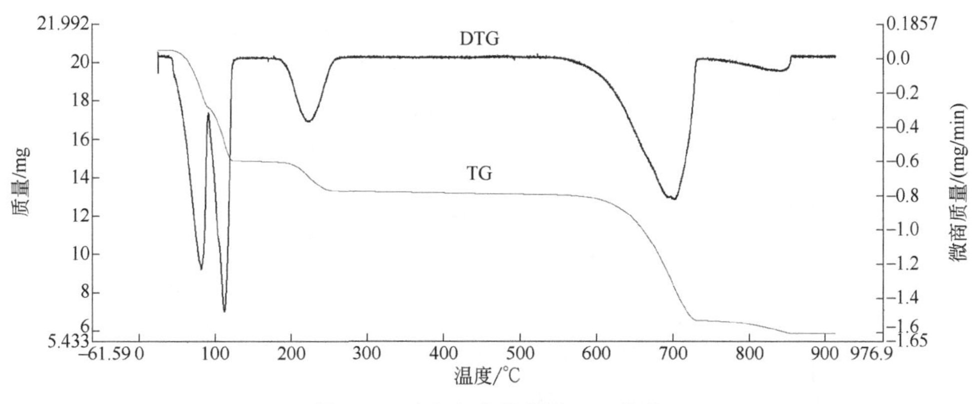

图 6-2　五水合硫酸铜的 TG 曲线

实验条件：氮气气氛，50mL/min；加热速率 10°C/min；敞口氧化铝坩埚；数据采集频率为 10 点/s

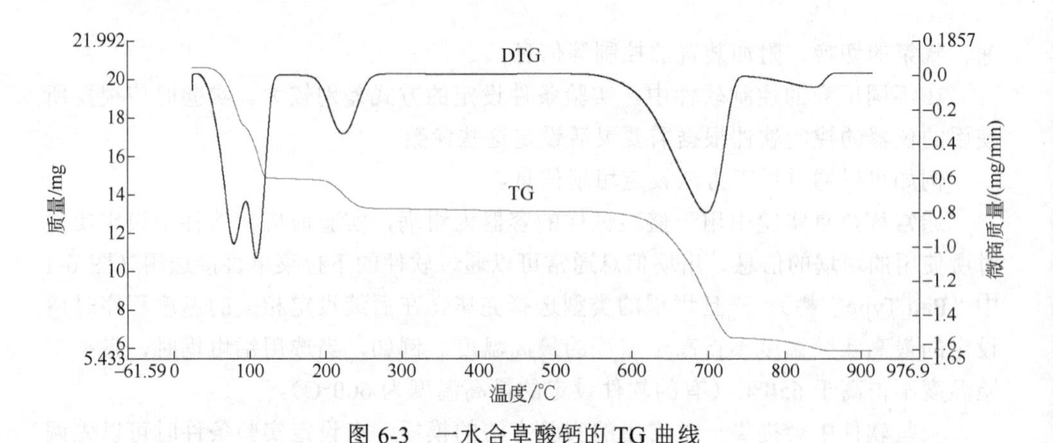

图 6-3 一水合草酸钙的 TG 曲线

实验条件：氮气气氛，50mL/min；加热速率 10°C/min；敞口氧化铝坩埚；数据采集频率为 0.5 点/s

线。对于变化很快的过程和相邻的多个过程而言，应提高数据采集频率，以便尽可能快地记录下每个过程的实时变化。

6.2.2 与差示扫描量热实验相关的信息

图 6-4 为一种差示扫描量热仪的控制软件的操作界面，以下以该界面为例介绍在仪器的控制软件中录入与样品和实验条件等信息的过程。在 6.2.1 节中系统介绍了实验前在热重仪的控制软件中录入与样品和实验条件等相关的信息的方法。DSC 实验的文件名、样品信息、实验条件信息的输入方法等与热重实验相似，主要差别在于需要手动输入样品质量信息（图 6-4 中“Sample”栏），有时还需要输入样品坩埚和参比坩埚的质量信息（如勾选图 6-4 中“Pan Mass”时）。

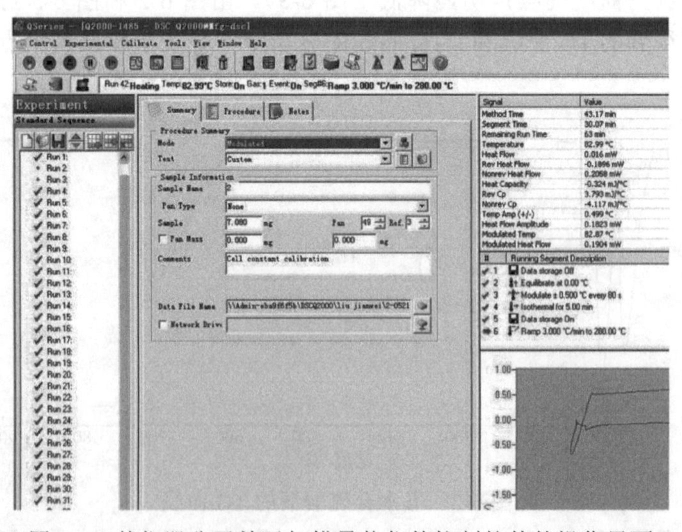

图 6-4 某仪器公司差示扫描量热仪的控制软件的操作界面

对于带有自动进样器的DSC仪器而言，在设定相关的实验参数信息时，应明确样品坩埚和参比坩埚所对应的自动进样器的位置（图6-4中“Pan”栏），将自动进样器中待测样品坩埚和参比坩埚的序号输入到相对应的实验文件中。

另外，如果在实验过程中更换了不同类型的检测器或者检测器的检测模式，在软件中也应选中相应的支架类型或者检测器的检测模式。如果更换后需要校正时，应按照操作规程进行相应的校正后再进行样品实验。

6.2.3 与热重-差示扫描量热实验和热重-差热分析实验相关的信息

通过TG-DSC和TG-DTA同时联用技术，可以在程序控制温度和一定气氛下同时得到物质在质量与热效应两方面的变化信息。在这两类仪器的控制软件中录入与样品和实验条件等相关的信息的过程与6.2.1节中热重实验部分和6.2.2节中差示扫描量热实验部分相似，概括来说主要为实验时试样的质量可以由天平自动读取，也可以手动输入，参比坩埚的信息同DSC仪。限于篇幅，此处不再详述。

6.2.4 与热膨胀实验相关的信息

测定热膨胀系数的方法主要有千分表法、热机械法、体积法等，其共性在于将试样在加热炉中加热膨胀，通过顶杆将位移变化信息实时地传递到检测系统，不同之处在于检测系统。根据测得的试样伸长量，就可计算出膨胀系数。此处所指的热膨胀实验特指热膨胀仪，不包括TMA仪的测量模式。与前述的TG、DSC以及TG-DTA和TG-DSC需要在软件中输入试样的质量不同，热膨胀实验需要在仪器的控制软件中录入与样品的形状相关的信息。由于体积膨胀系数较难测量，在实际工作中测量的膨胀系数一般特指线膨胀系数。由于热膨胀仪主要用来测量热膨胀系数，因此在软件中主要输入与试样的长度相关的参数即可。试样的长度可以由仪器的位移传感器自动读取，也可以用游标卡尺或螺旋测微器准确测量后在软件中手动输入。由于大多数的热膨胀仪为顶杆式工作原理，在测试样品之前，需要对顶杆在实验过程中的热胀冷缩进行校正。因此，在设定实验参数时除了设定温度控制程序、气氛等条件之外，有时还需导入支架的校正文件。另外，还应输入实验过程中预加载力信息。

另外，如果在实验过程中更换了不同类型的支架，在软件中也应选中相应的支架类型。如果更换后需要校正时，则应按照操作规程进行相关的校正后再进行样品实验。

6.2.5 与静态热机械分析实验相关的信息

大多数静态热机械分析仪（TMA仪）采用石英或者氧化铝材质的探头，其可以用作热膨胀系数测试。当 TMA 用于热膨胀系数测试时，在控制软件中输入样品的长度信息和相关的实验参数即可进行实验。如果在实验过程中更换了不同类型的探头，在软件中也应选中相应的支架类型。如果更换后需要校正时，则应按照操作规程进行相关的校正后再进行样品实验。

除了可以用于热膨胀系数测试之外，TMA 仪还可以在控制力或控制形变条件下进行实验，得到与材料的应力/应变相关的曲线。在进行这类模式的实验时，应在控制软件的界面中输入或在一些模式下自动测量样品的长度（图 6-5）、宽度和厚度信息（对于方形样品），或者在控制软件的界面中输入或在一些模式下自动测量样品的直径和厚度信息（对于圆柱形样品）。在设定实验条件时，除了需要设定温度控制程序和气氛控制程序外，还需要设定在实验过程中的静态力、应力或应变的变化信息（图 6-5）。在一些商品化仪器的控制软件中通常会附带一些如恒应力实验、恒应变实验、蠕变实验、松弛实验、线性应力/应变扫描实验等方法模板，在设定这类参数时可以在软件中调入相应的模板，在其中设置与实验相关的参数即可。

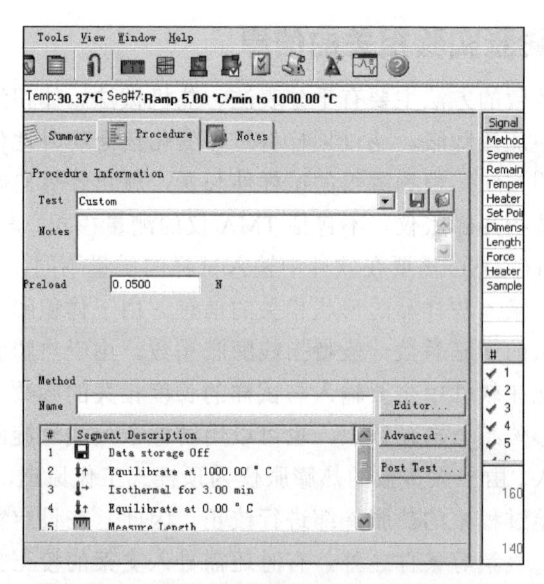

图 6-5 某仪器公司静态热机械分析仪的控制软件的操作界面

6.2.6 与动态热机械分析实验相关的信息

动态热机械分析法（Dynamic Thermal Mechanical Analysis，DMA）是在程序控制温度下测量物质在承受振荡性负荷下的模量和力学损耗随温度关系的一类热分析技术。与 TMA 不同，在设定 DMA 的固定频率扫描实验参数时还应设置应力或应变的周期性变化的频率（图 6-6）和振幅（图 6-7）。另外，还可以在控制软件中设定以实验参数以实现频率扫描等动态实验模式。在一些商品化的仪器的控制软件中通常会附带一些常见的动态力学实验方法的模板，在设定这类参数时可以在软件中调入相应的模板，在其中设置与实验相关的参数即可。当 DMA 在静态力模式下工作时，可以实现 TMA 的恒应力实验、恒应变实验、蠕变实验、松弛实验、线性应力/应变扫描实验等实验模式，可以在软件中调入相应的模板，在其中设置与实验相关的参数来满足相关的实验需求。

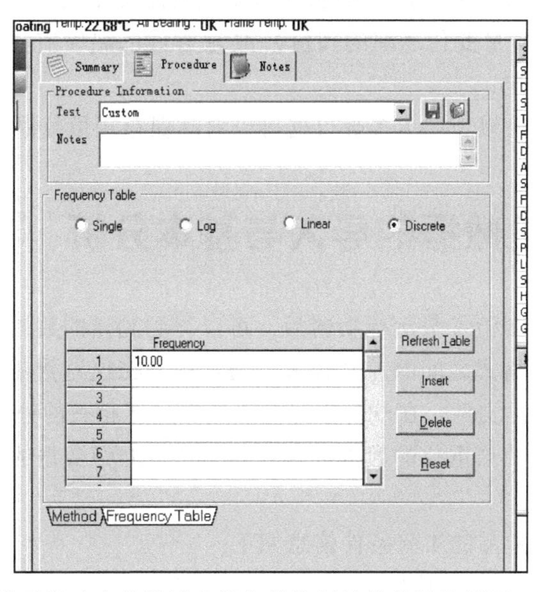

图 6-6　某仪器公司的动态热机械分析仪的控制软件的操作界面（设定固定频率）

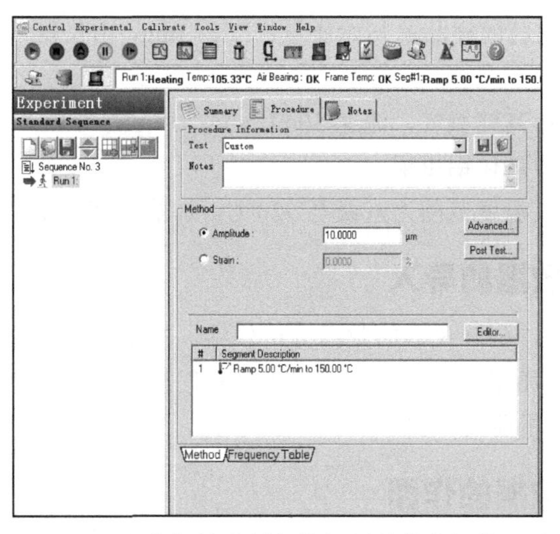

图 6-7　某仪器公司的动态热机械分析仪的控制软件的操作界面（设定振幅）

6.2.7 与热分析联用实验相关的信息

对于与红外光谱、质谱、气质联用仪联用的热分析联用仪而言，通常需要分别在每一个联用单元的控制软件中输入相应的文件名、样品信息、实验参数等信息，其中还需要在热分析仪中输入相应的气氛控制程序和温度控制程序。在一些商品化的联用仪中，在热分析仪的控制软件中嵌入了触发红外光谱和/或质谱（或GC/MS）的功能。如需要启用自动触发功能，则需要在软件中设定触发条件（如设定时间、温度或质量变化速率的阈值）。传输管线的温度需要在相关的软件中或者在温控面板上设定。

在实验完成后，以上的大多数仪器可以自动保存测量数据和实验条件。

6.3 实验数据的导入与基本分析

在按照设定的实验参数运行实验后，可以得到测量的数据文件。通常，不同厂商的数据文件的格式之间的差别较大。通常需要在仪器附带的数据分析软件中打开测量的原始数据文件，在软件中对测量数据进行相关的处理。

以下以某公司的热重仪的数据分析软件为例，介绍数据的导入过程及基本的数据处理过程。

例如，导入的样品的实验条件信息如下：

① 样品名称：一水合草酸钙（分子式 $CaC_2O_4 \cdot H_2O$，分子量为 146），分析纯，使用前密封保存；

② 用于 TG 实验的样品的初始质量：12.843mg，由仪器天平在实验开始前自动读取；

③ 实验气氛：高纯氮气，流速 50mL/min；

④ 坩埚：敞口氧化铝坩埚；

⑤ 温度程序：温度范围为室温至 920°C，加热速率为 10°C/min。

6.3.1 实验数据的导入

在实验结束后，打开仪器的数据分析软件，在数据分析软件窗口中打开需要分析的数据文件，如图 6-8 所示。点击“打开”按钮后，在窗口中即可得到由测量数据绘制的热分析曲线（图 6-9）。

6.3.2 实验数据的作图

为了便于分析，需要首先在软件中对测得的 TG 曲线的纵坐标（质量）进行

图 6-8　在热重仪的数据分析软件中打开实验原始文件

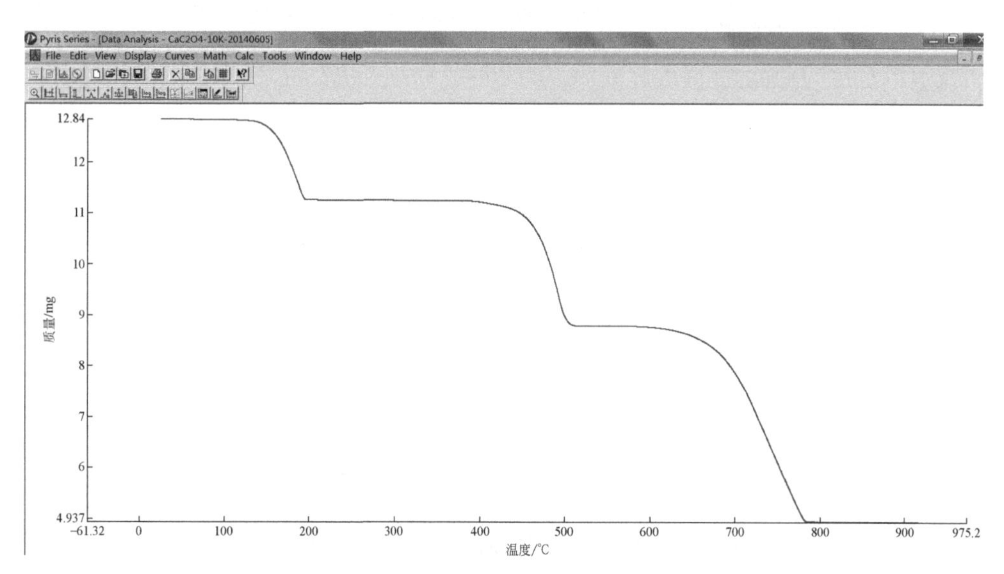

图 6-9　在分析软件中由测量数据绘制的 TG 曲线

归一化处理，将纵坐标由绝对质量（单位为 mg）换算为以质量百分比形式表示的相对质量（图 6-10）。对于只含有一个线性加热程序的 TG 实验而言，TG 曲线的横坐标通常用温度表示（图 6-10）。对于温度程序中含有一个或多个等温段的实验而言，TG 曲线的横坐标通常用时间表示。图中通常增加一列显示温度的纵坐标表示温度-时间程序，以便查找不同时间所对应的温度（图 6-11）。

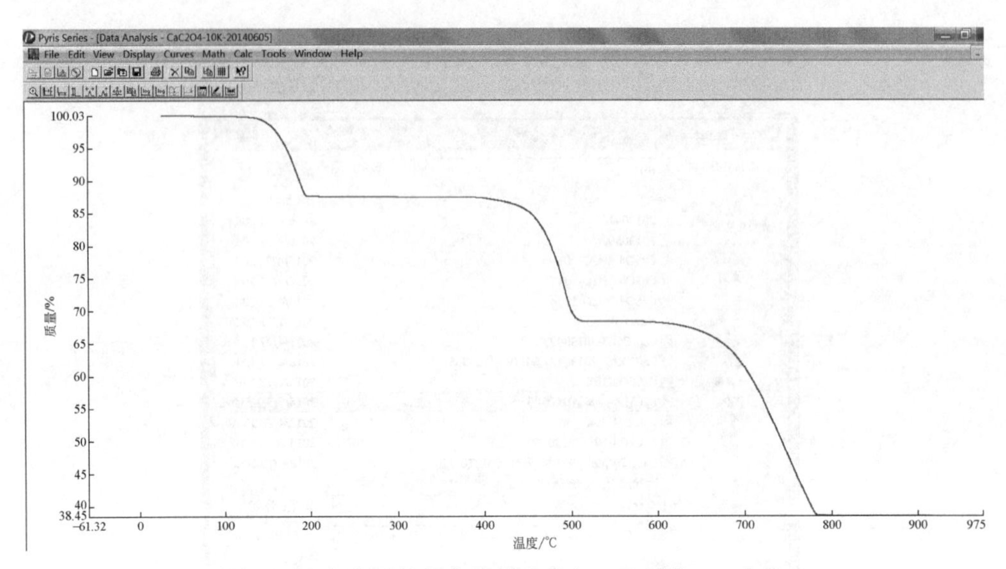

图 6-10　在分析软件中将纵坐标归一化后的 TG 曲线

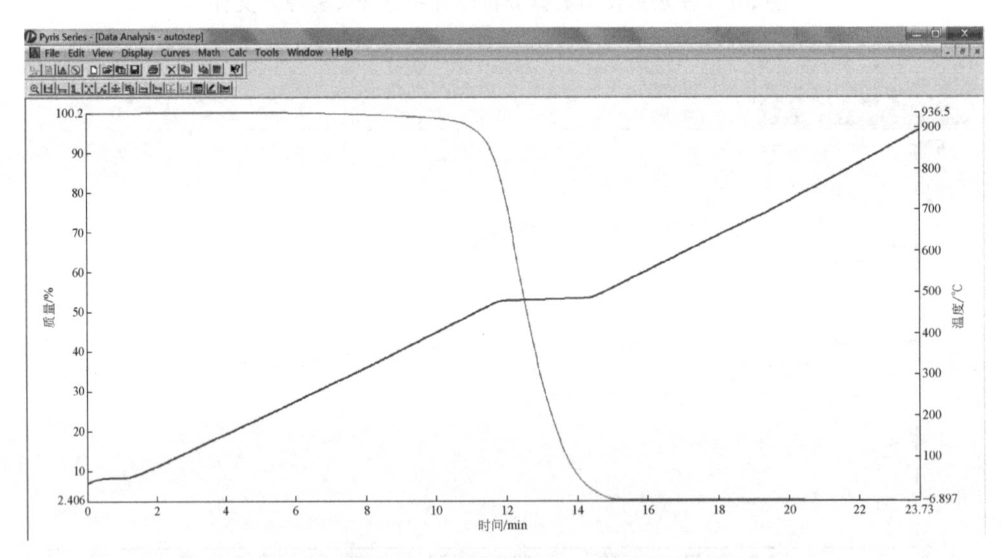

图 6-11　含有多个等温段的归一化后的 TG 曲线

6.3.3　曲线的简单数学处理

一般而言，对曲线的简单处理主要包括对曲线的微分、平滑等操作。

（1）微分处理

在对曲线进行归一化处理后，通常需要对曲线进行微分处理，得到微商热重曲线（即 DTG 曲线）。在数据分析软件中点击 Math 菜单下的 Derivative 选项，即可得到 TG 曲线的一阶微商曲线（图 6-12 中的实线曲线）。同样地，在分析软件中选中 DTG 曲线，同时在数据分析软件中点击 Math 菜单下的 Derivative 选项，即可得到 TG 曲线的二阶微商曲线（即 DDTG 曲线，见图 6-13）。按照这种方法，可以得到 TG 曲线的 n 阶微商曲线。

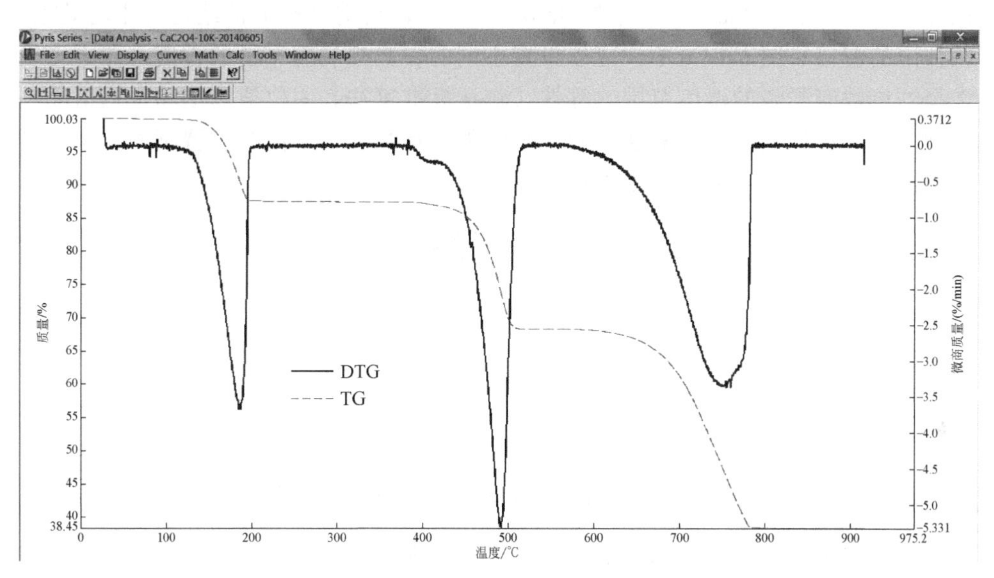

图 6-12　在分析软件中得到 TG 曲线的一阶导数曲线（即 DTG 曲线）

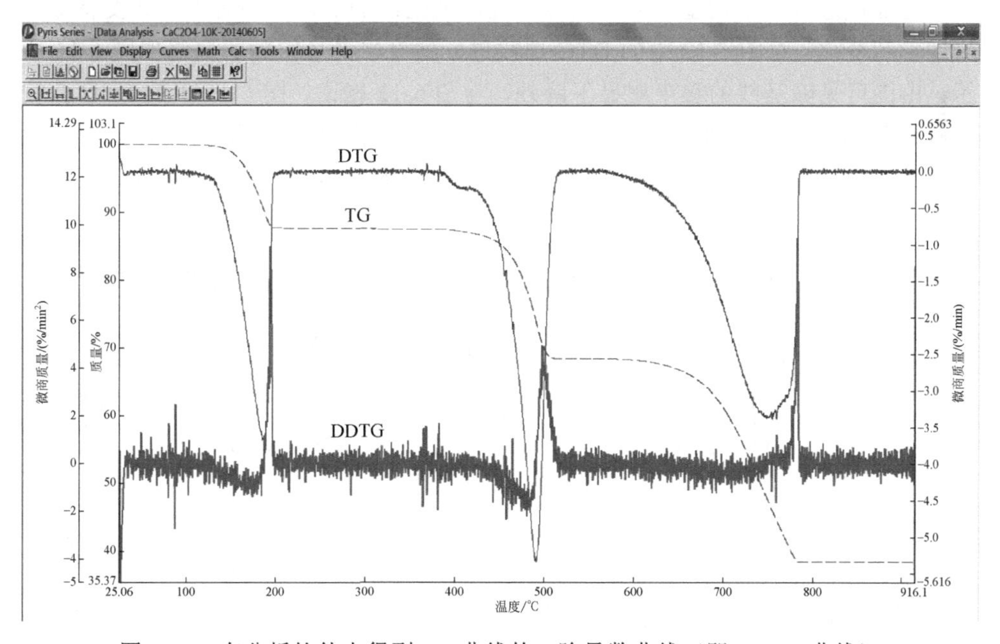

图 6-13　在分析软件中得到 TG 曲线的二阶导数曲线（即 DDTG 曲线）

（2）平滑处理

在图 6-12 和图 6-13 中，可以看出得到的 DTG 曲线和 DDTG 曲线具有较大的噪声。对于噪声较大的曲线，通常通过平滑处理来降低噪声对曲线形状的影响。在分析软件中点击 Math 菜单下的 Smooth 选项，即可对选中的曲线进行平滑处理。在弹出的窗口（图 6-14）中，可以设置不同的参数来调整平滑的程度，图中可以选择的参数有平滑的温度范围、算法（包括标准算法、中位值算法和平均值算法三种类型，默认的为标准算法）和平滑的邻近点数。在平滑时设置不同的参数对于得到的曲线会产生不同程度的影响。

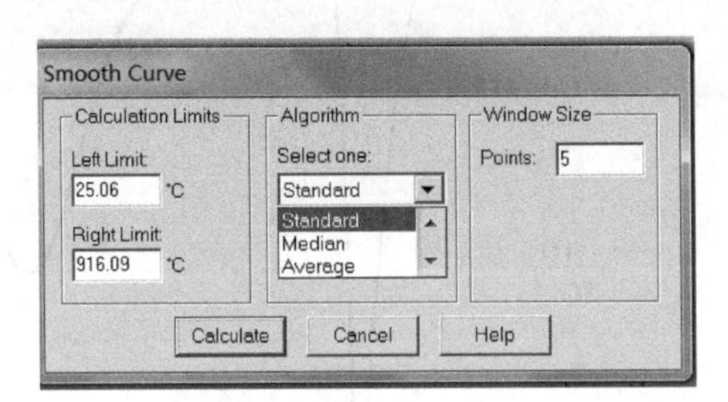

图 6-14　仪器分析软件中平滑窗口中的可调参数

需要指出，不同厂商的仪器的平滑算法之间存在着较大的差别，应根据所使用仪器中分析软件的特点来灵活选择平滑的参数。

对曲线进行平滑的基本要求是尽可能降低基线的噪声，同时不应改变特征信号的形状变化。对图 6-12 中的 DTG 曲线进行适度平滑后得到的曲线如图 6-15 所示，由图可见除基线的噪声明显下降外，与图 6-12 相比，图 6-15 中的 DTG 曲线的峰形没有发生明显变化。图 6-16 为对图 6-12 中的 DTG 曲线进行过度平滑后得到的曲线，与图 6-15 相比，DTG 曲线变得更加光滑，但峰的尖锐程度变差，

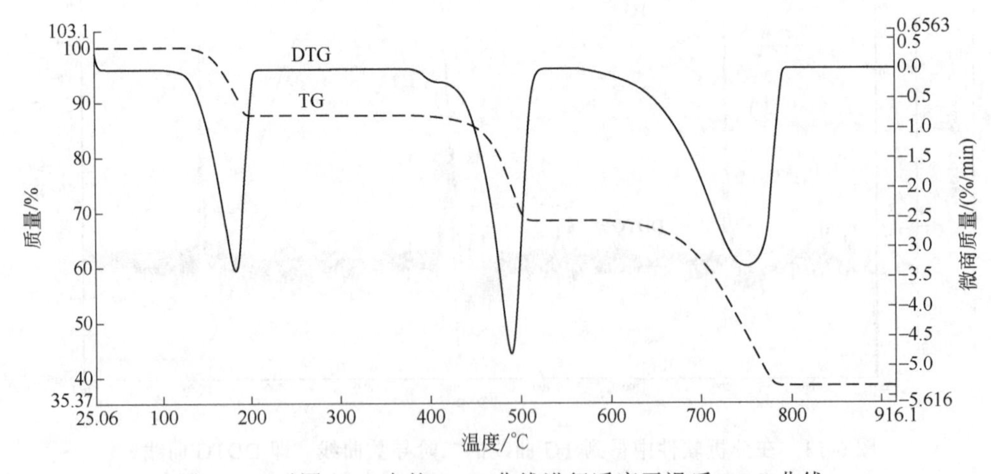

图 6-15　对图 6-12 中的 DTG 曲线进行适度平滑后 DTG 曲线

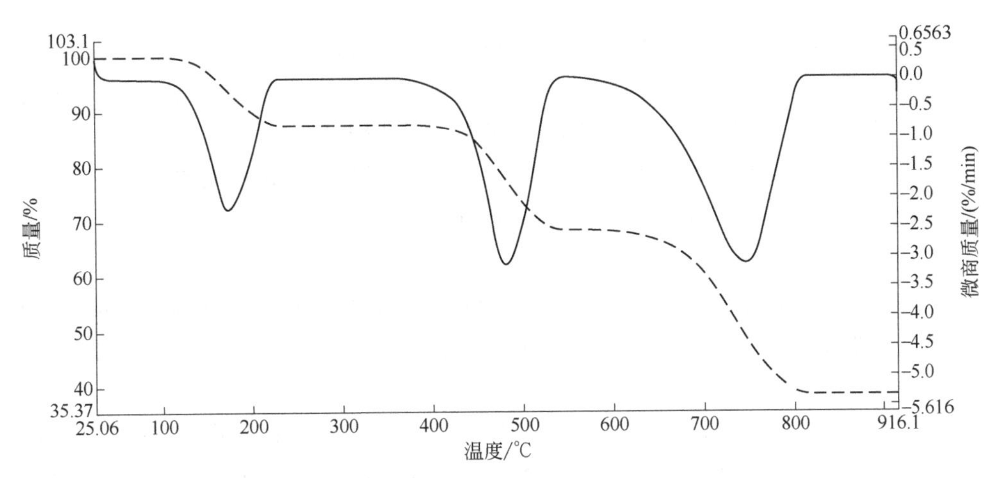

图 6-16　对图 6-12 中的 DTG 曲线进行过度平滑后得到的 DTG 曲线

400°C 附近微弱的肩峰也消失了。这种平滑方式丢失了实验过程中样品重要的变化信息，并且较钝的峰也使特征物理量发生了异常的变化，这种平滑方式是不可取的。

6.3.4　曲线中特征变化的分析

现在对图 6-12 中的曲线进行分析。由图 6-12 可见，在实验温度范围内，在 TG 曲线中出现了三个较为明显的质量减少阶段。可以通过分析软件对每个质量减少阶段进行分析，分析后的结果如图 6-17 所示。

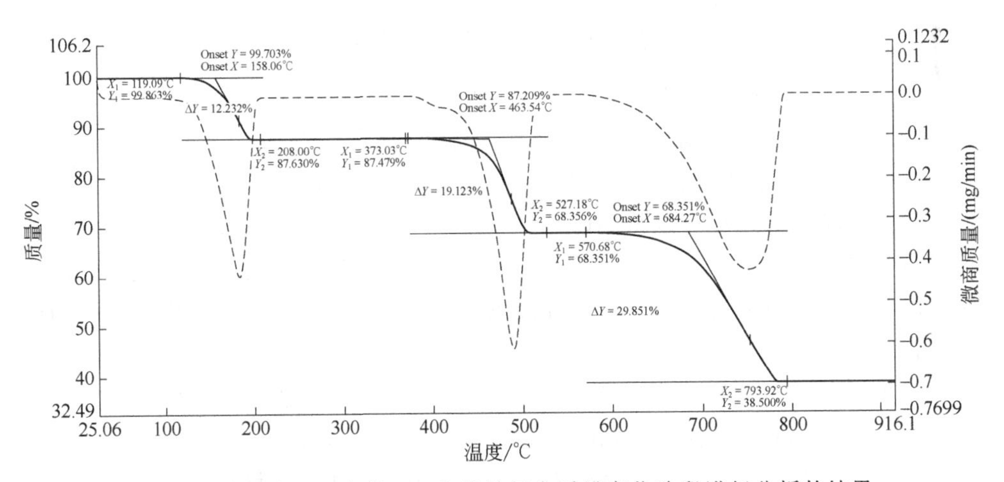

图 6-17　对图 6-12 中的 TG 曲线的每个质量变化阶段进行分析的结果

由图 6-17 可见，TG 曲线的三个质量变化阶段分别为：

① 第一个质量减少阶段发生 119.1~208°C 范围内，试样的质量由 119.1°C 时

的 99.86%减少至 208°C 时的 87.63%，质量减少了 12.23%；

② 第二个质量减少阶段发生 373~527.2°C 范围内，试样的质量由 373°C 时的 87.48%减少至 527.2°C 时的 68.36%，质量减少了 19.12%；

③ 第三个质量减少阶段发生在 570.7~794°C 范围内，试样的质量由 570.7°C 时的 68.35%减少至 794°C 时的 38.5%，质量减少了 29.85%；

④ 当温度为 794°C 时，质量剩余量为 38.5%。

另外，在图 6-17 中还标注了每个质量变化开始阶段的外推起始温度（即 onset 温度），外推起始温度的定义是基线与斜率最大处的切线的交点。以上三个阶段的外推起始温度分别为 158.1°C、463.5°C 和 684.3°C。

在 TG 曲线中还经常使用固定质量变化百分比温度 T_x 来表示分解的程度，常用的 x 为 1%、5%、10%、15%等，在数据分析软件中可以方便地由质量百分比确定相应的特征温度。

图 6-17 中 DTG 曲线在以上三个质量变化阶段中也相应地出现了三个峰，在软件中可以十分方便地分别确定每个阶段的外推起始温度和峰值温度，并且还可以在软件中通过积分的方法确定每个峰的面积，如图 6-18 所示。由图 6-18 可见，每个阶段的特征变化信息如下：

① 在 99.3~220°C 范围内，在 DTG 曲线中出现了一个与质量减少方向一致的峰。外推起始温度为 143.15°C，低于由 TG 确定的外推起始温度值 158.1°C，峰值温度为 183.7°C，峰值温度代表在该温度处质量的减少速率最大。纵坐标对应于最大失重速率，为−0.4324mg/min。

为了便于对比分析，通常将该值进行以下形式的换算：

$$-0.4324\text{mg/min}\div 12.843\text{mg}\div 10°\text{C /min}\times 100\% =-0.337\%/°\text{C}$$

在上式中，−0.4324mg/min 为由分析软件确定的峰值的质量变化速率；12.843mg 为试样的初始质量；10°C/min 为实验时采用的加热速率。

通过这种换算过程可以得到以%/°C 形式表示的质量减少速率，例如上式中得到的−0.337%/°C 所代表的物理意义为：在该温度（即峰值温度）下，每升高 1°C，试样的质量减少速率为 0.337%。通过该值可以比较不同阶段和不同样品之间的质量变化速率。

另外，通过对该峰面积积分，可以得到峰面积为−1.5548mg，换算为百分比形式为−1.5548mg÷12.843mg×100%=−12.11%。该值对应于 TG 曲线中相应的台阶的高度，表示在该范围内的质量减少百分比。由 TG 曲线计算得到的质量减少量为 12.23%，高于由 DTG 曲线计算的峰面积（12.11%）。较小的积分数值是由于峰面积积分时的误差引起的，对于较为清晰的独立质量变化台阶，通常用由 TG 曲线确定的质量变化百分比来表示该阶段的质量变化百分比。

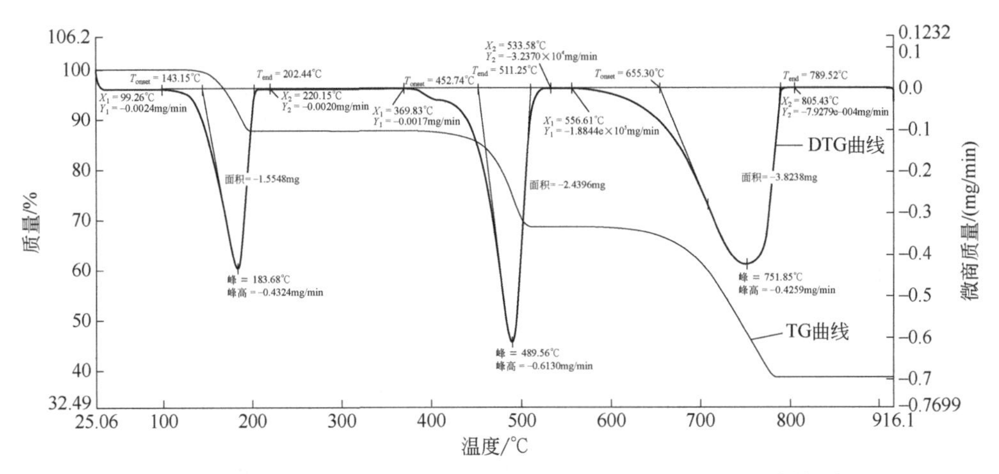

图 6-18　对图 6-12 中的 TG 曲线的每个质量变化阶段进行分析的结果

② 在 370~534°C 范围内，DTG 曲线中出现了一个与质量减少方向一致的峰。该峰在较低的温度侧出现了一个较弱的峰，此峰对应于较小的颗粒或表面发生的分解。为了便于与 TG 曲线对比分析，在确定特征量的变化时暂不考虑该微弱变化的影响。外推起始温度为 452.7°C，低于由 TG 确定的外推起始温度值 463.5°C。峰值温度为 489.6°C，最大失重速率为−0.477%/°C。峰面积为 19.00%，低于由 TG 曲线计算的质量损失百分比（19.12%）。

③ 在 556.6~805.4°C 范围内，在 DTG 曲线中出现了一个与质量减少方向一致的峰。该峰的外推起始温度为 655.3°C，低于由 TG 确定的外推起始温度值 684.3°C。峰值温度为 751.9°C，最大失重速率为−0.332%/°C。峰面积为−29.77%，低于由 TG 曲线计算的质量减小百分比（29.85%）。

6.3.5　软件中多条曲线的对比与分析

作为软件的基本功能之一，在大多数商品化仪器所附带的数据分析软件中可以实现不同测试条件和不同测试次数下的多条曲线的对比分析。为了便于对比，在软件中可以实现曲线之间的上下移动（常用于 DSC 或 DTA 曲线）。不同的曲线之间可以通过改变线的颜色、类型或添加不同的标注符号来进行区分，图 6-19 中给出了不同的加热速率下得到的 $CuSO_4$•$5H_2O$ 的 TG 曲线，从中可以清晰地看出加热速率的变化对于曲线的形状和特征量的影响：当加热速率变大时，曲线整体向高温方向移动；对于含有多个质量变化过程的 TG 曲线而言，升温速率的变大会引起曲线的分辨率下降（对应于图 6-19 中室温至 300°C 范围内的过程）。

6.3.6　数据的导出

在撰写科研论文或者报告时，通常需要在通用的专业的数据分析软件中对数

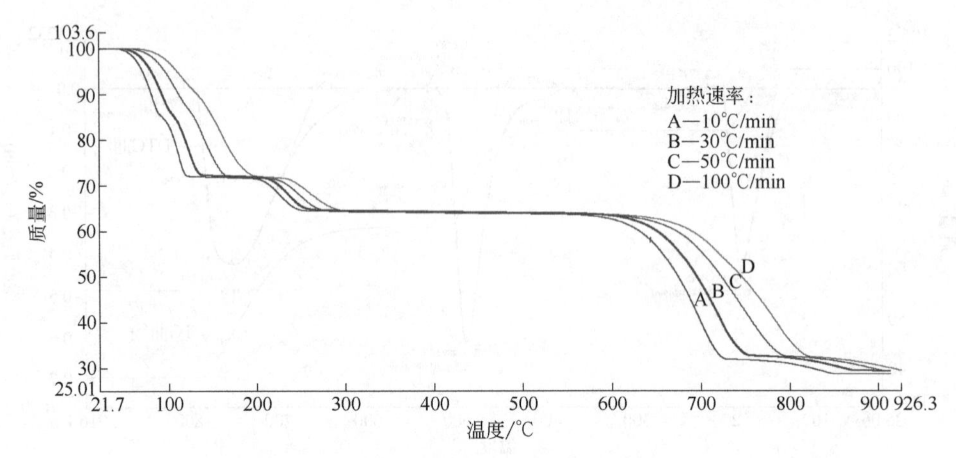

图 6-19 分析软件中不同加热速率下得到的 $CuSO_4 \cdot 5H_2O$ 的 TG 曲线

据进行进一步的处理和对比。作为商品化热分析仪所附带的软件必备的基本功能之一，可以将在分析软件窗口中打开的测量文件中的数据导出为可以在通用的专业的数据分析软件（如 Excel、Origin、Matlab 等）中分析的格式。导出文件的格式通常为 .txt 或 .csv，在其他分析软件中可以直接导入这些文件，进行下一步的分析。

由于不同的软件的数据导出方法之间的差别较大，在此不做统一介绍。

6.4 在作图软件中对热分析曲线的作图和进一步分析

通常仪器附带的数据分析软件差别较大，且大多数不相兼容。另外，不同的软件之间的功能差别较大，经常会出现在作图和数据处理时无法满足相关需求的现象。因此，在撰写科研论文或者报告时，往往需要在通用的专业的数据分析软件中对数据进行进一步的处理和对比。本部分内容将以在 6.3 节中对应的仪器的分析软件导出的热重曲线为例，介绍在常用的 Origin 软件中对所得的热分析曲线进一步处理和对比的方法。

6.4.1 在 Origin 软件中导入实验数据

在由仪器的分析软件导出的 .txt 或 .csv 格式的热重实验数据文件中，通常默认的第 1 列数据为时间（单位通常为 s 或者 min）、第 2 列数据为温度（单位通常为℃）、第 3 列数据为质量（单位通常为 mg）、第 4 列数据为微商质量（单位通常为 mg/s 或者 mg/min）（图 6-20）。当然，由不同厂商的仪器分析软件导出的数据形式之间的差别较大。在将这些数据导入 Origin 后，通常需要做一些转换处理。

```
TGA-Caox - 记事本
文件(F) 编辑(E) 格式(O) 查看(V) 帮助(H)
Nsig     4
Sig1     Time (min)
Sig2     Temperature (℃)
Sig3     Weight (mg)
Sig4     Deriv. Weight (%/min)
Date     05-Feb-20
Time     10:02
File     C:\data\CAOX-TS.001
OrgFile C:\TGA\TGA-Caox.001
StartOfData
0.0000000       26.08028        17.60706        -.08561026
0.03266667      26.09260        17.60722        -.08561026
0.06600000      26.14258        17.60758        -.08561026
0.09933334      26.23119        17.60826        -0.1065745
0.1336666       26.36900        17.60904        -0.1229686
0.1678333       26.55283        17.60988        -0.1258471
0.2011666       26.78036        17.61068        -0.1199980
0.2345000       27.05707        17.61140        -0.1075237
0.2678333       27.38196        17.61197        -.09514499
0.3020000       27.76146        17.61244        -.07354768
```

图 6-20 由某厂商的热重仪导出的文本格式的文件界面

在 Origin 软件的表格窗口中，通过数据粘贴或导入的方法将需要进一步分析的 TG 数据复制到空白的表格中（图 6-21）。复制图 6-20 中的数据后得到图 6-21 中的表格，表中：

① 第 1 列为时间列，单位为 min。在 Origin 软件中通常默认第一列为作图时的 *X* 轴，如果不需要使用该列的数据作为 *X* 轴，则需要修改该列的属性值。

② 第 2 列为温度列，单位为°C。对于温度程序中仅含有加热或降温过程的实验，通常用温度列的数据作为 *X* 轴，在作图时需将该列改的属性由 *Y* 轴改为 *X* 轴。

③ 第 3 列为不同时刻或温度下的质量数据列，单位为%。需要说明，在图 6-21 中的该列数据为导入的 .txt 文件中的数据，单位为 mg，需按照以下的方法通过整列运算将绝对质量换算为百分比形式的相对质量：

（i）选中整列数据；

（ii）右击鼠标并点击菜单中的“Set Column Values”选项，在弹出的窗口（图 6-22）中输入“Col(Weight)/17.607*100”（注：表达式中 Col(Weight)代表质量列的数据，通常将实验开始采集到的第一个质量数据 17.607mg 作为试样的初始质量）；

（iii）点击 OK 按钮，即可将质量列由单位为 mg 的绝对质量整体换算为百分比形式的相对质量。

④ 第 4 列为不同时刻或温度下的微商质量数据列，单位为%/°C。需要说明，在图 6-21 中的该列数据为导入的 .txt 文件中的数据，单位为 mg/min。对于温度程序中仅含有加热或冷却过程的实验，需按照以上③中通过整列运算将绝对质量换算为百分比形式的相对质量的方法，将单位为 mg/min 形式的微商质量数据列整体转换为%/°C 形式的微商质量数据列。通过在弹出的类似窗口（图 6-22）中

输入“Col(Deriv.Weight)/17.607*100/10（注：表达式中 Col(Deriv.Weight)/17.607*100 意为将以 mg 为单位的绝对质量转换为百分比形式的相对质量，10 为加热速率，17.607mg 作为试样的初始质量）。

	time(X)	Temperature(Y)	Weight(Y)	Deriv.Weig	E(Y)
Long Name					
Units	min	℃	%	%/℃	
Comments					
1	0	26.08028	17.60706	-0.08561	
2	0.03267	26.0926	17.60722	-0.08561	
3	0.066	26.14258	17.60758	-0.08561	
4	0.09933	26.23119	17.60826	-0.10657	
5	0.13367	26.369	17.60904	-0.12297	
6	0.16783	26.55283	17.60988	-0.12585	
7	0.20117	26.78036	17.61068	-0.12	
8	0.2345	27.05707	17.6114	-0.10752	
9	0.26783	27.38196	17.61197	-0.09514	

图 6-21　将图 6-20 中的数据导入至 Origin 软件后的界面

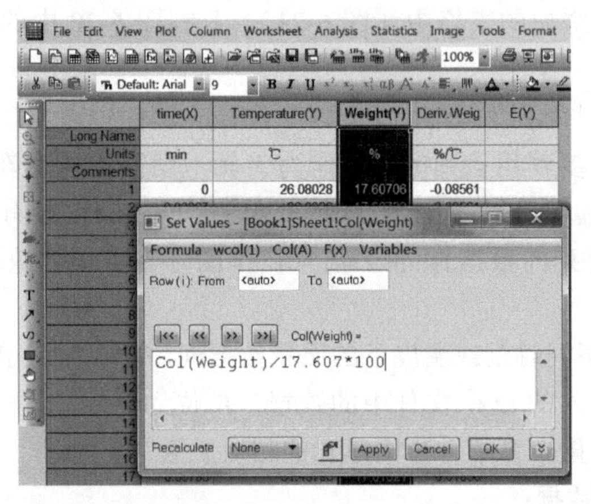

图 6-22　选中数据列点击菜单中的“Set Column Values”选项后弹出的窗口界面

经过数据转换后的表格窗口如图 6-23 所示。

	time(X1)	Temperature(X2)	Weight(Y2)	Deriv.Weight(Y2)	E(Y2)
Long Name					
Units	min	℃	%	%/℃	
Comments					
1	0	26.8028	100.0238	0.01814	
2	0.03267	27.152	100.0263	0.01343	
3	0.066	27.825	100.0276	0.00979	
4	0.09933	28.452	100.0288	0.00714	
5	0.13367	29.029	100.0301	0.00521	
6	0.16783	29.561	100.0288	0.00374	
7	0.20117	30.04	100.0276	0.00286	
8	0.2345	30.474	100.0263	0.00212	
9	0.26783	30.878	100.0263	0.00151	

图 6-23　质量列和微商质量列换算后最终形式的数据

6.4.2　在 Origin 软件中作图

选中图 6-23 表格中的温度列和质量列作图，可以得到如图 6-24 所示的 TG 曲线。对图 6-24 中的曲线的形状、坐标轴等的样式进行修改，以满足相应的报告、学术期刊等对图片的要求（图 6-25）。

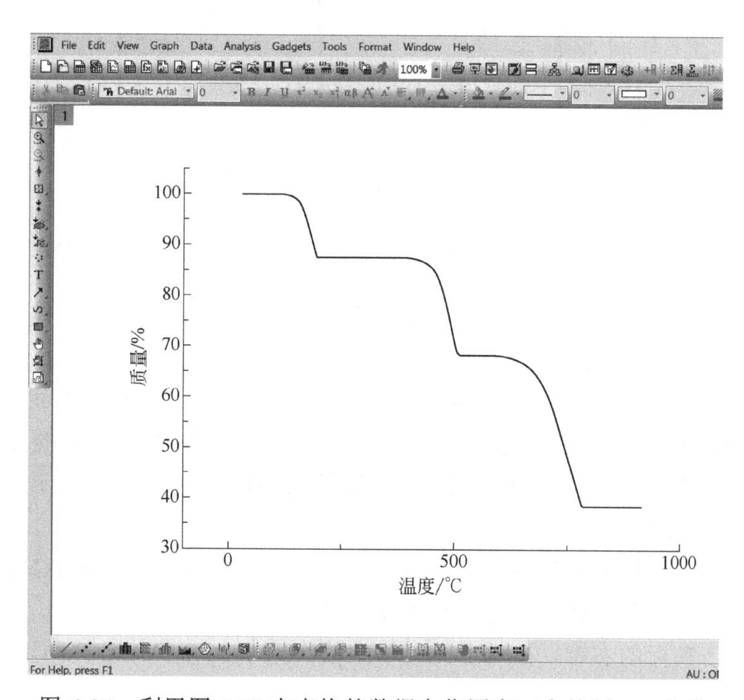

图 6-24　利用图 6-23 中表格的数据在作图窗口中绘制 TG 曲线

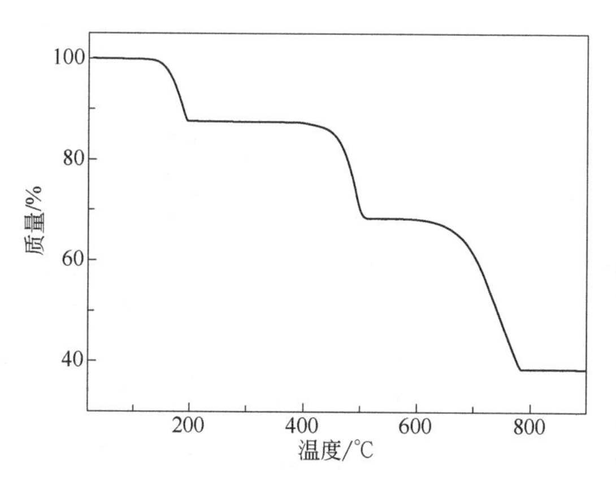

图 6-25　调整图 6-24 中曲线图的相关参数后得到满足学术期刊论文要求的 TG 曲线

选中图 6-23 中表格的温度列和微商质量列作图，并对图中曲线的形状、坐标轴等的样式进行修改，可以得到满足要求的 DTG 曲线（图 6-26）。

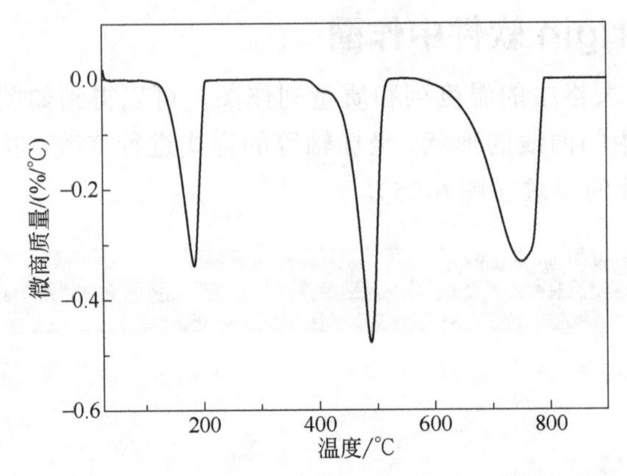

图 6-26　利用图 6-23 中表格的数据在作图窗口中绘制符合要求的 DTG 曲线

在对 TG 曲线进行分析时，有时需要同时结合相应的 DTG 曲线来进行综合分析。由图 6-25 和图 6-26 可见，图中的 TG 曲线和 DTG 曲线的纵坐标的变化范围差别很大，TG 曲线的纵坐标在 30%~100%范围内变化，而 DTG 曲线则在−0.6~0 范围内变化。因此，无法在同一 *Y* 轴所显示的范围内同时得到满意的 TG 和 DTG 曲线。此时需要用同一 *X* 轴和两个不同范围的 *Y* 轴来作图，分别表示在相同的温度下质量和微商质量的变化。

在 Origin 软件中，可以按照以下的方法得到这种形式的 TG-DTG 曲线：

① 同时选中温度列、质量列和微商质量列；

② 点击鼠标的右键，在弹出的菜单中依次选中 Plot、Multi-Curve、Double-Y 选项（图 6-27）；

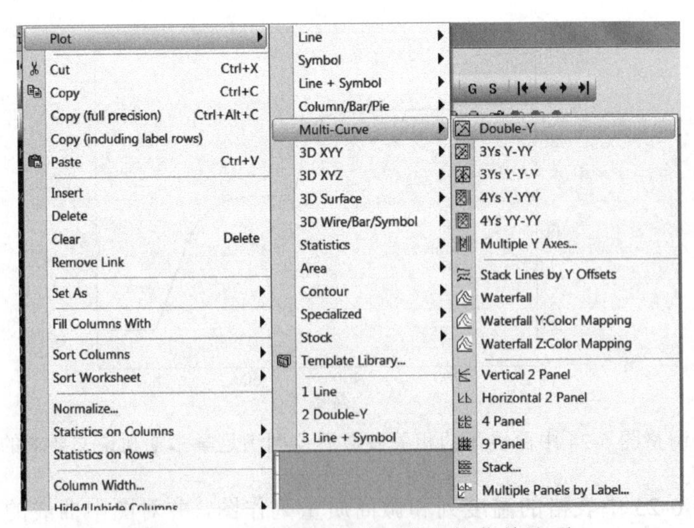

图 6-27　点击鼠标右键后弹出的菜单选项

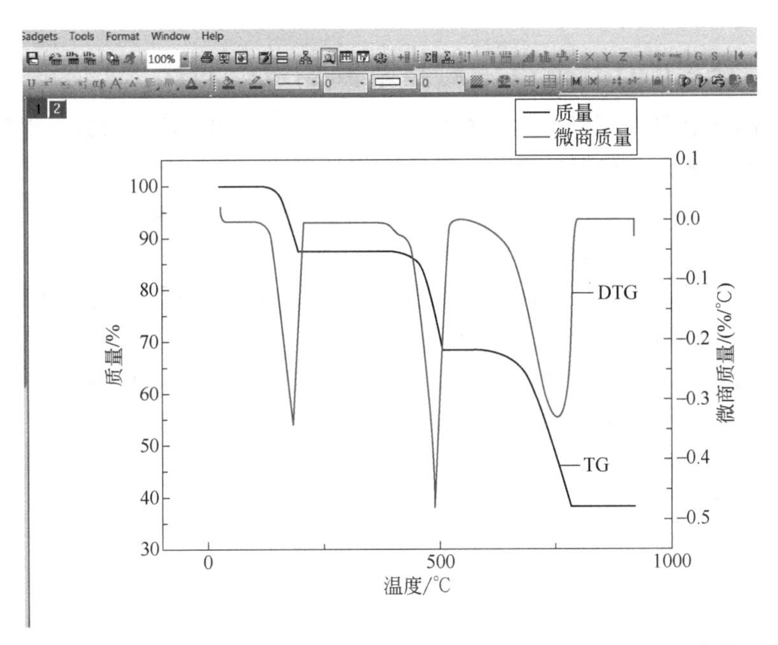

图 6-28　在 Origin 软件中通过双 *Y* 轴作图法得到的 TG-DTG 曲线

③ 得到如图 6-28 所示的 TG-DTG 曲线；

④ 按照要求依次对图 6-28 中曲线的粗细、形状、颜色、坐标轴等的样式进行修改，得到满足报告、学术期刊等对图片的要求的图 6-29。

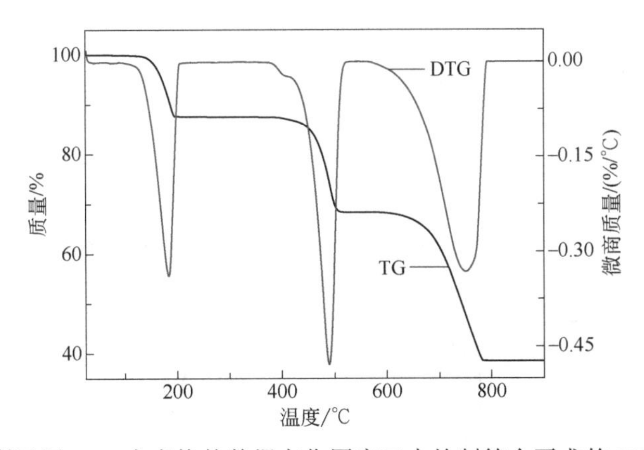

图 6-29　利用图 6-23 中表格的数据在作图窗口中绘制符合要求的 TG-DTG 曲线

6.4.3　在 Origin 软件中对曲线进行简单的数学处理

与商品化仪器所附带的数据分析软件相比，Origin 软件的数学处理功能十分强大。在 Origin 软件中，可以方便地对曲线和实验数据进行微分、积分、简单运算、平滑、基线扣除、拟合等处理。限于篇幅，在本部分内容中将不再一一展开叙述。

6.4.4 在 Origin 软件中对多条曲线进行对比

在 Origin 软件中可以实现在不同的测试条件和不同的测试次数下得到的多条曲线的对比分析。与仪器附带的数据分析软件相比，在 Origin 软件中可以方便地实现曲线之间的上下移动（常用于 DSC 或 DTA 曲线）、改变曲线的粗细、形状、颜色或添加不同的标注符号等方式来进行区分。在图 6-30 中给出了在 Origin 软件中得到的由图 6-19 中给出的不同的加热速率下得到的 $CuSO_4{\cdot}5H_2O$ 的 TG 曲线。对比图 6-19 和图 6-30 不难发现，由图 6-30 可以比图 6-19 更加清晰地看出加热速率的变化对于曲线的形状和特征量的影响：当加热速率变大时，曲线整体向高温方向移动；对于含有多个质量变化过程的 TG 曲线而言，加热速率变大将会引起曲线的分辨率下降（由图 6-31 中的 DTG 曲线的峰分离程度可以更加清晰地看到这种变化趋势）。

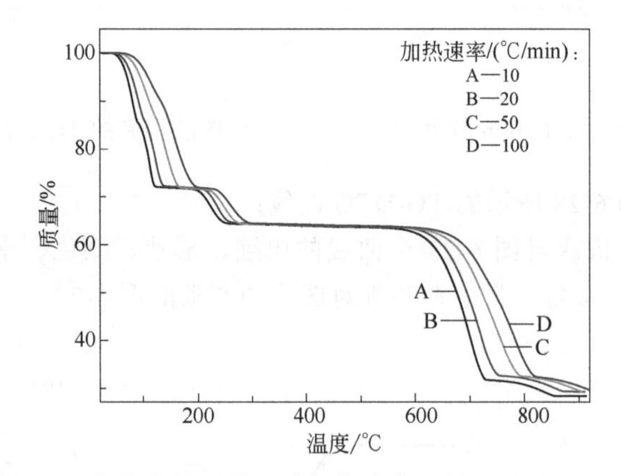

图 6-30 在 Origin 软件中得到的不同加热速率下的 $CuSO_4{\cdot}5H_2O$ 的 TG 曲线

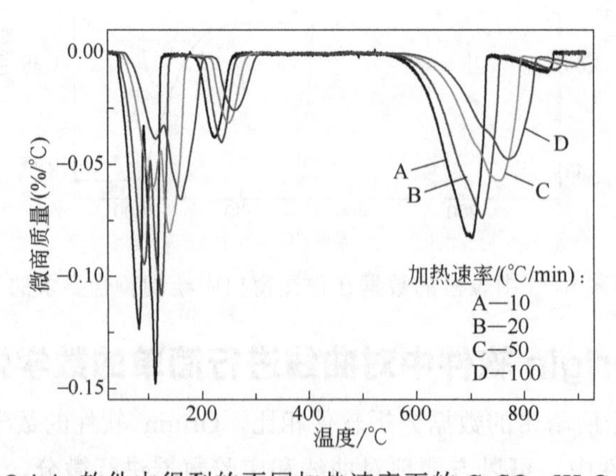

图 6-31 在 Origin 软件中得到的不同加热速率下的 $CuSO_4{\cdot}5H_2O$ 的 DTG 曲线

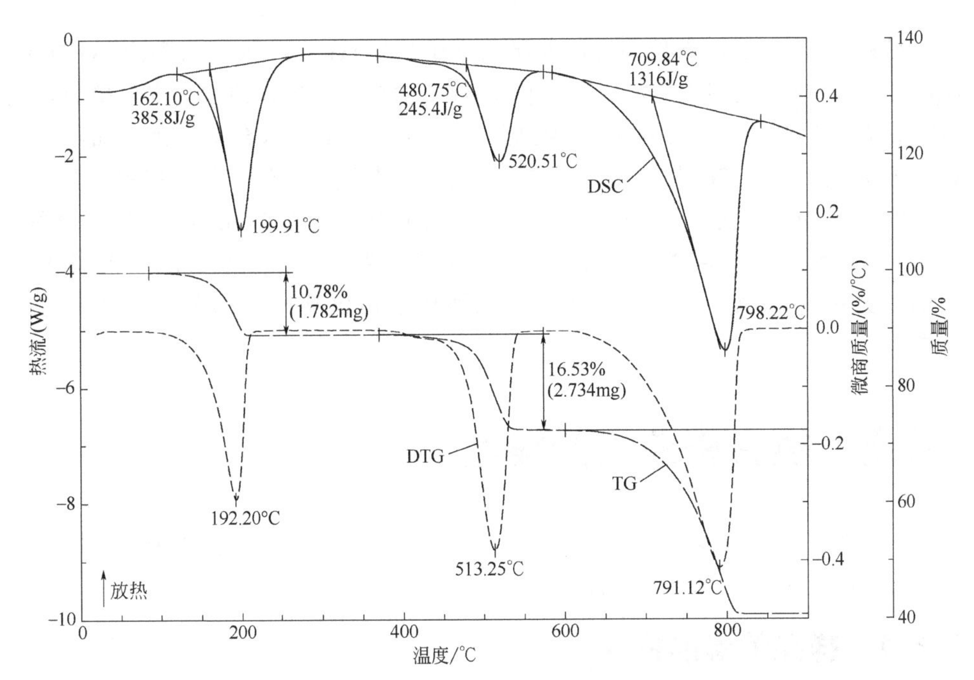

图 6-32 由仪器分析软件得到的一水合草酸钙的 TG-DSC 曲线的分析结果

实验条件：氮气气氛，流速 50mL/min；加热速率 10°C/min；敞口氧化铝坩埚

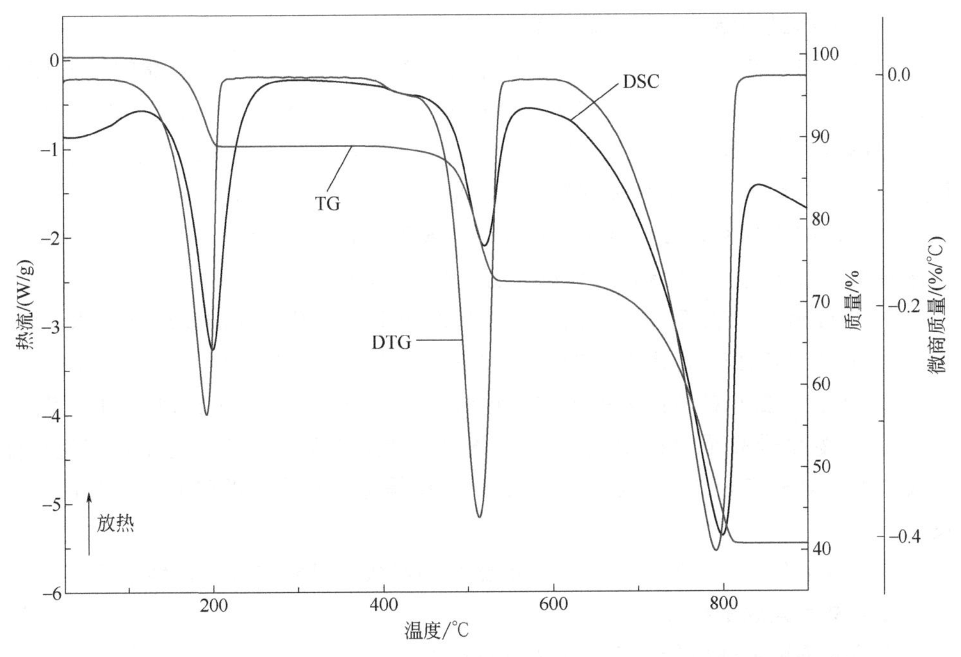

图 6-33 由 Origin 软件得到的一水合草酸钙的 TG-DSC 曲线的分析结果

实验条件：氮气气氛，流速 50mL/min；加热速率 10°C/min；敞口氧化铝坩埚

另外，通过 Origin 软件还可以方便地绘制出由 TG-DSC 实验得到的 TG-DTG-DSC 曲线，在一张图中对比实验过程中 TG、DTG 和 DSC 曲线的变化信息。图 6-32 是在仪器附带的分析软件中得到的在氮气气氛下一水合草酸钙（加热速率 10°C/min）的 TG-DSC 曲线的分析结果，与每条曲线相关的变化过程的信息标注于图中。在 Origin 软件中也可以方便地在一张图中对比 TG、DTG 和 DSC 曲线，如图 6-33 所示，图 6-32 中的特征量可以列表说明。显然，在 Origin 软件中得到的热分析曲线的可编辑性和视觉效果要优于由仪器附带的分析软件所得到的曲线。

6.5 热分析曲线的描述

在得到热分析曲线图后，接下来需要对曲线进行描述。概括来说，在描述曲线中发生的变化时必须结合样品信息、实验条件等信息。

6.5.1 样品信息的描述

概括来说，对样品信息的描述主要包括样品的结构、组成、来源、处理条件等方面的内容，应尽可能详细地在论文和报告中描述这些信息。

（1）对样品的结构、组成等信息的描述

由于热分析曲线反映了在一定的气氛和程序控制的温度下样品的性质变化信息，因此，样品的结构组成对于后续的曲线解析十分重要，在论文和报告中应详细描述这方面的信息。不同的样品结构、组成等因素对于曲线的形状影响很大，可以通过结构和组成等信息来解释热分析曲线中发生的一些变化信息。

例如，结构为 $Ca_2(HPO_4)(SO_4)\cdot 4H_2O$ 的磷石膏的热重曲线如图 6-34 所示[1]。由图可见，根据磷石膏的结构组成可以得出以下结论：

① 在 100~150°C 范围发生的失重过程对应于失去其表面的物理吸附水过程；

② 在 150~215°C 范围发生的失重过程对应于失去 2 分子结晶水的过程；

③ 在 215~226°C 范围内的失重过程对应于失去其余 2 分子结晶水的过程；

④ 当温度升高至 226°C 以上时，该物质的结构发生改变。再结合其他表征手段，可以得出在 685~880°C 范围的失重过程是由于失去水的磷石膏发生的分解反应。

综合以上分析，应紧密结合样品的结构和组成信息对热分析曲线解析。

（2）样品来源的描述

样品的来源主要包括以下几个方面的信息：

① 样品是自制还是从别处获得？

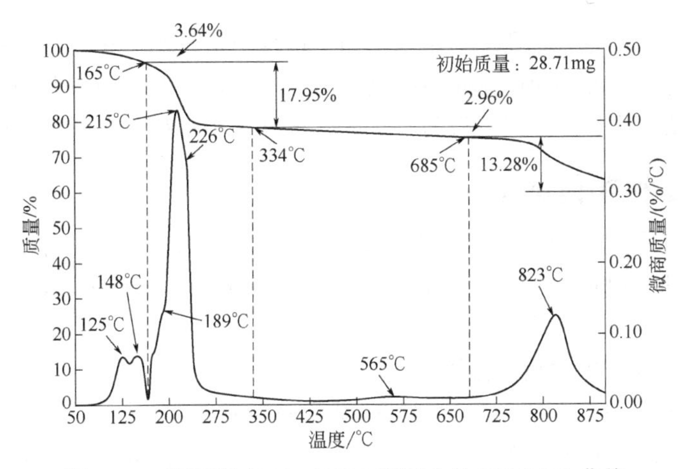

图 6-34 磷石膏在 50~900°C 范围内的 TG-DTG 曲线

② 自制的样品应描述制备过程；

③ 对于从别处获得的样品也应说明详细的来源，尽可能详细地提供有关样品的制备过程、结构、组成等信息；

④ 对于从厂商购买的商品，应注明厂商名称、CAS 编号和产品号等信息。

（3）样品处理条件

样品的处理条件主要包括在实验前有无进行干燥、研磨、特殊条件保存等处理，这些处理过程均会影响得到的热分析曲线的形状。图 6-35 为一种聚苯乙烯（PS）在加热-降温-加热过程得到的 DSC 曲线。由图可见，在第一次加热过程中，在 PS 发生玻璃化转变的过程中出现了一个类似吸热峰的转变，这个过程是由于在制备、处理、保存过程中引起的分子链的状态变化。在第一次加热过程中，分子

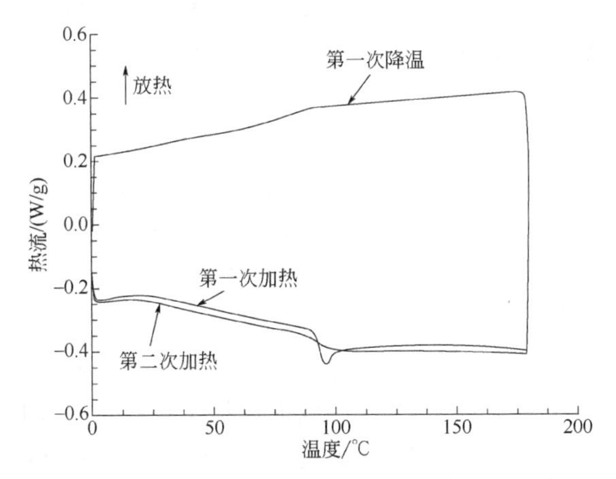

图 6-35 聚苯乙烯（PS）在 0~180°C 范围内实验得到的 DSC 曲线

实验条件：氮气气氛，流速 50mL/min；温度程序：0~180°C 范围内加热-降温-加热、温度变化速率为 10°C/min、在每个温度变化阶段的开始和结束温度处分别等温 5min；密封铝坩埚

链发生了不可逆的松弛过程。在第二次加热过程中，这种现象消失。习惯上把第一次加热过程中引起的这种现象归属于热历史，称第一次加热过程为消除热历史过程。通常由第二次加热过程中得到的向吸热方向的台阶来确定玻璃化转变温度。

6.5.2 实验条件的描述

在前面几章的内容中已经阐述了实验条件对所得到的热分析曲线的影响，在描述热分析曲线时应如实描述实验中采用的实验条件。概括来说，需要描述的实验条件主要包括以下几个方面。

（1）与仪器相关的信息描述

在科研论文和报告中，应真实准确地记录在实验过程中所用的仪器的生产厂商、型号等信息。如果在实验过程中用到了如天平、干燥箱、研磨机等辅助设备，在描述实验条件时也应予以记录。如果实验时所用的仪器在商品化仪器的基础上做了一定形式的改进，实验是在功能拓展后的仪器上进行的，则应详细描述仪器的改进细节。另外，对于一些对数据质量要求较高的实验，还应包含描述仪器使用标准物质进行校准的结果等信息。

（2）与实验过程相关的描述

应详细描述实验过程中的相关参数，主要包括以下方面：

① 与实验室环境相关的信息，如温度、湿度的变化等。这些与环境相关的信息虽然不一定写入科研论文中，但应养成记录的习惯，为在遇到一些异常数据需要寻找原因时提供参考。

② 制样方法。不同的制样方式对于最终结果会产生影响，应予以记录。制样主要包括样品的加载方式、取样位置、取样量、样品形状等信息。

③ 实验气氛。实验时所采用的气氛对曲线有不同程度的影响，应详细描述所使用的气氛气体的种类、纯度、流速、流动方式、气氛打开/关闭的时间或温度等信息。

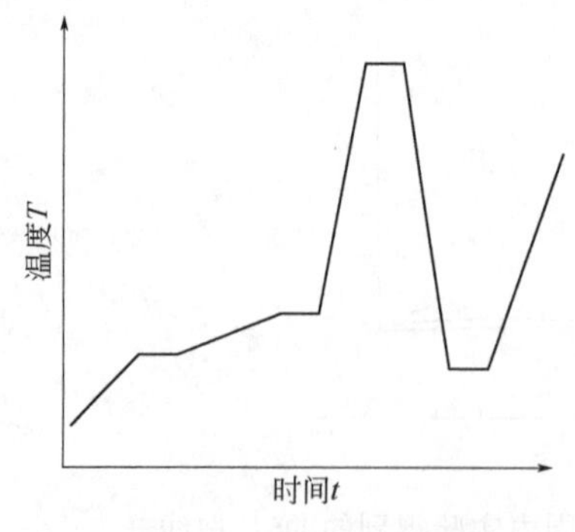

图 6-36 线性升温/降温与等温过程组合的复杂的程序温度曲线

④ 温度控制程序。温度控制程序主要包括程序控制温度的变化方式。实验时采用的温度控制程序主要分为：线性升/降温；线性升/降温至某一温度后等温；在某一温度下进行等温实验；步阶升/降温；循环升/降温等形式。为了描述清晰起见，对于一些较为复杂的温度控制程序可以在论文或报告中列表或者单独作图表示，在图 6-36 中给出了一种较为复杂的温度控制程序。

⑤ 其他实验条件信息。当在实验过程中

使用了其他辅助功能和测量模式时，应详细描述相关的实验参数。例如：

（a）在分析 DSC 实验中的温度调制实验结果时，应描述调制振幅、调制频率或调制周期等信息；

（b）在进行光照、电场、磁场、控制湿度等特殊环境下的实验时，应记录与控制环境相关的关键参数；

（c）在进行热膨胀实验时，应描述预加载力等信息；

（d）在进行热机械实验时，应描述与预加载力、应力/应变相关的变化程序等信息；

（e）在进行动态热机械实验时，应描述与预加载力、应力/应变周期性变化的频率和振幅相关的变化程序等信息；

（f）在进行热分析联用（如热分析/红外光谱联用、热分析/质谱联用、热分析/红外光谱/质谱联用等）实验时，除了应描述与热分析仪、与热分析仪联用的仪器的工作参数外，还应描述与传输管线的实验条件相关参数，如传输管线的连接方式、工作温度、材质、管径等信息；

（g）对于一些实验时间较短和实验时间相当长的实验，应描述数据采集频率；

（h）其他有必要详细描述的实验参数。

6.5.3　热分析曲线的描述

在完成了以上的与样品和实验条件相关的描述后，接下来需要对得到的热分析曲线进行描述。概括来说，应从以下几个角度来描述热分析曲线。

（1）描述曲线的形状

热分析曲线在实验过程中的变化通常以峰、台阶或拐点的形式出现，在描述曲线的形状时应详细说明这些变化形式的个数、位置等信息。例如，可以用以下文字描述图 6-17 中 TG 曲线的形状：

由图 6-17 可见，在实验过程中，TG 曲线分别在 119.1~208°C、373~527.2°C 和 570.7~794°C 范围内一共出现了三个向质量减少方向变化的台阶，三个台阶的高度不相同。

再如，对于硝酸钾在加热过程中得到的 DSC 曲线（图 6-37），可以按照以下的方式描述：

由图 6-37 可见，在实验过程中，硝酸钾的 DSC 曲线分别在 126.3~141.2°C 和 328.0~342.0°C 范围内一共出现了两个较为尖锐的吸热峰，低温范围的吸热峰比高温范围的吸热峰弱。

（2）展开描述每一个特征变化

在描述了曲线的大体形状后，接下来对每一个特征变化进行描述，通常从图中的横坐标和纵坐标的变化分别进行描述。

例如，图 6-17 中 TG 曲线的每一个特征变化可以描述如下：

在图 6-17 中 TG 曲线中出现的三个台阶分别对应于以下三个质量减少阶段:

① 第一个质量减少阶段发生在 119.1~208°C 范围内，试样的质量由 119.1°C 时的 99.86%减少至 208°C 时的 87.63%，质量减少了 12.23%;

② 第二个质量减少阶段发生在 373~527.2°C 范围内，试样的质量由 373°C 时的 87.48%减少至 527.2°C 时的 68.36%，质量减少了 19.12%;

③ 第三个质量减少阶段发生在 570.7~794°C 范围内，试样的质量由 570.7°C 时的 68.35%减少至 794°C 时的 38.5%，质量减少了 29.85%;

④ 当温度为 794°C 时，质量剩余量为 38.5%。

另外，在图 6-17 中 TG 曲线的每个质量减少开始阶段的外推起始温度（即 T_{onset}）分别为 158.1°C、463.5°C 和 684.3°C。

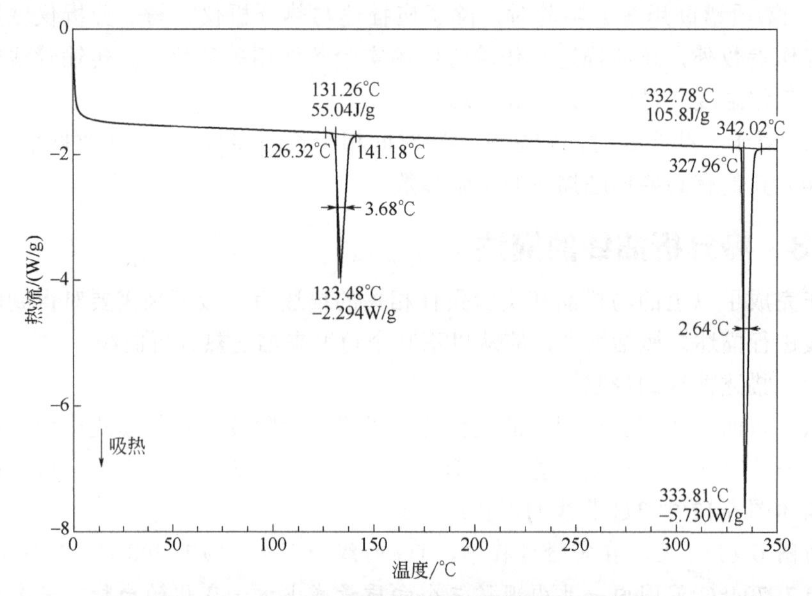

图 6-37　在 0~350°C 范围内硝酸钾的 DSC 曲线

实验条件：氮气气氛，流速 50mL/min；0°C 等温 5min，以 10°C/min 的加热速率升温至 350°C；加盖密封铝坩埚

再如，对于硝酸钾在加热过程中得到的 DSC 曲线（图 6-37），可以按照以下方式描述：

在图 6-37 中，硝酸钾在 126.3~141.2°C 范围的吸热峰的外推初始温度为 131.3°C，峰值温度为 133.5°C；在 328.0~342.0°C 范围的吸热峰的外推初始温度为 332.8°C，峰值温度为 333.8°C。在 DSC 曲线中，吸热峰的面积代表该过程发生的热效应的大小。因此，在 126.3~141.2°C 的吸热过程的热效应为 55.0 J/g，而在 328.0~342.0°C 的吸热过程的热效应则为 105.8 J/g。从热效应的角度来看，第二个吸热过程明显强于第一个吸热过程，热效应约为第一个吸热过程的 1.9 倍。另外，从图 6-37

中还可看出，在 126.3~141.2°C 范围的吸热峰的半峰宽大于 328.0~342.0°C 范围的半峰宽，峰高比后者弱 2.5 倍，表明高温范围的吸热过程明显快于低温过程。

（3）对于含有多样品或多实验条件下得到的图应重点描述其变化趋势和差别

在实际应用中，经常需要对比多个样品或多个实验条件下得到的热分析曲线。应从图中曲线的形状、相同点或相似点、变化趋势和差别的角度分别进行描述。

例如，如图 6-38 为由热膨胀仪测定的电瓷坯体的热膨胀曲线[2]，其中 1 号样品为矾土质电瓷坯体，2 号样品为氧化铝质电瓷坯体。可以用以下方式描述：

由图可知，1 号样品从室温至 900°C 范围的热膨胀曲线变化不明显，而从 1037°C 开始发生剧烈的收缩，在 1295°C 时的收缩率达到最大值，为 7.91%。2 号样品从室温至 900°C 热膨胀曲线变化不明显，而从 1060°C 开始产生剧烈收缩，且在 1315°C 收缩率达到最大值 9.19%。图 6-39 为两样品在高温阶段的热膨胀曲线。从图中不难发现 1 号和 2 号样品分别在 1271°C 和 1292°C 时收缩趋于稳定，并分别在 1321°C 和 1340°C 时样品开始膨胀。

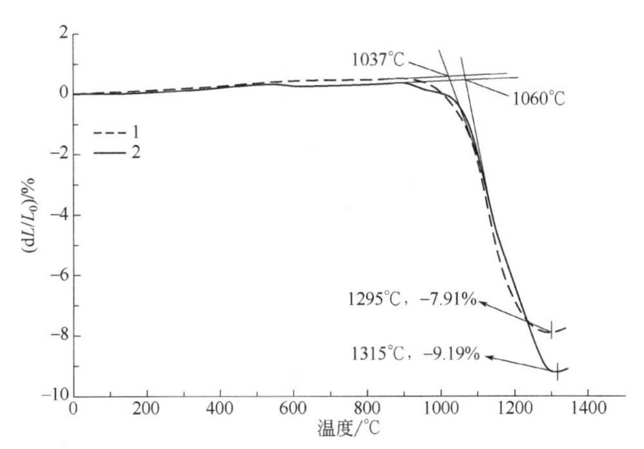

图 6-38　电瓷坯体样品的热膨胀曲线

1—矾土质电瓷；2—氧化铝质电瓷

另外，对于一张图中含有多条曲线的情形，可以通过列表的形式列出每条曲线的特征量，然后再分析其变化规律。例如，图 6-40 为不同升温速率下 $Zr(OH)_4$ 的热重曲线，由图中每条曲线确定的特征量列于表 6-1[3]。可以用以下方式描述：

表 6-1　$Zr(OH)_4$ 在不同升温速率下的热分解温度区间和质量损失

升温速率/(°C/min)	温度/°C			失重率/%
	起点	峰值	终点	
5	55.6	104.9	143.7	21.7
10	66.9	115.6	170.8	21.8
20	75.2	131.5	186.8	21.5
40	82.0	153.6	202.0	21.5

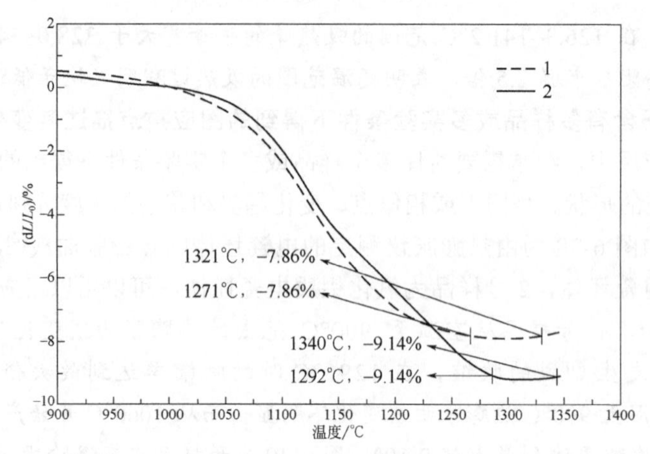

图 6-39 电瓷坯体样品在高温阶段的热膨胀曲线

1—矾土质电瓷；2—氧化铝质电瓷

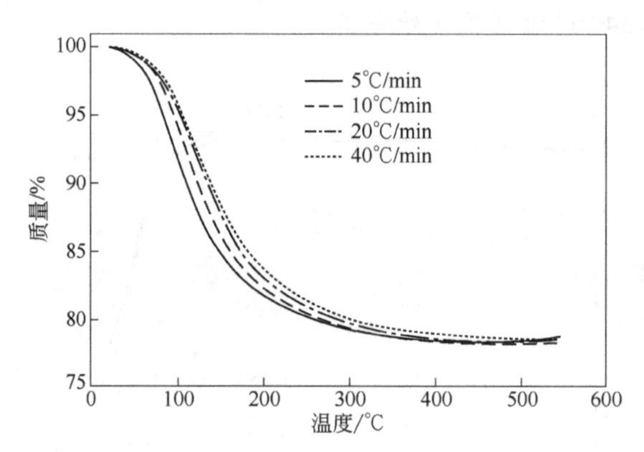

图 6-40 $Zr(OH)_4$ 在不同升温速率下的 TG 曲线

由图 6-40 可见，在不同的加热速率下得到的 TG 曲线在实验温度范围内具有一个形状相似的台阶。随着升温速率的变化，TG 曲线发生了漂移现象。随着升温速率的提高，TG 曲线向高温移动。即在质量减少相同的情况下，当升温速率较高时，发生相同程度的分解所需要的温度相对较高。这是因为试样内部存在一定的温度梯度，当升温速率较快时，分解的程度并不完全，因此产生了相对的温度滞后现象；另一方面，不同的升温速率将造成分解反应时间的差异，如升温速率为 5°C/min 时的反应时间是 40°C/min 时的 8 倍。因此，在较低的升温速率下，相当于延长了 $Zr(OH)_4$ 的热分解时间，使得失重起始温度和最大失重速率对应的温度均有所降低[4]。

（4）同一样品多种技术的测量结果应分析其相同点和差别

在相当多的研究论文和报告中，通常会利用多种热分析实验方法来对同一个过程进行分析，从不同的角度来阐述过程中的性质变化信息。在描述时，应结合每种技术的特点来分析实验过程中的变化信息。

例如，图6-41是利用SDT Q600热重分析仪研究$MgCl_2 \cdot 6H_2O$的热解过程获得的TG-DTA曲线。可以用以下方式描述：

可见在实验温度范围内，TG曲线中一共出现了5个台阶，其中在300~500K温度范围内为4个紧邻的台阶，在650~850K范围存在一个独立的失重台阶。相应地，在DTA曲线上也出现了5个较为明显的吸热峰，吸热峰的个数和位置与TG曲线一致。DTA曲线中每个吸热峰的起始温度和峰温如表6-2所示。图6-41中TG曲线在843K开始出现平台，相应的失重率为80.41%。

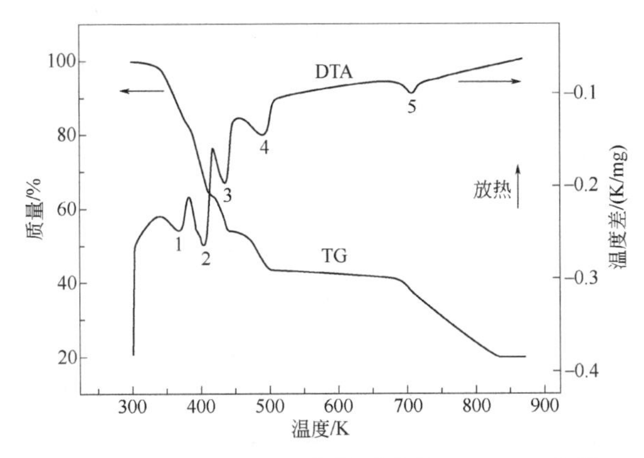

图6-41　$MgCl_2 \cdot 6H_2O$热解反应的TG-DTA曲线

表6-2　$MgCl_2 \cdot 6H_2O$热解反应DTA曲线各个吸热峰的起始温度与峰温

阶段	1	2	3	4	5
反应起始温度/K	342	402	440	476	688
吸热峰	1	2	3	4	5
温度/K	379	423	454	508	724

图6-42是通过TG/IR联用技术得到的小麦秸秆在催化与非催化条件下的热解挥发分的生成过程中得到的实验数据，图中给出了在不同催化条件下小麦秸秆的TG曲线和在实验过程中CO_2、CO和CH_4的特征官能团的吸收曲线[5]。可以用以下方式描述：

实验结果表明，添加NiO和CaO的体系存在两个失重峰，这些氧化物的加入对于小麦秸秆的热解过程有促进作用，导致表观活化能降低，其中NiO对提高热解产物的逸出产率有更加显著的促进作用。红外光谱对热解产物的实时测量的分析结果表明，CO与CO_2的逸出过程与DTG曲线的失重峰基本一致，而CH_4的逸出则滞后于前两者。添加NiO和CaO有利于减少热解产物中的CO_2浓度，促进CO和CH_4挥发分产物的生成。其中CaO的加入更加有利于改善生物质在800°C以下的热解性能，而NiO在800°C以上则具有更好的催化作用。

图6-43是利用TG/MS的方法对氨酚醛树脂受热分解时的热解行为研究得到

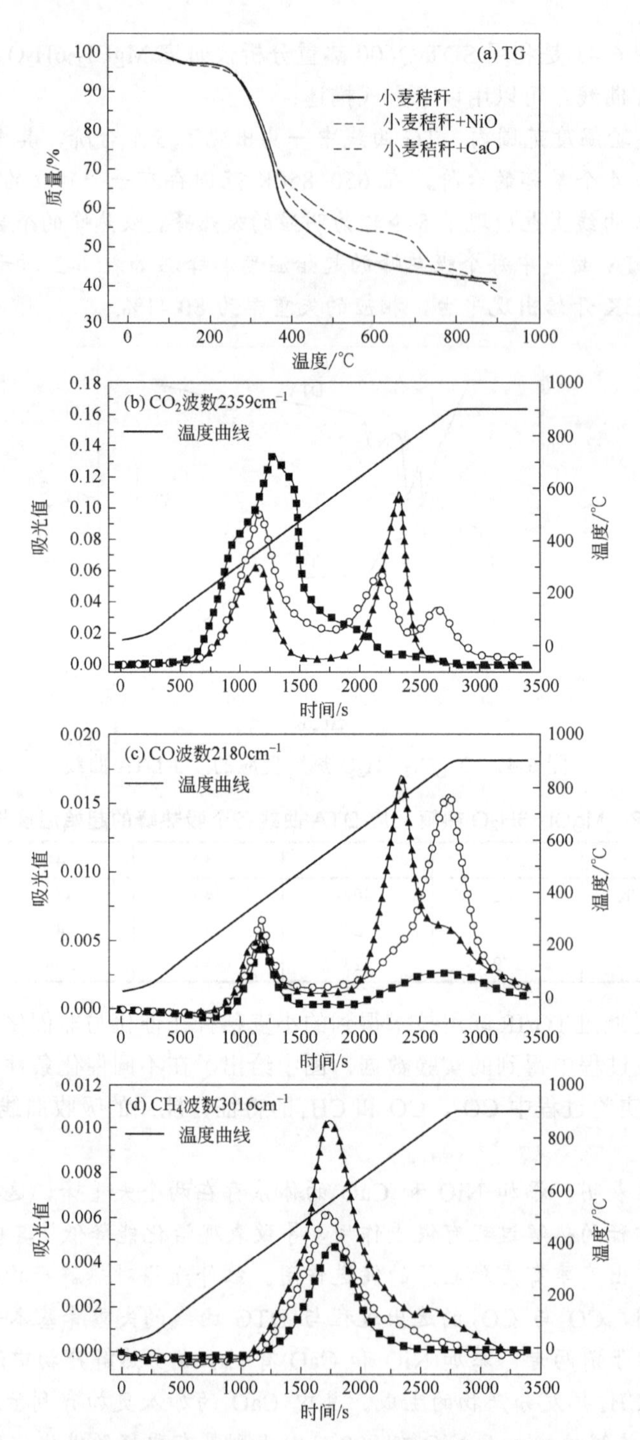

图 6-42 小麦秸秆的 TG 曲线（a）和在不同催化条件下 CO_2（b）、CO（c）和 CH_4（d）的红外光谱图

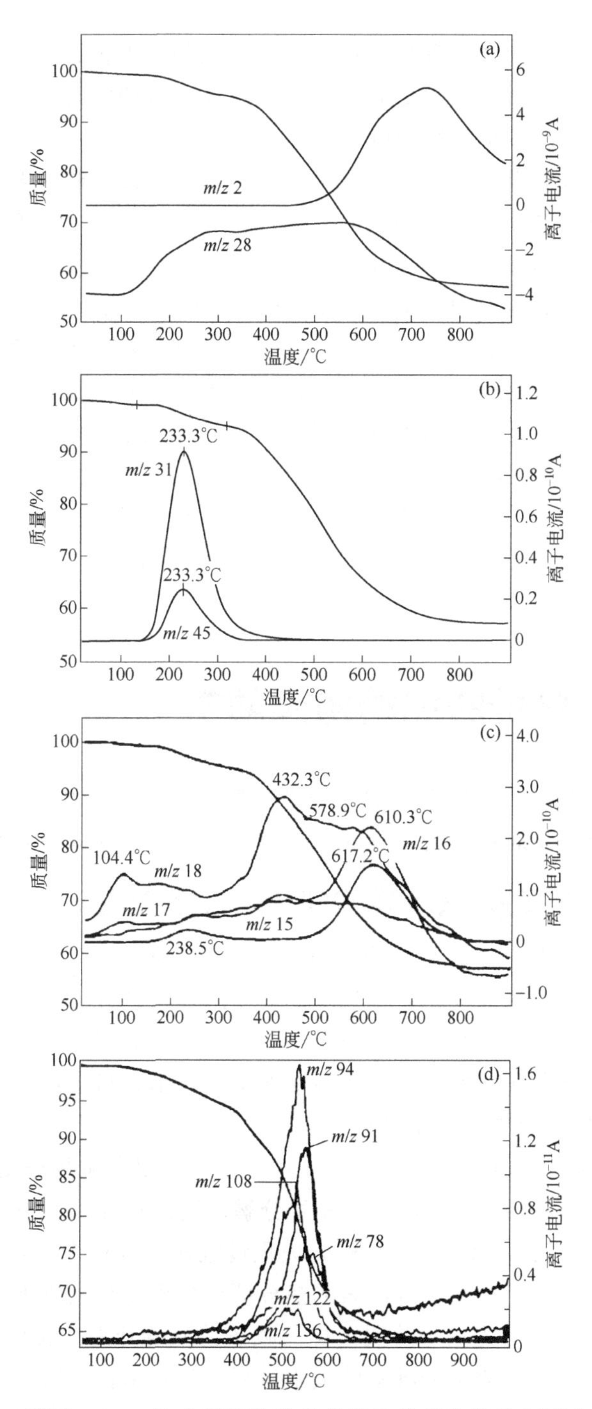

图 6-43　利用 TG/IR 技术得到的热重曲线和分解产物的离子电流曲线

（a）质量数为 2 和 28；（b）质量数为 31 和 45；（c）质量数为 15、16、17、18；（d）质量数为 78、91、94、108、122、136

的实验曲线，图中给出了氨酚醛树脂的 TG 曲线和在失重过程中气体产物的代表性的质谱峰离子流曲线[6]。通过综合分析图 6-43 中氨酚醛树脂在实验温度范围内的产物浓度变化信息，可以得到以下信息：

在室温至 375°C 范围为质量减少的第一个阶段，该过程主要是一些小分子气体的物理性逸出，包括一氧化碳（*m*/*z* 28）、氨酚醛树脂表面吸附的水（*m*/*z* 18）和乙醇（*m*/*z* 45）。在 375°C 以后氨酚醛树脂发生的裂解反应产生了两部分产物，一部分是甲烷（*m*/*z* 16）、水（*m*/*z* 18）、一氧化碳（*m*/*z* 28）、苯酚（*m*/*z* 91）、烷基酚（*m*/*z* 108、122、136）等，另一部分产物是水（*m*/*z* 18）、甲烷（*m*/*z* 16）和氢气（*m*/*z* 2）。第一部分的产物从 375°C 开始生成，随着反应温度进一步升高，其生成速率加快，大约在 520°C 左右达到生成速率的最大值，600°C 以后趋缓，产物逐渐减少，640°C 以上基本无苯酚（*m*/*z* 91）及同系物（*m*/*z* 108、122、136）逸出；第二部分产物从 500°C 开始生成，随着温度的升高，氢气（*m*/*z* 2）、甲烷（*m*/*z* 16）和水（*m*/*z* 18）的逸出量逐渐增加，至约 620°C 时达到生成速率的最大值，在 800°C 左右氨酚醛树脂的裂解过程基本结束。

6.6 热分析曲线的初步解析

在按照 6.5 节的方法对得到的曲线进行基本描述后，需要进一步结合样品信息和实验方法等信息对由曲线得到的一些变化信息进行分析和解释。

6.6.1 结合样品信息解释曲线中发生的变化

曲线中发生的变化和样品结构、成分、处理工艺等信息密切相关，应结合样品的信息对曲线中发生的变化进行解释，以下结合实例进行阐述。

图 6-44 和图 6-45 分别为蔗渣半纤维素在不同升温速率下的热重曲线及微商热重曲线[7]。结合半纤维素的结构和亲水性特点，由蔗渣半纤维素的 TG 曲线及对应的 DTG 曲线可以得到以下结论：

① 半纤维素在 150°C 以前只是发生脱水过程，仅发生物理变化。

② 半纤维素从 190°C 左右开始发生分解，同时在 230°C 出现一个肩状峰，紧接着在 300°C 左右出现最大失重峰，失重过程在 550°C 左右结束，之后失重过程变得不明显。因此，蔗渣半纤维素的热分解过程可以分为以下四个阶段：

（i）在 190°C 以前为第一阶段，样品吸热使温度升高，在这一阶段只发生物理变化，主要对应于蔗渣半纤维素的失水过程，失重率占原料的 1%~2%。

（ii）200~280°C 为第二阶段，在此阶段，半纤维素开始发生失重，对应于 DTG 曲线的第一个肩峰，这是半纤维素发生解聚转变现象的一个缓慢过程。

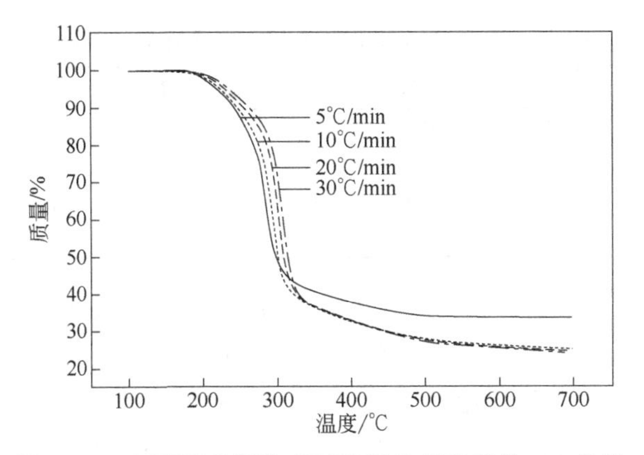

图 6-44　在不同升温速率下蔗渣半纤维素的 TG 曲线

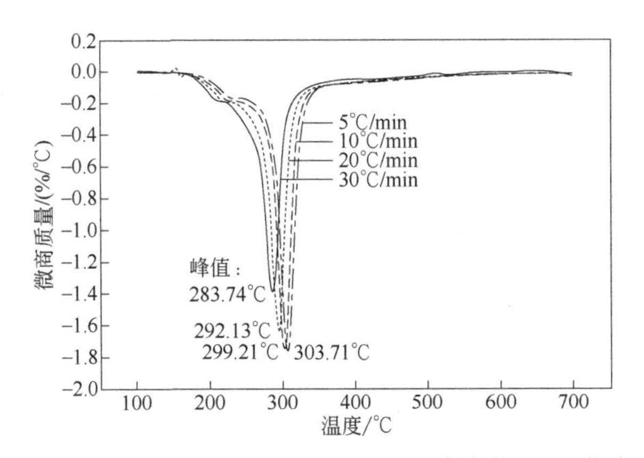

图 6-45　在不同升温速率下蔗渣半纤维素的 DTG 曲线

（iii）第三阶段出现于 280~350°C，这是蔗渣半纤维素热解的主要反应阶段。在该温度范围内，蔗渣半纤维素热解生成小分子气体和大分子的可冷凝挥发分而造成明显失重，并且其失重速率在 300°C 左右达到最大值，这一主要反应阶段的失重率为 60%左右。

（iv）第四阶段（大于 400°C）主要为炭化阶段，物质的失重过程逐渐趋于平缓，该阶段通常被认为是由 C—C 键和 C—H 键的进一步破解所造成的[8]。

表 6-3 为在不同升温速率下的 TG 和 DTG 的数据。从图 6-44、图 6-45 及表 6-3 中均可看出，在不同的升温速率下，蔗渣半纤维素热解的 TG 和 DTG 曲线具有一致的变化趋势。随着升温速率的增大，各个阶段的起始温度和终止温度均向高温侧轻微移动，并且主反应区间也略有增大。这是因为在达到相同温度时，升温速率越高，试样经历的反应时间越短，反应程度也越低。同时升温速率影响到试样表面与试样、外层试样与内部试样间的传热差和温度梯度，从而导致热滞后现象加重，致使曲线向高温侧移动。

表 6-3 不同升温速率下蔗渣半纤维素的热解数据

升温速率/(°C/min)	主要裂解段/°C	峰值温度/°C	残固得率/%
5	150~300	283.74	33.73
10	190~320	292.13	25.18
20	190~330	299.21	24.87
30	210~340	303.71	24.57

图 6-46 为用差示扫描量热法（DSC）研究由氰胺加热制得 $g\text{-}C_3N_4$ 的实验曲线。由图可见，在加热过程中主要经历了以下阶段：

① 氰胺在 45°C 时发生熔融（对应于 DSC 曲线中的吸热峰）；

② 在 150°C 时，氰胺聚合形成二聚氰胺，为放热过程（对应于 DSC 曲线中的放热峰）；

③ 在 200°C 时，二聚氰胺发生熔融（对应于 DSC 曲线中的吸热峰）；

④ 在 240°C 时，形成三聚氰胺，为放热反应（对应于 DSC 曲线中的放热峰）；

⑤ 部分三聚氰胺在 350°C 发生升华，为吸热过程（对应于 DSC 曲线中的吸热峰）；

⑥ 在 520°C 附近，形成网状结构 $g\text{-}C_3N_4$，为吸热过程（对应于 DSC 曲线中的吸热峰）[9]。

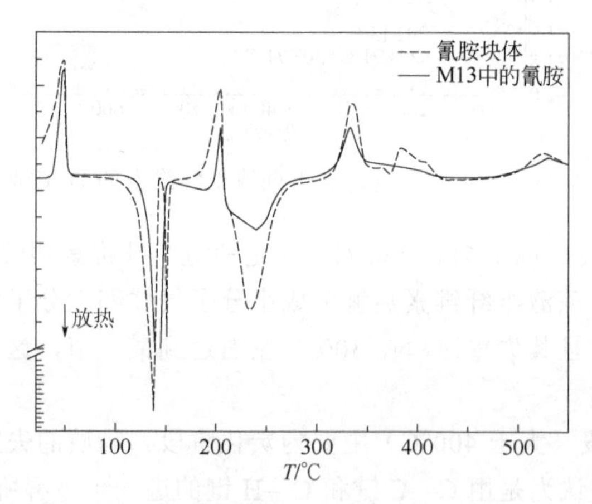

图 6-46 利用氰胺热聚合生成 $g\text{-}C_3N_4$ 的 DSC 曲线

图 6-47 为不同的石墨烯添加比例的聚对苯二甲酸丁二酯（PCBT）/石墨烯纳米复合物的 DSC 曲线。根据 DSC 曲线，可以评价石墨烯的加入对 PCBT 成核作用的影响[10]。表 6-4 中列出了图 6-47 中每条 DSC 曲线的特征温度，由表 6-4 可见，结晶温度随着石墨烯量的增加而有所提高。这是由于在降温结晶过程中石墨烯提供了成核条件，从而使结晶过程变得更加容易进行。另外由于石墨烯纳米片上含有羟基基团，导致 PCBT 和石墨烯之间可能会有化学键和氢键的存在，也会

提高其结晶温度。当石墨烯含量为 3%~5%（质量分数）时，结晶起始温度已经超过了 210°C。

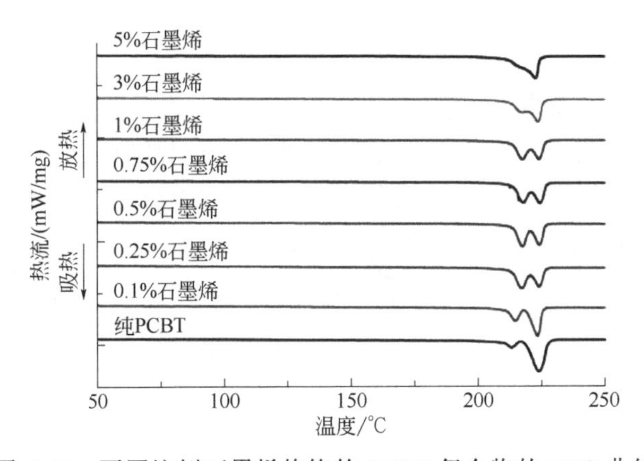

图 6-47 不同比例石墨烯修饰的 PCBT 复合物的 DSC 曲线

表 6-4 石墨烯修饰的 PCBT 复合物的熔融和结晶峰温度

石墨烯质量分数/%	熔点/°C		结晶峰温/°C
	峰 1	峰 2	
0	209.3	223.9	198.9
0.25	216.9	224.2	198.2
0.5	217.4	224.4	201.1
0.75	217.5	224.4	201.7
1	217.3	224.3	200.5
3	216.9	223.7	212.1
5	216.0	222.9	202.7

另外，在图 6-47 中 PCBT 的 DSC 曲线有两个熔融峰（206°C 和 220°C），对此的解释是熔融同时有重结晶发生。随着石墨烯的加入，较低温度下的熔融峰向高温方向移动，使得两个峰不容易区分。这是因为石墨烯加入的越多，完整晶体就越多，重结晶所需要的能量就越大，因此重结晶的起始温度升高。

6.6.2 结合实验条件信息解释曲线中发生的变化

实验时采用的实验条件对热分析曲线的影响较大，在对曲线进行解析时应分析这些实验条件对热分析曲线形状产生影响的原因。

图 6-48 为松木在不同升温速率下的 TG 和 DTG 曲线[11]。在温度小于 250°C 时，在不同升温速率下松木的 TG 曲线基本重合；当温度大于 250°C 时，不同升温速率下的 TG 曲线开始出现分离，松木的 TG 曲线随着升温速率的增大先向低温区移动再向温度较高的一侧移动。从 DTG 曲线可以看出，2 个失重峰所对应的

温度也表现出相同变化趋势，在升温速率为 20°C/min 时失重峰所对应的温度最低；在升温速率为 25°C/min 时，失重峰值最大。

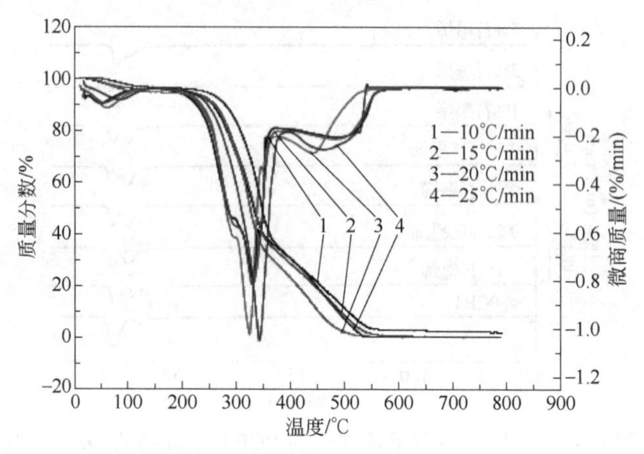

图 6-48　松木在不同升温速率下的 TG 和 DTG 曲线（空气气氛）

由于升温速率是影响生物质在热反应过程中传热与传质作用的主要因素，在挥发分的逸出阶段，升温速率的适当增大会使得温度快速升高，促进挥发分的析出，使得产物逸出向低温区移动；而当升温速率过大时，则会使生物质颗粒在某一温度下的停留时间缩短，致使颗粒外表面的热量来不及传导至颗粒内部，从而使颗粒内外表面的温差加大，导致颗粒内部在某一温度下被分解的量减少，使得产物的析出向高温区移动，出现滞后现象。在 400°C 以上的成炭燃烧阶段，升温速率适当增大会加速燃烧反应的进行；但当温度升高过快时，由于环境中的氧气浓度有限，部分物质来不及反应，反应速率降低，使反应向高温区移动。

6.7　热分析曲线的综合解析

在解析热分析曲线时，应结合多种实验手段对曲线中发生的变化进行解释。由这些实验技术得到的结论可以互为补充，也可以相互验证。在对曲线进行解析时，应按照本书第 5 章中所介绍的热分析曲线的解析原则来进行。

6.7.1　通过多种分析技术对热分析曲线进行互补分析

由每种分析手段得到的信息是有限的，通常需要与其他分析手段相结合来弥补这些不足。例如，通过热重曲线可以得到一定范围内的质量变化信息，对结构较复杂的物质而言，仅通过 TG 曲线很难准确获得在实验过程中的结构变化信息。通常利用与热重仪联用的红外光谱技术、质谱技术和气相色谱/质联用技术来分析在质量减少过程中产生的气体产物的信息，进一步得到在实验过程中样品的结构变化。

例如，在研究高效芳基磷酸酯阻燃剂氢醌双(二-2-甲基苯基磷酸酯)（HMP）的热分解机理时，只通过热重曲线无法准确确定其在分解过程中的结构变化。图 6-49 为 HMP 在氮气气氛下的 TG 和 DTG 曲线，所得特征量如表 6-5 所示[12]。由图 6-49 和表 6-5 可见，HMP 在 378°C 开始分解，475°C 分解完成。

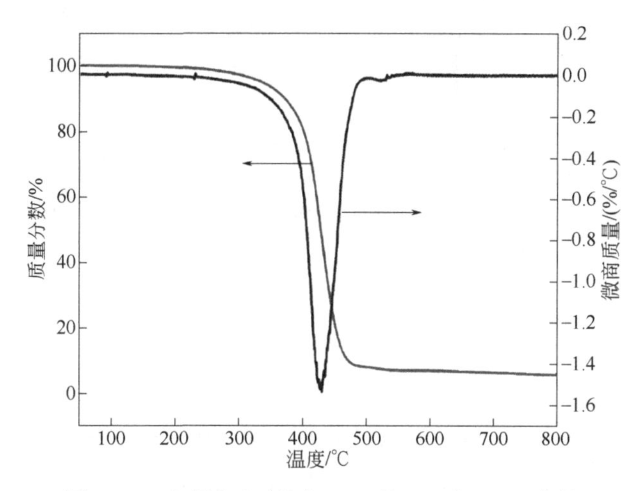

图 6-49　在氮气气氛下 HMP 的 TG 和 DTG 曲线

表 6-5　由 TG 和 DTG 曲线得到的在氮气气氛下的 HMP 数据

样品名称	T_{onset}/°C	T_{max}/°C	失重率/%	残留率/%
HMP	378	426	94.6	5.4

具有一个峰的 DTG 曲线表明 HMP 在氮气下只经历了一步分解，质量损失速率最大的温度为 426°C，最大失重速率为 1.54%/°C。由 TG 曲线可以确定该过程的失重率为 94.6%，最终剩余 5.4%的残炭。由 TG 曲线无法确定在高温下 HMP 在分解过程中质量的变化。通过与 TG 联用的红外光谱技术可以得到在分解过程中产生的气体产物的结构信息，由此可以得到 HMP 在分解过程的结构变化信息。

图 6-50（a）为 HMP 在氮气气氛下在 426°C 下分解产生的气体产物的 FTIR 光谱。由图可见，分解产物的红外光谱图主要包括苯甲醇和邻苯二甲酸酯的吸收带。其中邻苯二甲酸酯在 3073cm^{-1} 和 3027cm^{-1} 处存在拉伸振动，而邻苯二甲酸酯芳环在 910cm^{-1}、772cm^{-1} 和 695cm^{-1} 处存在变形振动。在 2938cm^{-1} 和 2878cm^{-1} 处检测到了苯甲醇的—CH_2—基团的振动信息，在 3660cm^{-1} 处检测到了羟基的振动信息。此外，还可以看到芳族磷酸酯的特征振动，即在 968cm^{-1} 和 1170cm^{-1} 处存在磷酸基团 P—O—C_{Ar}（即五价磷的 P—O—C 拉伸振动为 968cm^{-1}，O—C 拉伸振动为 1170cm^{-1}）。这些信息充分表明在 HMP 分解过程中产生了苯甲醇和氢醌磷酸酯。

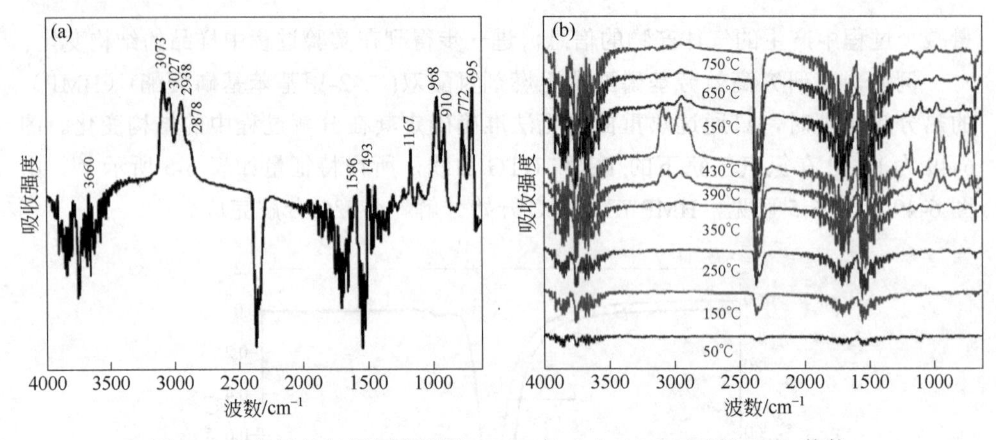

图 6-50　在氮气气氛下得到的 HMP 在（a）426°C 下和（b）其他不同温度下热解产生的气体产物的 FTIR 光谱

图 6-51 为 HMP 在氮气气氛下热降解产生的气体的三维红外光谱。由图可见，与纯 HMP 热降解获得的热解产物（苯甲醇和氢醌磷酸酯）相关的红外吸收峰（约 $3000cm^{-1}$ 和 $1000cm^{-1}$）在约 33min（对应于 380°C）后开始出现。红外吸收的最大强度出现在约 38min（对应于 430°C）处，然后强度逐渐降低（与 TG 分析中的一步分解相对应）。由于 TG 仪与 FTIR 仪之间的时间延迟，导致 TG 数据中温度略高于 T_{max}。

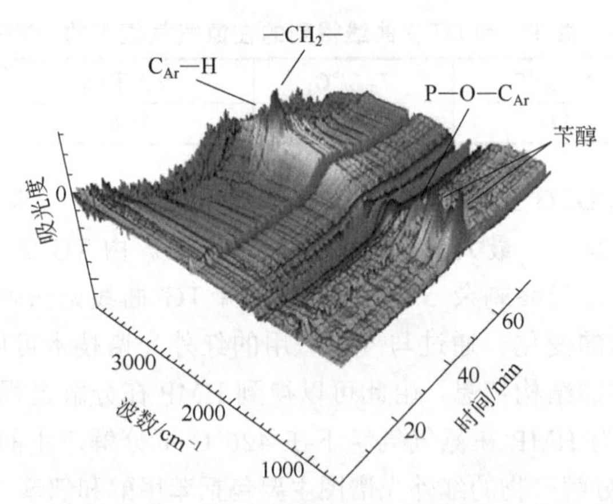

图 6-51　HMP 在氮气作用下受热分解降解产生的所有气体的三维红外光谱图

由图 6-49 和图 6-50 可见，HMP 在氮气气氛下随着温度升高进一步分解。图 6-50（b）给出了在 50°C、150°C、250°C、350°C、390°C、430°C、550°C、650°C 和 750°C 下的 9 个热解产物的 FTIR 谱图，可见在 390°C 之前获得的光谱中存在明显的吸收峰。在 380°C 处的较弱的吸收峰表示热解开始，而在 430°C 处的光谱则具有很强的吸收峰，这与 TG 分析中具有最大失重速率的温度相对应。此外，由于热解产物的残留，在最后 3 个光谱中也存在弱的吸收峰。

通过仪器软件中的 OMNIC 程序中的峰面积工具可以确定每张红外光谱图在特定波数下光谱吸收的面积，可以得到特定的面积随温度的曲线。

图 6-52 为 HMP 在氮气气氛下生成的磷酸酯和芳香化合物的峰面积温度曲线。曲线中只有一个峰，说明 HMP 的分解是一个一步过程。图 6-52（a）和（b）中的两种产物的峰面积在约 380°C 时开始迅速增加，并且在 430°C 时达到峰值。与图 6-50 中的 DTG 曲线的峰值一致，各峰的温度位置也保持一致。但是，由于在高温下存在残留的气体产物，曲线在 800°C 时（测量范围的终点）仍没有达到零。

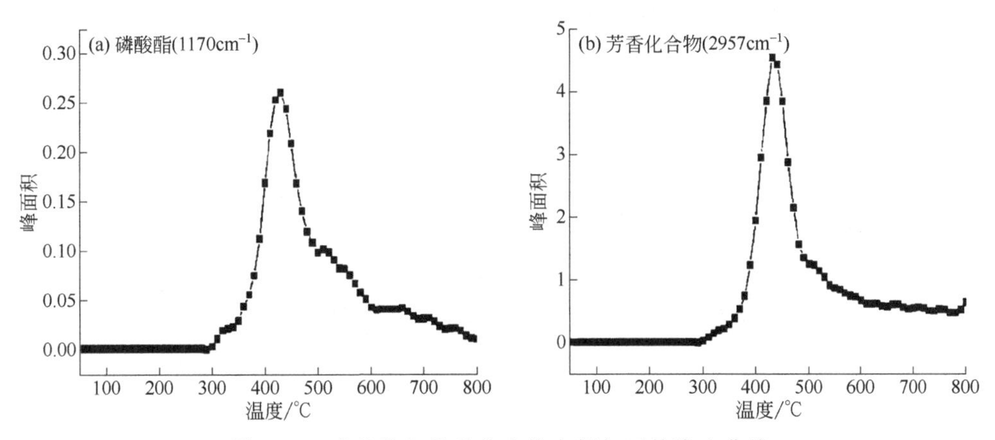

图 6-52 磷酸酯和芳香化合物在氮气下的逸出曲线

TG/FTIR 结果表明，在氮气作用下，苯甲醇和对苯二酚磷酸酯的分解是一步完成的，也就是说，HMP 的分解是一个水解过程。因此，可以提出的氮气分解模型是 HMP 水解成苯甲醇和磷酸对苯二酚酯（图 6-53）。在水解过程中发生了重排，产生了苯甲醇。反应过程中的水可能来自 HMP 本身的分解，也可能来自实验环境。

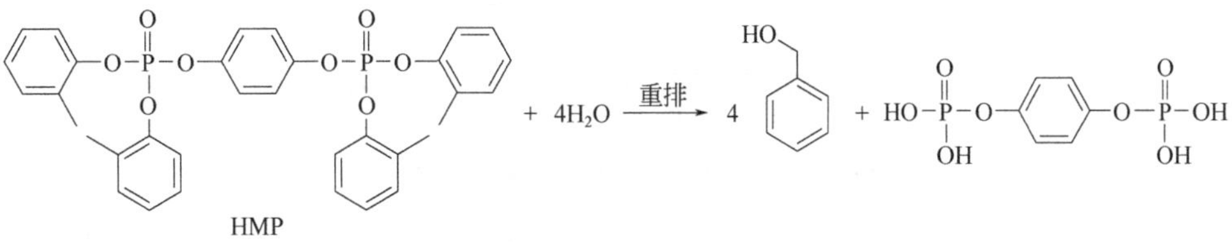

HMP + $4H_2O$ —重排→ 4 (苯甲醇) + (磷酸对苯二酚酯)

图 6-53 提出的 HMP 在氮气下的分解模型

在以上的应用实例中，通过与热重仪联用的红外光谱仪实时检测生成的气体产物的结构信息，最终可以得到样品的热分解机理。通过热重仪与红外光谱仪两种技术互补，可以成功解决问题。另外，还经常使用热分析仪与质谱仪联用来分析在分解过程中物质的结构变化信息。

例如，图 6-54 为木屑热解的 TG-DTG-DSC/MS 曲线[13]。由 DTG 曲线在 300°C 左右出现的一个失重峰可知，在 200~370°C 木屑的热解一步完成。在 MS 谱图中，依次检测到了 *m/z* 2、12、15、16、17、18、26、29、44 等的正离子质谱峰。由此可以分析推测出逸出气体种类主要由 H_2O（*m/z* 17、18）、CO_2（*m/z* 44）、C_2H_6/C_2H_4（*m/z* 12、16、26、29）和 CH_4（*m/z* 15、16）组成，且析出的水分量明显多于其他气体；在 400°C 之后 CO_2 的不断逸出是木屑存在明显的缓慢失重区的主要原因。木屑热解的 DSC 曲线在 TG 曲线的失重过程中表现为放热峰，并且与 DTG 曲线的峰和 MS 曲线中的 CO_2 峰同步。

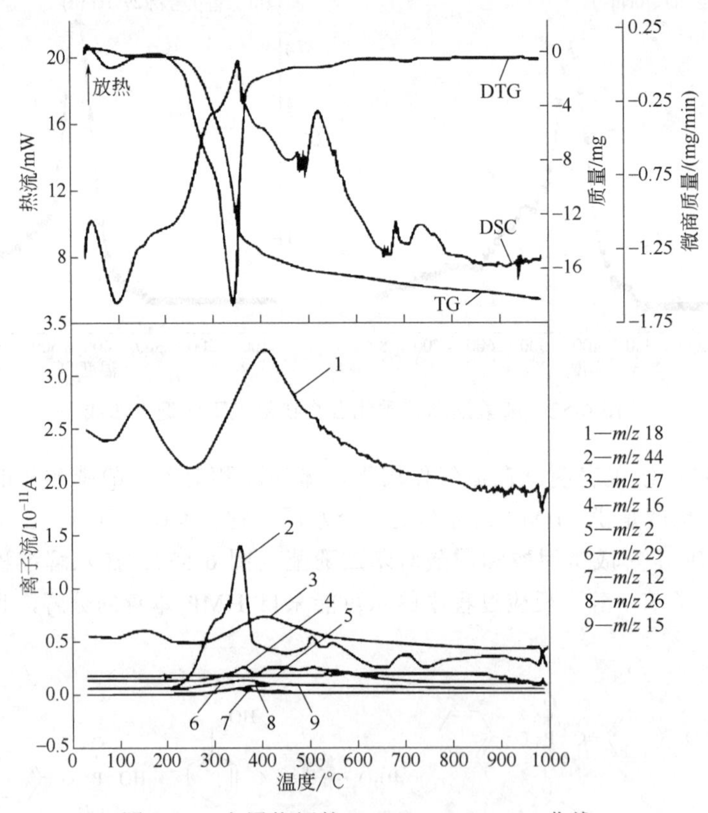

图 6-54　木屑热解的 TG-DTG-DSC-MS 曲线

结合图 6-54 中的曲线变化信息，可以对木屑的热解机理进行分析，初步可以确定其热解过程分为脱水、快速热解和缓慢热解三个阶段。其中：

① 在 40~150°C 主要是脱水过程引起的失重。

② 在 200~370°C 是快速热解过程。在该过程，发生了纤维素等大分子交联缩聚过程，形成低聚合度的活性纤维，同时伴随脱氢、氧化等作用而析出小分子

气体。

③ 在 370°C 以上为缓慢热解阶段。根据 DTG、MS、DSC 曲线中的峰的特征，可以认为是低聚合度的活性纤维解聚的裂解过程，并逸出一些由大分子冷凝挥发分 CO_2 等小分子气体。

6.7.2 通过多种分析技术对热分析曲线进行验证分析

在对得到的热分析曲线进行解析时，由一种分析手段得到的信息往往是有限的，通常用其他分析手段来验证在分析时所得到的推断。可以结合样品的结构信息验证这些推断，也可以通过其他形式的实验来验证。

举一个简单的例子。图 6-55 为 $CaCO_3$ 的 TG 曲线，在 595~827°C，样品失重率为 44.1%。结合碳酸钙的分子结构可知，其在高温下会发生分解，产物为 CaO 和 CO_2，化学方程式为：

$$CaCO_3(s) \longrightarrow CaO(s) + CO_2(g)$$

该过程的失重率由 CO_2 气体逸出引起，CO_2 的量可由下式确定：

$$w_{CO_2}(s) = \frac{M_{CO_2}}{M_{CaCO_3}} \times 100\% = \frac{44}{100} \times 100\% = 44\%$$

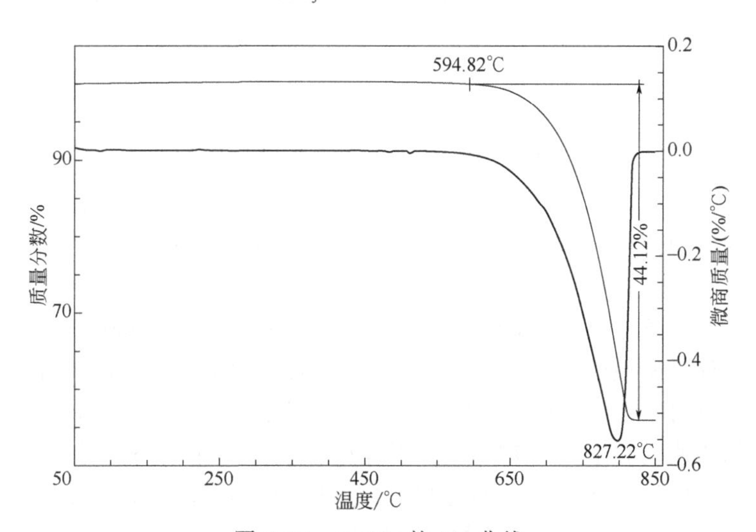

图 6-55 $CaCO_3$ 的 TG 曲线

实验条件：氮气气氛，流速 50mL/min；室温至 850°C，加热速率 10°C/min；敞口氧化铝坩埚

因此可以判断该过程为一分子 $CaCO_3$ 分解生成一分子 CaO 和一分子 CO_2 的过程。当然，也可以通过以下方式来证明该分解过程：

① 将高温下实验生成的固体产物进行无机元素分析（例如 X 射线荧光光谱分析）得到固体产物的元素组成；

② 通过利用与热重仪联用的红外光谱技术、质谱技术和气相色谱/质谱联用技术确定质量减少过程中产生的气体产物的结构信息。

6.7.3 通过外推方法对热分析曲线进行分析

由于通过热分析实验得到的曲线大多是在动态的温度变化条件下得到的，通常认为所得到的特征量是在非平衡状态下得到的。通常是将由一系列的不同温度扫描速率条件下的热分析曲线得到的特征转变温度或者其他的特征量对温度变化速率进行外推，外推至 0 温度变化速率时得到的特征量的数值可以看作是接近平衡状态下的数值。

下面以利用微量 DSC 法对聚(*N*-异丙基丙烯酰胺)（PNIPAM）溶液在加热过程中的相变研究为例，介绍一种通过分别将温度扫描速率和溶液浓度外推至 0 得到平衡态下的 PNIPAM 单链折叠的转变温度和焓变值的方法。由这种外推方法，可以在热力学上区分高分子单链折叠与溶液中高分子链宏观相变的热力学和动力学行为[14]。

理论上，当溶剂由良溶剂变为不良溶剂时，一根柔性的高分子链将塌缩为一个小球，即发生线团-塌缩球（coil-to-globule）转变。在实际的溶液中，由于高分子链的链内折叠过程与链间聚集过程经常同时发生[15,16]，只有在极稀溶液中才能观察到高分子链的线团-塌缩球的转变过程[17,18]。研究高分子的链内折叠与链间聚集对理解蛋白质折叠与聚集以及 DNA 构象变化等过程有重要的参考意义[19, 20]。然而，如何在实验上区分高分子的折叠与聚集行为是目前高分子物理化学中的一个重要问题[15]。

在加热条件下，温敏性高分子 PNIPAM 由于链周围的水合作用发生变化而在低临界溶液温度（LCST≈32°C）附近发生相转变[21]，因此，常将其作为模型研究大分子构象的变化。PNIPAM 的 LCST 与其链结构和溶剂性质有关[22,23]。通过超灵敏微量差示扫描量热仪（US-DSC）可以方便地研究升温/降温速率和浓度对 PNIPAM 在水溶液中的相变的影响[24-26]。将浓度外推到 0 可以分别得到高分子单链折叠的构象转变温度和焓变。然而，由于加热速率对高分子的折叠和聚集有一定影响，所得到的这两个热力学参数是非平衡状态下的结果[24]。利用 US-DSC 法研究温度扫描速率和浓度对 PNIPAM 折叠和聚集的影响，将外推扫描速率和溶液浓度至 0，可得到平衡态下的 PNIPAM 单链折叠的转变温度和焓变值，从而可以在热力学上区分高分子单链折叠与宏观相变。

实验时用的 PNIPAM 的重均分子量（M_W）、*z*-均旋转半径（$<R_g>$）以及分子量分布指数（M_W/M_n）分别为 2.35×10^6g/mol、60nm 和 1.4。由公式 $C^*=M/(N_A<R_g>^3)$ 确定 PNIPAM 溶液的临界交叠浓度（C^*）为 4.3mg/mL，其中 N_A 为阿伏伽德罗常数[27]。称取一定量的 PNIPAM 配制不同浓度的溶液，在不同的加热速率下进行 US-DSC 实验。

实验用的 US-DSC 仪为某公司 VP-DSC 型超灵敏差示扫描量热仪。在高分子溶液及参比（水）加入量热池之前经 25.0°C 真空脱气 30min。用仪器专用的 Hamilton 进样器分别将约 0.75mL 溶液及二次蒸馏水加入至样品池和参比池，移去多余的液体后加盖密封。加热开始前在初始实验温度平衡 120min。

不同加热速率下 PNIPAM 发生相转变的 US-DSC 曲线如图 6-55 所示，图中曲线已作浓度和加热速率归一化。图 6-56 中 PNIPAM 在 32°C 附近出现吸热峰，这是高分子链周围的水合氢键受到破坏引起的[21]。由图可见，在实验过程中采用较快的加热速率导致相变温度（T_p）出现了增加的现象，并且由于加热速率的增加而引起了吸热峰中高温侧的拖尾现象。这是由于较快的加热速率使溶液的温度变化比高分子链内折叠和链间聚集的相变温度快得多引起的，在这种条件下，即使溶液体系达到了相转变温度，在较短的时间内高分子也来不及发生链间聚集。也就是说，在一定的加热速率下，所得的 T_p 和 ΔH 值为非平衡态时的热力学参数。只有当加热速率为 0 时，所获得的 T_p 和 ΔH 才是平衡态下的值。

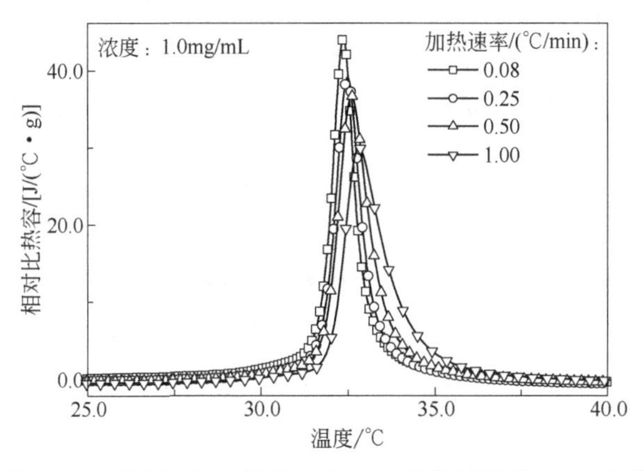

图 6-56 不同加热速率下 PNIPAM 相变过程的 DSC 曲线

另外，高分子溶液的浓度对相变也有较大的影响[28,29]。图 6-57 为不同浓度的 PNIPAM 溶液以 1.0°C/min 的加热速率所得 US-DSC 曲线。可以看出，当浓度降低时 T_p 和 ΔH 变大。随着浓度的增加，高分子链在较低温度下可实现链间聚集，故其相变温度 T_p 下降。另外，在稀溶液范围内，随浓度的增加，ΔH 减小。如前所述，相变过程包含链间聚集和链内折叠，而链内折叠因构象变化需要更高能量。随浓度的增加，链间聚集占的比重越来越大，因而 ΔH 减小。此外，随浓度的增加，吸热峰的峰形变得更加对称，说明在较浓的溶液中主要发生的是链间聚集。

然而，受仪器灵敏度所限，低于本工作中所用最低浓度（0.25mg/mL）时，无法用 US-DSC 精确测量相变。由于稀溶液的 T_p 和 ΔH 随浓度减小而线性增加，通过外推浓度至 0，可以近似得到接近无限稀释状态下的 T_p 和 ΔH，即 PNIPAM

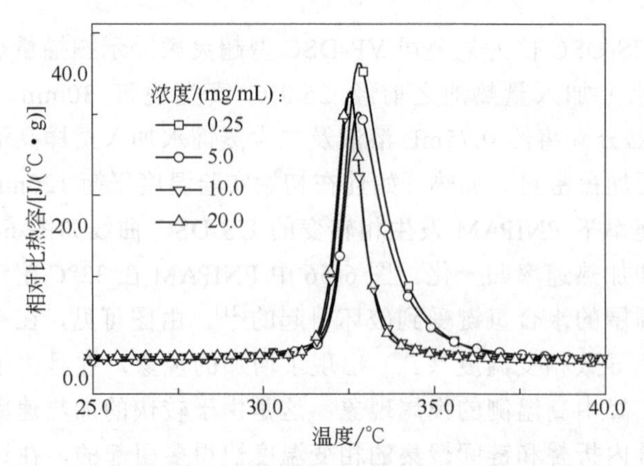

图 6-57　不同浓度下的 PNIPAM 相变过程的 DSC 曲线

加热速率为 1.0°C/min

单链折叠的 T_p 和 ΔH。

需要说明的是，仅仅由不同的扫描速率或者不同的浓度外推均无法得到在平衡态下的单链折叠的 T_p 和 ΔH。只有当二者均接近 0 时，才能近似得到平衡态下高分子单链折叠的 T_p 和 ΔH。因此，可以参照激光光散射实验中的 Zimm 作图法[30]对数据进行处理，即以加热速率+任意常数 K 为横坐标作图。这样，在同一个平面坐标图内可以同时比较溶液浓度和加热速率这两个独立变量对 T_p 或 ΔH 的影响。

图 6-58 是有关加热速率和浓度变化对 T_p 的影响，图中加热速率外推到 0 可以得到平衡状态下不同浓度 PNIPAM 溶液的相变温度（$T_{p,0}$）。当浓度低于 C^*时，$T_{p,0}$ 随浓度的降低而升高。当浓度高于 C^*时，$T_{p,0}$ 不随浓度变化。因此，亚浓溶液的 $T_{p,0}$ 可以视为平衡状态下链间聚集的相转变温度 T_a（32.32°C）。

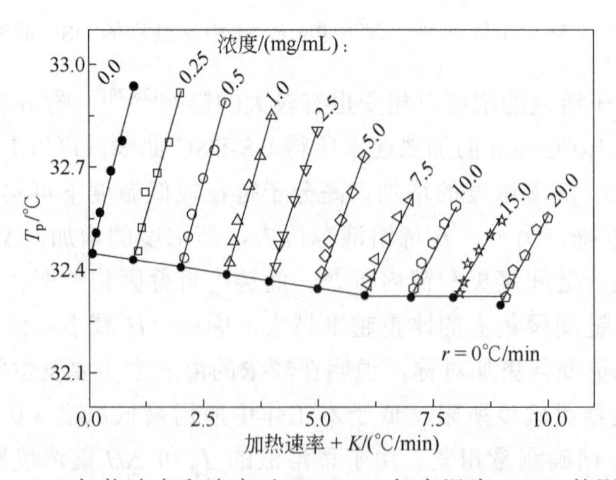

图 6-58　加热速率和浓度对 PNIPAM 相变温度（T_p）的影响

然后，将浓度外推至 0 可以得到无限稀释下 PNIPAM 单链在平衡状态下的折叠温度（T_s），该温度为 32.44°C，比 T_a 高，这是因为与链间聚集相比单链折叠需要更高的能量。同时，该事实说明单链折叠与包含链内折叠和链间聚集的宏观相变有着本质的区别。

加热速率和浓度对 ΔH 的影响如图 6-59 所示，实验范围内的加热速率和浓度均对 ΔH 表现出不同的影响。在亚浓溶液中，主要发生链间聚集，平衡状态下的 ΔH_0（用 ΔH_a 表示）不受浓度变化的影响，保持在 38.8J/g 不变。ΔH_a 低于稀溶液中的焓变，因而 PNIPAM 发生相变所需的能量下降。在稀溶液中，ΔH_0 随浓度下降而变大，外推浓度至 0，得到单链折叠的 ΔH_s（61.0J/g），此值高于 ΔH_a。这进一步说明单链折叠与包含链内折叠和链间聚集的宏观相变之间有着本质区别。

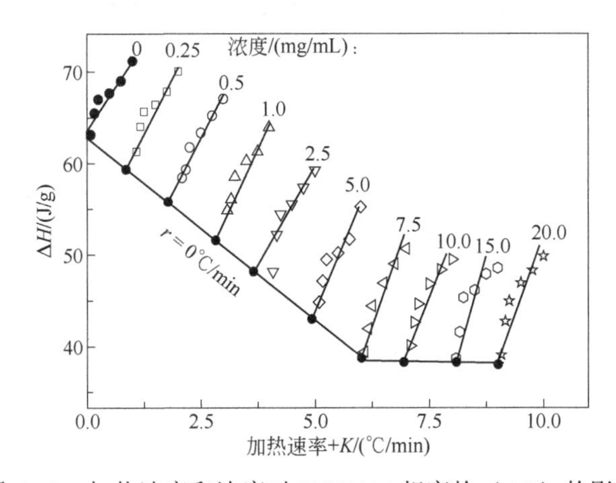

图 6-59　加热速率和浓度对 PNIPAM 相变焓（ΔH）的影响

在以上实例中，通过同时对温度扫描速率和溶液浓度外推至 0，分别得到了接近平衡态下的无限稀释的 PNIPAM 溶液中单链折叠的转变温度和焓变值，从而可以在热力学上区分高分子单链折叠与宏观相变的热力学函数的差别。这种作图方法被学者命名为“张方法”（Method of Zhang）[31]。

6.8 撰写实验报告或科研论文

在完成对曲线解析后，需要按照相应的要求整理相关的分析结果，撰写报告或科研论文。一般来说，应包括以下内容。

（1）研究背景

本部分主要介绍研究工作的目的和意义，在已有研究工作的基础上提出所开展的研究工作方案和预期结果。

（2）实验信息描述

参考本章6.5节“热分析曲线的描述”的内容，描述样品信息、实验条件等相关信息。

（3）数据分析与讨论

按照本章6.2~6.7节的内容依次完成分别对实验数据进行分析和讨论，并在此基础上得出相应的结论。

（4）结论

综合以上分析得出相应的结论。

6.9 必要时建立并完善热分析曲线数据库

必要时，在完成以上的工作后，总结分析样品信息、实验条件对曲线的影响规律。通过对所得到的实验数据不断加以总结积累，建立可用的热分析数据库。这种形式的总结积累可以对之后的工作起到重要的参考和指导作用，便于之后在遇到类似的问题时，可以高效解决、少走弯路。

参考文献

[1] Ray L. F., Sara J. P., Ross P. Thermal stability of the ‘cave’ mineral ardealite $Ca_2(HPO_4)(SO_4)\cdot 4H_2O$[J]. J. Therm. Anal. Calorim., 2012, (107): 549-553.

[2] 周海球. 热分析技术在陶瓷材料烧结过程中的应用研究[M]. 长沙：湖南大学, 2012.

[3] 孙敏达, 朱志庆. 氢氧化锆热分解反应动力学研究[J]. 应用化工, 2007, 36(12): 1211-1214.

[4] Radfern R. A., Anthony P. S.Thermal analysis of reactions and transformations in the solid state. I. Experimental evaluation of published kinetic methods using thermogravimetry [J]. Thermochim. Acta, 1978, 26: 67-88.

[5] 肖军，沈来宏，郑敏，等. 基于 TG-FTIR 的生物质催化热解试验研究[J]. 燃料化学学报，2007，35: 280-284.

[6] 黄娜，刘亮，王晓叶. 热重质谱联用技术对酚醛树脂热解行为及动力学研究[J]. 宇航材料工艺, 2012, 2: 99-102.

[7] Bassilakis R., Carangelo R. M., Wojtowicz M. A. TG-FTIR analysis of biomass pyrolysis[J]. Fuel，2001, 80: 1765.

[8] Maschio G., Koufopanos C., Lucchesi A. Pyrolysis，a promising route for biomass utilization[J]. Bioresource Technology, 1992, 42(3): 219.

[9] Groenewolt M. Antonietti M. Synthesis mesoporoussilica host matrices [J]. Advanced Materials, 2005, 17: 1789-1792.

[10] Balogh G., Hajba S., Karger-Kocsis J., Czigany T. Preparation and characterization of in situ poly merized cyclic butylene terephthalate/graphene nanocomposites[J]. J. Mater. Sci., 2013, 48: 2530-2535.

[11] Blasi C. D. Modeling chemical and physical processes of wood and biomass pyrolysis [J]. Progress in

Energy and Combustion Science, 2008, 34(1): 47-90.

[12] Chen L., Yang Z. Y., Ren Y. Y., Zhang Z. Y., Wang X. L., Yang X. S., Lin Y., Zhong B. H. Fourier transform infrared spectroscopy thermogravimetry analysis of the thermal decomposition mechanism of an effective flame retardant, hydroquinone bis(di-2-methylphenyl phosphate)[J]. Polym. Bull., 2016, 73: 927-939.

[13] 赵巍，汪琦，刘海啸.热分析-质谱联用分析生物垃圾热解机理[J]. 环境科学与技术，2010, 5 (33): 55-58.

[14] 丁延伟，张广照. 高分子的单链折叠与宏观相变的区别[J]. 科学通报，2009, 54(8): 1086-108.

[15] Zhang G. Z., Wu C. Folding and formation of mesoglobules in dilute copolymer solutions[J]. Adv. Polym. Sci., 2006, 195: 101-176.

[16] Zhang G. Z., Niu A. Z., Peng S. F., Tu Y F., Li M., Jiang M., Wu, C. Formation of Novel Polymeric Nanoparticles[J]. Acc. Chem. Res., 2001, 34: 249-256.

[17] Wu C., Zhou S. Q. First Observation of the Molten Globule State of a Single Homopolymer Chain[J]. Phys. Rev. Lett., 1996, 77: 3053.

[18] Wu C., Wang X. H. Globule-to-Coil Transition of a Single Homopolymer Chain in Solution [J]. Phys. Rev. Lett., 1998, 80: 4092.

[19] Ptitsyn O. B. Molten globule and protein folding [J]. Adv. Protein. Chem., 1995, 47: 83-229.

[20] Selkoe D. J. Folding proteins in fatal ways[J]. Nature, 2001, 426: 900-904.

[21] Schild H. G. Poly(N-isopropylacrylamide): Experiment, theory and application[J]. Prog. Polym. Sci., 1992, 17: 163-249.

[22] Zhang G. Z., Winnik F. M., Wu C. Structure collapsed polymer Chain Stickers: a single-multi flower? [J]. Phys. Rev. Lett., 2003, 90: 35506.

[23] Ding Y. W., Zhang G. Z. Collapse and aggregation of poly(*N*-isopropylacrylamide) chains in aqueous solutions crowded by polyethylene glycol[J]. J. Phys. Chem. C, 2007, 111(14): 5309-5312.

[24] Ding Y. W., Ye X. D., Zhang G. Z. Microcalorimetric Investigation on Aggregation and Dissolution of Poly(N-isopropylacrylamide) Chains in Water [J]. Macromolecules, 2005, 38: 904.

[25] Ding Y. W., Zhang G. Z., Microcalorimetric investigation on association and dissolution of poly(N-isopropylacrylamide) chains in semidilute solutions[J]. Macromolecules, 2006, 39(26): 9654-9657.

[26] Ding Y. W., Ye X. D., Zhang G. Z. Can coil-to-globule transition of a single chain be treated as a phase transition?[J] J. Phys. Chem. B, 2008, 112: 8496.

[27] Teraoka I. Polymer Solutions[M]. New York: John Wiley & Sons, 2002.

[28] Xia Y., Burke, N. A. D., Stöver H. D. H. End group effect on the thermal response of narrow-disperse poly(N-isopropylacrylamide) prepared by atom transfer radical polymerization [J]. Macromolecules, 2006, 39: 2275.

[29] Okada Y., Tanaka F., Kujawa P., Winnik F. M. Unified model of association-induced lower critical solution temperature phase separation and its application to solutions of telechelic poly(ethylene oxide) and of telechelic poly(N-isopropylacrylamide) in water[J]. J. Chem. Phys., 2006, 125: 244902.

[30] Zimm B. H. Apparatus and Methods for Measurement and Interpretation of the Angular Variation of Light Scattering; Preliminary Results on Polystyrene Solutions [J]. J. Chem. Phys., 1948, 16: 1099.

[31] Berber M. R., Mori H., Hafez I. H., Minagawa K., Tanaka M., Niidome T., Katayama Y., Maruyama A., Hirano T. Maeda Y., Mori T. Unusually Large Hysteresis of Temperature-Responsive Poly(N-ethyl-2-propionamidoacrylamide) Studied by Microcalorimetry and FT-IR[J]. J. Phys. Chem. B, 2010, 114: 7784-7790.

第 7 章 典型的热分析实验曲线解析举例

第 5 章和第 6 章分别介绍了热分析曲线解析的原则和曲线解析的过程，本章将结合实例介绍由常用的热分析技术得到的热分析曲线来解析的方法。

7.1 热重曲线的解析实例

热重法（thermogravimetry，简称 TG）是在程序控制温度和一定气氛下，实时测量物质的质量随温度（动态）或时间（等温）变化的定量技术，具有操作简便、准确度高、灵敏、快速以及试样微量化等优点。热重法的主要特点是定量性强，能准确测量物质的质量变化及变化的速率。根据这一特点，只要物质受热时发生质量变化，都可以用热重法来研究。例如，对于存在着质量变化的物理过程和化学过程，如升华、汽化、吸附、解吸、吸收和气固反应等都可以方便地使用热重法来进行检测。对于在实验过程中样品未发生明显的质量变化的过程，如熔融、结晶和玻璃化转变之类的热行为，虽然通过热重法得不到明显的质量变化信息，但可以作为间接的数据来证明物质在实验过程中没有发生质量变化。

由热重实验得到的曲线称为热重曲线（TG 曲线）。通过对 TG 曲线进行分析，可以获得样品及其可能产生的中间产物的组成、热稳定性、热分解情况及生成的产物等与质量相联系的信息。通常在对热重曲线进行分析时，通过对 TG 曲线进行求导，得到微商热重曲线（DTG 曲线），通常称这种方法为微商热重法，也称导数热重法。DTG 曲线以质量变化速率为纵坐标，自上而下表示质量的减少；横坐标为温度或时间，从左往右表示增加。

DTG 曲线主要具有以下优势：

① 可以精确反映出每个质量变化阶段的起始反应温度、最大反应速率温度和反应终止温度；

② DTG 曲线上各峰的面积对应于 TG 曲线上样品的质量变化量；

③ 当 TG 曲线对某些受热过程出现的台阶不明显时，利用 DTG 曲线能明显地区分开来。

下面结合实例介绍在热重法的典型应用中TG曲线的解析方法。

7.1.1　由热重曲线确定样品的组成

由TG曲线确定样品的组成是TG法最常见的应用之一，以下举例说明这类曲线的解析方法。

7.1.1.1　利用热重曲线确定聚合物中添加剂的含量

根据热稳定性的差异，由TG曲线可以方便地确定聚合物中添加剂的含量。例如，图7-1为在不同条件下得到的聚丁酸乙烯酯（PVB）树脂的TG曲线[1]。由图可见，曲线2中在100~250°C的质量减少是由于增塑剂的挥发造成的，由此可以计算出增塑剂的含量（约为30%）。即使对于实验中采用不含增塑剂的PVB树脂样品（曲线1），在100~250°C还存在5%左右的失重，而用正己烷萃取了增塑剂的PVB树脂（曲线3）在该温度范围内则没有明显失重。这表明即使用于作为对照的不含增塑剂的PVB树脂中仍含有少量的增塑剂，使用正己烷可以有效地去除样品中含有的少量增塑剂。由于图中曲线1和曲线2在第一阶段（100~250°C）与第二阶段（250~450°C）的失重有一定程度的重叠，因此如果降低升温速率或在等温条件下试验，则可以得到更加精确的结果。

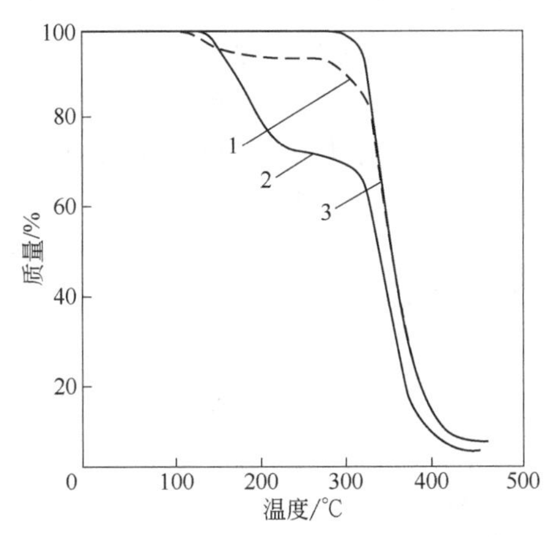

图7-1　通过TG曲线确定聚丁酸乙烯酯（PVB）树脂中增塑剂的含量

曲线：1—不含增塑剂的聚丁酸乙烯酯；2—含有增塑剂的聚丁酸乙烯酯；3—用正己烷萃取了增塑剂的聚丁酸乙烯酯

7.1.1.2　利用热重曲线确定样品中无机组分和有机组分的含量

（1）确定复合材料中无机组分和有机组分的含量

如图7-2为由TG法得到的丁苯橡胶的TG曲线。从图中可以看出：

① 在300°C以下存在一个较弱的失重台阶，失重率约为6.5%，这个过程主要是可挥发性添加剂、水分或者溶剂等的挥发引起的，这部分失重非橡胶组分；

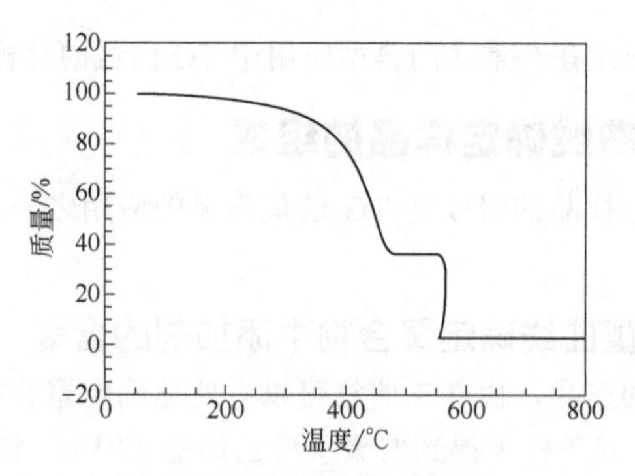

图 7-2　丁苯橡胶的 TG 曲线

实验条件：在流速为 50mL/min 的氮气气氛下，以 10°C/min 的升温速率从 30°C 升温到 550°C，然后通入 50mL/min 的氧气气氛，以 10°C/min 的升温速率升温至 800°C；敞口氧化铝坩埚

② 样品在 300~550°C 之间的失重率为 60.1%，可以将该范围的失重量看作样品中丁苯橡胶的总量；

③ 在 550°C 时将气氛由氮气切换为氧气，继续升温至 800°C，该范围的失重量表示样品中所含炭黑的质量，其失重率为 32.9%，最后的残余物质是橡胶中添加的不挥发无机物的质量。

图 7-3 为氧化石墨烯（GO）和聚丙烯/氧化石墨烯/四氧化三铁（PAA/GO/Fe_3O_4）纳米复合材料的 TG 曲线[2]。由图可见，对于 GO 样品而言，由于样品中的含氧官能团的分解，导致 TG 曲线在 250~350°C 范围内出现了明显的质量损失。另外，在 425~625°C 温度范围的质量损失是由于 GO 在空气中碳的燃烧引起的。因此，在水溶性的 PAA/GO/Fe_3O_4 纳米复合材料的热重曲线中：

① 在 50~150°C 的质量损失是由于在样品表面物理吸附的残余水引起的；

② 在 150~250°C 的质量损失是由于在合成时加入的有机溶剂和表面活性剂引起的；

③ 在 350~500°C 的质量损失是由于 PAA 的氧化分解引起的；

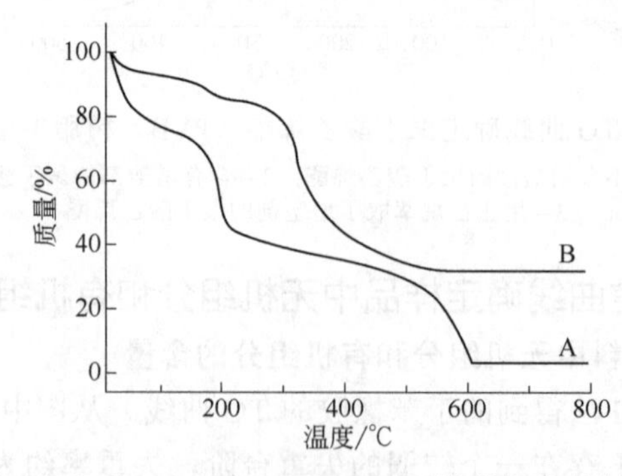

图 7-3　GO（A）和 PAA/GO/Fe_3O_4（B）纳米复合材料的 TG 曲线

④ 在 500~630°C 范围的质量损失是由于 GO 在空气中碳的燃烧引起的；

⑤ 在 630°C 以上的实验温度范围内，质量没有发生明显的变化。

综合以上分析，分别由 TG 曲线中 350~500°C 和 500~630°C 范围的失重率，以及在 630°C 的质量剩余量可以确定，在 PAA/GO/Fe_3O_4 纳米复合材料中 PAA∶GO∶Fe_3O_4 的质量比是 1∶1∶3。基于 PAA/GO/Fe_3O_4 纳米复合物的质量和 PAA 的平均分子量分析，可以估算得到每两个 PAA 分子连接一个纳米颗粒。

（2）确定在高分子化合物中加入的填充剂的含量

例如，图 7-4 为加入了碳酸钙填充剂的苯乙烯和丙烯酸丁酯共聚物的 TG 曲线。可以看出，在样品的 TG 曲线中存在以下三个明显的失重台阶，分别为：

① 室温至 120°C 的失重台阶对应于水分的失重，由 TG 曲线可以确定水分含量为 14.38%；

② 150~500°C 的失重台阶对应于苯乙烯和丙烯酸丁酯共聚物的热分解过程，由 TG 曲线可以确定聚合物的含量为 12.44%（由于苯乙烯和丙烯酸丁酯共聚物分解温度较低，因此在本例中可以认为聚合物在此温度范围内全部氧化分解）；

③ 在 600~780°C 为碳酸钙分解释放二氧化碳所引起的失重过程，失重率 32.07%，据此可以推算出碳酸钙含量为 72.88%。

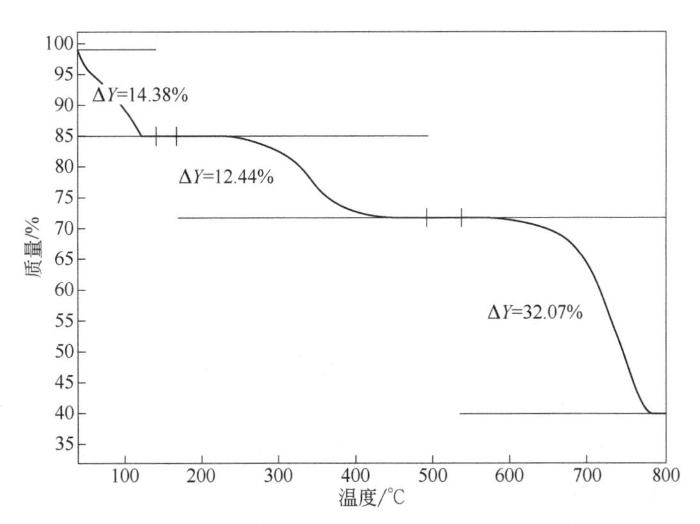

图 7-4 加入了碳酸钙填充剂的苯乙烯和丙烯酸丁酯共聚物的 TG 曲线

实验条件：在流速为 50mL/min 的空气气氛下，由 40°C 开始以 10°C/min 的加热速率升温至 800°C；敞口氧化铝坩埚

7.1.1.3 利用热重曲线确定高分子共聚物的组成

通过 TG 曲线可以确定共聚物的组成。例如，图 7-5 中曲线 2 是苯乙烯-马来酸酐共聚物（SMA）的 TG 曲线[3]。可以看出，苯乙烯-马来酸酐共聚物在 25~800°C

的温度范围内共出现了两个失重台阶。第一个失重台阶的温度范围为80~160°C，失重率为22.65%。第二个失重台阶的温度范围为160~480°C，失重率为68.13%。根据图中聚苯乙烯的热重曲线（曲线1），可判断在SMA共聚物的TG曲线中的第一个失重台阶即为马来酸酐组分分解引起的失重。由热分解断键机理，可判断此失重阶段为酸酐的分解过程。随着温度的升高，酸酐键发生断裂，释放出二氧化碳，由此可以计算出马来酸酐的含量为30.83%，该数值与化学分析法测定的结果一致。通过化学分析法测定共聚物组成时，由于称量、回流、滴定等步骤较多，因此存在着一定的误差，从而导致测定结果不准确。当采用热重法测定共聚物组成时，实验操作要相对简单，而且可以减少人为误差，使共聚物的组成分析变得更加简单、精确。

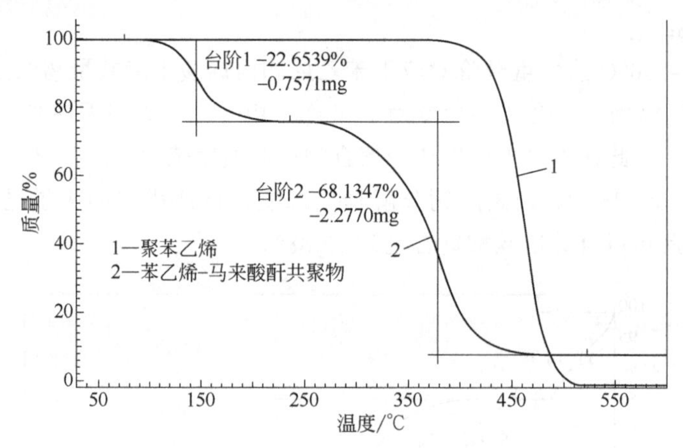

图7-5 聚苯乙烯（PS）和苯乙烯-马来酸酐共聚物（SMA）的热重曲线

实验条件：将5mg样品平铺于敞口氧化铝坩埚中，在流速为30mL/min的氮气气氛中，由25°C升温至800°C，升温速率为5°C/min

7.1.1.4 利用热重曲线确定无机混合物的含量

对于一些混合状态的无机物，根据其热稳定的差异，可以方便地通过TG曲线来准确测定每一组分的含量。

图7-6为由一种CaO和$CaCO_3$的混合物得到的TG曲线。由图可见，在550~850°C范围内TG曲线出现了一个失重台阶，失重率为36.50%。该失重台阶是由于碳酸钙在高温下分解成CO_2和CaO引起的，纯碳酸钙分解引起质量减少的理论值为44%。由于样品中含有一定量的CaO，该物质具有很高的热稳定性且在实验温度范围内不发生质量变化，因此得到的失重率低于理论值。由此可以通过下式计算得到混合物样品中CaO的含量w_{CaCO_3}：

$$\frac{w_{CaCO_3}}{w_{纯CaCO_3}}=\frac{w_{CaCO_3}}{100\%}=\frac{36.5\%}{44\%} \quad (7\text{-}1)$$

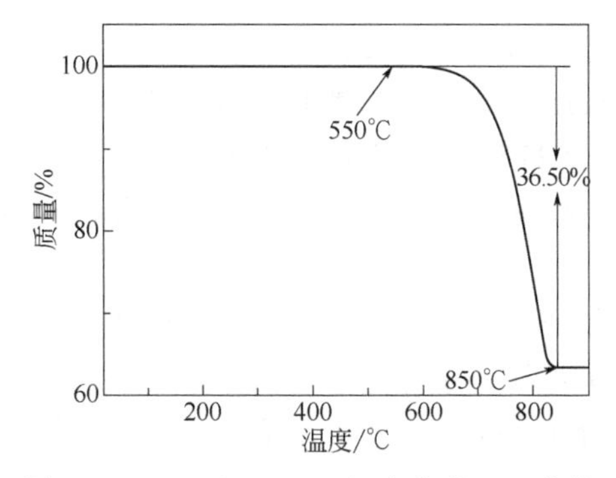

图 7-6　CaO 和 $CaCO_3$ 混合物的 TG 曲线

实验条件：将 10.5mg 样品平铺于敞口氧化铝坩埚中，在流速为 50mL/min 的氮气气氛中由 25°C 升温至 900°C，升温速率为 10°C/min

式（7-1）可以变形为：

$$w_{CaCO_3} = \frac{36.5\%}{44\%} \times 100\% = 82.95\% \tag{7-2}$$

因此，样品中碳酸钙的含量为 82.95%，氧化钙的含量为 100%−82.95%= 17.05%。

在以上的实例中，利用了混合物中的一种组分在实验过程中发生了质量变化，而另一种组分在加热过程中不发生质量变化的原理来确定混合物的组分。

事实上，当两种以上的组分在加热过程中不同时发生质量变化时，也可以通过类似的方法确定混合物体系的组成。例如，图 7-7 为由 $CaC_2O_4 \cdot H_2O$、CaC_2O_4、$CaCO_3$ 和 CaO 四种物质组成的混合物在空气气氛下得到的 TG 曲线，通过该实验

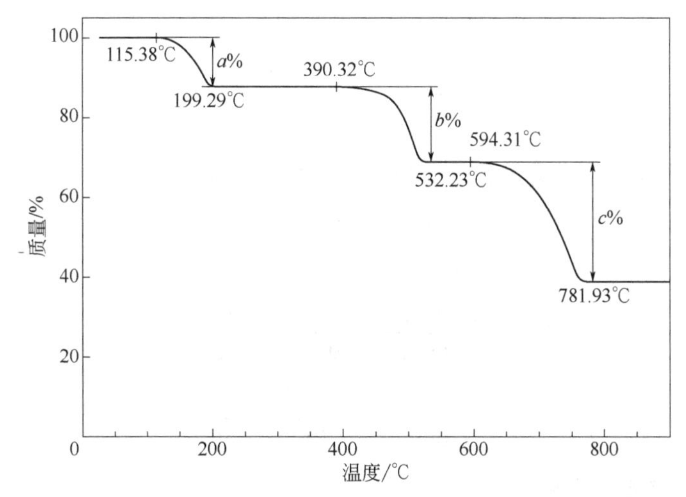

图 7-7　由 $CaC_2O_4 \cdot H_2O$、CaC_2O_4、$CaCO_3$ 和 CaO 组成的混合物在空气气氛下的 TG 曲线

实验条件：将 11.8mg 样品平铺于敞口氧化铝坩埚中，在流速为 50 mL/min 的氮气气氛中由 25°C 升温至 900°C，升温速率为 10°C/min

可以准确确定混合物中这四种组分的百分含量。由图可见，TG 曲线在实验温度范围内共出现了三个失重台阶。为了便于显示计算过程，图中每个失重台阶的失重率分别用 $a\%$（对应于 115.4~199.3°C 范围）、$b\%$（对应于 390.3~532.2°C 范围）和 $c\%$（对应于 594.3~781.9°C 范围）表示。根据样品的组成信息，由 TG 曲线可以得出以下信息：

① 第一个失重台阶在 115.4~199.3°C，是由于样品中的 $CaC_2O_4 \cdot H_2O$ 失去一分子结晶水引起的，失重率为 $a\%$；

② 第二个失重台阶在 390.3~532.2°C，是由于样品中的 $CaC_2O_4 \cdot H_2O$ 和 CaC_2O_4 失去一分子 CO 引起的，失重率为 $b\%$；

③ 第三个失重台阶在 594.3~781.9°C，是由于样品中的 $CaC_2O_4 \cdot H_2O$、CaC_2O_4 和 $CaCO_3$ 失去一分子 CO_2 引起的，失重率为 $c\%$；

④ 在 781.9°C 以上，质量不变，此时的剩余质量为 $100\%-a\%-b\%-c\%$。

假设样品中 $CaC_2O_4 \cdot H_2O$、CaC_2O_4 和 $CaCO_3$ 的含量分别为 $m\%$、$n\%$和 $p\%$，则样品中含有的 CaO 的含量为 $(100-m-n-p)\%$。

对于纯 $CaC_2O_4 \cdot H_2O$（即纯度按照 100%计算）而言，$CaC_2O_4 \cdot H_2O$ 的分子量为 146、H_2O 的分子量为 18、CO 的分子量为 28、CO_2 的分子量为 44，则有以下关系式：

$$w_{H_2O} = \frac{M_{H_2O}}{M_{CaC_2O_4 \cdot H_2O}} \times 100\% = \frac{18}{146} \times 100\% = 12.3\% \quad (7\text{-}3)$$

$$w_{CO} = \frac{M_{CO}}{M_{CaC_2O_4 \cdot H_2O}} \times 100\% = \frac{28}{146} \times 100\% = 19.2\% \quad (7\text{-}4)$$

$$w_{CO_2} = \frac{M_{CO_2}}{M_{CaC_2O_4 \cdot H_2O}} \times 100\% = \frac{44}{146} \times 100\% = 30.1\% \quad (7\text{-}5)$$

根据以上对每一失重过程的分析，存在如下关系：

$$\frac{m\%}{100\%} = \frac{a\%}{12.3\%} = \frac{a}{12.3} \quad (7\text{-}6)$$

$$\frac{(m+n)\%}{100\%} = \frac{b\%}{19.2\%} = \frac{b}{19.2} \quad (7\text{-}7)$$

$$\frac{(m+n+p)\%}{100\%} = \frac{c\%}{30.1\%} = \frac{c}{30.1} \quad (7\text{-}8)$$

由等式（7-6）可得：

$$m\% = \frac{a}{12.3} \times 100\% \quad (7\text{-}9)$$

将等式（7-9）化简，可得：

$$m = \frac{100a}{12.3} \tag{7-10}$$

将等式（7-10）代入至等式（7-7），可得：

$$\frac{(m+n)\%}{100\%} = \frac{\dfrac{100a}{12.3}+n}{100} = \frac{b}{19.2} \tag{7-11}$$

整理等式（7-11），可得：

$$n = \frac{100b}{19.2} - \frac{100a}{12.3} \tag{7-12}$$

等式（7-8）可变形为：

$$m+n+p = \frac{100c}{30.1} \tag{7-13}$$

整理等式（7-13），可得：

$$p = \frac{100c}{30.1} - m - n \tag{7-14}$$

将等式（7-10）和式（7-12）代入式（7-14），可得：

$$\begin{aligned} p &= \frac{100c}{30.1} - m - n = \frac{100c}{30.1} - \frac{100a}{12.3} - \left(\frac{100b}{19.2} - \frac{100a}{12.3}\right) \\ &= \frac{100c}{30.1} - \frac{100b}{19.2} \end{aligned} \tag{7-15}$$

综合以上分析，该样品中各组分含量依次为

$$w_{CaC_2O_4 \cdot H_2O} = m\% = \frac{100a}{12.3}\% \tag{7-16}$$

$$w_{CaC_2O_4} = n\% = \left(\frac{100b}{19.2} - \frac{100a}{12.3}\right)\% \tag{7-17}$$

$$w_{CaCO_3} = p\% = \left(\frac{100c}{30.1} - \frac{100b}{19.2}\right)\% \tag{7-18}$$

$$\begin{aligned} w_{CaO} &= (100-m-n-p)\% = 100\% - \frac{100a}{12.3}\% - \left(\frac{100b}{19.2} - \frac{100a}{12.3}\right)\% - \left(\frac{100c}{30.1} - \frac{100b}{19.2}\right)\% \\ &= \left(100 - \frac{100c}{30.1}\right)\% \end{aligned} \tag{7-19}$$

7.1.2 利用热重曲线确定物质的结构式

对于由单一化合物组成的物质，根据其结构单元在不同温度范围的变化，由TG 曲线可以方便地确定物质的结构式。下面介绍利用热重曲线确定配位化合物中的结晶水和配体个数。

图 7-8 为对合成的新型 Zn(Ⅱ)配合物{[Zn(bbi)(bdc)]•$2H_2O$}（bbi= 1,3-二咪唑丙烷，bdc=间苯二甲酸）进行热重实验所得的 TG 曲线[4]。由图可见，该配合物的 TG 曲线可以分为以下三个阶段：

① 第一阶段在 135~185°C 温度范围，失去两分子结晶水（失重率 7.91%，理论值 8.15%）；

② 第二阶段在 340~400°C 温度范围，失去一分子配位的 bbi 配体（失重率 39.21%，理论值 39.81%）；

③ 第三阶段在 400~660°C 温度范围，失去一分子配位的 bdc 配体（失重率 37.11%，理论值 37.55%）；

④ 最终产物可能为氧化锌（实际残留率 20.53%，理论值 18.32%）。

在以上的每个步骤中，化合物实际分解过程的失重率与理论计算个数的结晶水含量和配体含量的一致性较好。

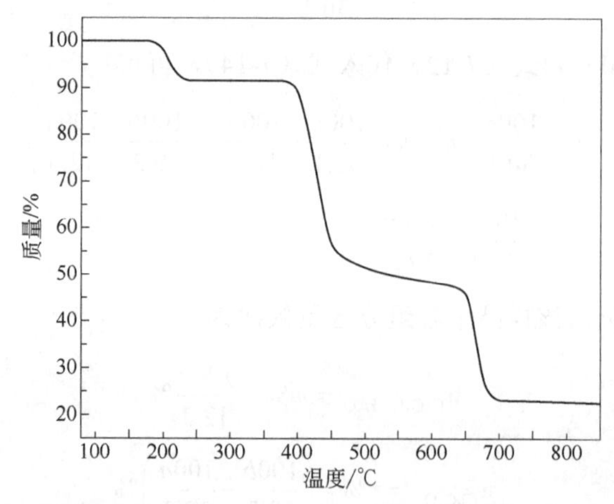

图 7-8 新型 Zn(Ⅱ)配合物{[Zn(bbi)(bdc)]•$2H_2O$}进行热重实验所得 TG 曲线

实验条件：在 50mL/min 的 N_2 气氛下，由室温开始以 10°C/min 的升温速率加热至 800°C

从另一个角度来看，可以通过 TG 曲线中得到结晶水和配体分解的百分比与其在分子中的含量进行对比，来确定配位化合物中结晶水和配体的个数。

例如，图 7-9 为由合成的具有相同配体不同金属阳离子的系列 MOF 材料$[(CH_3)_2NH_2][M_3(BTC)(HCOO)_4(H_2O)]H_2O$，其中 M 为 Mn、Co、Ni，在空气气氛下得到的 TG 曲线[5]。

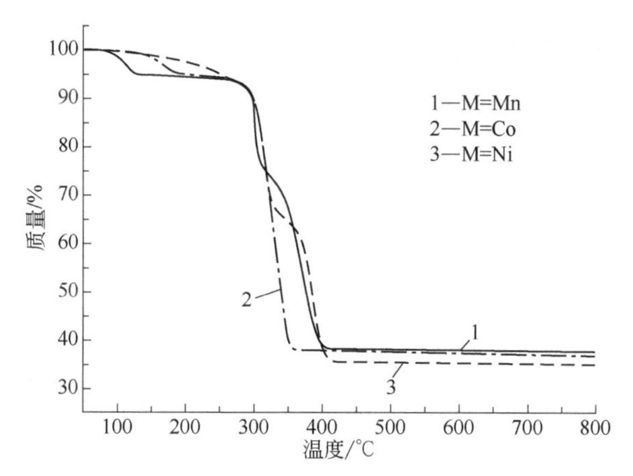

图 7-9　在空气气氛下，MOF 材料$[(CH_3)_2NH_2][M_3(BTC)(HCOO)_4(H_2O)]H_2O$ 的 TG 曲线

由图 7-9 可见，三种化合物的热重曲线很相近，主要特征如下：

① 失去结晶水阶段。在 80~200°C，化合物 1 的失重率为 5.50%；在 130~230°C 范围，化合物 2 的失重率为 5.26%；在 120~260°C 范围，化合物 3 的失重率为 6.17%。

② 配体骨架分解阶段。由图 7-9 可见，化合物 1 和 3 在配体骨架分解过程的质量损失过程分两部分，而化合物 2 则只有一步质量损失过程。在该过程的质量变化量分别是：化合物 1 的失重率为 56.38%、化合物 2 的失重率为 56.84%、化合物 3 的失重率为 58.88%。

③ 500°C 以上的残余质量。在 500°C 以上，化合物 1 的最后剩余质量为 38.12%（计算值 37.34%）、化合物 2 为 37.90%（计算值 37.27%）、化合物 3 为 34.95%（计算值 34.72%）。最终分解产物为 Mn_2O_3、Co_3O_4 和 NiO。

7.1.3　由热重曲线确定分解机理

在加热过程中，许多物质会在某温度下发生分解、脱水、氧化、还原和升华等物理化学变化从而引起质量变化，由此可以得到相应的 TG 曲线。在对一些已知结构组成的小分子化合物的 TG 曲线进行解析时，根据发生质量变化的温度范围及质量变化百分数，可以推断出在每一个质量变化阶段物质的结构变化信息。

7.1.3.1　由热重曲线确定无机物的热分解机理

对于相当多的结晶水化合物、无机酸盐、氢氧化物等无机物而言，在加热过程中其结构形式随着温度的升高而发生变化，伴随着质量的变化。根据 TG 曲线，可以判断这类化合物在不同阶段的结构状态。

图 7-10 为含有一个结晶水的草酸钙（$CaC_2O_4 \cdot H_2O$）的热重曲线，可以按照以下方法根据图中的 TG 曲线得到在加热过程中 $CaC_2O_4 \cdot H_2O$ 的结构变化信息：

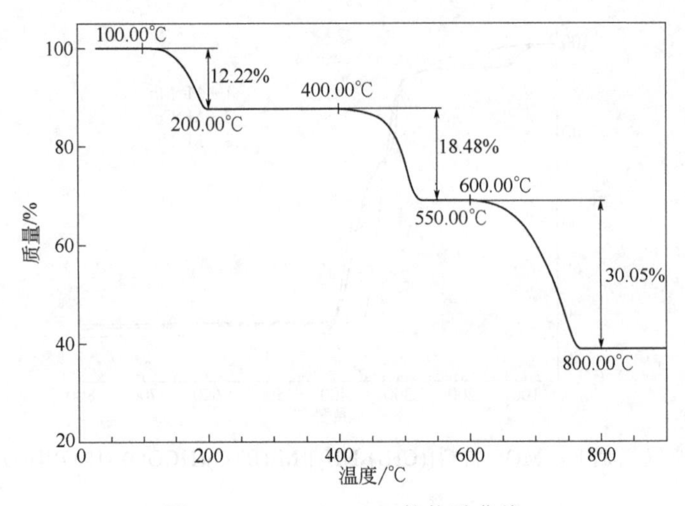

图 7-10　$CaC_2O_4 \cdot H_2O$ 的热重曲线

实验条件：敞口氧化铝坩埚；氮气气氛，流速 50mL/min；
由 25°C 升温至 900°C，升温速率为 10°C/min

① 含有一个结晶水的草酸钙在 100°C 以下没有发生失重现象，其 TG 曲线呈水平状。TG 曲线在 100~200°C 范围出现了一个失重台阶，这一步的失重量占试样总质量的 12.2%，正好相当于 1mol $CaC_2O_4 \cdot H_2O$ 失去 1mol H_2O。由此可以判断，该过程发生了以下的热分解反应：

$$CaC_2O_4 \cdot H_2O \xrightarrow{\triangle} CaC_2O_4 + H_2O \tag{7-20}$$

② 样品在 400°C 和 550°C 之间继续发生失重，出现了第二个失重台阶，其失重量占试样总质量的 18.5%，相当于 1mol CaC_2O_4 分解出 1mol CO。由此可以判断，该过程发生了以下热分解反应：

$$CaC_2O_4 \xrightarrow{\triangle} CaCO_3 + CO\uparrow \tag{7-21}$$

③ 样品在 600~800°C 之间继续出现失重，出现了第三个失重台阶，其失重量占试样总质量的 30%，正好相当于 1mol $CaCO_3$ 分解出 1mol CO_2。由此可以判断，该过程发生了以下热分解反应：

$$CaCO_3 \xrightarrow{\triangle} CaO + CO_2\uparrow \tag{7-22}$$

在以上的分析中，根据每一步的失重量和样品的结构信息得出了一水合草酸钙在加热过程中依次发生了失一分子结晶水、一分子 CO 和一分子 CO_2 的过程，在 800°C 以上得到的固态物质为 CaO。

另外，根据 TG 曲线可以得到 $CuSO_4 \cdot 5H_2O$ 在加热失去结晶水过程中的结构变化信息。图 7-11 为 $CuSO_4 \cdot 5H_2O$ 在氮气气氛下得到的室温至 300°C 范围的 TG 曲线和 DTG 曲线。

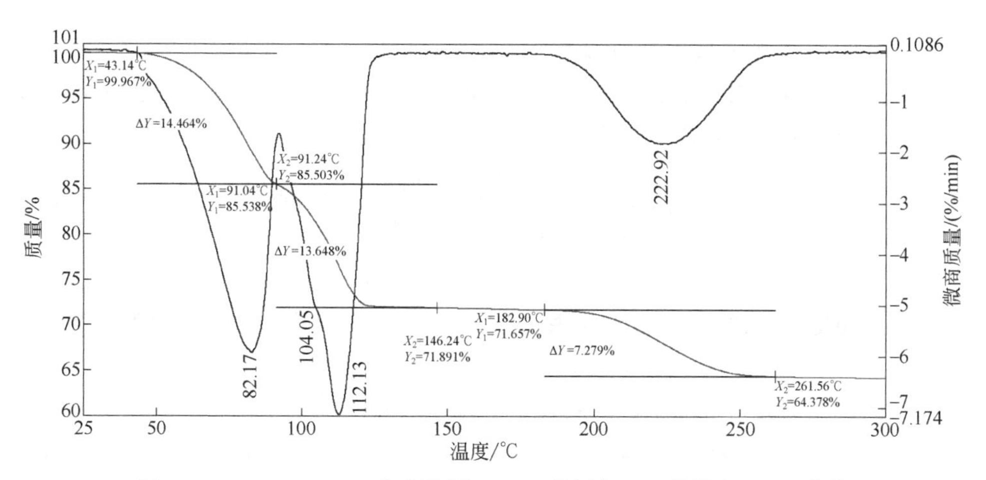

图 7-11 $CuSO_4 \cdot 5H_2O$ 在室温至 300°C 范围的 TG 曲线和 DTG 曲线

实验条件：敞口氧化铝坩埚；氮气气氛，流速 50mL/min；由 25°C 升温至 300°C，升温速率 10°C/min

由图中的 TG 曲线可见，实验温度范围内，$CuSO_4 \cdot 5H_2O$ 在整个脱水过程的失重现象分为三个阶段。其中，室温至 150°C 范围的两个失重台阶相对连续，失重率分别为 14.5%和 13.7%，失重量接近。在 180~260°C 范围出现了第三个台阶，失重率为 7.3%。可以根据每阶段的失重量，结合五水硫酸铜的分子式，按照以下的方法推算每步的分解生成物：

假设在一个失重过程中失去 x 个结晶水，则可以用以下方程式表示该失水过程：

$$CuSO_4 \cdot 5H_2O \xrightarrow{\triangle} CuSO_4 \cdot (5-x)H_2O + xH_2O \tag{7-23}$$

该过程满足质量守恒定律，则可以用如下关系式表示反应前后的质量变化：

$$w_{CuSO_4 \cdot 5H_2O} - w_{CuSO_4 \cdot (5-x)H_2O} = w_{xH_2O} \tag{7-24}$$

可以用下式表示反应开始时的 $CuSO_4 \cdot 5H_2O$ 和生成的 x 个水的物质的量：

$$n_{CuSO_4 \cdot 5H_2O} = \frac{w_{CuSO_4 \cdot 5H_2O}}{M_{CuSO_4 \cdot 5H_2O}} = \frac{w_{CuSO_4 \cdot 5H_2O}}{248.5} \tag{7-25}$$

$$n_{xH_2O} = \frac{w_{xH_2O}}{M_{H_2O}} = \frac{w_{xH_2O}}{18} \tag{7-26}$$

由等式（7-25）和等式（7-26）可以确定 x 的个数：

$$x = \frac{n_{xH_2O}}{n_{CuSO_4 \cdot 5H_2O}} = \left(\frac{w_{xH_2O}}{18}\right) \Bigg/ \frac{w_{CuSO_4 \cdot 5H_2O}}{248.5} = 13.81 \times \frac{w_{xH_2O}}{w_{CuSO_4 \cdot 5H_2O}} \tag{7-27}$$

根据图 7-11 中不同温度范围的失重比例可以得到：

室温至 91°C 范围的失重台阶，质量减少了 14.5%，根据等式（7-27）可以确定在该过程失去结晶水的个数为：

$$x = 13.81 \times \frac{w_{x\mathrm{H_2O}}}{w_{\mathrm{CuSO_4 \cdot 5H_2O}}} = 13.81 \times \frac{14.5\%}{100\%} = 2.0025 \approx 2 \qquad (7\text{-}28)$$

按照同样的方法，可以计算得到 91~150°C 范围的失重台阶（失重率为 13.7%）和 180~260°C 范围的失重台阶（失重率为 7.3%）所对应的结晶水个数分别为 2 和 1。

因此，在该失水过程中，主要发生了以下反应：

$$CuSO_4 \cdot 5H_2O(s) \longrightarrow CuSO_4 \cdot 3H_2O(s) + 2H_2O(l) \qquad (7\text{-}29)$$

$$H_2O(l) \longrightarrow H_2O(g) \qquad (7\text{-}30)$$

$$CuSO_4 \cdot 3H_2O(s) \longrightarrow CuSO_4 \cdot H_2O(s) + 2H_2O(g) \qquad (7\text{-}31)$$

$$CuSO_4 \cdot H_2O(s) \longrightarrow CuSO_4(s) + H_2O(g) \qquad (7\text{-}32)$$

由于方程式（7-29）对应的脱水过程略高于室温（在 40°C 附近），因此脱去的水分子扩散到表面需要一段时间，随着温度的升高，该过程与方程式（7-30）水的汽化蒸发过程相重合，因此在 TG 曲线上的第一个失重台阶对应方程式（7-29）和方程式（7-30）两步反应。第二个台阶发生在水的汽化温度以上，在分解后即汽化，对应于方程式（7-31）。180~260°C 范围的台阶（失重率为 7.3%）的过程对应方程式（7-32）。

从结构角度来看，$CuSO_4 \cdot 5H_2O$ 的脱水方式和其结构有关。通常认为，在结晶状态的 $CuSO_4 \cdot 5H_2O$ 分子中有四个水分子与 Cu^{2+}离子配位，而第五个水分子通过氢键同时与硫酸根和两个配位水分子相连接。图 7-12 给出了 $CuSO_4 \cdot 5H_2O$ 中水合结构示意图[6]。图中（1）位和（2）位的两个结晶水与铜离子以配位键相结合，较易脱水，最先脱去这两个结晶水，对应于 TG 曲线中的第一个失重过程。（3）位和（4）位的两个结晶水与铜离子的结合形式不但有配位键，还有氢键，因此脱去这两个结晶水的能量要比脱去前两个结晶水的能量稍高，对应于 TG 曲线中的第二个失重过程。最后一个（5）位结晶水与硫酸根之间以氢键的形式结合，且（3）位和（4）位的结晶水失去后 Cu^{2+}离子对（5）位结晶水的作用力加大，因此需要较大的能量才能使键断开，脱去最后一个结晶水转变为无水硫酸铜，对应于 TG 曲线中的第三个失重过程。因此，在加热过程中，$CuSO_4 \cdot 5H_2O$ 中脱去五个结晶水的过程是分步骤进行的，首先失去两个非氢键结合的水分子形成 $CuSO_4 \cdot 3H_2O$，随着温度的升高再失去剩下的两个与 Cu^{2+}配位的水分子形成 $CuSO_4 \cdot H_2O$，最后随着温度的进一步升高失去与硫酸根离子结合的水分子生成无水状态的 $CuSO_4$。

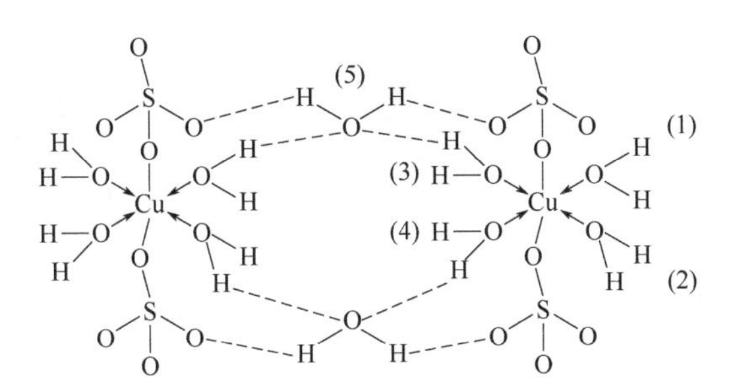

图 7-12　$CuSO_4 \cdot 5H_2O$ 中水合结构示意图

7.1.3.2　由热重曲线确定小分子有机物的热分解机理

对于一些小分子有机物，在发生热分解时会从较弱的键合位置发生断键，形成气态小分子，在 TG 曲线上表现为质量减少。在实际应用中，可以通过 TG 曲线来确定一些小分子有机物的热分解机理。

下面结合乙酰氨基苯酚新型偶氮染料的 TG 曲线来介绍分析该类化合物热分解机理的方法[7]。

图 7-13 为邻苯基偶氮化合物（$C_{14}H_{13}N_3O_2$）的 TG 曲线。由图可见：

① 化合物在室温至 100°C 有一个较弱的失重台阶，该过程对应于样品中溶剂的气化过程，其失重率为 2.1%；

② 化合物在 100~260°C 有一个较为明显的失重台阶，其失重率为 21.6%；

③ 化合物在 260~380°C 的失重台阶的失重率为 14.5%；

④ 化合物在 380~500°C 的失重台阶的失重率为 14.1%；

⑤ 当温度为 500°C 时，剩余的质量为 47.7%。

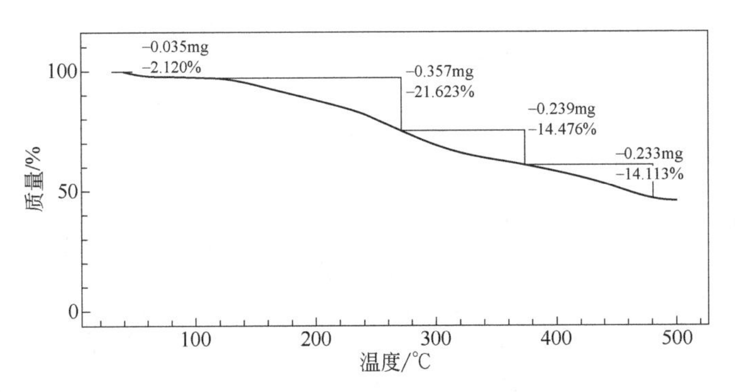

图 7-13　邻苯基偶氮化合物（$C_{14}H_{13}N_3O_2$）的 TG 曲线

邻苯基偶氮化合物（$C_{14}H_{13}N_3O_2$）的结构式如图 7-14 所示。结合图 7-13 中 TG 曲线的不同分解阶段和化合物结构中键合程度的差异，可以推测该化合物的结构在温度变化过程中发生了如图 7-14 所示的结构变化过程[15]。

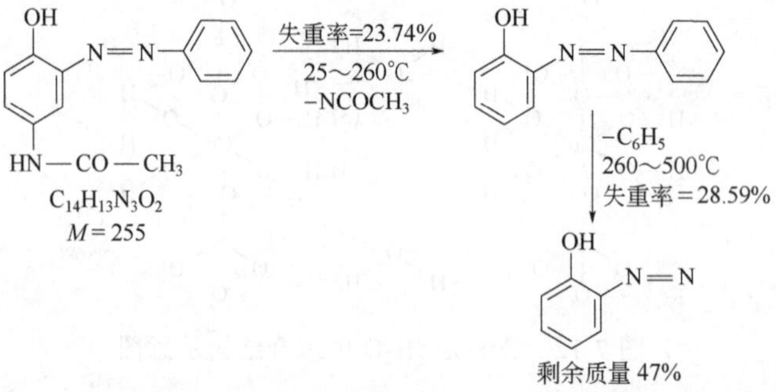

OH
N＝N
失重率=23.74%
25～260°C
$-NCOCH_3$
HN—CO—CH_3
$C_{14}H_{13}N_3O_2$
M=255
OH
N＝N
$-C_6H_5$
260～500°C
失重率＝28.59%
OH
N＝N
剩余质量47%

图 7-14　邻苯基偶氮化合物（$C_{14}H_{13}N_3O_2$）的结构及其热分解机理

图 7-14 中的热分解机理图表明，在该化合物发生分解时首先失去一分子的乙酰氨基片段，该过程对应于 260°C 以下的失重率，为 23.7%，与理论值一致；随着温度的进一步升高，在 260~500°C 范围内连续发生了两步失重过程，对应于分子中苯环的脱去，失重率为 28.6%，与理论值也一致；当温度为 500°C 时，最终产物为邻偶氮苯酚，其在结构中所占的质量百分比为 47%，与 TG 曲线中残余物质量（47.7%）一致。

图 7-15 是盐酸特拉唑嗪（TER）的 TG 曲线，据此可以确定热分解过程[8]。TG 曲线显示 TER 的热分解过程有四个台阶，而 DTG 曲线则对应于六个峰，因此推测反应可能包括以下六个步骤：

① 在 25~150°C 范围存在一个失重过程，失重率 7.59%，DTG 曲线的峰值温度为 117°C；

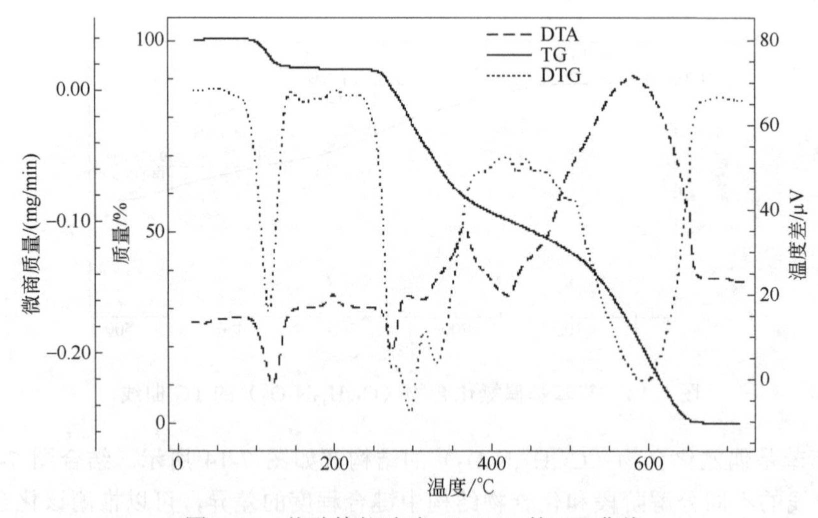

图 7-15　盐酸特拉唑嗪（TER）的 TG 曲线

② 在 150~280°C 范围存在一个 7.71%的失重过程，DTG 曲线的峰值温度为 275°C；

③ 在 280~320°C 范围存在一个 14.98%的失重过程，DTG 曲线的峰值温度为 296°C；

④ 在 320~341°C 范围存在一个 6.18%的失重过程，DTG 曲线的峰值温度为 332°C；

⑤ 在 341~490°C 范围存在一个 18.56%的失重过程，DTG 曲线的峰值温度为 433°C；

⑥ 在 490~700°C 范围存在一个 45.31%的失重过程，DTG 曲线的峰值温度为 595°C。

在图 7-16 中给出了 TER 的分子结构图。结合图 7-15 中的 TG 曲线、DTG 曲线与 TER 分子结构中不同化学键的键合方式，随着温度升高，分子中键合比较弱的位置首先发生断裂，形成的产物以气体形式逸出。TG 曲线和 DTG 曲线反映了

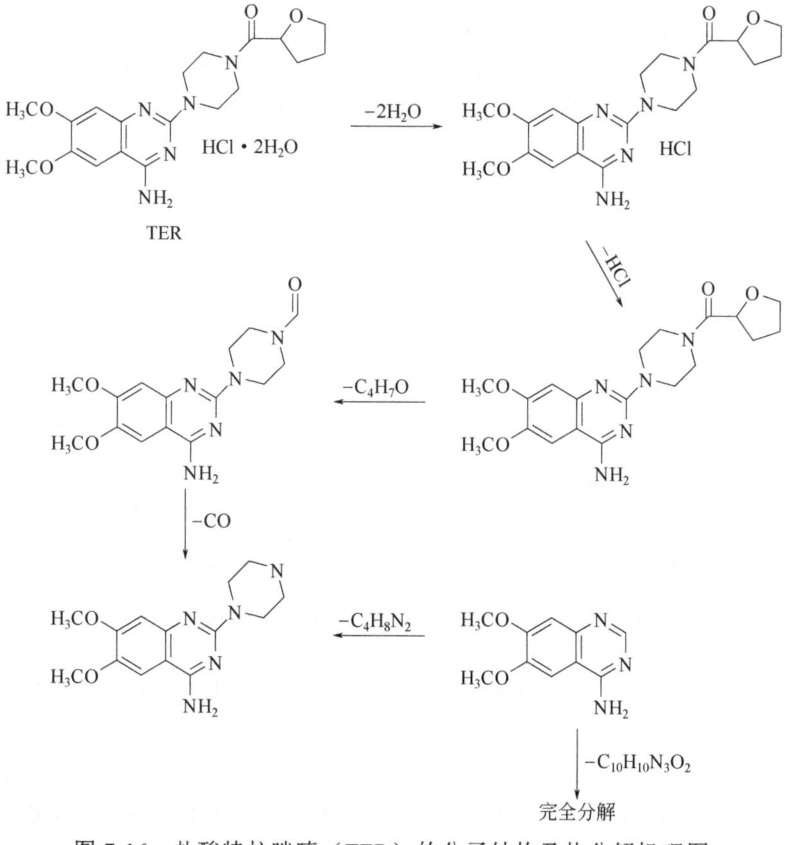

图 7-16　盐酸特拉唑嗪（TER）的分子结构及热分解机理图

TER 分子的分解过程，据此可以做出以下判断：

① 在 25~150°C 的 7.59%的失重过程，对应于 2 分子结晶水的分解；

② 在 150~280°C 的 7.71%的失重过程，对应于 1 分子 HCl 分子的逸出；

③ 在 280~320°C 的 14.98%的失重过程，对应于结构中的五元杂环 C_4H_7O 碎片分子的逸出；

④ 在 320~341°C 的 6.18%的失重过程，对应于结构中与五元杂环相连的酮羰基（-CO-）片段的逸出；

⑤ 在 341~490°C 的 18.56%的失重过程，可归因于结构中与酮羰基相连的六元杂环 $C_4H_8N_2$ 片段的逸出；

⑥ 在 490~700°C 的 45.31%的失重过程，对应于余下片段 $C_{10}H_{10}N_3O_2$ 的分解逸出。

图 7-16 表示了在以上不同温度范围下的分解过程。

7.1.4 由热重曲线确定热稳定性

通过 TG 曲线可以确定物质随温度变化而引起的一些特征物理量的变化信息，也可用来对比不同条件下（主要指工艺、结构、实验条件等）物质的热稳定性。在确定物质的热稳定性时，通常需要用定义的特征物理量来表示，图 7-17 中给出了几种常用的特征温度的表示方法。

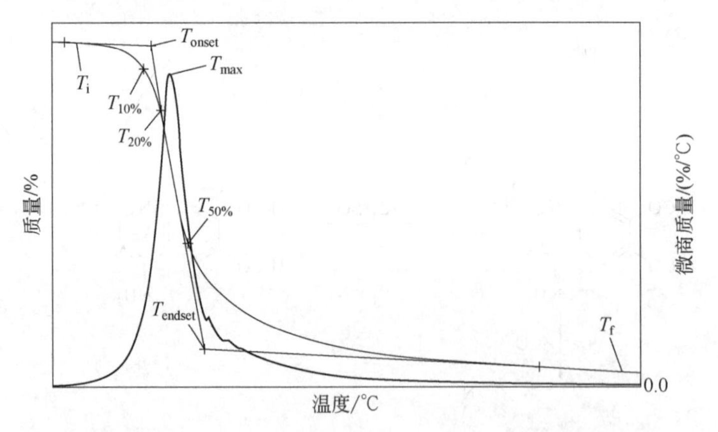

图 7-17　由 TG 曲线确定的常用的几种特征温度

图 7-17 中，T_i 和 T_f 分别为质量变化台阶开始和结束的温度，常用来确定台阶开始和结束的温度范围；

$T_{10\%}$、$T_{20\%}$和 $T_{50\%}$分别为当质量变化 10%、20%和 50%时对应的温度，常用来比较不同样品和不同实验条件下 TG 曲线的变化。这种类型的温度又称特定百分比温度，还可以采用其他百分数形式表示。其中，$T_{50\%}$又称半寿命温度；

T_{onset}和T_{endset}分别为外推起始温度和外推终止温度，由斜率最大点和T_i、T_f所作的切线的交点来确定，用于比较不同样品在不同实验条件下TG曲线的特征变化；

T_{max}为最快分解温度，对应于DTG曲线的峰值或者台阶中最大斜率所对应的温度。

7.1.4.1 不同类型物质热稳定性的简单比较

图7-18为几种常见高聚物的TG曲线，从图中可以看出PMMA、LDPE、PTFE在高温下都可以完全分解，但其热稳定性呈现依次增加的趋势。影响热稳定性的决定因素是结构的差异，其中：

① PVC的热稳定性较差，在200~300°C范围出现第一个失重台阶，该过程是由于分子中脱去HCl引起的。在脱去HCl后，分子内形成共轭双键，热稳定性提高，表现为TG曲线下降缓慢。直至420°C时，大分子链发生断裂，出现第二次失重过程。

② 由于分子链中的叔碳和季碳原子的键容易断裂，导致PMMA的分解温度较低。

③ 对于PTFE而言，由于分子链中的C—F键键能较大，因此具有较高的热稳定性。

④ 由于PI的分子链中含有大量的芳杂环结构，在850°C时仅分解约40%，因此它在这几种聚合物中的热稳定性最好。

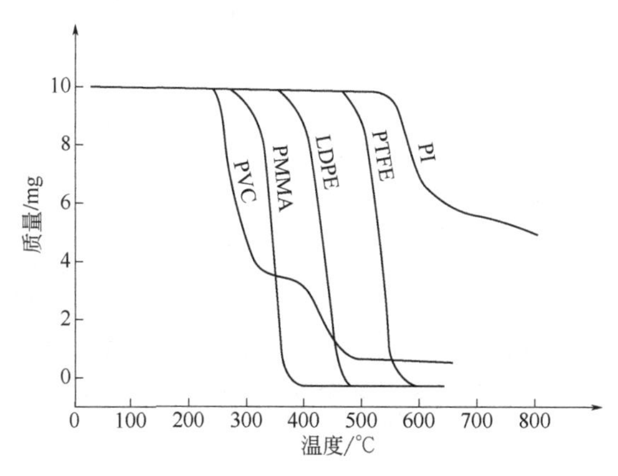

图7-18 多种高分子的TG曲线

7.1.4.2 不同类型物质热稳定性的定量比较

对于大多数生物质材料而言，其热解过程大致可以分成四个阶段，即：干燥失水阶段、过渡阶段、快速热解和炭化阶段。图7-19为稻草、狼尾草、芒属和芦苇四种生物质材料进行热重实验得到的TG和DTG曲线，各阶段的分界点及失重率如表 7-1 所示。由图可见，这四种生物质的热解过程大致可以分成以下四个阶段[9]：

① 失水干燥段（温度范围：室温~T_1）。随着温度升高，样品的失重速率逐步加大，而后减小，发生微小失重。由于在 T_1 时失重速率接近于 0，因此可以认为该范围为失水干燥阶段。通常由该范围的质量损失来确定样品的含水率。

② 过渡阶段（温度范围：T_1~T_2）。在温度 T_2 附近时，样品的热分解速率发生了较为显著的变化，在 T_2 以下的 DTG 曲线的峰值通常很小（指绝对值）。而当温度高于 T_2 时，热解速率开始变大。在该范围内，TG 曲线的失重率很小。因此，

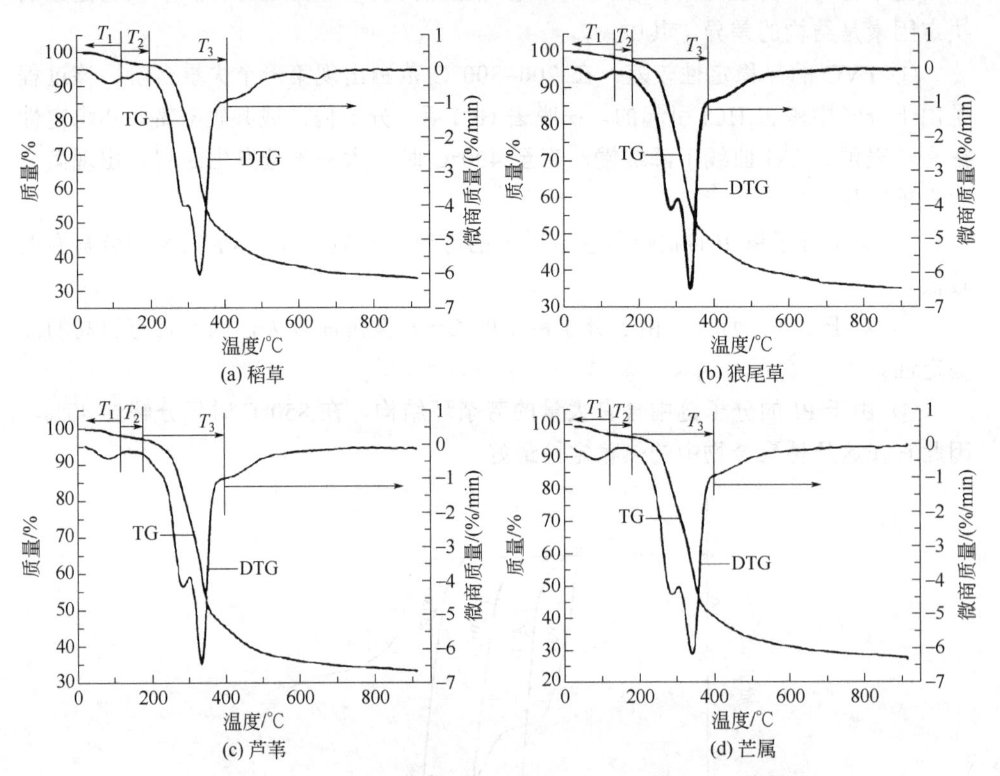

图 7-19　在 10°C/min 升温速率下草类生物质的 TG、DTG 曲线

实验条件：在 75mL/min 的氮气气氛下，由室温开始以 10°C/min 的升温速率加热至 900°C，等温 10min

表 7-1　实验样品的热裂解温度分解点及各段的失重率

样品	T_1/°C	T_2/°C	T_3/°C	w_1/%	w_2/%	w_3/%	w_4/%
稻草	117	183	502	7.1	2	85.1	5.8
芒属	118	171	483	7.2	1.7	85.5	5.6
狼尾草	130	184	489	9.1	1.3	86.1	3.5
芦苇	115	178	497	6.4	1.9	87.5	4.2

通常认为 T_2 为快速热解阶段的始点。在该温度范围，生物质原料内部主要发生了少量解聚、内部重组等过程[10]。

③ 快速热解阶段（温度范围：T_2~T_3）。该范围为热解的主要阶段，试样的大部分失重发生在该阶段，失重率占整个失重的 85%左右。DTG 曲线在该段也发生急剧变化，出现了明显的峰值。

④ 炭化阶段（温度范围：T_3 以上）。主要是在高温下残留物的缓慢分解过程，并最后生成灰分和固定碳。在该阶段 DTG 曲线变化缓慢，TG 曲线也相对较为平缓。

从图 7-19 中的 DTG 曲线可以看出，每个样品都出现了肩状峰。其中，狼尾草主要在 287~303°C，芒属主要在 282~297°C 之间，芦苇主要在 282~303°C 之间，稻草主要在 287~302°C 之间。这主要是由于纤维素热解和半纤维素热解引起的两个 DTG 峰分离，而是否出现分离现象决定于半纤维素相对于纤维素组分的含量。由于草类生物质半纤维素组分含量对于纤维素组分含量相对较高，所以在低升温速率时肩状峰表现得较为明显。

另外，由图 7-19 中的 DTG-TG 曲线及相关计算可以得到以下常用来反映热解特性的主要参数：

① 挥发分初始析出温度 T_s（对应于图中 T_2）；

② 挥发分最大失重速率$(dw/dt)_{max}$，即 DTG 的峰值；

③ 对应于$(dw/dt)_{max}$ 的峰值温度 T_{max}；

④ 挥发分平均失重速率$(dw/dt)_{mean}$，即热解失重百分比与热解时间之间的比值；

⑤ 热解最大失重率 V_∞；

⑥ 对应于$(dw/dt)/(dw/dt)_{max}=1/2$ 的温度区间 $\Delta T_{1/2}$，即 DTG 峰的半峰宽度。

图 7-21 中的草类生物质的热解特性参数列于表 7-2 中。图 7-21 和表 7-2 中的数据表明，每种生物质的挥发分初始析出温度 T_s 都较低，其中芒属最低，为 171°C。挥发分析出率 V_∞越大，则固体剩余物越少。当然，该值也与生物质中挥发分的含量有关，其中芒属的 V_∞最高为 72.72%，芦苇的 V_∞最低，为 62.04%。狼尾草的挥发分最大失重速率最高，为 6.45%/min；芦苇最低，为 6.02%/min。另外，图 7-21 中所有的草类生物质的 T_{max} 都在 335°C 附近。

表 7-2 草类生物质的热解特性参数（β=10°C/min）

样品	T_s/°C	T_{max}/°C	$(dw/dt)_{max}$/(%/min)	V_∞	$(dw/dt)_{mean}$/(%/min)	$\Delta T_{1/2}$/°C	D
稻草	183	335.7	−6.42	64.85	−0.754	89	5.7×10^{-5}
狼尾草	184	340.6	−6.45	66.63	−0.827	102	5.6×10^{-5}
芒属	171	344	−6.19	72.72	−0.749	85	6.7×10^{-5}
芦苇	178	332.9	−6.02	62.04	−0.697	86	5.1×10^{-5}

综合上述热解相关特性参数，可以定义一个综合特性指数 D 来表征生物质挥发分释放难易程度[11]，D 的表达式为：

$$D=\frac{(\mathrm{d}w/\mathrm{d}t)_{\mathrm{max}}\times(\mathrm{d}w/\mathrm{d}t)_{\mathrm{mean}}\times V_{\infty}}{T_{\mathrm{s}}T_{\mathrm{max}}\Delta T_{1/2}} \tag{7-33}$$

由等式（7-33）可见，T_s 越低，挥发分越易析出（对应的 D 值越大）；$(\mathrm{d}w/\mathrm{d}t)_{\mathrm{max}}$ 和 $(\mathrm{d}w/\mathrm{d}t)_{\mathrm{mean}}$ 越大，挥发分释放得越强烈（对应的 D 值越大）；V_∞ 越大，则挥发分的析出量也越多（对应的 D 值越大）；T_{max} 和 $\Delta T_{1/2}$ 越小则挥发分释放高峰出现得越早越集中，越有利于热解及汽化。

根据上式计算得到的 D 值也列入了表 7-2 中，芒属的 D 值最高，芦苇的 D 值最低。一方面是由于芒属的挥发分含量高，灰分低；另一方面则是由于草类生物质中的纤维素、半纤维素和木质素含量的差异。

综合以上分析，总体来说，芦苇的热解稳定性相对较高，芒属的热解稳定性较低。

7.1.4.3 同类型物质热稳定性的比较

由 TG 曲线可以得到结构相近的物质的热稳定性变化信息。例如，图 7-20 为配体分子（曲线 H_4L）、两种结构相近的金属框架有机物（MOFs）$Zn_2(L)$（曲线 1）和 $Cd_2(L)\cdot 2H_2O$（曲线 2）（L=4,4′-六氟亚异丙基-邻苯二甲酸）的 TG 曲线[12]。可以得到以下信息：

① 对于 H_4L，从 200°C 开始到 300°C，质量损失了 90%，最快分解温度（T_p）为 280°C，表明有机配体在 300°C 以下已经大部分发生了分解；

② 对于 $Zn_2(L)$，材料主体框架最高在 470°C 下保持稳定且在 470~580°C 发生了一步的质量损失，最快分解温度为 540°C；

③ 对于 $Cd_2(L)\cdot 2H_2O$，在 230~270°C（T_p 为 250°C）出现了 4.5%的失重台阶，表明材料中的两分子结晶水发生了分解（计算值：4.88%；测定值：4.57%）。主体框架在超过 400°C 时开始发生分解，在 570°C 结束（T_p 为 470°C）。

从以上分析可以看出，合成得到的两种 MOFs 的结构坍塌温度都在 400°C 以上，高于大多数的 MOF 材料，表明这两种材料的热稳定性好。较高的热稳定性是由于金属和羧酸盐间较强的相互作用，使配体的骨架排列更加紧密，提高了材料的热解温度。此外，主体框架紧密的网络结构在决定其热稳定性方面也起到重要作用。图 7-20 中两种 MOFs 化合物之间的热稳定性差异，可能是由于 Zn—O 键的相互作用要强于 Cd—O 键，以及二者在配位立体结构上微小的结构差异造成的。

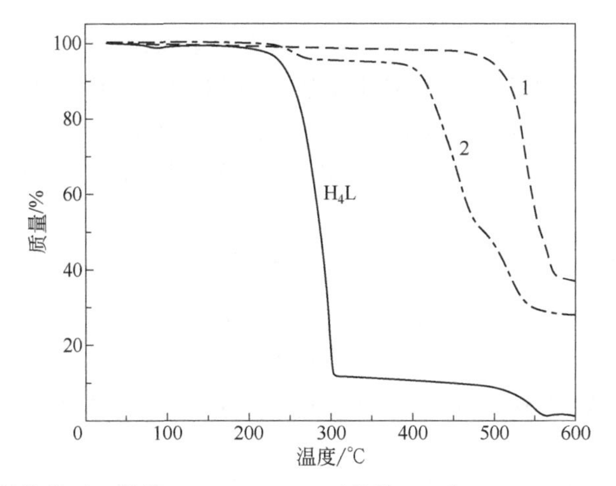

图 7-20　配体分子（曲线 H_4L）、$Zn_2(L)$（曲线 1）和 $Cd_2(L)\cdot 2H_2O$（曲线 2）（L=4,4′-六氟亚异丙基-邻苯二甲酸）的 TG 曲线

实验条件：在 He 气氛下从室温程序升温至 600°C，升温速率为 5°C/min

7.1.5　特殊应用领域中的热重曲线解析

在一些特殊的应用领域中，需要通过 TG 实验来解决一些特殊的问题。例如，通过 TG 曲线可以确定聚合物的接枝率。图 7-21 是氧化石墨烯（GO）辐射接枝甲基丙烯酸缩水甘油酯（GMA）的 TG 曲线。由图可见：

① 未接枝的 GO 在 100°C 之前有少部分失重，是由吸附的水分子汽化引起的；在 100~200°C 之间基本保持稳定；在 200~300°C 范围有明显的质量损失（失重率为 15%），这种失重是由于所含−COOH 等官能团的分解引起；在 300°C 以上质量缓慢减少。

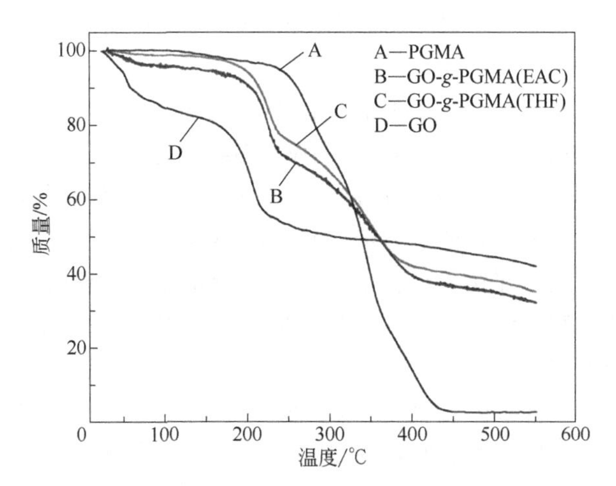

图 7-21　GO、GO-*g*-PGMA、PGMA 热重曲线

实验条件：在氮气气氛下，以 5°C/min 的升温速率由 30°C 加热至 550°C

② 接枝 PGMA 的 GO 在 200°C 以前质量基本保持不变；在 250°C 以上出现明显的质量损失，这种质量损失是由于接枝的 PGMA 和 GO 的官能团分解引起。GO 与接枝 GO 的 TG 曲线在 400°C 以后的变化趋势基本吻合。

③ PGMA 在 250°C 以上开始出现质量损失，随着温度进一步升高，PGMA 几乎完全分解。

根据以上分析，可以利用以下公式（7-34）计算 GO 的接枝率。

$$\mathrm{DG}(\%)=\frac{R_{\mathrm{G}}-R}{R_{\mathrm{G}}-R_{\mathrm{P}}}\times 100\% \tag{7-34}$$

式中，R_{G}、R 和 R_{P} 分别代表 GO、GO-*g*-PGMA、PGMA 在加热至 450°C 时的剩余质量百分比。

根据公式（7-34）可以计算得到 GO 的接枝率。计算结果表明，THF 溶剂中 GO 的接枝率为 17%，EAC 溶剂中 GO 的接枝率为 25%。在 EAC 溶剂中 GO 接枝率比在 THF 溶剂中高，与其他测量手段得到的结果一致。

7.2 差示扫描量热曲线的解析实例

差示扫描量热法（DSC）是应用最广泛的热分析技术之一，是在程序控制温度和一定气氛下，测量输入到试样和参比物的热流或功率差与温度关系的一种技术。DSC 具有使用温度范围宽（−175~725°C）、热量定量方便、分辨率和灵敏度高、试样用量少等优势，缺点是无法在更高的温度下进行实验。因此，对于涉及高温的矿物、冶金等领域，只有采用 DTA 或者与热重联用的 DSC 方法。对于实验温度不高，而灵敏度要求很高的有机物高分子和生物化学领域，DSC 法则有明显优势。

由差示扫描量热仪记录得到的曲线称为 DSC 曲线，其以样品吸热或放热的速率，即热流速率 d*H*/d*t*（单位 mJ/s，即 mW）为纵坐标，以温度 T 或时间 t 为横坐标。除了由 DSC 曲线可以得到相应的特征时间或温度的信息外，由 DSC 曲线的峰面积还可以得到转变过程的热效应，相应的热效应可以换算为热焓。热焓是一个重要的热力学参数，在实验过程中试样分子所发生的物理变化（相变）和化学变化（如物质的分解、键的断裂）都与热焓有关。由 DSC 所测量的热焓是焓变，即试样发生热转变前后的 ΔH。对于压力不变的过程，等于变化过程所吸收的热量 Q。在比较不同物质的转变焓时，还需要将 ΔH 归一化，即计算 1mol 试样分子发生转变时的焓变。实际测量时，通过将试样发生转变时吸收或放出的热量除以试样的摩尔数得到。

在实际应用中，可以由 DSC 曲线得到多种热力学和动力学参数，例如比热容、反应热、转变热、相图、反应速率、结晶速率、高聚物结晶度和样品纯度等。

下面结合实例介绍差示扫描量热法的典型应用中得到的 DSC 曲线的解析方法。

7.2.1　由 DSC 曲线确定物质的状态变化

当物质在升温或降温过程中结构发生变化时，通常伴随着吸热或放热过程。如果样品分子发生结构变化的协同性比较高，则 DSC 曲线上就会出现吸热峰或放热峰，从曲线可以确定结构发生转变的温度和热效应等特征变化量。通过 DSC 可以方便地确定物质的熔融、结晶、相转变和反应等过程中的特征变化量。

7.2.1.1　DSC 曲线中熔融过程的分析

熔融是物质从有序的结晶状态到无序的液体状态的转变过程，发生熔融过程对应的温度通常称为熔融温度（或熔点），在熔融过程中产生的热效应称为熔融热或者熔化热。常用于测量物质熔点的方法主要有显微熔点法、毛细管法和 DSC 法，显微熔点法和毛细管法主要通过图像的变化来判断熔融过程，而 DSC 法则通过熔融过程的热效应来得到熔融温度和熔融热，具有准确性和精度高等优点。

测量物质熔融过程中的温度和热效应是 DSC 的基本应用之一，由 DSC 曲线可以方便地确定物质的熔融温度和熔融热。可以利用 DSC 曲线中物质在熔融过程中发生的变化得到高聚物体系的组分变化、微相结构和相容性等信息。从热力学角度分析，物质的熔融过程为一级相转变，在熔融过程中伴随着吸热效应。

图 7-22 为测定物质的熔融过程得到的 DSC 曲线。图中，T_{i} 为由于熔融使曲线开始偏离基线的温度；T_{onset} 为外推的初始熔融温度；T_{p} 为峰值温度；ΔH 为熔化焓（由峰面积归一化得到），即过程中所吸收的总热量。一般将 T_{onset} 定义为初始熔融温度，有时为了简化直接称其为熔点。

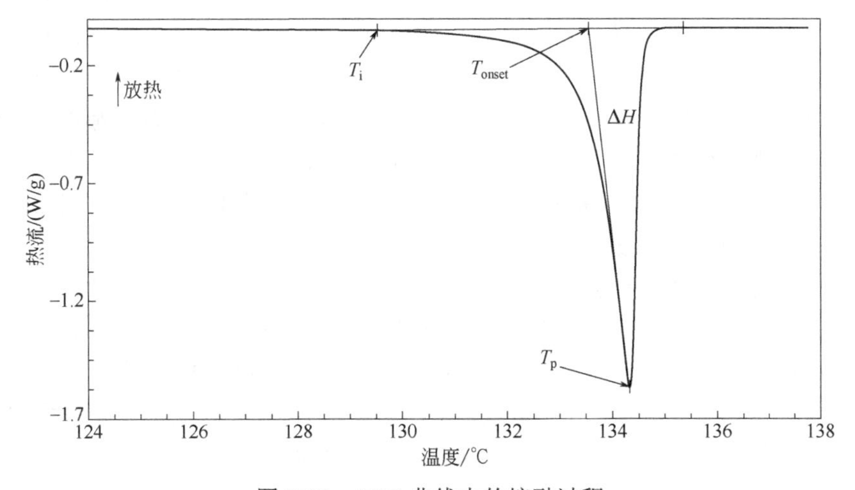

图 7-22　DSC 曲线中的熔融过程

图 7-23 为金属 In 的 DSC 曲线，由图中可以得到对应于其熔融过程的尖锐吸热峰。用数据分析软件可以确定图中外推的初始熔融温度 T_{onset} 为 156.7°C（理论值为 156.6°C），热焓为 28.58J/g（理论值 28.6J/g）。从热力学角度分析，金属材料（包括大多数小分子物质）的熔点应该为一个单一的温度点（热力学平衡温度点），在温度坐标上应该为一条垂直线。由于国际标准 DSC 的温度坐标为参比温度而非样品温度，因此实际 DSC 测得的均为一个有一定宽度的尖峰。另外，由于实际的熔融过程是在动态升温过程中进行，从开始熔融到熔融结束温度一直变化，因此实际得到的熔融过程对应于一个温度范围。

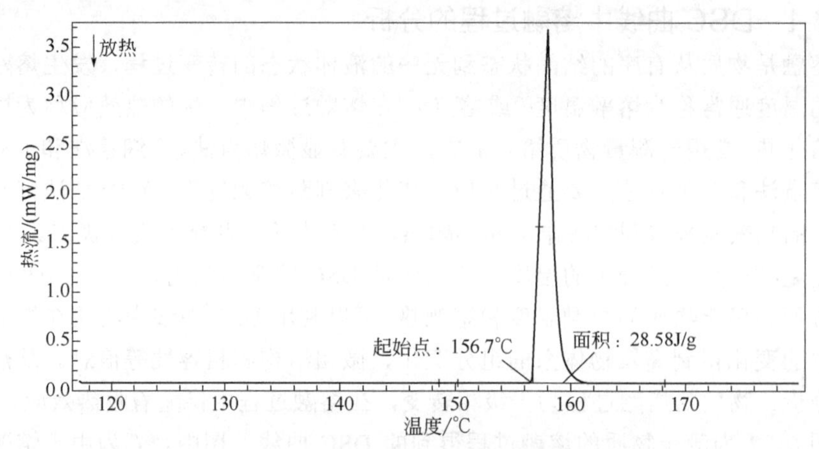

图 7-23　金属 In 在加热熔融过程中的 DSC 曲线

实验条件：称取一定量的 In 密封于铝坩埚中；在 50mL/min 氮气气氛下，以 10°C/min 的升温速率由 20°C 加热至 200°C

为了方便起见，在实际熔融过程中，通常定义固相线和液相线两个温度点，分别指的是固相从开始熔化到完全熔化的温度区间，又称熔程。熔程是基本的热力学参数，是评价材料性能优劣的重要指标之一。固相线即通常所指的材料的熔点，是峰的外推起始温度（对于多个峰为第一个峰），即基线与熔化峰左侧切线斜率最大点（即熔化曲线的一阶微分 DDSC 曲线的极大值对应的点）的交点。对于单峰的 DSC 曲线，液相线指的是峰值温度；对于多峰的 DSC 曲线，液相线指的是最后一个峰的峰值温度。

对于纯金属或单相合金而言，熔融过程只有一个吸热峰（图 7-24）。材料的纯度越高，熔程越短，反之越长。对于两相或多相熔融温度不一致的金属材料体系，DSC 曲线中可能存在多个熔融吸热峰。图 7-25 为 80Sn-20Pb 合金熔融过程的 DSC 曲线，由图可见该合金在熔融过程中一共有两个吸热峰：由第一个峰中的 T_{onset} 可以确定对应于锡-铅（Sn-Pb）合金相图中的共晶温度点为 183°C，在该温度下发生 Sn-Pb 合金由固态向液态的转变，α（Pb）固溶体和部分 β（Sn）固溶体同时熔化为液体；随着温度的升高到达第二个吸热峰的峰值温度（对应于 204°C）时，剩余的 β（Sn）固溶体全部完成熔融。

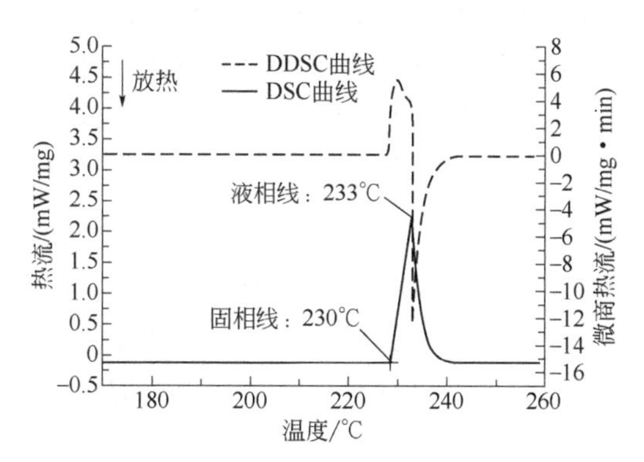

图 7-24　包含纯锡熔融过程的 DSC 曲线

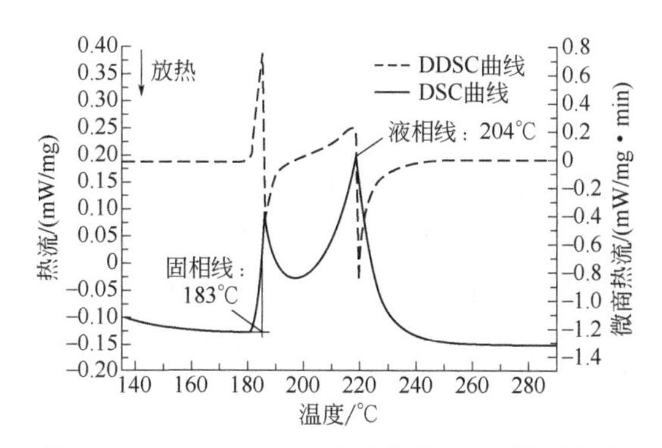

图 7-25　80Sn-20Pb 合金熔化的 DSC 测试曲线

为了方便起见，通常将熔点定义为外推初始温度（即图 7-22 中的 T_{onset}），该温度不易受测试条件影响，更接近热力学平衡温度点；而峰值温度则易受升温速率、样品重量等因素的影响。

在药物分析中，熔点是衡量药物质量的重要指标之一。在确定药物的熔点时，应首先确定样品由固态转化为液态的过程中，熔融的同时伴随分解还是仅存在熔化过程，然后再确定与其相对应的温度。应用中将 DSC 与 TG 两种技术相结合，可得到令人满意的结果。由 DSC 法可准确测试出药物的熔点，并区分出该药物熔融过程中是否存在分解。也就是说由 DSC 曲线（通常需结合 TG 曲线）除了可以准确确定熔融温度外，还可得到熔融焓和分解温度等信息。测量药物熔点常用的毛细管法存在着人为视觉误差、难于判断初始熔化点等缺点。而且对于多组分混合体系，毛细管法测得的熔点数据的重复性很差。通过用差示扫描量热法和毛细管熔点法分别测定黄体酮的熔点，测量结果表明这两种测量方法得到的结果一致[13]。

在对由DSC试验得到的熔融温度进行分析时，需要考虑各种因素（如制样、仪器校准结果、实验条件和数据处理）对结果的影响，必要时应对测量结果进行不确定度分析。文献[14]中采用DSC测定燃速催化剂A的熔点，并对DSC测量熔点的不确定度进行了评定。通过对可能出现的各种影响因素进行不确定度分析，最终确定所测得的熔点的扩展不确定度为0.28°C，其中仪器的温度示值对不确定度的影响最大。

7.2.1.2 DSC曲线中玻璃化转变过程的分析

玻璃化转变是一个自由体积松弛过程，发生于非晶区，其分子运动的本质是高聚物无定形部分链段运动发生“冻结”与“自由”的转变。玻璃化转变并非热力学的相变，只是由于运动单元的变化引起，在升温过程中并没有产生热效应。玻璃化转变类似于热力学二级相变，当发生玻璃化转变时，物质的比热容、热膨胀系数、黏度、折射率、自由体积以及弹性模量等性质发生突变。对于聚合物而言，玻璃化转变温度（T_g）是高聚物的一个重要参数，是高聚物从玻璃态转变为高弹态的温度。玻璃化转变温度是评价聚合物性能的重要指标之一，其值的大小决定了橡胶的使用下限温度和塑料的使用上限温度。当温度在玻璃化转变温度以下时，聚合物将会失去弹性，变得又脆又硬，不利于橡胶产品的使用。

目前测量玻璃化转变温度的方法很多，除了DSC之外，还有TMA和DMA等。与这些方法相比较，差示扫描量热法对样品要求低，但灵敏度较高、分辨率高、重现性好。

无定形高聚物或结晶高聚物无定形部分在升温达到它们的玻璃化转变温度时，被冻结的分子开始微布朗运动，导致比热容变大。用DSC可测定出其热容随温度的变化而改变，在DSC曲线上表现为基线偏移，出现一个台阶。通过DSC测量玻璃化转变温度，主要是基于高聚物在玻璃化转变时热容增加这一性质。这在DSC曲线上表现为基线高度的变化。在DSC曲线中，当发生玻璃化转变时，基线向吸热方向移动，如图7-26所示。当玻璃化转变发生时，图中的DSC曲线向吸热方向偏移，形成一个台阶形。可以通过以下方法来确定玻璃化转变过程的特征参数：

A点是开始偏离基线的点，把转变前后的基线延长，通常称两条基线之间的垂直距离ΔJ为阶差（即台阶的高度）。在$1/2\Delta J$处可找到C点，从C点作切线与前基线延长线相交于B点，国际热分析与量热协会（ICTAC）建议用B点作为玻璃化转变温度（T_g）。有时也用C点来表示T_g，例如在ASTM E1356中取C点作为T_g。在一些特殊情况下，也可以取D点作为T_g。

在图7-26中，ΔJ除了与试样发生玻璃化转变前后的定压比热容（c_p）的差值有关之外，还与实验时的升温速率有关。此外，ΔJ 与 DSC 的灵敏度也有一定关系。T_g 的位置除了取决于聚合物的结构，还与聚合物中相邻分子之间的作用力、增塑剂的用量、共聚物或共混物组分的比例和交联度等有关。另外，T_g 与实验时的升温速率也有很大关系。T_g 一般没有很固定的值，往往随测定方法和条件而改变，因此，在表示某些聚合物的 T_g 时需明确其测定方法和条件。

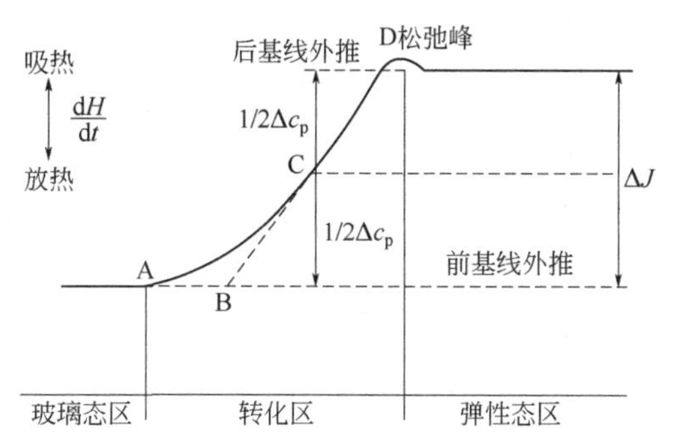

图 7-26　由 DSC 曲线中的转变台阶确定玻璃化转变温度的方法

由于玻璃化转变温度与样品的热历史和实验条件有关，在进行一系列样品的实验时需按照一致的实验条件实施。聚合物共混、添加增塑剂和分子量变化等都会影响玻璃化转变温度。其中，添加增塑剂会降低聚合物材料的玻璃化转变温度，同时使玻璃化转变温区变宽；当聚合物的分子量较低时，一定范围内，玻璃化转变温度随分子量的增大而增大。

通过 T_g 的变化可以评价聚合物材料改性的效果，DSC 是研究高分子共混物结构的一种十分简便且有效的方法。例如，对于不相容的高分子共混物，DSC 曲线上将显示共混高分子各自的玻璃化转变。而对于完全相容的高分子共混物，DSC 曲线上将显示一个玻璃化转变。部分相容的高分子共混物，其共混组分的玻璃化转变会互相靠拢。若在曲线上显示与共混组分的 T_g 不同的玻璃化转变温度，表明不同的共混组分之间的相容性较好[15]。

在图 7-27 中分别给出了 PC、PBT、PC/PBT 一定比例的共混物以及加入了碳纳米管改性后的共混物的 DSC 曲线[16]。由图可见，PC 均聚物的 T_g 大约为 147°C，PBT 均聚物的 T_g 大约为 76°C，曲线 c 显示在 121°C 之后出现了一个较为明显的台阶和一个较弱的台阶，其中 121°C 代表共混物中 PBT 的 T_g，138°C 代表共混物中 PC 的 T_g。T_g 的偏移和两个 T_g 现象均说明 PC 和 PBT 是部分不互溶的聚合物。然而，在掺杂了少量 MWCNT 后，在 135°C 附近出现了一个单一的 T_g 峰，表明此时 PC 和 PBT 变得互溶。在改性后的共混物中，MWCNT 作为黏度改性剂，增加了 PBT 的熔融黏度，使其更加接近 PC 的熔融黏度，由此改变了混溶状态。此外，加入 MWCNT 还使共混物的 T_g 升高，这是由 CNT 和聚合物基体强的相互作用引起的。聚合物中富电子的苯环与多壁碳纳米管的 π-π 相互作用，抑制了链的流动性，增加了复合材料的热稳定性。

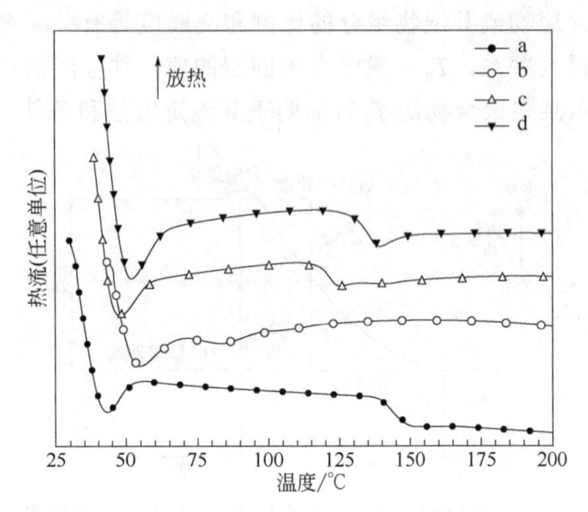

图 7-27　PC、PBT、PC/PBT 一定比例的共混物以及加入了碳纳米管改性后的共混物的 DSC 曲线

曲线：a—PC；b—PBT；c—90PC/10PBT；d—90PC/10PBT-0.35% MWCNT

7.2.1.3　药物的晶型转变分析

许多有机化合物包括药物都存在多晶型现象。对于同一种药物的不同晶型，在生物体内的溶解和吸收可能不同，从而对制剂的溶出和释放产生影响。而且在某些条件下，同一药物的不同晶型会发生转晶现象，从而影响药物的有效性。多晶型是用来描述物质以不同晶体形式存在能力的术语。对于化学组成相同的物质，其熔点、熔融热、溶解行为或生物利用度等性质也可能不同。例如，某种晶型可以被人体很好地吸收，而另一种晶型则可能无效，甚至有毒。因此，了解不同的晶型，检测并了解它们的转变行为（稳定型/亚稳型）对产品的贮存及条件优化十分重要。

在热力学上，稳定性较差的晶型一般具有较低的熔点。因此，一个具有多种晶型的药物在熔融过程中可能存在多个熔点。更为复杂的是，当亚稳态晶型熔化后，可能会再结晶，然后在更高的温度下熔融。DSC 是研究多晶型和假多晶型的有力工具，通过 DSC 曲线可以方便地确定一种药物存在晶型的数量、各个晶型的熔点、熔融热、熔融过程以及晶型之间是否发生转晶等。

假多晶型常用来描述药物或添加剂的水合物或溶剂化物。在药物的制备过程中，当物质结晶析出时有水或溶剂结合在其晶格中，便产生这类化合物。以这种方式结合的水或溶剂分子与吸附在晶体表面的不同，需要较高的温度去溶剂化。理想的研究方法是联合使用 DSC 和 TGA。

在用 DSC 研究多晶型时，实验参数的选择十分重要，这些参数会影响不同晶型的转变动力学。对于未知体系而言，通常选择不同的升温或降温速率进行预测。

如图 7-28 所示为对扑热息痛片剂（乙酰氨基酚）的 DSC 曲线[17]。在图 7-28（a）中，在 57.5°C 处有一个尖锐的吸热峰，其热焓值仅为 0.82J/g，该转变与扑热息痛的多晶现象有关。起始温度在 168.2°C 的峰为其主要晶型的熔融峰，热焓值高达 155.0J/g。将上述药品冷却至室温后再次以 10°C/min 速率升温，所得曲线参见图 7-28（b）。与图 7-28（a）相比，DSC 曲线出现了显著的差异。在 80.0°C 和 131°C 附近出现两个结晶峰，放热量分别为 102J/g 和 7.5J/g，熔融峰出现在 155.1°C。由此可见，热历史的不同将严重影响药品的多晶组成，进而导致药品的理化性质发生很大的变化。

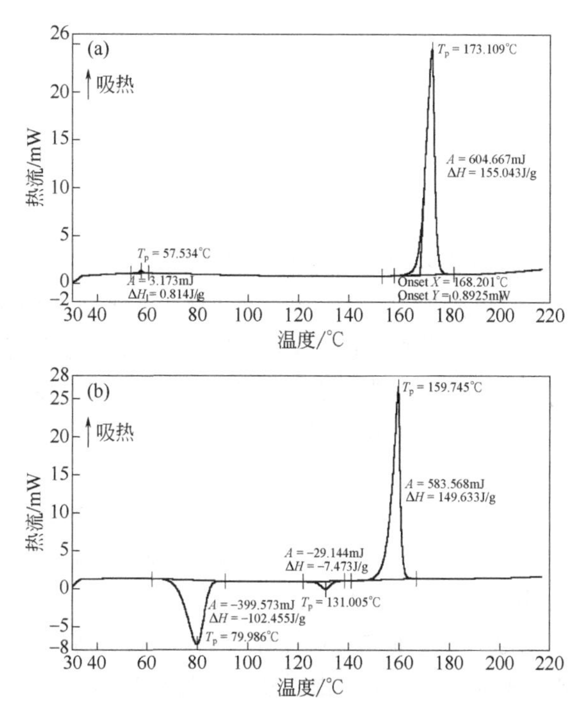

图 7-28　第一次加热（a）及冷却后再加热（b）的乙酰氨基酚的 DSC 测试结果

另外，卡马西平是一种止痛药物，具有至少四种无水多晶相和一种稳定的二水合物相。采用常规 DSC 法以 10°C/min 的加热速率测得结构Ⅰ的熔融吸热峰起始温度为 191.1°C，相应的焓变为 108.7J/g。结构Ⅲ的吸热峰起始温度为 174.4°C，接着结构Ⅰ出现重结晶吸热峰为 191.3°C。重结晶过程阻碍了结构Ⅲ熔融焓变的直接测量。图 7-31 为结构Ⅲ型卡马西平在不同加热速率下的 DSC 曲线[18]。随着温度变化速率的提高，结构Ⅰ的重结晶峰逐渐变微弱直至消失，这表明结构Ⅰ在高速的温度变化下未来得及重结晶，从而可以准确地计算结构Ⅲ的熔化热为109.5J/g。同时，结构Ⅲ与结构Ⅰ的熔化过程分开可以实现多晶相成分的量化。经测量计算，结构Ⅲ的含量仅为1%，再次表明快速DSC可以准确地测量药物的多晶型含量。

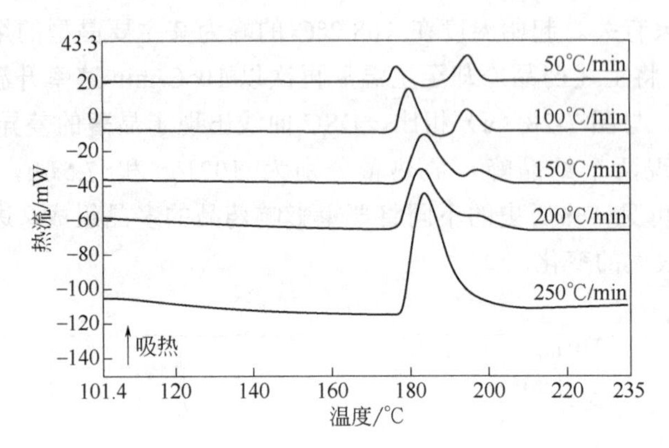

图 7-29 结构Ⅲ型卡马西平在不同加热速率下的DSC曲线

7.2.1.4 无机物的固相相变分析

发生在无机物中的相变多为较快速的一级相变，且大多为可逆相变。相变的急剧性表明了它是一种协同现象。相变的陡度依赖于相变过程中协同的分子数目，此分子数就称为相变的协同单位。DSC峰的宽窄（通常以半高峰宽来衡量）也可说明这种转变过程的协同性。如果转变发生在一个很窄的温度范围，则表明其具有很高的协同性。一级相变往往涉及到熵的变化，因此，由DSC曲线可以得到这类相变过程的信息。

银基硫属化合物为一种典型的相变材料，由于随温度变化发生从半导体到超离子导体的可逆转变而广受关注。例如，Ag_2Se 在室温下是窄带隙半导体，晶体结构为正交相，Ag离子占据固定的位置。当温度升高到406K附近时，转变为立方相。Se离子形成稳定的bcc亚晶格网络结构，Ag离子则随机地分布在Se亚晶格网络的填隙位置，并可以在其中自由迁移，展现出超离子导电性。

图 7-30（a）为正交相的 Ag_2Se 量子点的DSC曲线[19]。由图可见，随着温度的升高，在408K出现一个尖锐的吸热峰；降温过程中，在379K附近出现一个尖锐的放热峰。曲线中的吸热和放热峰证实了 Ag_2Se 的可逆相变。图 7-30（b）为由变温X射线衍射仪得到的 Ag_2Se 量子点随温度变化的XRD衍射图，从图中可以得到 Ag_2Se 在从低温的正交相到高温的立方相的结构转变信息。Ag_2Se 在室温下是正交的窄带隙半导体，晶格中Ag原子处于两种不同的固定位置：Ag1原子为四配位，位于Se原子所构成的四面体空隙中，而Ag2原子是三配位［图 7-34（c）所示］。随着温度的升高，Ag_2Se 由低温正交相转变为高温立方相。在高温立

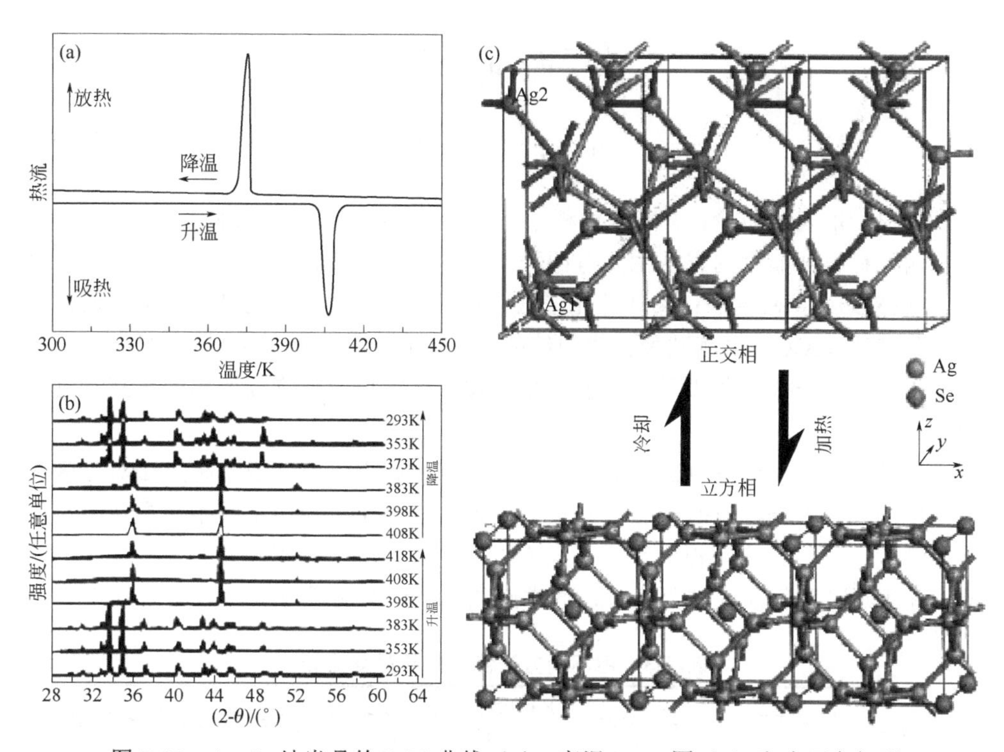

图 7-30　Ag_2Se 纳米晶的 DSC 曲线（a）、变温 XRD 图（b）和由正交相到高温立方相的结构转变示意图（c）

方相中，Se 离子形成稳定的 bcc 亚晶格网络结构，Ag 离子则随机地分布在 Se 亚晶格网络的填隙位置，并可以在其中自由迁移，展现出超离子导电性。

从图 7-32（a）还可以发现 Ag_2Se 在升降温时的吸放热峰的位置不一致，有 29°C 的差别，在降温时存在明显的滞后现象。在大部分有焓变的一级相变中，相转变的滞后现象都是存在的。当然还需要借助其他实验手段才能进一步地了解造成这些现象的原因。低温单斜相转变到高温立方相的过程中体积效应造成了内应力，这部分能量储存在杂交相中造成了降温过程中的滞后现象。随着降温速率的增大，低温相的形成需要克服的动力学成核势垒就越大，转变就越滞后。

由以上列举的实例可见，由 DSC 曲线可以直观且定量地得到相转变过程的信息，其对于研究物质的相转变有着独特的优势。

7.2.2　由 DSC 曲线确定物质的结晶度

物质的结晶度对其物理性质，如模量、硬度、透气性、密度和熔点等有着极其重要的影响。结晶度是材料中结晶部分含量的量度，通常以质量百分数 f_W^C 或体积分数 f_V^C 。

$$f_W^{\mathrm{C}}=\frac{W_{\mathrm{c}}}{W_{\mathrm{c}}+W_{\mathrm{a}}}\times 100\% \tag{7-35}$$

$$f_V^{\mathrm{C}}=\frac{V_{\mathrm{c}}}{V_{\mathrm{c}}+V_{\mathrm{a}}}\times 100\% \tag{7-36}$$

式中，W表示质量；V表示体积；下标 c 表示结晶，a 表示非晶。

测试材料结晶度的方法主要有四种：①差示扫描量热法；②广角 X 射线衍射法（WAXD）；③密度法；④红外光谱法。除了以上四种方法之外，还可以通过反气相色谱法（IGC）来测试聚合物的结晶度。还有一些间接的方法，例如水解法、甲酰化法等，一般是基于晶相和非晶相中发生化学反应或物理变化的差别来进行测量。

由于各种测试结晶度的方法涉及不同的有序状态，或者说各种方法对晶区和非晶区的理解不同，有时甚至会有很大出入。表 7-3 中给出了用不同方法测得的结晶度数据[20]，由表可以看出，不同方法得到的数据的差别超过测量的误差。因此，在报道某种物质的结晶度时，通常必须具体说明测量方法。

表 7-3　用不同方法测得的结晶度比较

纤维品种	热盘温度/°C	热板温度/°C	X 衍射结晶度（经验法计算）/%	分峰处理结晶度/%	DSC 结晶度/%	密度梯度法结晶度/%
167dtex，74 根异形截面牵伸丝	POY 原丝		1.2	6.558	14.1557	15.0688
	85	60	26.2	15.3718	15.4210	19.9210
	85	180	42.3	28.0166	17.9790	39.7080
	112	62.7	21.1	17.3667	13.9077	28.1234
	112	180	38.8	29.2379	16.5330	37.4093
	138	70	32.3	25.3403	12.9120	34.9302
	138	180	34.7	26.4040	15.1147	39.7930
	85	80	15.2	29.3084	15.6297	19.6573
	95	100	35.3	14.1367	18.2193	24.2108
	105	100	26.2	15.0396	17.7487	25.9529
	120	116	41.4	25.8375	16.9547	37.7504
	138	136	30.6	25.8063	12.7313	33.9013

在用 DSC 法研究物质的熔融过程时，由曲线中的熔融峰曲线和基线所包围的面积可以直接换算成热量，该热量为聚合物中结晶部分的熔融热 ΔH_{f}。聚合物的熔融热与其结晶度成正比，结晶度越高，其熔融热越大。

如果已知某聚合物百分之百结晶时的熔融热为 $\Delta H_{\mathrm{f}}^{*}$，则可按下式计算部分结晶聚合物的结晶度 θ：

$$\theta = \frac{\Delta H_{\mathrm{f}}}{\Delta H_{\mathrm{f}}^{*}} \times 100\% \tag{7-37}$$

式中，θ 为结晶度（单位用百分表示）；ΔH_{f} 是试样的熔融热；$\Delta H_{\mathrm{f}}^{*}$ 为该聚合物结晶度达到 100%时的熔融热。

其中 $\Delta H_{\mathrm{f}}^{*}$ 的确定方法主要有：

① 用 DSC 测量 100%结晶度的试样。在不同升温速率下分别测得的试样熔融热 ΔH_{f}，然后作图，线性外推至升温速率等于零时即为平衡熔融热 $\Delta H_{\mathrm{f}}^{*}$。

② 取一组已知结晶度的试样，用 DSC 测量其熔融热，做结晶度对熔融热的关系图，通过外推即可得到 $\Delta H_{\mathrm{f}}^{*}$ 的值。

③ 采用一个模拟物的熔融热来代表 $\Delta H_{\mathrm{f}}^{*}$。

DSC 法具有试样用量少、简便易行的优点，在聚合物结晶度测试中得到了广泛应用。然而在分析由该方法测得的结晶度数据时，应注意：一方面通常所认为的熔融吸热峰的面积，实际上包括了很难区分的非结晶区黏流吸热的特性；另一方面，试样在等速升温的测试过程中，还可能发生熔融再结晶，因此所测结果实际上是一种复杂过程的综合，而绝非原始试样的结晶度。

在实际上，很难获得 100%结晶的聚合物，并通过 DSC 曲线确定其熔融热，通常利用不同结晶度的聚合物分别测定其熔融热，然后外推到 100%。

7.2.3 由 DSC 曲线确定物质的比热容

比热容是物质的一个十分重要的热力学参数，是指单位质量的物质在温度上升 1°C 所吸收的热量，反映了物质吸收或放出热量的能力。常见的比热容测量方法有混合法、保护绝热法、差示扫描量热法（DSC）、比较热量计法和绝热式量热计法等。与其他方法相比，DSC 法测量比热容具有所需样品少、测量周期短、测定温度范围宽等优点。

由 DSC 法确定比热容的方法主要有直接法和间接法两种。

7.2.3.1 直接法确定物质的比热容

在线性变化的程序控制温度下，由 DSC 连续测量得到的流入试样的热流速率为 $\mathrm{d}Q/\mathrm{d}t$。并且所测定的热流速率 $\mathrm{d}Q/\mathrm{d}t$ 与试样的瞬间比热成正比，如下式所示：

$$\frac{\mathrm{d}Q}{\mathrm{d}t} = mc_{\mathrm{p}} \times \frac{\mathrm{d}T}{\mathrm{d}t} \tag{7-38}$$

等式（7-38）可以变形为：

$$c_{\mathrm{p}} = \frac{1}{m} \times \frac{\mathrm{d}Q / \mathrm{d}t}{\mathrm{d}T / \mathrm{d}t} \quad = \frac{1}{m\beta} \times \frac{\mathrm{d}Q}{\mathrm{d}t} \tag{7-39}$$

在等式（7-38）和等式（7-39）中，c_p 表示物质的定压比热容；m 为试样质量；β 为升温速率；dQ/dt（有时表示为 dH/dt）为热流速率。

但由这种方法得到的比热容数值往往具有较大的误差，造成这种误差的原因有以下几个方面：

① 在测定的温度范围内，dH/dt（即 dQ/dt）无法保持绝对的线性关系；

② 在实验温度范围内，仪器的校正常数不是一个恒定值；

③ 在整个测定范围内，基线不可能完全平直。

为了有效地避免以上这些因素的影响，通常采用间接法（也称比较法）来测量物质的比热容。

7.2.3.2 间接法确定物质的比热容

间接法是在相同条件下测量标准物质（通常为蓝宝石）和样品的比热，通过标准样品和样品的比例关系计算样品的比热。具体做法如下：

① 测试空白基线。以固定的速率 β 升温，在试样坩埚中不放置任何试样，其目的是为了扣除仪器自身的基线漂移；

② 标样测试。用相同的升温速率 β 测试放置在试样坩埚中的已知比热容的标准物质（通常为蓝宝石）；

③ 试样测试。将试样加入到试样坩埚中，重复上述操作进行测试。

三次实验后所得到的 DSC 曲线如图 7-31 所示。

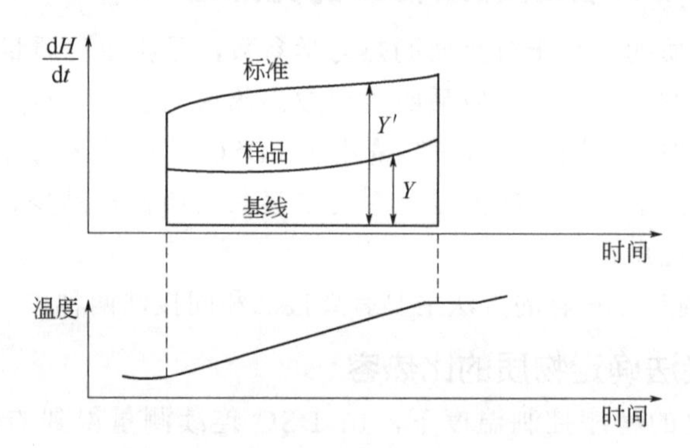

图 7-31 间接法测定物质的比热容

在某一温度下，样品的热流速率为：

$$\frac{dH}{dt} = Y = mc_p \times \frac{dT}{dt} \tag{7-40}$$

蓝宝石的热流速率为：

$$\frac{dH'}{dt} = Y' = m'c'_p \times \frac{dT}{dt} \tag{7-41}$$

将等式（7-40）除以等式（7-41）可得：

$$c_{\mathrm{p}} = c'_{\mathrm{p}} \times \frac{m'Y}{mY'} \quad (7\text{-}42)$$

等式（7-42）中，c_{p}为试样的比热容；c'_{p}为标准物质（蓝宝石）的比热容；m为试样的质量；m'为标准物质（蓝宝石）的质量。

由图 7-33 中可以直接测量出 Y 和 Y' 的值，代入等式（7-42）中，即可计算得到样品的比热容。

在间接法中，测量得到的比热数据的影响因素很多，主要包括：温度校准和灵敏度校准、仪器的稳定性、空白基线的测定等。在测定液体样品的比热容数据时，需考虑样品在实验过程中挥发的影响。为了得到比较好的实验数据，需注意以下问题：

① 由于间接法确定比热容是在相同的实验条件下进行的，为了有效避免仪器状态对实验开始时的启动钩的影响，并确保三次实验的加热阶段仪器的状态尽可能一致，所以在实验过程的开始加热阶段和结束阶段通常各增加一个几分钟的等温段；

② 实验时样品应与坩埚底部保持充分接触，样品形状最好与所用的标准物质一致；

③ 在实验期间，样品的质量不应出现明显的变化。为了避免在实验过程中样品或坩埚含有的溶剂、吸附水等小分子的汽化对曲线形状的影响，通常在实验开始记录数据前先将试样和空白坩埚加热至实验的最高温度并等温一段时间。待温度降至开始温度，等温后再开始实验。

7.2.4　由 DSC 曲线确定药物和小分子有机物的纯度

根据样品和杂质性质的差异，可以采用多种方法来分析药物和小分子有机物的纯度。测定药物纯度的方法有多种，如相溶解度分析法、液相色谱法、红外光谱法、紫外光谱法、滴定法等。传统分析方法比较复杂和费时，例如现有的高效液相色谱法，在实验中需要使用大量有机试剂，易对环境造成污染。并且该方法的前处理及实验工作量大，测试时间长，对测试者的人身威害也大。滴定法由于测试环境简单、操作带来的误差较大，导致得到的数据往往不可靠。另外，红外光谱、紫外光谱等方法只能给出峰的变化，得到一个相对的数据，无法得到较准确的定量值。

与其他测定纯度的方法相比，DSC 法具有以下优点：①试样用量少，一般只有 1~5mg；②测定时间短，通常少于 1h；③不需要标准品；④样品制备简单，不需分离杂质；⑤能测定物质的绝对纯度，在精确度和准确度上明显优于其他方法。

随着现代热分析技术和热分析理论的发展，DSC 法用于测定物质纯度的实例越来越多。DSC 法作为一种简单、可操作性强、测试时间短的测定纯度的方法，较目前已有的方法优势巨大。DSC 法可以在几个小时内利用很少的样品（几微克）判断出样品的绝对纯度，具有精度高、数据可靠等优势。

采用 DSC 法测量有机化合物的纯度，只基于化合物熔融过程的吸热峰，不需要任何参考标准，甚至样品纯物质的熔点也不必知道。用 DSC 测定物质的纯度时，试样的纯度对曲线的峰高和峰宽有明显的影响。从理论上看，高纯度且结晶完善的化合物，其 DSC 熔融峰非常尖锐。熔融峰变宽是估量化合物纯度的标准。纯度降低时，熔融起始温度降低，峰高度下降，熔程变宽（图 7-32）。因此，通过简单的峰形对比也可简便地估计样品的纯度。

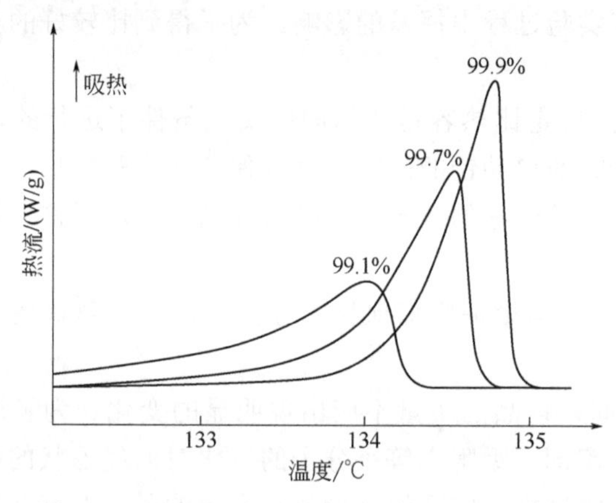

图 7-32 不同纯度的小分子有机物 DSC 曲线

当然，采用 DSC 测定物质纯度的过程中存在着一些假设条件和不能克服的仪器因素，有时会影响测量结果的准确性。为减少理论和实际之间的偏差，提高检测的准确性，理想的化合物试样应满足以下条件：

① 纯度在 98%以上；

② 杂质不与主要成分起反应，不与主要成分形成共晶或固溶体；

③ 试样中的杂质与熔融的目标物质之间具有化学相似性，即在液相状态时可以互熔，并形成理想溶液；

④ 试样若存在多晶现象，必须全部转变成某一晶型；

⑤ 试样在熔融过程中化学性质稳定。

DSC 中常用测量纯度的方法有单峰法和多峰法。

7.2.4.1 单峰法

DSC 法测定物质的纯度的理论基础是共熔体系熔点降低原理。在主成分和杂质所形成的共熔体系中，主成分的熔点会随杂质的摩尔百分含量的提高而逐渐降低。理论上，对于纯度高并且结晶完善的化合物而言，其 DSC 熔融峰非常尖锐。熔融峰变宽是估量化合物纯度的标准，纯度降低，熔融起始温度降低，峰高度下降，熔程加宽。根据 Van't Hoff 方程，样品熔点 T_m 与纯品熔点 T_0 的差值为：

$$T_0 - T_m = \frac{RT_0^2 X_2}{\Delta H_m} \tag{7-43}$$

其中，ΔH_m 表示摩尔热熔热焓；R 为理想气体常数；X_2 为杂质的摩尔常数。

为得到 T_0 与 ΔH，通常引入了熔融过程中任意样品温度 T_s 下熔融分数 F 的概念，即

$$F = \frac{T_0 - T_m}{T_0 - T_s} \tag{7-44}$$

将 Van't Hoff 方程代入 F，得到下式：

$$T_s = T_0 - \frac{RT_0^2}{\Delta H_m} \times X_2 \times \frac{1}{F} \tag{7-45}$$

等式（7-45）中，以 T_s 对 $1/F$ 作图应为一条直线，该直线在 T_s 轴上的截距即为纯样品熔点 T_0，从直线的斜率可求出 X_2。实际上 T_s 对 $1/F$ 并不呈直线关系，而是随着试样纯度的降低而更远地偏离直线。主要原因是当实验过程已经达到热平衡时，试样尚未形成理想的固体溶液，而 DSC 实验曲线却已开始记录，这种现象称为样品的预熔融。试样预熔融面积在试样初熔面积中占有相当比重，使 DSC 曲线求得的熔融分数 F 偏低。

为了消除这种偏离信息，需进行校正处理。在数据分析时加一小块面积 S_x 到各部分面积 S_n 和总面积 S 中。通过线性最小二乘法拟合的方法直到 T_s 对 $1/F$ 拟合为一条直线来确定 S_x。通过选取 DSC 曲线中线性最好的一段进行横坐标（温度）等分，由 DSC 曲线得到不同的熔融温度以及所对应的热焓值，以 T_s 对 $1/F$ 作图，求出几个 T_s 时的熔融分数，便可以计算出杂质含量。

图 7-33 是利用 DSC 对双酚 A 纯度进行测定得到的 DSC 曲线[21]。可以由 DSC 曲线按照以上的方法直接计算得到杂质含量，而不需要使用高纯度的标准物质，使得实验操作误差对纯度的影响大大降低。

7.2.4.2　多峰法

由于单峰法测试的纯度范围比较小（>99%），而且需要矫正因子 F 来进行修正，在此基础上发展了多峰法。多峰法采用步阶式升温，在平衡条件下完成融化过程，精度较高，而且测量范围广。常用的多峰法是双峰法，只测最后的几个峰，因为这几个峰的峰面积大，面积差也大，所以误差较小。这种方法选用步进升温

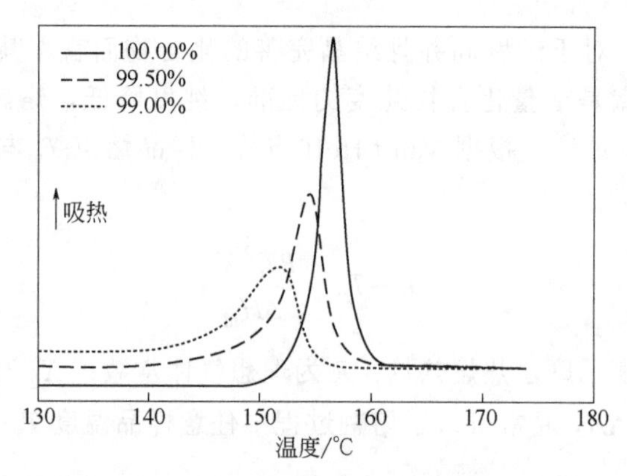

图 7-33　双酚 A 纯度对 DSC 曲线的影响

技术，分步完成融化过程，这样就可以把预熔过程分离开来，各个峰的总和为ΔH，这样得到的 T_s–$1/F$ 为一条直线，不需要修正，这种方法最大的好处是可以测定杂质量较大的物质的纯度。

在对 DSC 曲线进行纯度分析的过程中，影响纯度测量结果准确度的因素主要包括：

① 样品量的影响。样品量大小对于测定结果的灵敏度及准确性有明显影响。较小的样品量有利于消除升温过程中样品的温度梯度，提高测定的灵敏度。但较小的样品量受外界影响而产生的误差较大，样品量存在一个最佳值。通过对实验结果进行二次拟合来确定，考虑到允许的测定误差及不同样品的摩尔分子量不同，一般取 2~3mg 的样品进行实验。

② 升温速率的影响。样品的升温速率是影响测定结果准确性最重要的因素。由于在升温过程中样品存在温度梯度，造成测量温度与实际温度的差异。较低的升温速率有利于提高测定的准确性，但会增加实验耗时。通过实验，在升温速率低于 1°C/min 时对实验结果的准确性不会带来影响。

③ 坩埚的选择及预处理。为了保证测定的准确性，并考虑到经济因素，对一般无特殊腐蚀性样品，铝质坩埚就能满足要求；由于纯度测定升温速率较慢，使用常用的半密封坩埚会造成熔融或半熔融状态下样品的挥发，因此必须使用密封坩埚，这对测定易挥发性样品尤为重要。对高精度测定实验，坩埚在使用之前必须进行加热预处理。

④ 保护气流速影响。在实验过程中通入 N_2、He 等气氛气体的主要作用是消除样品热裂解产生的有害气体，保护气流速对测定准确度的影响不是关键因素，一般选择 20~40mL/min。

⑤ 样品粒度大小的影响。当样品的粒度过大时，由于热传递变慢而产生热梯度，导致峰形变宽。如对大颗粒进行研磨，则容易因静电作用而发生团聚，因

此需要较多的能量才能将其熔化。一旦熔融则速度加快，其熔融峰比原来团聚小的晶体的熔融峰更尖锐。颗粒较小则有较多的晶体缺陷，试样处于较高的能量状态，导致峰高降低，峰形变宽，测得的纯度偏低。

此外，为了获得具有可比性且重现性好的实验数据，对于在不稳定环境下的易吸潮样品，通常在温度控制程序的起始平衡温度前加入一段样品等温过程，以消除样品自身的影响因素。

由于以上影响因素的存在，可以通过不确定度分析来评价测量结果的可靠性。

综合以上分析，用 DSC 法测定物质的纯度的方法十分简单，具有准确度、精密度高、重现性好、操作简单、不需分离杂质等优点，完全可以作为测定有机化工产品、药品纯度的常规检验方法。据估计，有 75%以上的结晶有机化合物可用 DSC 法进行纯度测定。但由于影响热分析方法精度的因素较多，如仪器因素，样品在纯度、稳定性及晶型等方面的因素，因而热分析法在实际使用时有一定局限性，不能作为药物纯度判断的唯一标准，但可用于佐证和支持其他纯度测定方法的结果[22, 23]。

7.2.5 由 DSC 曲线确定物质的热导率

热传导是热传递的一种基本方式，是借助物体中分子、原子或电子的相互碰撞使热能从物体温度较高的部分传到温度较低部分的过程。热导率是热流密度与温度梯度的比值。热流密度是指单位时间内界面上单位面积传递的热量。热导率是物质的基本特性参数之一，常用来反映物质的热传导能力。通常导体（金属）的热导率为 10~400W/(°C·m)；绝缘体（如聚合物、玻璃、陶瓷等）为 0.1~2W/(°C·m)。对传统的热流型 DSC 的试样池改造后，可同时测量试样一个侧面的温度和流过的热流量。通过测量的热流和温差可按下式计算热导率 K：

$$K = -A \times \frac{\mathrm{d}T / \mathrm{d}L}{\mathrm{d}H / \mathrm{d}t} \tag{7-46}$$

式中，$\mathrm{d}H/\mathrm{d}t$ 为热流速率，J/s；K 为热导率，W/°C/m；A 为试样的截面积，m^2；L 为试样厚度，m。

而利用 MTDSC 法则可以方便地测量比热容并可检测其随温度的变化[24]，其主要原理如下：

由 MTDSC 产生的调制热流，可以得到以下形式的热流表达式：

$$\left(\frac{\mathrm{d}H}{\mathrm{d}t}\right)^2 = 2 \times (Z\theta_0 KA)^2 \times \frac{[1 - 2 \times e^{2ZL} \times \cos(2ZL) + e^{4ZL}]}{[1 + e^{2ZL} \times \cos(2ZL) + e^{4ZL}]} \tag{7-47}$$

等式（7-47）中：

$$Z = \sqrt{\frac{\omega\rho c_{\mathrm{p}}}{2K}} \tag{7-48}$$

式中，ω 为角频率，2π/s；ρ 为试样密度；θ_0 为温度调制幅度，°C。

在某一温度 T_0 时的表观热容可由热流速率求得：

$$c^2 = \frac{\left(\frac{\mathrm{dH}}{\mathrm{d}t}\right)}{\omega T_0} \tag{7-49}$$

令周期 P=2π/ω，由等式（7-47）~等式（7-49）可得：

$$K = \frac{2\pi c^2}{c_{\mathrm{p}}\rho A^2 P} \tag{7-50}$$

对于圆柱体样品，由如下关系：

$$\rho = L \times \frac{m}{A} \tag{7-51}$$

$$A = \pi \times \frac{d^2}{4} \tag{7-52}$$

将等式（7-51）和等式（7-52）代入至等式（7-50）中，可得：

$$K = \frac{8Lc^2}{c_{\mathrm{p}} m d^2 P} \tag{7-53}$$

等式（7-53）中的厚度 L、直径 d、质量 m 可方便地通过尺寸和质量测得，c 值由 MTDSC 曲线获得，c_{p} 值可以按照之前的方法测得，也可以由 MTDSC 曲线确定，因此可以确定热导率 K 值。

如果需要确定热扩散系数，则可按照下式换算得到：

$$\alpha = \frac{K}{c_{\mathrm{p}}\rho} \tag{7-54}$$

表 7-4 中列出了由 MTDSC 测得的 K 值与其他方法的对比值，由表中数据可见，通过 MTDSC 得到的 K 值是可靠的[24]。

表 7-4　由 MTDSC 法测得的热导率与文献值的对比

材料	MTDSC 实测值	文献值	与文献值的偏差/%	MTDSC 偏离系数①/%
聚苯乙烯	0.14	0.14	0	2.2
聚四氟乙烯	0.34	0.33	3	2.3
钠钙玻璃	0.73	0.71	3	7.5
派热克斯牌硬玻璃 7740	1.09	1.10	1	4.7

①根据 4 次测量值。

7.2.6 由 DSC 曲线确定物质的相图

相图是多相（二相或二相以上）体系处于相平衡状态时，体系的某物理性质（如温度）对体系某一自变量（如组成）作图所得的图形。由相图可以反映出相平衡情况，如相的数目、性质等，故称相图。相图中的点、线、面、体表示一定条件下平衡体系中所包含的相、各相组成和各相之间的相互转变关系。相图测定的重点和难点在于相变点的确定，由 DSC 法可以准确地确定相变过程中特征量（如转变温度、焓变等）的变化、过冷性质和长期稳定性等信息，获得的数据可用于确定混合体系的相图。通过 DSC 曲线不仅可以确定相变的个数和相变温度，也可以由对应的反应峰面积确定转变过程的相变热。利用形状因子法一方面可确定一系列不同组成的二元混合物的相变点，并确定出最低共熔点，通过这些特征温度点可绘制出相图；另一方面，由热焓变化情况绘出热焓-组成关系图。

对于 DSC 曲线而言，由相变时的吸热峰（或放热峰）可以确定 4 个特征温度，即：起始温度 T_i、外推起始温度 T_{onset}、峰值温度 T_p（图 7-24）和终止温度 T_f。经过大量研究表明，外推起始温度 T_{onset} 与热力学平衡温度基本一致，不受升温速率影响，因此通常用 T_{onset} 作为相变温度。

对于只有一个简单峰的转变，可以比较容易地由 DSC 曲线确定其相变温度。但对于峰形比较复杂的情况，标定各峰的位置比较困难，尤其出现峰的交叠情况时更难确定特征温度。在这种情况下，通常用“形状因子法”来确定相变点。

对于纯物质，其相变过程的 DSC 曲线如图 7-34 所示。其峰从 A 点延续到 B 点，这两个点的位置随实验条件的变化而发生变化，不适合直接用来表示相变点，通常用以下特征点来表示：

① T_{onset}，基线 A 点的外推切线同相变峰前沿斜率最大处（对应于图 7-36 中 DDSC 曲线的第一个峰顶）切线的交点，即外推初始温度；

② T_p，对应于峰顶的温度；

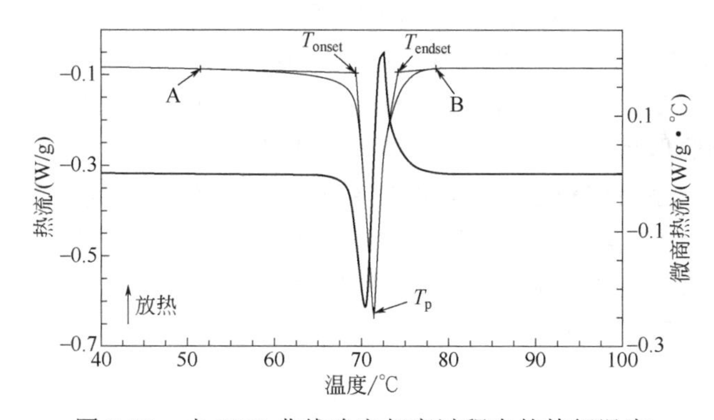

图 7-34　由 DSC 曲线确定相变过程中的特征温度

③ T_{endset}，指相变峰后沿斜率最大处（对应于图 7-36 中 DDSC 曲线的第二个峰顶）切线与基线外推（B 点）切线的交点，即外推终止温度。

以下定义两个与以上特征温度相关的量：

$$\Delta T_p = T_p - T_{onset} \tag{7-55}$$

$$\Delta T_f = T_{endset} - T_{onset} \tag{7-56}$$

由于ΔT_p和ΔT_f与所研究的峰的形状直接相关，通常称这两个量为形状因子。根据形状因子的表达式，可以用以下三种方式来表示相变温度：

① 直接表示，即：

$$T = T_{onset} \tag{7-57}$$

② 用峰值温度表示，即：

$$T = T_{onset} = T_p - \Delta T_p \tag{7-58}$$

$$T = T_{onset} = T_{endset} - \Delta T_f \tag{7-59}$$

对于熔融过程，可以用以上的形状因子来描述：

① 当温度低于熔融温度 T_{onset}时，为固态，该点以下的温度用 T_{solid}表示；

② 当达到 T_{onset}时，开始有液态出现，在 T_{onset}和 T_{endset}之间用ΔT_f表示，该状态为固-液共存态；

③ 当温度达到 T_{endset}时，处于熔融态，该点以上的温度用 T_{liquid}表示。

T_{endset}被称为 T_{liquid}；在 T 达到 $T_{solidus}$时，即刚刚出现第一滴液体时的熔化温度，接着是固-液共存状态，一直达到 $T_{liquidus}$，即最后一点固体完全消失，可以从所作的 DSC 曲线中，确定 $T_{solidus}$和 $T_{liquidus}$。

对于形状因子ΔT_p和ΔT_f而言，其值主要取决于以下因素：

① 物质自身的性质，例如金属的ΔT_p和ΔT_f比有机物小得多；

② 样品量。ΔT_p和ΔT_f随样品质量的增加而增大；

③ 温度变化速率。温度变化速率越大，形状因子越大。

一般来说，当仪器、坩埚、温度控制程序、样品量等条件一致时，同一类型的所有化合物的形状因子ΔT_p和ΔT_f基本保持不变。

对于二元体系的熔融过程，其熔融温度开始于 $T_{solidus}$，即刚刚出现液体时的熔化温度 T_{onset}，接着是固-液共存状态，一直达到 $T_{liquidus}$，即固体完全消失的温度 T_{endset}，可以由 DSC 曲线确定 $T_{solidus}$和 $T_{liquidus}$，如图 7-35 所示。

对于以上过程，有如下关系：

$$T_{solidus} = T_{onset} \tag{7-60}$$

$$T_{liquidus} = T_{endset} - \Delta T_f \tag{7-61}$$

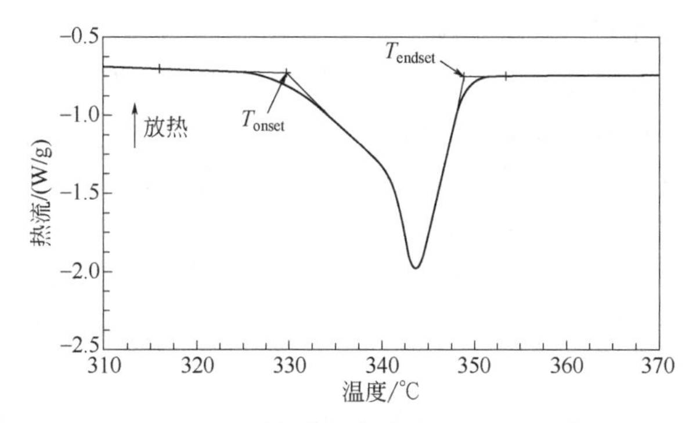

图 7-35 二元体系在熔融过程的 DSC 曲线

上式中的 ΔT_f 由二元体系混合物 $A_{1-x}B_x$ 中的纯物质 A 和 B 决定。在多数情况下，$(\Delta T_f)_A=(\Delta T_f)_B$，因此可以将 ΔT_f 看作一个定值，用于不同组成的混合物 $A_{1-x}B_x$ 体系。对于组成为 x 的二元体系，其液相线和固相线之间的距离 L_x 可以用下式表示：

$$L_x = (T_f - \Delta T_f)_x - (T_{onset})_x \tag{7-62}$$

在确定了不同组成的实验过程的相关特征参数后，即可得到二元体系相图。

以下举例说明这种类型的相图的绘制方法。

图 7-36 为由 A 和 B 两种组分组成的简单体系的二元共晶相图。通过 DSC 降温实验分别得到不同组成体系的 DSC 曲线，按照上述的形状因子法分别确定相应的液相线温度和共晶温度。对于成分为 x^0_A 的试样而言，从温度 T_a 开始冷却，冷却过程中的 DSC 曲线如图 7-36（b）所示，由 DSC 曲线可以得到组成为 x^0_A 的试样的液相线温度 T_b、共晶温度 T_E。通过测定不同组成的试样的 DSC 曲线，可以得到如图 7-36（a）所示的二元相图。

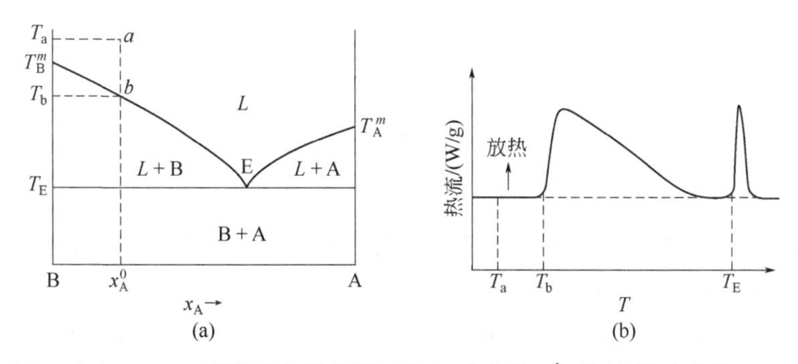

图 7-36 （a）A-B 二元简单共晶相图；（b）成分为 x^0_A 的试样对应的 DTA 曲线

7.2.7 由 DSC 曲线确定物质的组成

一般来说，由 DSC 曲线得到的峰面积与实验时所用的样品量成正比。当在实验过程中样品的多个组分之间不存在相互作用时，每种组分在转变过程的峰面积与其含量之间也应存在正比关系。据此可以通过 DSC 曲线对物质的组成进行定量，常用的定量方法有外标法、内标法等。

（1）外标法（标准曲线法）。例如，当需要测定混合物中 A 组分的含量时，首先配制一系列已知含量的混合物，在相同的条件下进行 DSC 实验，确定 DSC 曲线中转变峰的面积，以峰面积对含量作图，绘制峰面积-含量的工作曲线。然后在相同的条件下确定待测样品的峰面积，由工作曲线即可确定峰面积对应的组分含量。

在对含量要求不高的情况下，可以采用一点法。即只配制一个已知组分含量的混合物，在相同的条件下分别对该混合物和未知含量的待测样品进行 DSC 测试。分别确定已知组分含量 $w_{标准}$的混合物的峰面积 A_R 和未知含量的待测样品的峰面积 A_s，可以按下式计算待测样品中该组分的含量 $w_{待测}$：

$$w_{待测} = w_{标准} \times \frac{A_S}{A_R} \tag{7-63}$$

式中，$w_{待测}$ 为未知含量的待测样品的含量；$w_{标准}$ 为组分含量已知的混合物的含量；A_S 为未知含量的待测样品的峰面积；A_R 为组分含量已知的混合物的峰面积。

由于外标法需要进行多次实验，且峰面积易受到不同实验次数中样品量、仪器状态和实验条件的微小差异的影响，因此有时得到的结果的准确性较差。当对实验结果要求较高时，可以采用内标法。

（2）内标法。假设混合物中含有两种组分，分别用 A 和 B 表示。假设 A 组分的含量为 x（摩尔分数），则 B 组分的含量为（$1-x$），再假设这两种组分在加热过程中先后产生热效应 Q_A 和 Q_B，相应的热峰面积为 S_A 和 S_B，则存在以下关系式：

$$Q_A = x \times \Delta H_m(A) \tag{7-64}$$

$$Q_B = (1-x) \times \Delta H_m(B) \tag{7-65}$$

$$\frac{Q_A}{Q_B} = \frac{xQ_{A0}}{(1-x) \times Q_{B0}} = \frac{S_A}{S_B} \tag{7-66}$$

等式（7-66）中，Q_{A0} 和 Q_{B0} 是已知含量样品中 A 和 B 的转变热，Q_A 和 Q_B 是待测样品中 A 和 B 的转变热。

由等式（7-66）可知，A 和 B 的含量比正比于峰面积。在这种情况下，由于 S_A 和 S_B 是同一张 DSC 曲线图上的两个转变峰，不受实验条件影响，因而提高了准确度。Q_{A0} 和 Q_{B0} 可通过配制一系列 A 和 B 含量不同的混合物确定。然后通过测定样品中 A 和 B 的峰面积，由等式（7-66）可求得样品中 A 和 B 的含量比。

对于混合状态的物质如果发生相分离，在 DSC 曲线上则显示出两个纯组分的转变信息。例如，图 7-37 所示是聚乙烯（PE）、聚丙烯（PP）及 PE/PP 共混物的 DSC 曲线[25]，利用这些共混物的熔融峰面积，可以按照以上介绍的方法确定共混聚合物的组成。

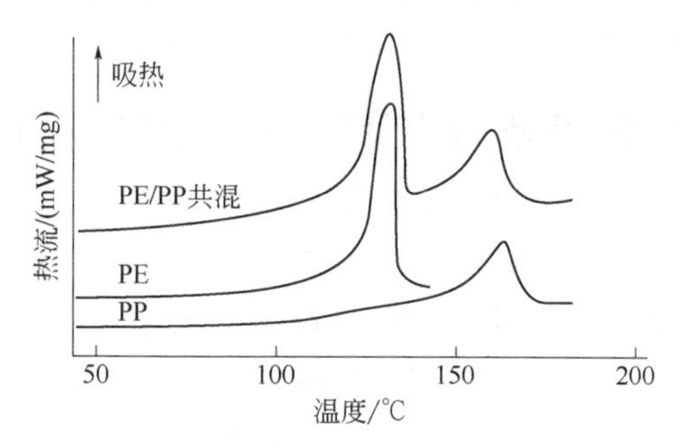

图 7-37 PE、PP 及 PE/PP 共混物的 DSC 曲线

7.2.8 由 DSC 曲线确定物质的反应条件

在尽可能接近反应的真实环境下，通过 DSC 曲线中测得的不同时间或温度下物质发生的转变信息，确定所研究的物质在不同实验阶段的结构变化，由此可以确定物质的反应条件。

例如，钙钛矿太阳能电池的光吸收层主要为 ABX_3 材料，其中 A 为体积较小的金属离子或者有机小分子（如：碘甲胺 CH_3NH_3I），B 为 Pb 或 Sn 离子等，X 为卤素原子。以 $CH_3NH_3PbI_3$ 为例，制备该材料时，需要对 CH_3NH_3I 进行加热。对于有机物碘甲胺，需要确定其性质随温度变化的关系以及气化或分解的温度，由 DSC 曲线可以得到这些信息。图 7-38 为 CH_3NH_3I 的 DSC 曲线[26]，由图可见，碘甲胺在 145°C、275°C 附近出现了两个吸热峰。根据 CH_3NH_3I 结构和性质信息，可以确定碘甲胺在 145°C 的吸热过程为熔融，在 275°C 附近的吸热峰为气化，在

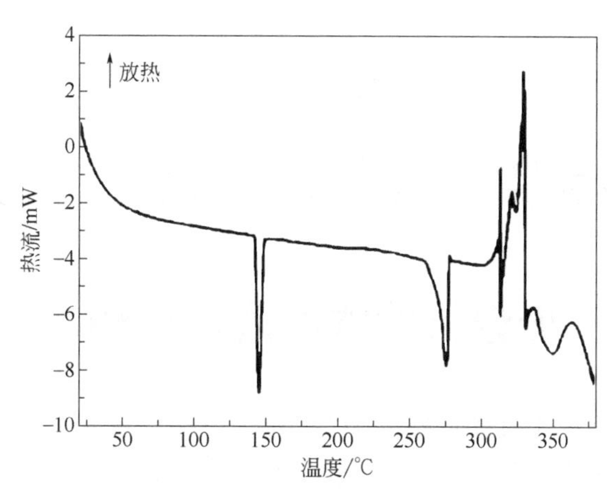

图 7-38 CH_3NH_3I 的 DSC 曲线

300°C 以上出现的几个紧邻的峰是由于碘甲胺分解引起的。通过 DSC 曲线反映出来的这些信息，在制备钙钛矿吸收层 $CH_3NH_3PbI_3$ 时，可以选择合理的 CH_3NH_3I 与 PbI_2 反应的温度条件，以避免 CH_3NH_3I 发生分解。在处理过程中，用到热蒸发或分子束外延技术时也应考虑温度对 CH_3NH_3I 的影响。

7.2.9 由 DSC 曲线比较不同工艺下得到的材料的差异

不同结构的物质、处理工艺、实验条件等因素均对 DSC 曲线有不同程度的影响，在对得到的曲线进行解析时应充分考虑这些因素。图 7-39 为聚(醚-硫醚)（PETE）和对聚(醚-硫醚)进行选择性氧化得到的产物聚(醚-亚砜)（PESO）和聚(醚-砜)（PES）的 DSC 曲线。由图可以得到这三种聚合物的结晶性和 T_g 信息。图中聚合物的 T_g 随链中的硫原子氧化态升高而升高，这种现象是由于链中的硫原子氧化态升高导致分子极性增大，使偶极-偶极相互作用增强引起的。此外，在图中还可看到，这三种聚合物在实验温度范围没有出现冷结晶过程。PESO 和 PES 的 T_g 在同类材料中比较低，这是由于其骨架中的间隔不规则，即所含环氧乙烷单元数在 2~4 个之间不等所引起的。

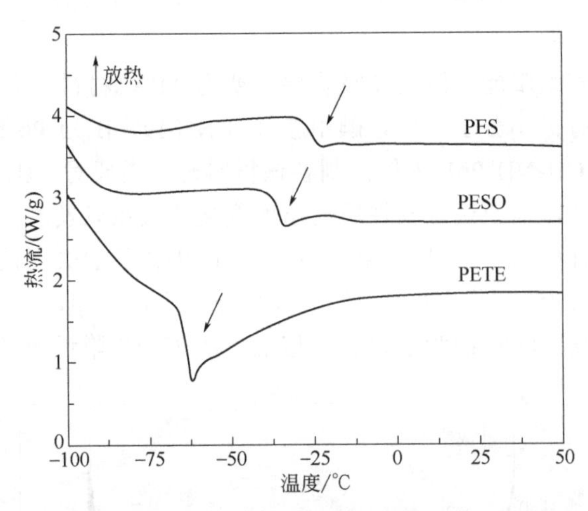

图 7-39 聚(醚-硫醚)（PETE）和对聚(醚-硫醚)进行选择性氧化得到的产物聚(醚-亚砜)（PESO）和聚(醚-砜)（PES）的 DSC 曲线

7.3 同步热分析曲线的解析实例

同步热分析技术（通常简称为 STA）是一种同时联用的热分析技术，通常所指的同步热分析技术是指热重法与差热分析法或差示扫描量热法联用的热分析联用技术，分别简称为 TG-DTA 和 TG-DSC。其中，TG-DTA 是在程序控制温度和一定气氛下，对同一个试样同时采用 TG 和 DTA 两种分析技术，同时测量试样的质量和试样与参比物之间的温度差随温度或时间的变化关系，由 TG-DTA 曲线可以同时得到物质的质量与热效应两方面的变化信息。TG-DSC 是在程序控制温度和一定气氛下，对同一个试样同时采用 TG 和 DSC 两种分析方法，同时测量试样的质量和试样与参比物之间的热流或功率差随温度或时间的变化关系，由 TG-DSC 曲线可以同时得到物质的质量与热效应两方面的变化情况。由于在技术上不可能满足 TG 和 DTA 所要求的最佳实验条件，因此这种同时联用的分析方法一般不如单一的热分析技术灵敏，并且重复性也较差。

由 TG-DTA 和 TG-DSC 联用对同一个试样、一次实验同时得到 TG 和 DTA 曲线或 DSC 曲线，可以方便地区分物质在实验过程中发生的物理过程和化学过程，便于比较、对照和相互补充，节省时间。TG-DSC 联用在仪器构造和原理上与 TG-DTA 类似，但 DSC 的灵敏度要稍低，这两种同时联用的方法都广泛应用于热分解机理研究。

由于在 7.1 节和 7.2 节已经分别介绍了 TG 和 DSC 曲线的解析，在本部分不再赘述，仅结合实例对同时得到的曲线进行综合解析。

7.3.1　TG-DTA 和 TG-DSC 曲线的基本解析

在对实验得到的 TG-DTA 和 TG-DSC 曲线进行解析时，通常将由这两种技术得到的曲线显示在同一张图中。有时为了便于与 TG 曲线中的变化对照，在图中还加上 DTG 曲线（如图 7-40 所示）。

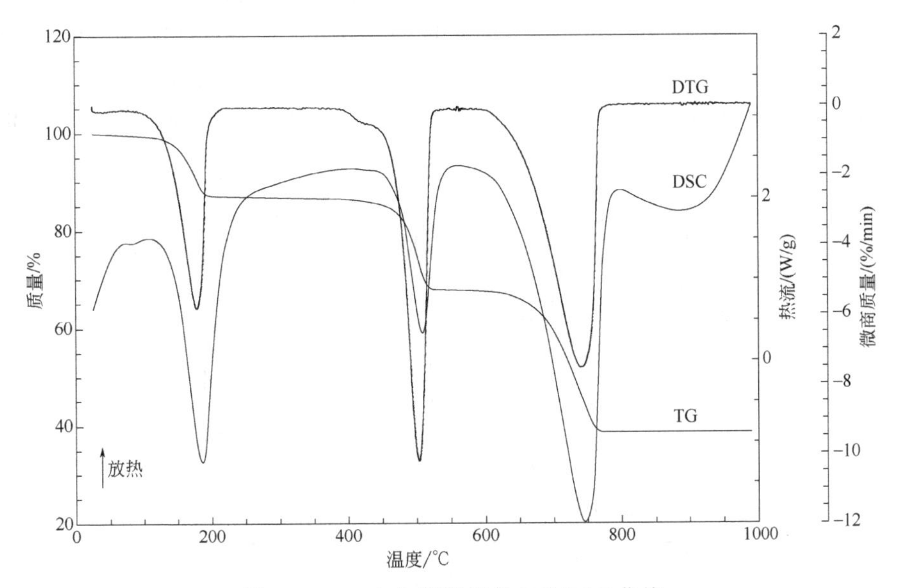

图 7-40　一水合草酸钙的 TG-DSC 曲线

实验条件：在流速 50mL/min 的氮气气氛下，以 10°C/min 的升温速率从室温加热至 850°C；敞口氧化铝坩埚

由图可见，在加热过程中，一水草酸钙在120~200°C、400~550°C和600~800°C区间分别经历了失去一分子结晶水、一分子一氧化碳和一分子二氧化碳的分解过程。在这三个过程中，TG曲线分别出现了三个失重台阶，同时DSC曲线在相应的质量变化范围出现了三个吸热峰，表明在质量分解过程中发生了不同程度的热效应。另外，在图7-40中还可看到，由TG曲线得到的DTG曲线中的每个质量变化速率峰与DSC曲线之间有着很好的一致性，通过DTG曲线可以比较方便地确定每个质量变化过程中的特征参数。

以下结合实例介绍TG-DSC和TG-DTA曲线的解析方法。

7.3.2 分析物质的热分解过程

对于由实验得到的TG-DTA曲线和TG-DSC曲线而言，通常可以从质量变化和与其相应的热效应的角度，分别对物质的热分解过程进行分析，由此对样品在分解过程中所发生的结构变化信息有更加全面的了解。

图7-41是由溶胶-凝胶法合成$BaTiO_3$的前驱物的TG-DTA曲线[27]。前驱物以金属醇盐为原料，在有机介质中进行水解、缩聚等化学反应使溶液经溶胶-凝胶过程，干燥后得到。从图7-41中可以看出，$BaTiO_3$前驱物在空气中从室温升高到1000°C时，发生了前驱体的热分解和$BaTiO_3$的形成过程。在DTA曲线中，从室温到250°C出现了一个较宽的吸热峰，该吸热过程对应于TG曲线中第一个失重台阶，该过程主要是由于残余水、乙酰丙酮、乙二醇和无水乙醇的蒸发所引起的。在250~490°C出现的第二个失重台阶是由于有机配体的燃烧和$BaCO_3$、TiO_2的形成引起的。TG曲线在490~600°C之间质量持续降低，且DTA曲线在550°C时有一个极强的放热峰，该过程是由于发生了$BaCO_3$和TiO_2生成$BaTiO_3$的固相反应引起的。在600°C以上，TG曲线中几乎没有重量的损失，这表明残余的有机物

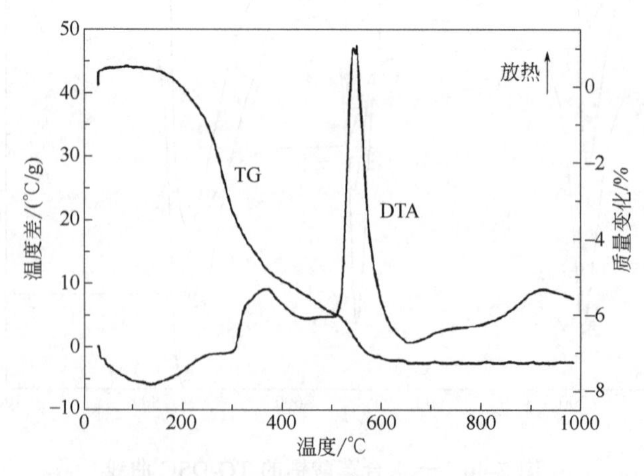

图7-41　$BaTiO_3$前驱体的TG-DTA曲线

质已经全部燃烧结束，同时钛酸钡相从非晶状态转变为立方钙钛矿型的晶体结构。当温度升高到900°C时，在DTA曲线中又出现了一个明显的放热峰，而重量没有变化，该过程是由于$BaTiO_3$从立方相转变为四方相引起的。

7.3.3 由TG-DSC曲线确定添加组分对物质热分解过程的影响

在一些特殊领域，制备材料时通常添加一些其他组分来改变材料的性质，通过TG-DTA曲线和TG-DSC曲线可以确定在添加这些组分前后的热性质的变化信息。

图7-42为由高氯酸铵（AP）和AP中加入2%的纳米草酸钴得到的TG-DSC曲线，由图中的曲线可以看出纳米草酸钴的加入对AP热分解过程的影响[28]。通过对比纯AP和加入2%草酸钴后AP分解的TG、DTG和DSC曲线，可以得到以下信息：

① 纯AP的热分解分两步进行，在低温（<350°C）分解阶段出现了20%的失重，在高温分解阶段出现了80%的失重，如图7-42（a）所示。

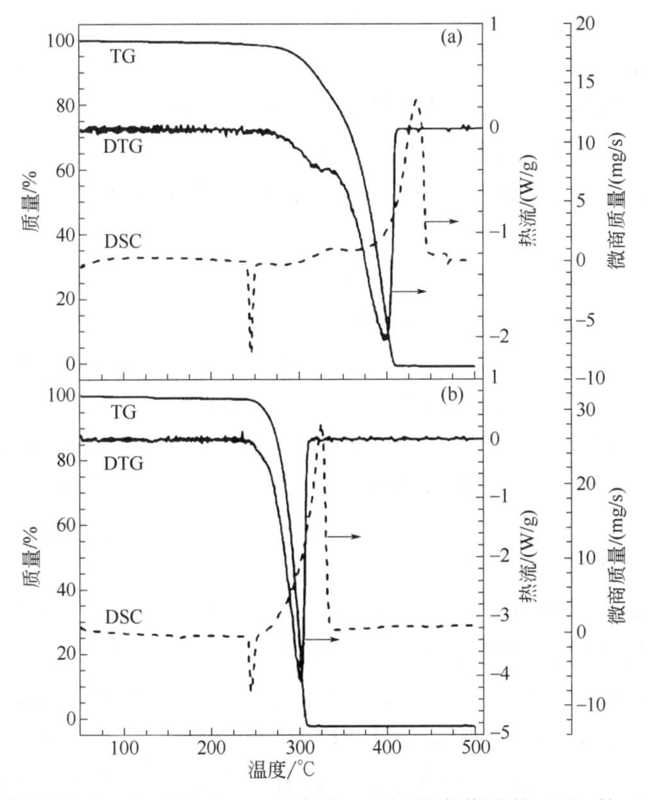

图7-42 高氯酸铵（AP）（a）和AP中加入2%的纳米草酸钴（b）的TG-DSC曲线

② 在草酸钴的催化作用下，AP 热分解的 DTG 曲线中只有一个峰，如图 7-44（b）中 TG 曲线所示，失重率为 99%，表明 AP 在草酸钴催化作用下的热分解机理发生了改变。

③ 从图 7-42（a）和图 7-42（b）中的 DSC 曲线可以看出，245°C 左右为 AP 的晶形转化温度，加入草酸钴后对 AP 晶型转变过程没有影响。

④ 在 330°C 左右是纯 AP 热分解的低温分解阶段，图 7-42（a）中的 DSC 曲线中 434°C 左右的放热峰是 AP 热分解的第二阶段，该阶段对应于图中的 TG 和 DTG 曲线的两步失重过程。而在草酸钴催化作用下，如图 7-42（b）中的 DSC 曲线所示，在 325°C 左右只出现一个时间范围很小的陡峭的放热峰。这说明分解反应速率很快且放热非常集中，与其对应的 TG 和 DTG 曲线只有一步失重，失重率为 99%。这充分说明 AP 在短时间内（280~330°C 之间）已分解完全，分解过程发生了明显的变化。在加入催化剂后，草酸钴还使 AP 的总表观分解热明显增加，高氯酸铵的分解放热量从 655 J/g 升高到 1469 J/g。

7.3.4 确定材料的热处理工艺时的曲线分析

当材料发生相变时通常伴随着热效应，这种热效应在 DTA 或 DSC 曲线上表现为相应的吸热峰或者放热峰，据此可以分析材料的相变过程。相比于热分析方法，由 X 射线衍射技术只能得到煅烧试样的相结构的结果图。DTA、TGA 等为材料的结晶、成型过程提供了一种动态的分析手段，由此可以确定所研究反应的起始温度和终止温度，跟踪完整的反应过程，同时可以用来确定材料的煅烧条件。

在陶瓷生产领域，陶瓷前驱体的煅烧温度控制对功能陶瓷材料的微结构和性能都有极其重要的影响，而控制煅烧温度的关键是测得粉料生成稳定晶相的温度。根据液相烧结中有液相和连续固溶体形成以及晶相转变发生的特点，这些过程所释放出的能量可作为液相烧结的推动力，因此可通过 DTA 或者 DSC 技术测量这类液相烧结过程的相变焓或反应焓来跟踪烧结过程。利用 TG-DSC 法对陶瓷前驱体进行测试，得到样品在测试实验中出现的各吸热、放热峰曲线，可以定性地确定前驱体在烧结过程中不同温度段发生的反应过程，并根据所得的 TG-DSC 曲线进一步决定实验样品的适宜烧结温度。

图 7-43 是以 $CaO-B_2O_3-SiO_2$（CBS）玻璃粉末为原料，采用流延成形工艺制备的 CBS 系生料带在 10°C/min 的升温速率下的 TG-DSC 曲线[29]。由图 7-43 可以看出：生料带的 DSC 曲线在 200~450°C 出现 3 个放热峰，分别对应于溶剂、增塑剂和黏结剂的分解、汽化，同时 TG 曲线在 450°C 的失重率达到了 15.66%，之后基本保持不变，说明生料带的排胶过程发生在 450°C 以下。在 691.1°C 有一个较小的吸热方向的台阶，对应于 CBS 玻璃的玻璃转化过程。从 797°C 开始

出现放热现象，说明玻璃开始析晶。在 834.9°C 和 901.1°C 处各出现了一个放热峰，对应于 CBS 玻璃的析晶过程。位于 966.3°C 附近的吸热峰对应于低熔点晶相的熔化，各特征温度点与 CBS 玻璃粉末的 DSC 分析结果基本一致。根据以上结果，可以确定以不大于 2°C/min 的升温速率升温至 450°C 并保温的工艺条件以保证排胶彻底，然后采用升温至 750~950°C 保温 30min 的工艺条件来烧成样品。

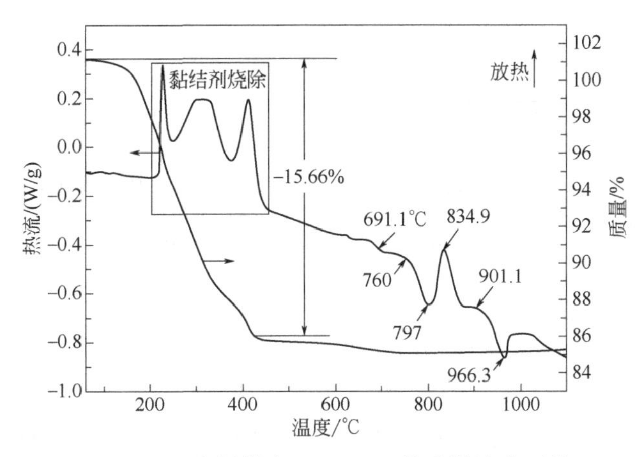

图 7-43　$CaO-B_2O_3-SiO_2$ 生料带在 10°C/min 的升温速率下的 TG-DSC 曲线

7.4 热膨胀曲线的解析实例

当材料所处的外压不变时，材料的体积或长度随温度升高而增大的现象称为热膨胀。在温度升高时材料发生膨胀，温度降低时材料发生收缩是大多数材料的基本性质。热膨胀分析技术是在程序控制温度、负载力近似为零的情况下，测量样品的膨胀或收缩引起的尺寸变化对温度或时间的函数关系的一种热分析方法。通过热膨胀实验，可以得到材料在不同实验过程中的形变随温度或时间的变化曲线，称为热膨胀曲线（简称 DIL 曲线）。通常用热膨胀系数来定量反映样品在实验条件下的形状变化程度，其可以由 DIL 曲线得到。图 7-44 为由热膨胀实验得到的 DIL 曲线，图中的纵坐标为位移变化，即相对于实验开始条件的形变量，用ΔL表示，单位为 μm；横坐标为温度（等温时为时间）。由图可见，样品在−45~50°C 内的位移随随温度升高而变大，膨胀量为 1μm；在 50~105°C 内出现了收缩现象，收缩量为 2.7μm；当温度高于 105°C 时，位移随随温度升高而变大，膨胀量为 5.6μm。由于位移取决于实验时样品的长度，为了便于比较，DIL 曲线的纵坐标通常用形变率（即$\Delta L/L_0$，其中 L_0 为样品的初始长度）表示。

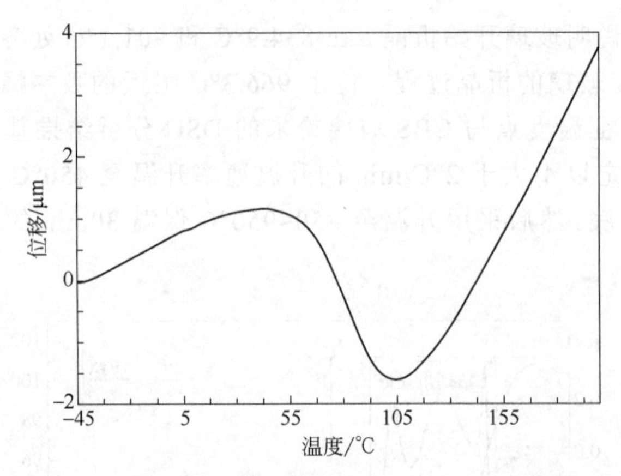

图 7-44　一种复合材料的热膨胀曲线（用位移量表示）

实验条件：样品长度为 20.026mm，在 50 mL/min 流速的氮气气氛下，以 5°C/min 升温速率由−45°C 加热至 200°C

热膨胀的程度通常采用热膨胀系数来描述，热膨胀系数分为体积膨胀系数（β）和线膨胀系数（α），体积膨胀系数相当于温度升高 1°C 时物体的体积的相对增大值。

假设试样为立方体形状，边长为 L_1。当温度从 T_1 上升到 T_2 时，体积也从 V_1 上升到 V_2，此时该试样的体积膨胀系数 β 可用下式表示：

$$\beta = \frac{V_2 - V_1}{V \times (T_2 - T_1)} = \frac{[L_1 + \alpha L_1 \times (T_2 - T_1)]^3 - L_1^{\ 3}}{L_1^{\ 3} \times (T_2 - T_1)} = 3\alpha + 3\alpha \times \Delta T + 3\alpha^2 \times \Delta T^2 + \alpha^3 \times \Delta T^3 \quad (7\text{-}67)$$

等式（7-67）中，由于膨胀系数一般比较小，忽略高阶无穷小的表达式时，β 可以近似为：

$$\beta \cong 3\alpha \quad (7\text{-}68)$$

由于在实验上 β 比较难测，通常应用以上关系式来估算材料的 β 值。在实际工作中一般都是测定材料的线热膨胀系数，因此对于普通材料而言，通常所指的膨胀系数是指线膨胀系数。

在实验温度范围内，当温度发生微小的变化 dT 时，其某一方向的形状也会随之发生微小的变化 dL，此时对应的微分线膨胀系数（也称瞬时线膨胀系数）a_{i} 可以用下式表示：

$$a_{\mathrm{i}} = \frac{1}{L_0} \times \left(\frac{\mathrm{d}L}{\mathrm{d}T}\right)_{\mathrm{p,i}} \quad (7\text{-}69)$$

式中，L_0 为试样的初始长度。

等式（7-69）可以由 DIL 曲线对温度的一阶导数曲线除以初始长度归一化

得到。

线膨胀系数是指温度升高 1°C 后，试样的相对伸长率。假设试样在一个方向的长度为 L。当温度从 T_1 上升到 T_2 时，长度也从 L_1 上升至 L_2，则在该温度范围内的平均线膨胀系数 $\overline{a}$ 可用下式表示：

$$\overline{a} = \frac{L_2 - L_1}{L_0(T_2 - T_1)} = \frac{\Delta L}{L_0 \Delta T} \tag{7-70}$$

式中，L_0 为试样的初始长度。

等式（7-70）中的平均线膨胀系数（简称线膨胀系数）$\overline{a}$ 是由与温度变化 ΔT 相应的试样单位长度变化 $\Delta L/L_0$ 之间的比值得到的；其中 ΔL 是测得的长度变化，L_0 是在基准温度 t_0 下的试样长度，基准温度一般以 20°C 为准。

由于实验时测得的 ΔL 通常在微米范围变化，实验时所用的样品长度一般在 10mm 左右，所比较的温度变化范围通常在 100°C，据此可以根据等式（7-70）估算平均线膨胀系数在 10^{-6} 范围波动。因此，为了表示方便，平均线膨胀系数通常用 $10^{-6}K^{-1}$ 或 10^{-6} °C^{-1} 表示。

由 DIL 实验可以得到在程序控温和一定气氛下，材料的尺寸随温度或时间的变化信息。当材料在结构或状态发生变化时，其体积一般也会随之变化。热膨胀系数是材料的主要物理性质之一，它是衡量材料的热稳定性好坏的一个重要指标。因此，热膨胀法在无机陶瓷、金属材料、聚合物、建筑材料、耐火材料和涂层材料等多个领域中都有着重要应用。

以下结合实例介绍在一些应用领域中 DIL 曲线的分析方法。

7.4.1　通过热膨胀曲线研究材料的相变

通过热膨胀曲线中试样的膨胀率的变化可以得到相变信息。例如，图 7-45 为 $Fe_{80}Si_9B_{11}$ 非晶合金薄带沿冷却辊横向和纵向的热膨胀曲线[30]。由图可见，在约 663~683K 温度区间内出现了收缩现象，即铁系非晶合金中常见的因瓦效应。因瓦效应来源于合金的铁磁性质，在接近或低于居里温度 T_c 时，非晶内铁自旋为铁磁性排列，引发的磁致伸缩抵消了由于正常晶格非简谐振动引起的膨胀，从而使热膨胀系数减小。当温度高于 T_c 后，非晶表现为顺磁态，铁自旋为完全无序的高自旋态，因而热膨胀值完全取决于晶格振动膨胀。因此，在热膨胀曲线上热膨胀系数回归到正常状态的温度就是居里温度 T_c。热膨胀实验测得的 T_c 为 686K，采用电阻法测试 $Fe_{78}Si_9B_{13}$ 非晶合金薄带的 T_c 为 688K，二者基本一致。在 765~810K 温度区间内，热膨胀量明显减小，表明发生了结构弛豫。试样的热膨胀曲线符合非晶态物质在不同温度下的三种物理状态——玻璃态、高弹态、黏流态的特征，容易看出试样的玻璃化转变温度 T_g 和黏流温度 T_{vs} 分别为 763K 和 772K。合金转变为黏流态后，由于过冷液体发生黏性流动，原子重新排列并进行位置调整。伴随原子的长程有序排列，非晶合金最终转变为晶体并迅速收缩，晶化的终止温度为805K。

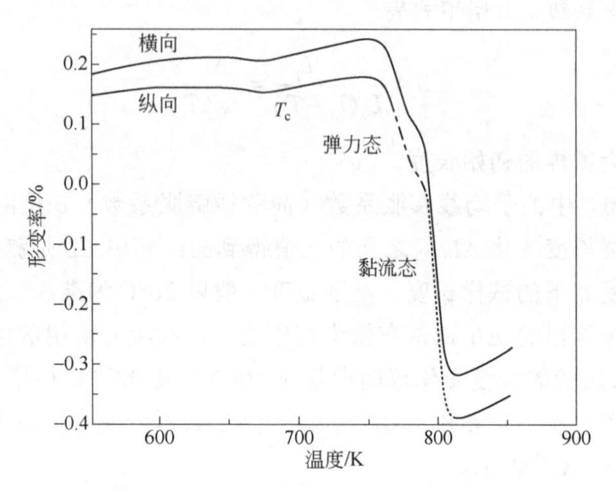

图 7-45　$Fe_{80}Si_9B_{11}$ 非晶合金薄带沿冷却辊横向和纵向的热膨胀曲线

7.4.2　通过热膨胀曲线确定陶瓷材料的烧结条件

在陶瓷的烧结过程中通常伴随着一系列的物理化学变化，如分解、相变、熔融或结晶等，这些过程大部分伴随着热效应或一些物理参数（质量、比热、膨胀系数或导热性能等）的变化。因此，可以用热分析中的DIL、TG和DSC等方法测定陶瓷材料在烧结过程中的物化性质随温度变化的关系，进而确定相应的陶瓷烧结机理和烧结温度。利用DIL来测定陶瓷烧结过程中尺寸的变化，得到它的膨胀曲线，从中分析出陶瓷烧结密度的变化，来达到确定最佳烧结温度范围的目的。由DIL曲线所得的结果与用传统测试方法所得到的测试结果之间具有较好的一致性。此外，也可以结合不同温度下烧结的陶瓷材料的SEM和XRD测试结果，验证用热膨胀仪测定陶瓷材料烧结温度范围的可靠性。

图7-46为用热膨胀仪测试建筑陶瓷坯体（3号样品）得到的热膨胀曲线。由图可知，在573°C附近坯体出现了轻微的膨胀。这是由于在573°C时，β-石英快速转变为α-石英引起的体积膨胀[31]。

图7-47为样品在高温阶段的热膨胀曲线，从图中不难发现在1237°C时，样品的收缩过程趋于稳定。在1257°C时，样品开始膨胀，并且随着温度升高继续膨胀，坯体急剧膨胀出现过烧现象。因此，不难判断出该样品的烧结温度范围为1237~1257°C。

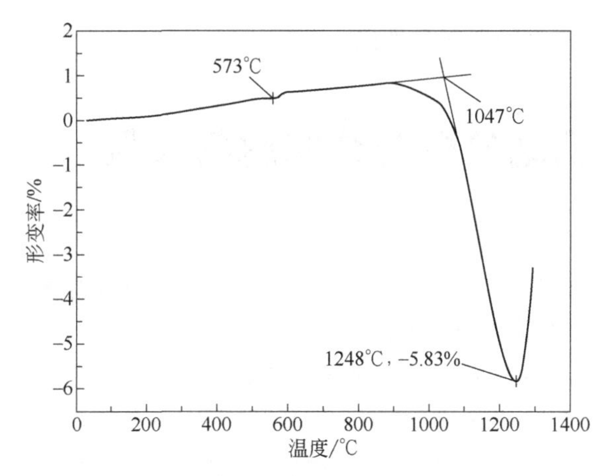

图 7-46　建筑陶瓷坯体的热膨胀曲线

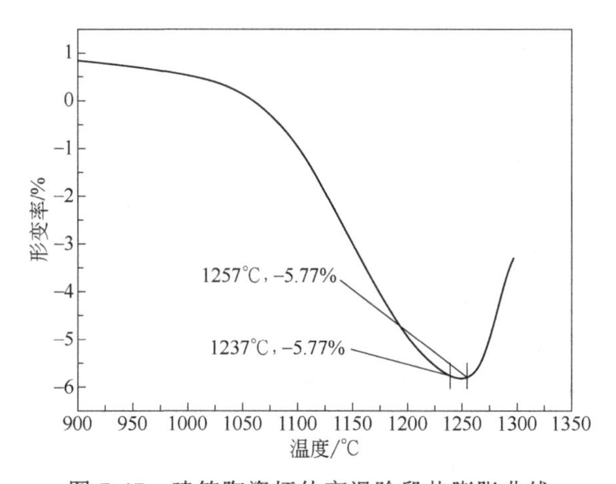

图 7-47　建筑陶瓷坯体高温阶段热膨胀曲线

由上可知，建筑陶瓷坯体的烧结温度相对较低，烧成收缩率较小，烧结温度范围较窄，只有 20°C 左右（电瓷坯体的烧结温度范围为 50°C 左右）。究其原因，主要是由于坯体的组成差别较大，收缩率不仅与烧成温度有关，坯料的组成对其也有显著的影响。在建筑陶瓷中石英和钠长石含量较高，石英在烧成过程中与钠长石等易熔物生成玻璃相，增加黏度。当石英的含量较多时，钠长石熔融体来不及熔解更多的石英。黏度较低的钠长石熔融体容易渗入结晶相之间的空隙中，从而减少陶瓷坯体在烧成过程中的收缩；而钠长石在坯料烧成过程中起助熔剂作用，可以降低陶瓷坯体组分的熔化温度，有利于降低烧成温度，但是其熔融温度范围较窄，从而使烧结温度范围变窄。

建筑陶瓷作为传统陶瓷之一，其坯体烧成过程中同样会发生一系列的物理化学变化。而这些变化的形式和程度不同将直接影响建筑陶瓷产品的显微结构和物相组成，最终影响产品的质量和性能。

7.5 热机械分析曲线的解析实例

机械性能是材料的重要性质，机械性能通常会对材料的稳定性、应用环境等造成影响。热机械分析法（TMA）是在程序温度控制下（等速升温、降温、恒温或循环温度），测量物质在受非振荡性的负荷（如恒定负荷）时所产生的形变随温度变化的一种技术。虽然从书面上理解 TMA 为热机械分析法，在实际应用中为了与动态热机械分析法（简称 DMA 或 DMTA）相区分，通常所指的 TMA 为静态热机械分析，也即在一些场合中所指的热机械分析即为静态热机械分析。美国材料试验学会（ASTM）已将其作为塑料测试的基本工具之一。由于各种物质随温度的变化，其力学性能也会发生相应的变化。因此，热机械分析对研究和测量材料的应用范围、加工条件、力学性能等都具有十分重要的意义，可用其来研究材料的静态热机械性能，确定与其相关的玻璃化转变温度（T_g）、流动温度（T_f）、软化点、杨氏模量、应力松弛、线膨胀系数等信息。

热机械分析仪是在膨胀仪的基础上发展起来的，通常可以确定材料在压缩、拉伸、弯曲等受力条件下的形变曲线。在 TMA 实验的操作模式主要包括标准模式、应力/应变模式、蠕变/应力松弛模式等。在分析测试中，可以根据样品的不同性能，选择不同的操作模式。

由于 TMA 曲线是在不同的受力条件和操作模式下得到的，与之前介绍的 TG 和 DSC 相比，影响因素增加了与力相关的信息，由曲线所得到的信息也变得更加丰富。本节内容将结合常见的操作模式下得到的 TMA 曲线对这类曲线的解析进行简要的介绍。

7.5.1 不同操作模式下得到的 TMA 曲线

静态实验模式主要用于静态热机械分析和热膨胀法中，也适用于动态热机械分析仪中的静态模式（即应力或应变的频率为 0Hz 时）。常用的静态实验模式主要有标准模式、应力/应变模式和应力松弛模式三种类型。

（1）标准模式下得到的 TMA 曲线

通常所指的标准模式主要指以下两种：

① 恒应力模式。恒应力模式是在线性温度变化或等温模式下，使试样所受到的力保持恒定，在设定的温度程序下检测试样的位移（或应变）的变化，从而得到材料的内在性质，如图 7-48 所示。

在实际应用中，也可以在恒定的温度下，使试样的受力保持恒定，测量试样的位移（或形变率）随时间的变化关系曲线。

当应力很小时，得到的曲线为热膨胀曲线（图 7-44），可以用来计算材料在不同温度范围的平均热膨胀系数。

② 恒应变模式。恒应变模式是在线性温度变化（或等温）模式下，使试样的应变保持恒定，在线性变化的温度程序下得到试样维持恒定的应变所需要的应力的变化信息，如图 7-49 所示。这种模式可用于评价薄膜/纤维材料的收缩力。此外，可以通过软件得到材料所受的力的变化信息。

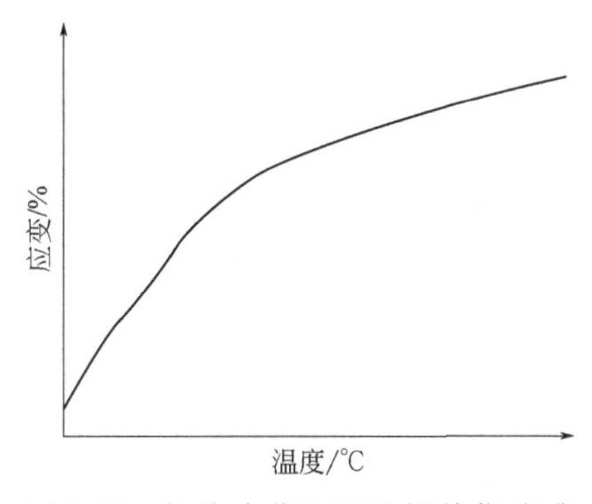

图 7-48　恒应力作用下试样的位移或（应变）随温度的变化曲线

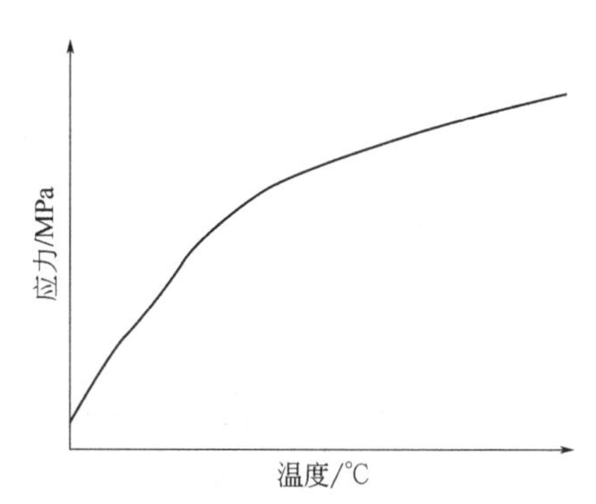

图 7-49　恒定应变下试样的应力随温度的变化曲线

在实际应用中，也可以在恒定的温度下，使试样的应变保持恒定，测量试样的应力随时间的变化关系曲线。

（2）应力/应变模式下得到的 TMA 曲线

由 TMA 实验得到材料的应力-应变曲线，根据曲线在弹性范围内线性变化的应力-应变曲线的斜率确定材料的弹性模量是 TMA 最常见的应用之一。应力/应变模式通常包括以下两种：

① 应力扫描模式。在恒温或变温条件下测量试样在线性变化的力或应力作用下所产生的应变，从而得到应力（或力）-应变曲线和模量（通常由曲线的线性范围的斜率得到）的信息（如图 7-50）。

② 应变扫描模式。与应力扫描模式相似，应变模式是在恒温或变温的条件下测量试样在线性变化的应变的作用下所产生的应力，从而得到应力（或力）-应变曲线和模量的信息（如图 7-50）。

根据图 7-50 中的应力-应变曲线的形状变化，可以得到材料在外力作用下发生的脆性、塑性、屈服、断裂等各种形变过程信息。

（3）应力松弛模式下得到的 TMA 曲线

在一定的温度下对试样加载应力（或力）一定时间，然后撤销部分或全部的载荷以保持总变形量不变，测定应力随时间的降低值，即可绘出应力松弛曲线（图 7-51）。

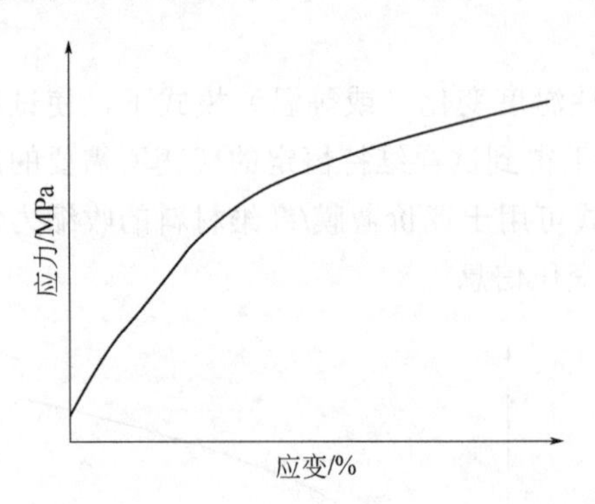

图 7-50 在线性变化的应力（或应变）作用下得到的试样的应变（或应力）随应力（或应变）的变化曲线

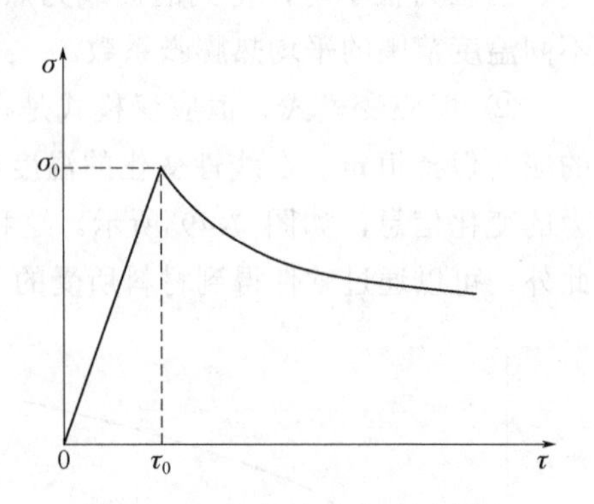

图 7-51 应力松弛实验过程中应力随时间的变化曲线

7.5.2 TMA 曲线中特征量的确定

由热机械分析曲线所获得的特征变化，主要包括由热或力引起的形变或模量等信息。对于所得的曲线而言，可确定变化过程的特征温度，和由形变反映出试样的尺寸或力学性能变化等信息。TMA 曲线应从以下两个方面来描述：

① 特征温度或时间。图 7-52 中以压缩探头测试的非等温 TMA 曲线为例，示出了特征温度的表示方法。

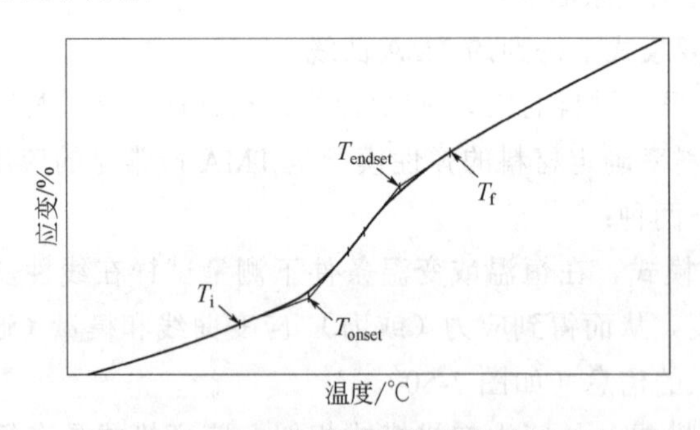

图 7-52 TMA 曲线特征温度的表示方法

② 由形变引起的物理量。由热膨胀曲线可以得到线性热膨胀率（$\Delta L/L_0$）、线膨胀系数、瞬间线膨胀系数、平均线膨胀系数等相关信息。在图 7-53 中以膨胀探头测试的非等温 TMA 曲线为例，示出了曲线的表示方法。

由图 7-52 和图 7-53 中的 TMA 曲线，可以确定试样在测试过程中某温度段变化的起始温度、外推起点温度、终止温度和试样在某温度段的长度变化（或形变率，或膨胀系数）等信息。

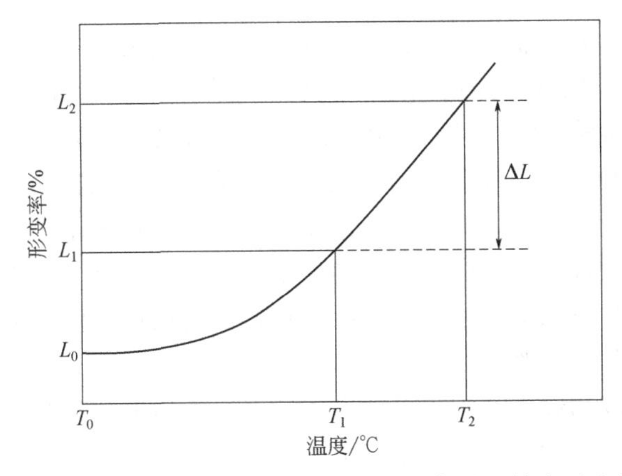

图 7-53 TMA 曲线的特征物理量（形变量）的表示方法

7.5.3 TMA 曲线的应用实例

图 7-54 为含有钠、钾、铷和铯阳离子的沸石 A 的 TMA 数据[32]。在铯离子存在的情况下，因失水造成了收缩。由于铯离子的尺寸相对较大，不能实现迁移运动。在失水过程中，钾和铷迁移到较小的方钠石笼状结构中，总体收缩很大。在含钠的情况下，通过失水收缩后的膨胀被认为是由钠离子在 α 笼中相对较高斥力位置处的迁移引起的。

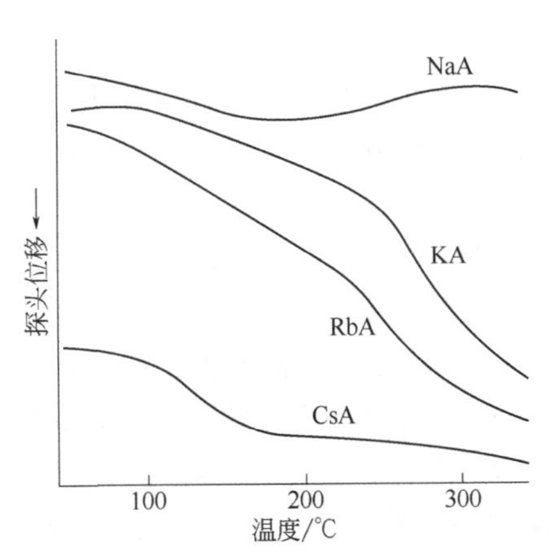

图 7-54 完全水合的沸石 A 的 TMA 曲线，表现出与阳离子大小的差异[32]

7.6 动态热机械分析曲线的解析实例

动态热机械分析法（Dynamic Mechanical Analysis，简称 DMA）是在程序温度控制下，测量物质在承受周期振荡性负荷（如正弦负荷）时的模量和力学阻尼随温度变化的一种热分析方法。DMA 主要是在一定条件下，通过测定材料的温度、频率、应力和应变之间的关系，以获得材料结构与分子运动的信息。DMA 是一种动态力学实验方法，可以比其他的方法提供更多信息。

由 DMA 实验一般能够获得储能模量、储能柔量、损耗模量、复数模量、动态黏度、应力、应变、振幅、频率、温度、时间和损耗因子等参数信息，常用于研究物质在实验过程中发生的应力松弛、蠕变、玻璃化转变和次级松弛等过程。另外，通过 DMA 可以测定当材料受到周期性应力或应变时的力学响应，从而确定材料的黏弹性及流变性能。

在很宽的温度和频率范围内，动态试验对于物质的化学与物理结构的响应非常灵敏，尤其在研究比较弱的玻璃化转变和次级转变时，动态试验往往是最灵敏的方法。DMA 在某些方面具有十分明显的优势，如黏弹性的测量、微小的相变化、预测材料的使用寿命和模拟生产及使用中的环境变化对材料的影响等。DMA 可以在不破坏样品结构的条件下模拟材料实际使用情况，快捷准确地获得材料内部分子运动转变的重要信息，定性、定量地表征材料的热性能、物理性能、机械性能及稳定性。

材料的力学性能除了受本身的结构影响外，更受外力大小及作用时间或频率、温度影响。通过材料的动态力学性能随时间或频率、温度的变化，不仅可以研究材料的玻璃化转变和次级松弛转变、结晶、交联、取向、相容性等理论问题，还可以研究在实际应用中的问题，如材料的阻尼能力、耐环境能力和老化性能、热固性树脂的固化过程及其工艺参数等。因此，DMA 是一种研究分子链、结构与性能及其关系的重要手段，从中可以获得与材料的结构、分子运动及其转变等相关的重要信息。

大多数材料同时具有黏性和弹性的性质，在交变力作用下其弹性部分及黏性部分均有不同程度的反应，而这种反应又受温度变化的影响。DMA 是研究材料黏弹性质的重要手段之一，在实验时只需要很小的试样就能在比较宽的温度和频率范围内连续测试，可以在较短的时间内得到材料的刚度与阻尼随温度、频率和时间的变化关系。这些信息对检验材料的质量，评价材料的加工和使用的条件非常有实用价值。由 DMA 曲线能够同时获得材料的储能模量（E'）、损耗模量（E''）和损耗因子（$\tan\delta$）随温度和频率变化的规律。其中，

① 储能模量（E'）是指材料在形变过程中由于弹性形变而储存的能量，可用来反映材料黏弹性中的弹性成分，表征材料的刚度；

② 损耗模量（E''）是指材料在形变过程中因黏性形变而以热的形式损耗的能量，可用来反映材料中的黏性成分，表征材料的阻尼；

③ 损耗因子（$\tan\delta$）是指材料在形变过程中损耗的能量与最大储能模量之比，即 E''/E'，可用来反映材料中黏性部分与弹性部分的比例。

作为最常用的实验模式，由 DMA 实验可以得到储能模量（E'）、损耗模量（E''）和损耗因子随温度、频率或时间变化的曲线，如图 7-55 所示。由图可见，在材料发生玻璃化转变时，E'、E''和 $\tan\delta$ 均出现了较为明显的变化。

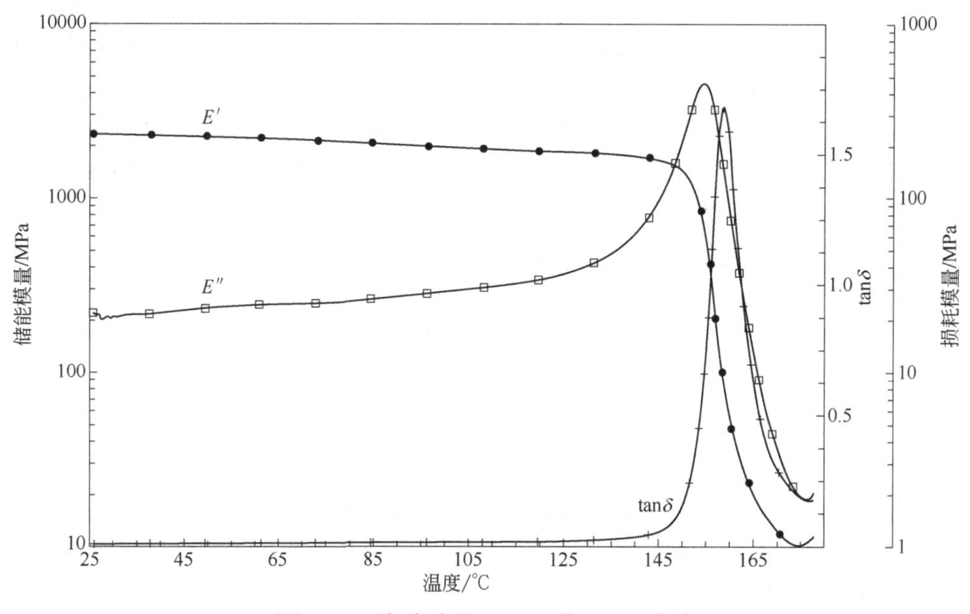

图 7-55　聚碳酸酯（PC）的 DMA 曲线

实验条件：双悬臂梁测量模式；以 5°C/min 的升温速率由室温加热至 180°C，频率 1Hz

除了可以得到以上模式的 DMA 曲线外，还可以在下面的动态实验模式下进行实验，得到相应的 DMA 曲线：①线性升温速率/多振幅扫描；②线性升温速率/单频率或多频率实验；③步阶升温和恒温/单频率或多频率实验；④步阶升温和恒温/多频率扫描；⑤恒温-恒频率/应变扫描。

在对 DMA 曲线进行解析时，应根据实验目的和实验模式灵活进行分析。以下结合实例来介绍 DMA 曲线在几个常见应用领域中的解析过程。

7.6.1　由 DMA 曲线研究高聚物的玻璃化转变

非晶聚合物有四种力学状态，分别为玻璃态、黏弹态、高弹态和黏流态。在温度较低时，材料为刚性固体状，与玻璃相似，在外力作用下只会发生非常小的形变，此状态即为玻璃态；当温度升高到一定范围后，材料的形变明显地增加，并在随后的一定温度区间形变相对稳定，此状态即为高弹态；温度继续升高形变量又逐渐增大，材料逐渐变成黏性的流体，此时形变不可能恢复，此状态即为黏流态。通常把玻璃态与高弹态之间的转变，称为玻璃化转变，它所对应的转变温度即是玻璃化转变温度（T_g），或称玻璃化温度。

玻璃化转变是聚合物的普遍现象，T_g是表示聚合物玻璃化转变的重要指标。在发生玻璃化转变时，材料的许多性能特别是力学性能会发生急剧变化。即使温度只在几度范围内变化，材料的模量也会改变三四个数量级，导致其性能发生较大改变。T_g是度量材料链段运动的特征温度，在T_g以下，材料处于玻璃态。T_g是非晶态塑料的使用上限，同时也是橡胶的使用温度下限，因此测定T_g无论对非晶塑料还是橡胶都具有重要的意义。

测定T_g的方法很多，常用的有DMA、热机械分析法（TMA）和差示扫描量热法（DSC）三种。一般情况下，材料发生玻璃化转变时，其比热容（DSC测定的基础）和热膨胀系数（TMA测定的基础）变化不明显，而模量会发生几个数量级的变化，因而利用DMA测定T_g更容易、更灵敏。当加热到玻璃转化温度时，材料的非结晶区部分会发生玻璃化转变，此时材料的物理力学强度均会发生巨大变化。在DMA曲线中，利用E'、E''和$\tan\delta$曲线的变化，可以确定测量的T_g。另外，由于玻璃化转变的松弛特性，在实验中T_g强烈地依赖于测试作用力的频率和升温速率。从玻璃化转变峰的高度和宽度可以看出高分子材料的松弛特性。如果T_g峰高，说明链段松弛转变困难，需要更大的能量。而T_g峰宽，反映了链段运动的分散性大，说明链段松弛过程长，链段松弛与不同组分的相互作用、界面及相容性有关。对于非晶态聚合物的玻璃化转变而言，其本质上是链段运动发生冻结和自由活动的转变，常常称为主转变或α转变。

图7-56为聚对苯二甲酸乙二醇酯（PET）的DMA曲线，由图可见，在玻璃

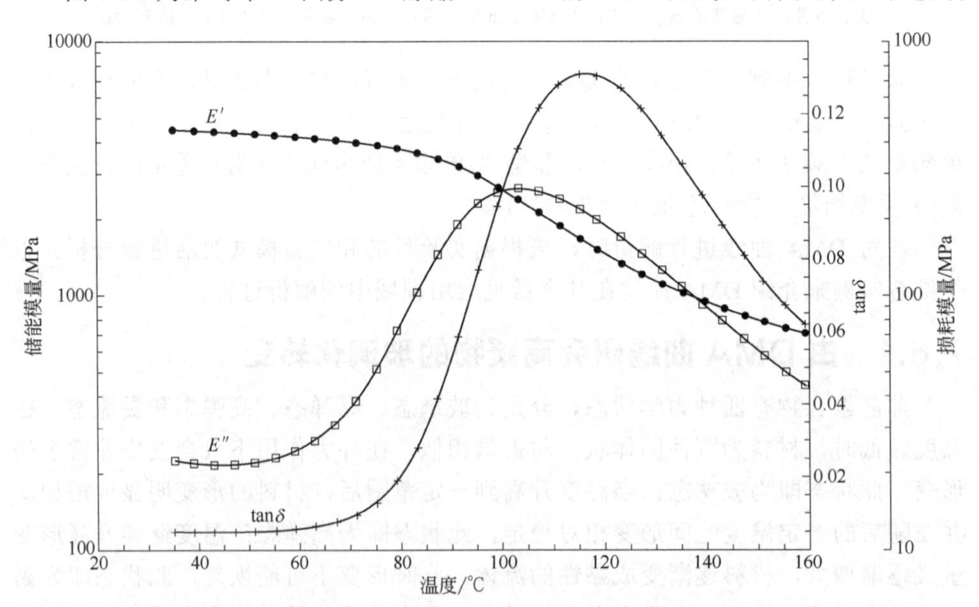

图7-56　聚对苯二甲酸乙二醇酯（PET）的DMA曲线

实验条件：拉伸测量模式；以5℃/min的升温速率由室温加热至160℃，频率20Hz

化转变温度以下，材料处于玻璃态。当温度较低时，分子热运动能低，链段的热运动能不足以克服主链内旋转的势垒。因此，链段处于被“冻结”状态。只发生键角、键长改变引起的小形变，形变可以跟上外力的变化，属于弹性形变，因此内耗很小，材料表现出以弹性为主的性质，储能模量很大，损耗因子较小。随着温度升高，能够自由运动的链段开始自由运动，链段的运动被激发，但体系的黏度仍然很高。在这种情况下，损耗因子呈峰形，形变迅速增加，储能模量迅速下降，这一温度范围称为玻璃化转变区。温度继续升高，材料的储能模量出现平台区，受较小的力就可以发生很大的形变。而且当外力去除后，形变可以恢复，材料处于高弹态。

在玻璃化转变区域，储能模量 E'急剧下降，直至出现较稳定的平台，而损耗模量 E''和损耗因子 $\tan\delta$ 则均有明显的峰出现（图 7-55 和图 7-56），也就是说 T_g 可以用储能模量下降起始点、损耗模量峰值点或者损耗因子的峰值点来表示。因此在 DMA 曲线中有三种玻璃化转变温度的表示方法，分别是 E'曲线的外推初始温度、损耗模量 E''和损耗因子 $\tan\delta$ 的峰值温度，分别对应于图 7-57 中 T_g（E'）、T_g（E''）和 T_g（$\tan\delta$），这三个温度值依次增高。在 ISO 标准中，建议以 E''曲线的峰值温度 T_g（E''）作为玻璃化转变温度。习惯上，在表征结构材料的最高使用温度时，选择 E'曲线的外推初始温度，这样能够保证结构材料在使用温度范围内模量不会发生急剧变化，保证结构件的尺寸与形状的稳定性；对于阻尼材料，常以损耗因子的峰值温度 T_g（$\tan\delta$）作为玻璃化转变温度。通常储能模量下降起始点温度最低，阻尼因子峰值点温度最高。选择以上哪个温度要在生产工艺优化时结合具体材料来定，例如塑料的 T_g 一般用储能模量的下降起始点表示，而橡胶的 T_g 通常用损耗模量峰值点。在进行比较时，应注意固定一种定义方法，用同一种 T_g 来进行分析。

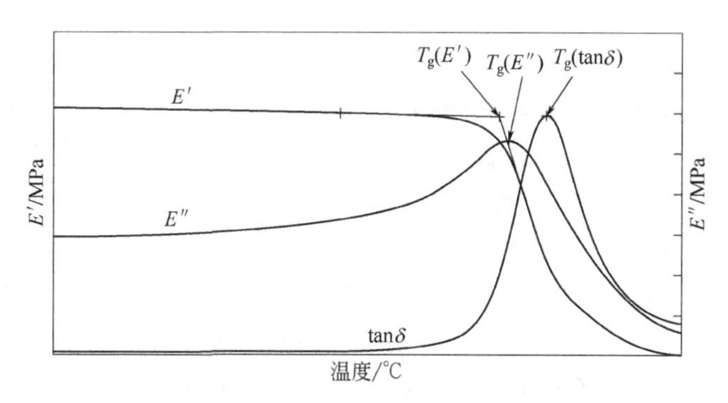

图 7-57　聚对苯二甲酸乙二醇酯（PET）的 DMA 曲线中 T_g 的表示法

由以上分析可知，T_g 是聚合物的一个基本性能参数，其对应于高聚物链段运动的宏观转变温度。在 T_g 以下，高聚物处于玻璃态；T_g 以上，则呈现为橡胶态。

对于橡胶而言，其使用温度应在 T_g 以上，而非晶态树脂使用温度则应在 T_g 以下。图 7-58 为采用双悬臂模式测得的由两种不同工艺制得的含氟树脂聚合物的 DMA 曲线（tanδ 曲线）。可以看出，1 号材料的 T_g 峰较宽，反映了链段运动较为松散。高分子链完成一个完整的松弛过程时间较长，该材料不能迅速地从玻璃态转变为橡胶态；2 号材料则能迅速完成从玻璃态到橡胶态的转变，同时 T_g 峰较高，即说明材料阻尼较大。因此，2 号材料更适合用作低温下的阻尼材料。

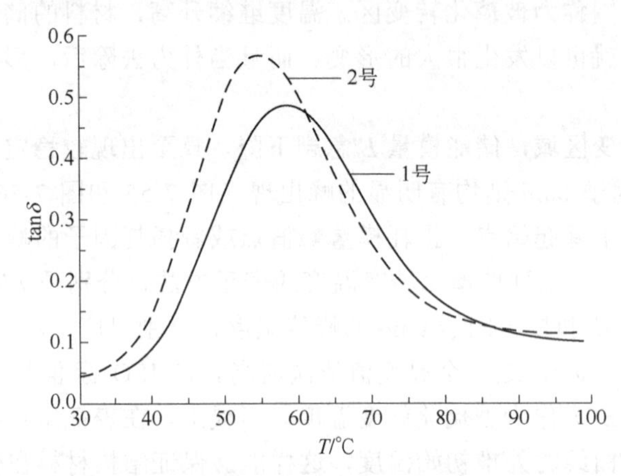

图 7-58 由两种不同工艺得到的氟树脂聚合物的 DMA 曲线（tanδ 曲线）[33]

7.6.2 由 DMA 曲线研究热固性材料的固化程度和测定凝胶点

不同固化程度的树脂材料的 DMA 曲线存在着差异，这种差异是树脂固化过程中发生分子交联程度的直接反映。当树脂发生固化后，体系的交联密度增加，T_g 也相应提高。由 T_g 的相对高低可判断出树脂交联密度的大小，树脂的固化程度可以用储能模量和相对刚度值来表示。

实验时，将黏性树脂涂于玻璃布上，在恒定的温度下进行 DMA 实验。通过测得的储能模量及损耗模量随时间的变化曲线，可以反映体系黏度的变化。当发生凝胶转变时，体系的储能模量及损耗模量发生突变。因此，在对热固性胶黏剂的固化过程进行动态研究时，可以通过测定损耗模量极大值来确定该温度下树脂固化的凝胶点。在实验的开始阶段，体系的黏度小，强度也小，体系的 E'和 E''主要是玻璃布的模量。随着固化的进行，E'和 E''逐渐上升。黏度增大时，E''的增长速率远远超过 E'。当达到凝胶点时，体系的黏度突然增大，这时 E''迅速增大。随后体系开始固化，树脂和玻璃布成为一个整体。在固体中 E''所占的比例比凝胶点时要小，而刚开始成为固体的瞬间，总的模量并不比凝胶前大，所以 E''又下降，曲线形成一个极值，这个极值点称为凝胶点，到达这个极值点所需的时间为凝胶化时间。图 7-59 是环氧树脂恒温固化的 DMA 曲线[34]，一般认为储能模量和损耗模量相交处为凝胶点。由图可以确定这种环氧树脂在 150°C 以下的凝胶时间是 100min。

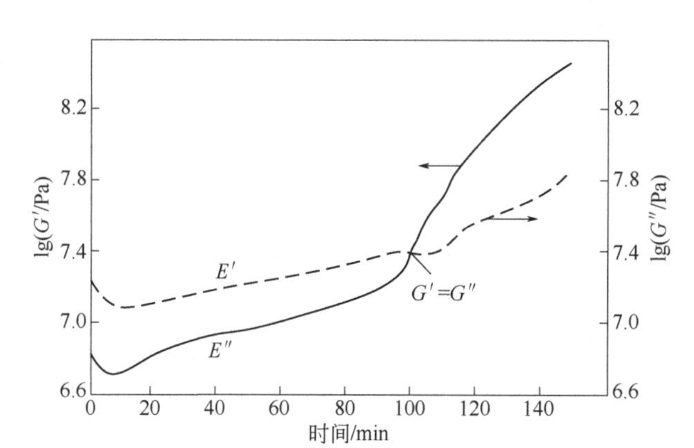

图 7-59　150°C 下环氧树脂的恒温固化 DMTA 曲线

7.6.3 由 DMA 曲线研究聚合物的相容性

聚合物共混是将两种或者两种以上的聚合物通过物理或化学的方法，按照一定比例混合而成。高分子材料共混可以改善材料的韧性、耐热性、耐磨性及尺寸稳定性等物理机械性能，能够降低成本。可以根据实际需要设计出特殊性能的材料，比如阻燃性、导电性及阻尼性能等。共混物的动态力学性能主要由参与共混的聚合物的相容性所决定。如果完全相容，则共混物的性质与具有相同组成的无规共聚物几乎相同。

如果不相容，则共混物将形成多相。这时动态模量-温度曲线上将出现多个台阶，损耗温度曲线出现多个损耗峰，每个峰均对应其中一种组分的玻璃化温度。共混物玻璃化转变的特征主要取决于两组分的混容性。两组分完全不混溶则有两个分别对应于两组分的玻璃化转变温度，若两组分完全混容，则只有一个玻璃化转变温度。

共混高聚物的 T_g 基本上由两种相混的均聚物的互容性决定。如果两种均聚物彼此完全互容，则共混物的性质几乎与组成相同的无规共聚物的相同，即 T_g 介于相应的均聚物的 T_g 之间。图 7-60 为聚乙酸乙烯酯和聚丙烯酸甲酯 50/50 的共混物，以及组成相同的乙酸乙烯酯和丙烯酸甲酯的共聚物的模量-温度曲线及损耗因子-温度曲线。由图可见，它们几乎具有完全相同的动态力学性能。其 T_g 的内耗峰在 30°C 时出现。

如果两种高聚物是互不相容的，则共聚高聚物的内部存在两相。对于每一相均可观察到各自的 T_g。图 7-61 是聚苯乙烯和苯乙烯–丁二烯共聚的共混物（即丁苯橡胶改性聚苯乙烯）的 DMA 曲线。由图可见，共混物的两个内耗峰在与仅含有聚苯乙烯和仅含有苯乙烯–丁二烯橡胶的两个内耗峰很接近的温度下出现。

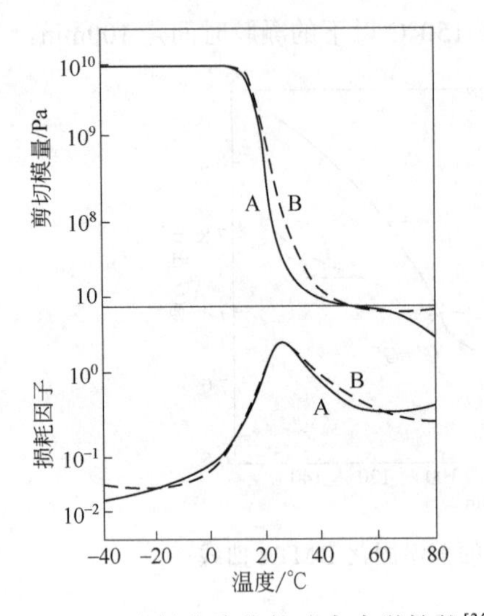

图 7-60　互容的共聚物的动态力学性能[35]

曲线：A—聚乙酸乙烯酯和聚丙烯酸甲酯50/50 的共混物；B—组成相同的乙酸乙烯酯和丙烯酸甲酯的共聚物

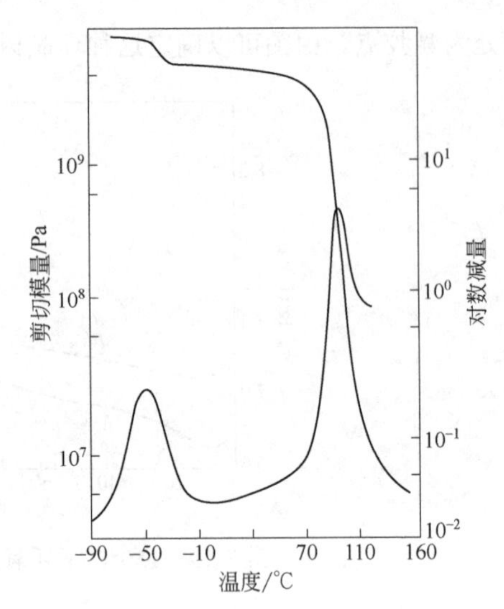

图 7-61　不互容的共混高聚物的动态力学性能[35]

7.6.4　由 DMA 曲线研究聚合物的阻尼性能

阻尼材料即高内耗材料，也即 tanδ 值大的材料。理想的阻尼材料应该在整个工作温度范围内都有较大的内耗，也即 tanδ-T 曲线变化平缓，与温度坐标之间的包络面积尽量大。

由材料的阻尼性能也可以对高聚物的脆性和韧性进行预测。如果高聚物没有出现明显的低温损耗峰，则这种材料在阻尼 tanδ 低于 0.02 的温度区间内通常是脆性的，高于 0.02 呈现韧性。可以利用材料的 DMA 曲线很方便地选择出适合于特定温度范围内使用的阻尼材料。

对于阻尼材料的评价缺乏统一的标准，一般使用 DMA 法来表征。在 DMA 曲线中，通常根据材料的 tanδ 峰值的高度和其跨越的温度范围来评价。一般以 tanδ 大于 0.3 为有效阻尼，有效阻尼的温域达到 60°C 以上的材料可以认为有较好的阻尼性能。对于良好的阻尼材料，通常认为应满足以下几个条件[34]：

① 损耗因子 tanδ 要高，并且峰值尽可能与使用温度相一致；

② tanδ 大于 0.3 的温度范围应尽可能宽；

③ 材料具有良好的加工性能及适当的力学性能。

7.6.5　由 DMA 曲线测量高聚物的次级转变及低温性能研究

高分子具有长链结构，分子量高、链长具有多分散性的特点，在分子链上一般含有不同结构的侧基。在经过支化、交联、结晶、取向和共聚等处理后，使得高分子运动单元具有多重性。基于以上这些原因，许多聚合物在较低的温度时通常具有次级转变，由低温到高温依次为δ、γ、β转变（图 7-64），这些次级转变可归因于高分子链的小链段或侧基的运动。在低温范围，高聚物虽然主链段处于被“冻结”的运动状态，但某些比链段小的运动单元仍具有运动能力。在高聚物材料的损耗因子-温度曲线中，如果在低温测试范围内，损耗因子峰越低，峰值越高，则其耐寒性及低温抗冲击性就越好。高分子材料的低温韧性主要取决于其在低温下是否具有可以运动的结构单元。

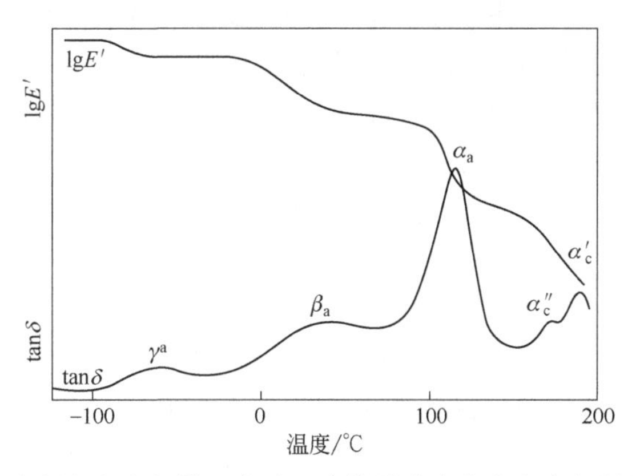

图 7-62　以恒定频率向上扫描温度时，半结晶聚合物中多个损耗峰的示意图[36]

通常由 DSC 或 DTA 曲线无法观察到高分子的十分微弱的次级转变，而 DMA 的测量则比较灵敏，可以在恒温恒应力下测量动态模量和损耗随频率的变化曲线，明显地观察到该变化。一般的做法是先进行温度扫描实验，若从温度扫描曲线中观察到可能在某温度下出现不明显的次级转变现象，即可选定在此温度下恒温做频率扫描实验，在该实验条件下一般可以得到较为明显的次级转变。图 7-63 为聚

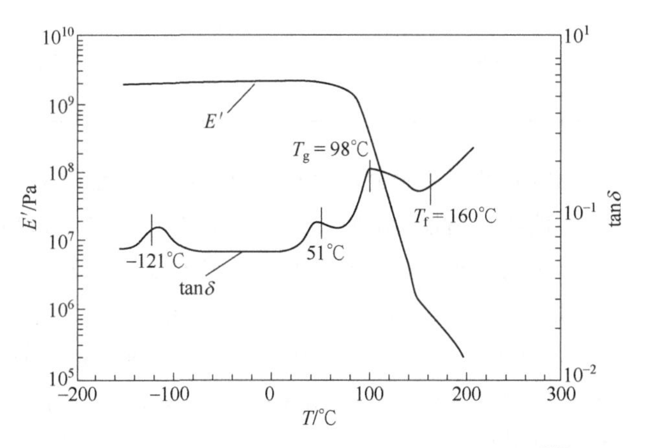

图 7-63　聚苯乙烯的多重转变的 DMA 曲线[35]

苯乙烯的多重转变的 DMA 曲线。由图可知，聚苯乙烯在−121°C 和 51°C 处观察到次级转变，51°C 处的次级转变是由于高分子小链段或侧基的运动，−121°C 处的次级运动可能是高分子主链段的转动。

7.6.6 由 DMA 曲线测量高聚物的耐老化性能研究

在材料的实际应用中，经常要对高分子材料在工作温度范围内可以承受环境因素（水、氧、光等）变化的能力作出评价，评价内容主要包括老化前后的性能变化和造成性能变化的结构变化。湿度和温度是造成材料老化的主要因素。一般来说，湿度会使树脂和界面产生湿膨胀效应和增塑效应，导致玻璃化转变温度下降。对某些类型的树脂体系可能产生水解反应，并使树脂发生二次交联，包括化学交联和物理交联。加热可以使基体发生降解或交联反应，使复合材料内各相产生热膨胀，并能导致基体自由体积收缩或结晶。二者的共同作用可能使水分在复合材料中的扩散加速，并能使各种反应加速，从而促进复合材料性能的降低。

采用其他方法往往需要较多试样并需进行大量的实验才能完成这类研究，而采用 DMA 方法不仅可迅速跟踪老化过程中刚度和冲击韧性的变化，还可同时分析引起性能变化的结构原因。老化一般是交联或断链产生新的化合物引起的，某些分子运动单元的运动会受到限制或加速。这种变化常常可能在 $\tan\delta$-T 曲线中表现出来，见表 7-5。

表 7-5　聚合物老化过程中分子运动的变化在 $\tan\delta$-T 曲线中的表现

曲线的变化	曲线变化的原因和结果
玻璃化转变峰向高温移动	交联或致密化，分子链柔性降低
玻璃化转变峰向低温移动	分子链断裂，分子链柔性增加
此级转变峰高度增加	相应的分子运动单元的活动性增加
此级转变峰高度降低	相应的分子运动单元的活动性降低
新峰的产生	发生化学反应

多频温度扫描 DMA 可用来研究环氧树脂基碳纤维复合材料在 65°C 和 95°C 蒸馏水中的湿热老化性能，通过 Arrhenius 方程计算得到复合材料湿热老化前后的玻璃化转变表观活化能 ΔE_a，分析复合材料于两种温度下的吸湿性和静态力学性能变化[37]。结果表明，不同树脂基复合材料湿热老化前后 ΔE_a 不同，随着湿热老化温度的升高，ΔE_a 增加；湿热环境中复合材料的平衡吸湿率越低，ΔE_a 越小；湿热老化后复合材料的力学性能保留率越低则 ΔE_a 越大。表观活化能可以用来表征树脂基复合材料的耐湿热性能。

7.7 由热分析联用技术所得曲线的解析实例

由常规的热分析技术可以得到所研究对象在一定的气氛和程序控制温度下，由于其结构、成分变化而引起的质量、热效应、尺寸等性质的变化信息。通过将热分析技术与常规的分析技术如红外光谱技术、质谱、色谱、显微技术、拉曼光谱、X 射线衍射等联用，可以得到在物质的性质发生变化的过程中产物的结构、成分、形貌、物相等的变化信息。通过这些信息，可以得到物质在一定的气氛和程序控制温度下所发生的各种变化的更深层次的一些信息，对于过程中的反应机理、动力学信息有更深刻的认识。当前应用最为广泛的热分析联用技术主要有：①热重-差热分析、热重-差示扫描量热法以及显微热分析等，这属于同时联用的范畴；②热分析与红外光谱、质谱的联用，这属于串接式联用的范畴；③热分析与气相色谱等的联用，由于与热分析联用的这类技术自身在分析时需要一定的时间，因此通常称该类方法为间歇式联用技术。其实，这类技术也属于串接式联用的范畴。

由于在 7.3 节中已经介绍了热分析同时联用方法中的 TG-DTA 和 TG-DSC 曲线的解析，因此在本节中将重点介绍与由热分析联用的红外光谱、质谱和气/质联用得到的曲线的解析方法。为了表述方便，在本节中涉及热分析/红外光谱联用时，所用热分析部分仅以 TG 为例进行叙述。

7.7.1 热重/红外光谱联用曲线的解析

7.7.1.1 热重/红外光谱联用技术简介

由于对红外光谱法的详细描述内容已经超出了本文的范围，因此在本节中仅讨论在应用时所必需的一些与 IR 相关的背景知识。

傅里叶变换红外光谱法（FTIR）是基于分子与近红外（12500~4000cm^{-1}）、中红外（4000~200cm^{-1}）和远红外（200~12.5cm^{-1}）光谱区电磁辐射相互作用的原理。当红外辐射通过一个样品，根据不同分子的结构特性，样品会吸收一定频率的能量，引起分子或分子的不同部分（官能团）在这些频率下振动。通过红外光谱法可以得到分子官能团相关的结构信息。与质谱法相比，由于红外线的能量比较低，没有离子化、裂解或者破碎发生，因此 FTIR 可以用于分子官能团的鉴别。但是 FTIR 比 MS 的灵敏度低很多，可用来分析含量较高的物质的结构信息。

7.7.1.2 热重/红外光谱联用法的工作原理

热重/傅里叶变换红外光谱联用法（TG/FTIR），简称热重/红外光谱联用法

（TG/IR），是一种常见的热分析联用技术。该类方法通过可以加热的传输管线将热重仪与红外光谱仪串接起来，属于串接式联用技术。

该方法是一种利用吹扫气（通常为氮气或空气）将热重仪在加热过程中产生的逸出产物，通过设定温度下（通常为200~350°C的金属管道或石英管）的传输管线进入到红外光谱仪的光路中的气体池中，并通过红外光谱仪的检测器（通常为DTGS和MCT检测器）分析判断逸出气体组分的结构。实验时，随着热重仪的温度变化，在由热重仪测量待测样品的质量随温度的变化的同时，由红外光谱仪测量在不同温度下由于质量的减少引起的气体产物的官能团随温度的变化信息。实验数据以热重曲线和红外光谱图的形式表示，通过实验可以得到不同温度下的样品的质量以及所产生气体的红外光谱图。

7.7.1.3 热重/红外光谱联用仪的工作原理

常用的TG/IR仪的结构框图如图7-64所示。

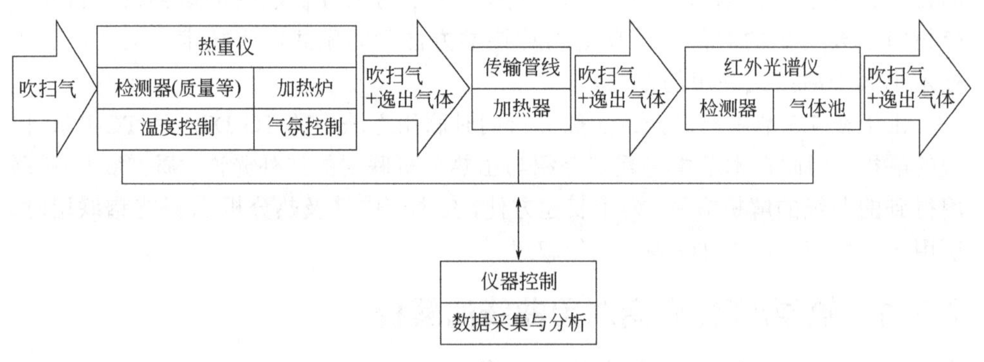

图7-64 TG/IR仪的结构框图

TG/IR仪主要由热重仪主机（主要包括程序温度控制系统、炉体、支持器组件、气氛控制系统、温度测量系统、称量系统等部分）、红外光谱仪主机（包括检测器、气体池等部分）、联用接口组件（包括加热器、隔热层等部分）、仪器辅助设备（主要包括自动进样器、冷却装置、机械泵等部分）、仪器控制和数据采集及处理各部分组成。

所有从TG仪器中流出的气体都会流入红外光谱仪中的一个加热的气体池，红外光谱仪的检测器以非常快的速度（如每秒1次）记录下不同时刻或温度下产生的气体的红外光谱图，可将获得的光谱（吸光度对波数）与气相红外光谱库中的光谱进行比对和分析。

7.7.1.4 由热重/红外光谱联用曲线可得到的信息

通过TG/IR实验除了可以得到热分析部分的数据外，还可以得到以下信息：

① Gram-Schmidt 曲线

通过软件还可以在整个光谱范围内将每一个单独的 FTIR 光谱的光谱吸收积分，结果被显示成强度对时间的在线曲线，这就是通常所说的 Gram-Schmidt 曲线（简称 GS 曲线），GS 曲线是总红外吸收的定量度量，显示逸出气体浓度随时间的变化（如图 7-65）。

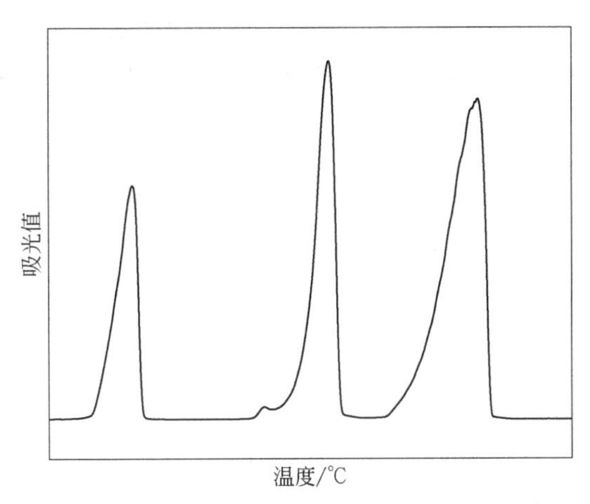

图 7-65　不同温度下由红外光谱法得到的逸出气体的 GS 曲线

② 不同温度或时间下的三维红外光谱图

在程序控制温度下，由试样逸出的气体通过红外光谱仪实时检测到的三维红外光谱图如图 7-66 所示。图 7-66 是由实验时所得到的所有红外光谱图组成的，由图可以得到不同结构的气体分子所对应的官能团的总体变化过程。

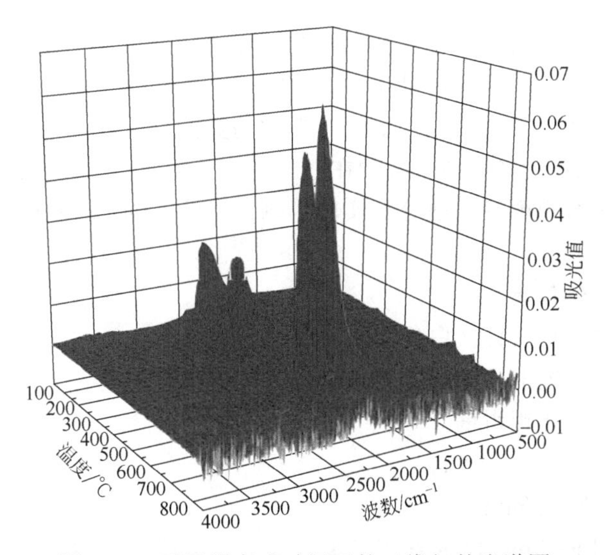

图 7-66　不同温度或时间下的三维红外光谱图

③ 官能团剖面图（functional group profile，简称 FGP）

FGP 常用来表示在实验过程中逸出的气体中特定的波数随测量时间或温度的变化关系，通常通过对实验过程中所选光谱区域上的红外光谱数据的吸光值积分来得到该剖面图。在软件中，一些这样的剖面图是可以实时计算得到的。

通过官能团剖面图，可以用来描述具有某一官能团的物质在不同温度或时间下产生的气体量的变化，如图 7-67 所示。图中为产生的气体产物在 1507cm^{-1}、1650cm^{-1} 和 2380cm^{-1} 处有特征吸收的官能团随温度的变化曲线，由此可以得到该类物质在不同温度下的浓度变化信息。

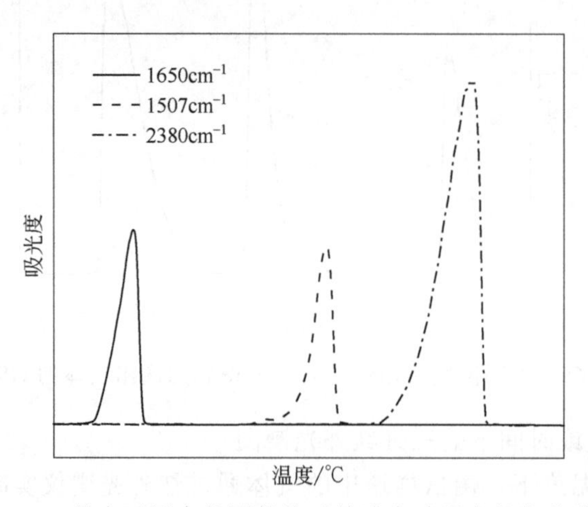

图 7-67 具有不同官能团的物质的浓度随温度的变化曲线

7.7.1.5 由热重/红外光谱联用曲线的数据分析

实验结束后，在仪器附带的数据分析软件中分别对 TG 数据和采集到的红外光谱数据进行分析，转换成可以在专业的数据分析软件（如 Origin 软件等）中作图的 .csv 或者 .txt 文件。根据需要，在专业的数据分析软件中作图。通常需要将 TG 曲线和红外光谱的特征曲线叠加在一起进行分析。

以下以一水合草酸钙的热分解实验为例，介绍在 Origin 软件中 TG/IR 曲线的综合分析过程。

（1）实验条件信息

样品：一水合草酸钙（白色粉末）；

实验气氛：高纯 He，流速 100mL/min；

坩埚：敞口氧化铝坩埚；

温度范围：室温~900°C；

升温速率：20°C/min；

仪器：美国 Perkin-Elmer 热重（型号 Pyris 1）/红外光谱（型号 Frontier）/气

相色谱（型号 Clarus680）/质谱（型号 Clarus SQ8T）联用仪；

传输管线温度：热重仪至红外光谱仪温度、红外光谱仪气体池温度均为280°C，由 TL-9000 联用装置控制传输管线以及红外光谱仪气体池的温度。

红外光谱仪工作条件：DTGS 检测器，波数分辨率 8cm^{-1}，光谱叠加次数为 4。

（2）热重部分的数据分析

将实验得到的 TG 和 DTG 曲线的数据导入到 Origin 软件中，并将 TG 和 DTG 数据进行归一化处理，得到的 TG-DTG 曲线如图 7-68 所示。由图可见，随着温度的升高，先后在 150~200°C、400~520°C、620~850°C 范围内出现了三个质量减少的台阶。在相应的失重台阶的范围内，DTG 曲线也相应地出现了三个向失重方向的峰，DTG 曲线的峰面积对应于失重台阶的高度。这三个质量减少过程分别对应于一水合草酸钙随温度升高先后出现了失去一分子结晶水、失去一分子 CO 和失去一分子 CO_2 的三个结构变化过程。

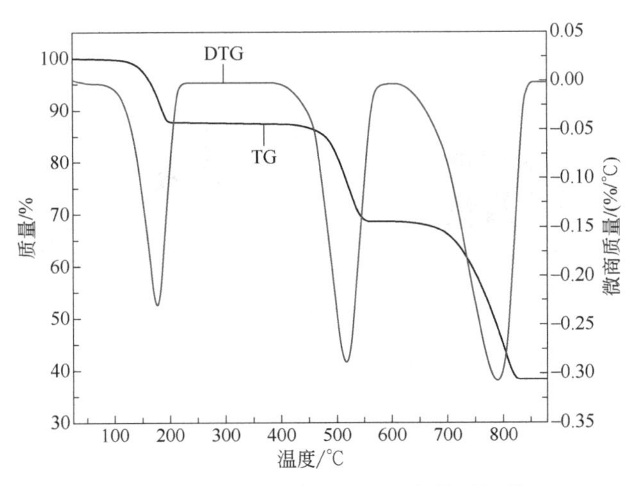

图 7-68 在 Origin 软件中作图得到的一水合草酸钙的 TG-DTG 曲线

（3）TG/IR 数据的综合分析

由不同温度下的红外光谱得到的 GS 曲线反映了在实验过程中由红外光谱仪检测得到的气体产物的整体信息，该曲线与 DTG 曲线对应。图 7-69 为 TG、DTG、GS 曲线的对比图。可以看出，在 TG 曲线的每一个质量变化阶段，GS 曲线所对应的气体的含量均发生了相应的变化。

图 7-70 和图 7-71 分别给出了在 150~200°C、400~520°C、620~850°C 范围内的红外光谱图。

由图 7-70~图 7-72 可见，在一水合草酸钙加热过程中，分别出现了失去一分子结晶水（图 7-70）、失去一分子 CO（图 7-71）和失去一分子 CO_2（图 7-72）的三个结构变化过程。

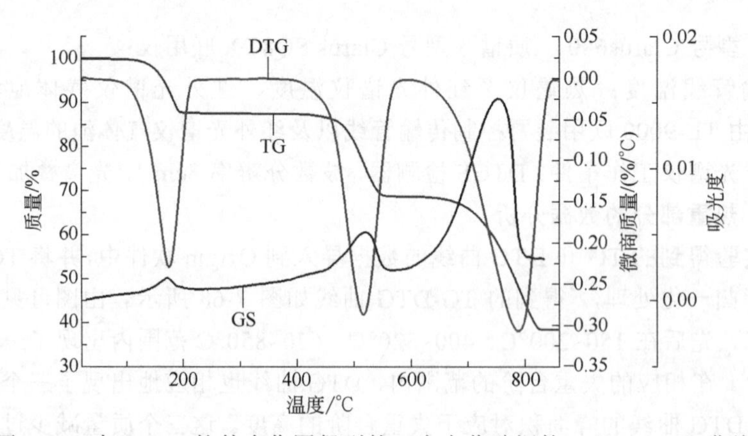

图 7-69 在 Origin 软件中作图得到的一水合草酸钙的 TG-DTG-GS 曲线

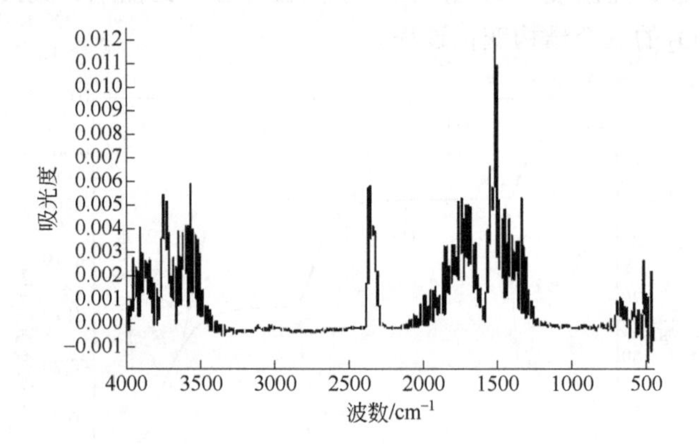

图 7-70 170.6°C 时逸出气体的红外光谱图

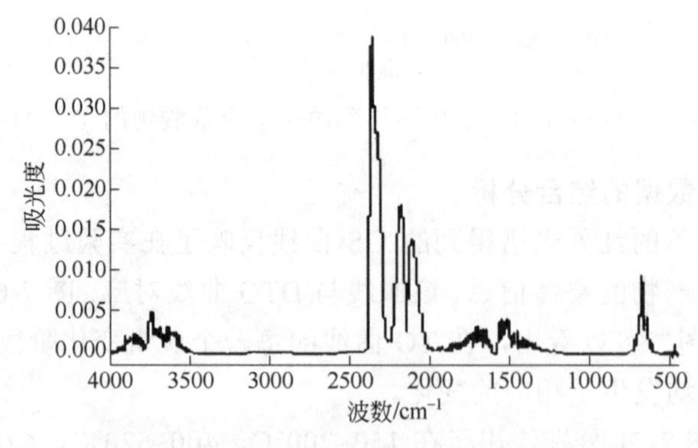

图 7-71 518.6°C 时逸出气体的红外光谱图

因此，在分析时对特征产物 H_2O（取 1649cm^{-1}）、CO（取 2182cm^{-1}）、CO_2（取 2361cm^{-1}）的官能团在不同温度下的变化进行对比。图 7-73 为 TG、DTG、GS 和以上三种可能产物的官能团剖面图曲线的对比图。

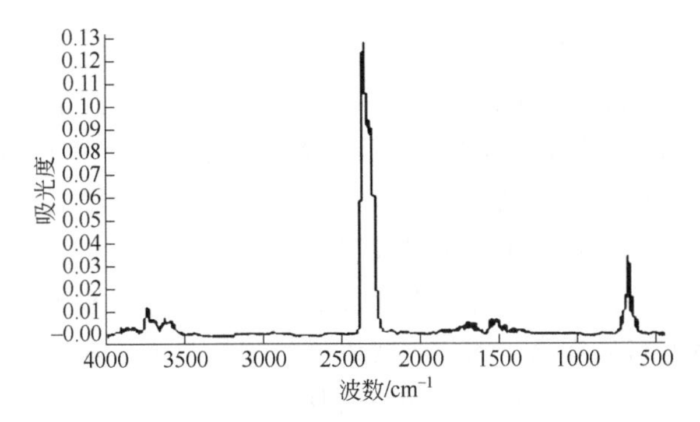

图 7-72　755.5°C 时逸出气体的红外光谱图

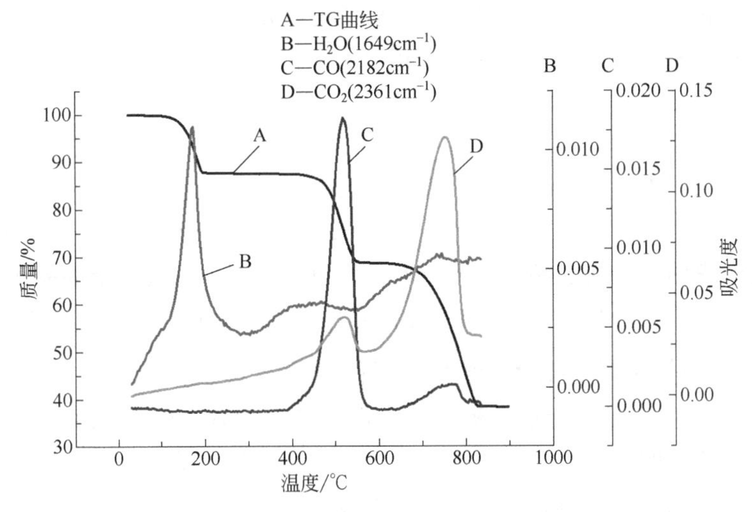

图 7-73　TG 曲线、GS 曲线和特征官能团曲线的对比分析

由图 7-73 可见，H_2O（取 1649cm^{-1}）、CO（取 2182cm^{-1}）、CO_2（取 2361cm^{-1}）的官能团曲线在加热过程中分别出现了检测峰。其中，波数为 1649cm^{-1} 的官能团曲线的峰对应于 H_2O 的逸出过程，波数为 2182cm^{-1} 的官能团曲线的峰对应于 CO 的逸出过程，波数为 2361cm^{-1} 的官能团曲线的峰对应于 CO_2 的逸出过程。因此，对于一水合草酸钙而言，150~200°C 范围的峰对应于 CO 的产生，在实际检测过程中，由于 O_2 的存在，少量的 CO 会被氧化为 CO_2。

7.7.2　热重/质谱联用曲线的解析

7.7.2.1　热分析/质谱联用技术简介

热分析/质谱联用（TA/MS）技术是在程序控制温度和一定气氛下，通过质谱仪在线监测热分析（主要为热重仪、热重-差热分析仪以及热重-差示扫描量热仪）中试样逸出气体的信息的一种热分析联用方法，常见的联用形式有 TG/MS、

TG-DTA/MS 以及 TG-DSC/MS 等。

质谱法（Mass Spectrometry，简称 MS）是一种检测和鉴别微量气体物质的非常灵敏的方法，通过这种技术可以得到化合物的化学结构的信息（官能团和侧链）。质谱法即用电场和磁场将运动的离子（带电荷的原子、分子或分子碎片，有分子离子、同位素离子、碎片离子、重排离子、多电荷离子、亚稳离子、负离子和离子-分子相互作用产生的离子）按它们的质荷比分离后进行检测的方法。测出离子的准确质量之后即可确定离子的化合物组成，这是由于核素的准确质量是多位小数，不会有两个核素的质量是一样的，而且不会有一种核素的质量恰好是另一核素质量的整数倍。分析这些离子可获得化合物的分子量、化学结构、裂解规律和由单分子分解形成的某些离子间存在的某种相互关系等信息。

由于对 MS 的详细描述内容已经超出了本文的范围，因此在本节内容中仅讨论在应用时所必需的一些与 MS 相关的背景知识。

在联用的质谱中，样品分子通过一个离子源进入质谱，在离子源中样品分子被高能电子束（通常为大约 70eV）轰击。这个能量比有机物的离子化势能和键强度大，该能量实际上足够从分子上移动一个或更多的电子，形成正电荷分子离子。另外，电子束的能量还能够引起分子发生大量的碎裂，通过复杂的裂解途径形成许多不同的正电荷碎片离子，形成的这种碎片离子与所研究的分子结构密切相关。

7.7.2.2 热分析/质谱联用技术的工作原理

TA/MS 主要包括一台热分析仪（主要为 TG、TG-DTA、DIL）、一台质谱仪以及将两者联合的接口。为了获得释放气体分析的最佳结果，热分析仪和接口一定要设计成保证释放气体有足够量转移到质谱仪，同时质谱仪要设计成能快速扫描和长周期稳定操作。由于质谱在高真空条件下工作，从热分析仪逸出的气体只有约 1%通过质谱仪（否则会失去真空条件）。如此低的逸出气体对于高灵敏度的质谱来说足够了。热分析仪和 MS 之间的联用需要通过特殊设计的接口来进行，这是因为热分析仪在 1atm（101.325kPa）下正常工作，而 MS 则需要在大约 10^{-6}mbar 的真空条件下进行工作。通过可以加热的陶瓷（惰性）毛细管或内衬涂层的金属管将由热分析仪逸出的一小部分气体带入至 MS 仪中实现联用。实验时，主要使用 He 作为载气，但也可以使用诸如空气或 O_2 等之类的气体。热分析和/或质谱设备的制造商提供了用于联用的接口和软件，使得 MS 可以在线监测由热分析仪逸出的气体（如图 7-74 所示）。一些 MS 设备制造商已经扩展了它们的应用范围，现在已经有专门的 MS 设备可以通过更加方便的方式与热分析设备进行联用。

质谱仪提供的定性信息是靠气体分子和原子的离子比，再将所得到的离子比按它们的质量电荷比分开，每种气体物质在离子化过程中分裂产生一个特征离子

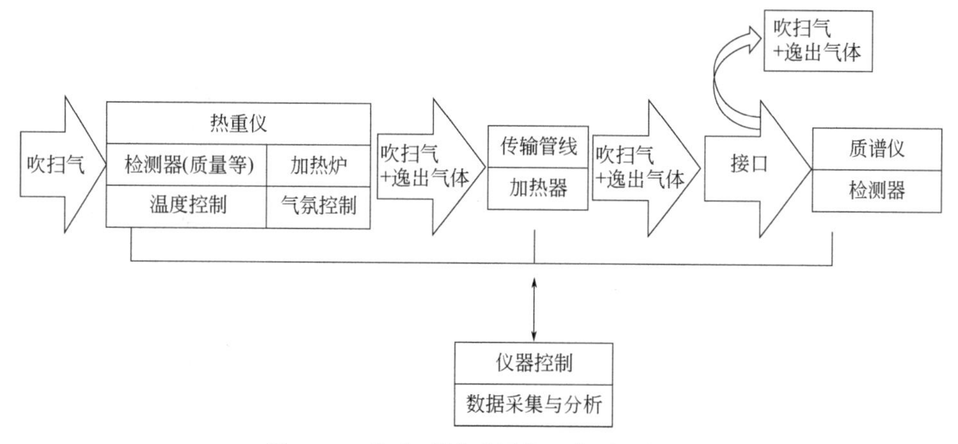

图 7-74　热重/质谱联用仪工作原理框图

模型，可与已知物质的模型辨别比较。进入 MS 的气体在电离室中被电子轰击，气体分子被分解成阳离子，根据这些阳离子的质量/电荷将其分离。通过测量离子的电流，可以获得如图 7-75 所示的丰度为质荷比函数的谱图。

在图 7-75 中给出了一个瞬时扫描的 MS 谱图。由于在整个 TG 实验期间连续扫描，因此可以（用适当的软件）合并得到的每张所有瞬时扫描谱图中相同质量/电荷比的数据，还可以针对每个质量/电荷比获得强度随时间或温度的曲线。在图 7-76 所列举的例子中，给出了在空气气氛中加热 $Nd_2(SO_4)_3 \cdot 5H_2O$ 过程中的质量/电荷比（m/z）为 18（H_2O^+）、32（O_2^+）和 64（SO_2^+）的强度随温度和时间变化的曲线。

借助相应的谱图库，可以将获得的碎片的实验结果与谱图库进行比较，以便识别出在离子化之前的原始气体分子的信息。

7.7.2.3　热分析/质谱联用曲线的分析

实验结束后，在仪器附带的数据分析软件中分别对 TG 数据和采集到的质谱数据进行分析，转换成可以在专业的数据分析软件（如 Origin 软件等）中作图的 .csv 文件或者 .txt 文件。

根据需要，在专业的数据分析软件中作图。将 TG 曲线和质谱的特征曲线叠加在一起进行分析。

以下以一水合草酸钙的热分解实验为例来介绍在 Origin 软件中 TG/MS 曲线的综合分析过程，实验条件和热重部分的数据分析内容同 7.7.1.5 节中 TG/IR 部分。

由于一水合草酸钙在加热过程中分别出现了失去一分子结晶水、一分子 CO 和一分子 CO_2 的三个结构变化过程，将实验时得到的 MS 数据中的 m/z 18、32 和 44 的选择离子曲线（即 SIR 曲线）和总离子流曲线（TIC 曲线）所对应的数据导入 Origin 软件中。

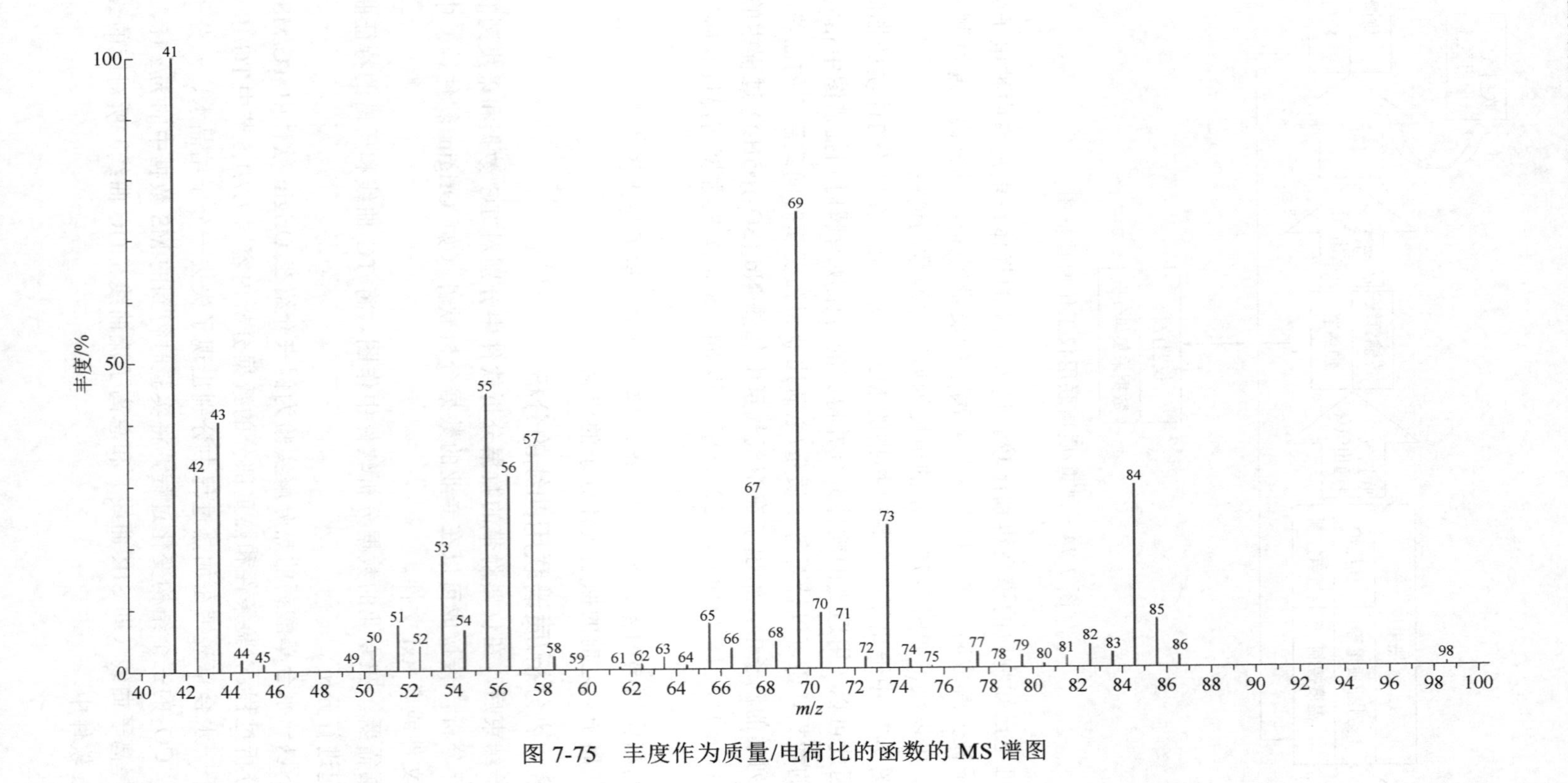

图 7-75 丰度作为质量/电荷比的函数的MS谱图

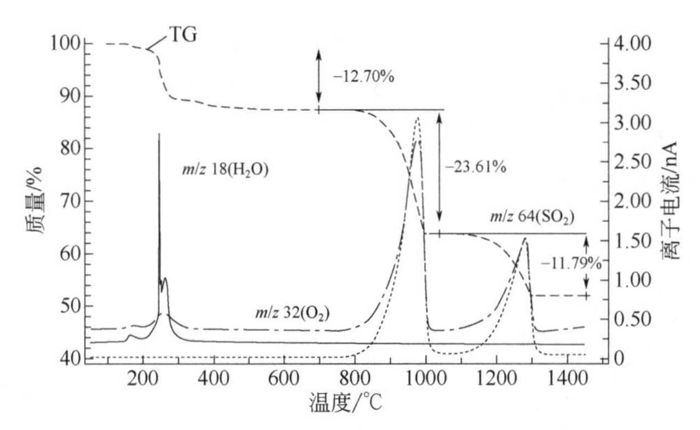

图 7-76　MS 信号强度作为温度的函数

由质谱得到的 TIC 曲线反映了在实验过程中由质谱仪检测得到的气体产物的整体信息，该曲线与图 7-68 中的 DTG 曲线对应。图 7-77 为 TG、DTG、TIC 曲线的对比图。

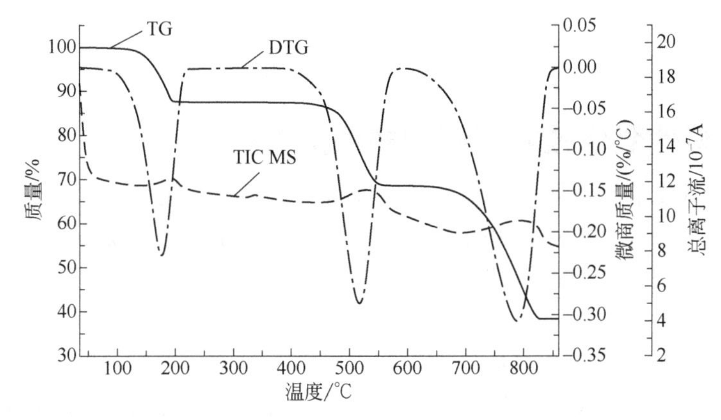

图 7-77　TG、DTG、TIC 曲线的对比图

由图 7-77 可见，在每一个重量变化阶段，TIC 曲线所对应的气体的含量均发生了相应的变化。根据对样品结构信息的了解，在实验时对可能的特征产物 H_2O（*m/z* 18）、CO_2（*m/z* 44）和 O_2（*m/z* 32）进行了 SIR 检测。图 7-78 为 TG、DTG、TIC 和 SIR 曲线的对比图。

由图 7-78 可见，*m/z* 分别为 44、18、32 的 SIR 曲线在加热过程中分别出现了检测峰。其中，*m/z* 18 的 SIR 曲线的峰对应于 H_2O 的逸出过程，*m/z* 44 的 SIR 曲线的峰对应于 CO_2 的逸出过程。对于一水合草酸钙而言，500°C 左右的峰对应于 CO 的产生。在实际的检测过程中，由于 O_2 的存在，CO 会被快速地氧化为 CO_2。气体中含有的少量的 CO 由于其质量数为 28，与空气中的 N_2 的质量数相同，该变化过程通常被淹没在背景中而很难被检测到。但是，可以通过在该温度范围内

检测到的 O_2 浓度的下降（图 7-78 中在 450~550°C 范围向下的倒峰）来证明该氧化过程。如果不存在该氧化过程，由空气中渗入的氧浓度（作为背景）在检测过程中几乎保持不变。当 CO 氧化为 CO_2 时，背景中的氧浓度会降低。当反应结束时，氧浓度会回到正常水平。

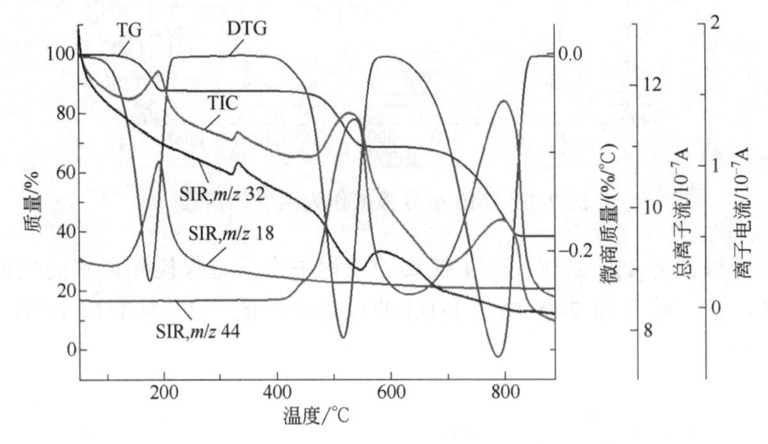

图 7-78 TG、DTG、TIC 和 SIR 曲线的对比

7.7.3 其他联用技术得到的曲线的解析

随着联用技术的发展，越来越多的多级热分析联用技术可以实现热分析仪与红外光谱仪、质谱、气质联用仪的联用，可以实现红外光谱仪与质谱、气质联用仪串接式和并联式联用的连接形式，还有厂商发展了热分析/红外光谱/气质联用仪实现多段气体的采集与分析功能。另外，已有商品化的热分析/红外光谱/气质联用仪通过八通阀的切换灵活地实现在线分析（即热分析/红外光谱/气质联用模式）和分离模式分析（即热分析/红外光谱/气质联用），这种联用形式大大提升了仪器的工作效率。

概括说来，这些联用技术之间存在着一定的差别，如表 7-6 所示。在实验时应根据实际的需求选择合适的联用技术，并对得到的数据进行科学、准确、合理、全面地解析。

表 7-6 几种联用技术的主要区别

项目比较	热分析/质谱联用	热分析/气相色谱
分析类型	在线分析	离线分析
分辨力	无分辨力	可通过合适的色谱条件对混合物实现有效地分离
便捷性	方便、快捷	较复杂
分析程度	定性分析或半定量分析	定量分析

参考文献

[1] 成青. 热重分析技术及其在高分子材料领域的应用[J]. 广东化工, 2008, 35(12): 50-52.

[2] Zhang W. J., Shi X. H., Zhang Y. X., Gu W., Li B. Y., Xian Y. Z. Synthesis of water-soluble magnetic grapheme nanocomposites for recyclable removal of heavy metal ions[J]. J. Mater. Chem. A., 2013, 1: 1745-1753.

[3] 宁春花, 尤小红, 李丽行. 热重法测定高马来酸酐含量苯乙烯-马来酸酐共聚物的组成[J], 化学研究与应用, 20(2008), 1190-1192.

[4] 卢久富. 基于间苯二甲酸和双联咪唑构筑的锌(II)配位聚合物的合成、晶体结构及荧光性质研究[J]. 四川师范大学学报, 2015, 38(4): 539-542.

[5] Fu Y., Su J., Yang S., et al. Syntheses, structures and magnetic properties of Mn (Ⅱ), Co (Ⅱ) and Ni (Ⅱ) metal-organic frameworks constructed from 1,3,5-benzenetricarboxylate and formate ligands[J]. Inorg. Chim. Acta, 2010, 363(4): 645-652.

[6] 陈动. 五水硫酸铜结晶水的热失重分析[J]. 辽宁化工, 2014, 43 (12):1472-1474.

[7] M. A. Zayed, Gehad G. Mohamed, M. A. Fahmey, Thermal and mass spectral characterization of novel azo dyes of p-acetoamidophenol in comparison with Hammett substituent effects and molecular orbital calculations[J]. J. Therm. Anal. Calorim., 2012, 107: 763-776.

[8] Attia A. K., Abdel-Moety M. M. Thermoanalytical Investigation of Terazosin Hydrochloride[J]. Adv. Pharma. Bulletin, 2013, 3(1): 147-152.

[9] 傅旭峰, 仲兆平, 肖刚, 李睿. 几种生物质热解特性及动力学的对比[J]. 农业工程学报, 2009, 25(1): 199-202.

[10] Antal M. J. Cellulose pyrolysis kinetics: The current statesof knowledge[J]. Ind. Eng. Chem. Res, 1995, 34(3): 703-717.

[11] 肖军, 沈来宏. 生物质加压热重分析研究[J]. 燃料科学与技术, 2005, 5(11): 415-420.

[12] Zou R Q, Zhong R Q, Du M, Kiyobayashi T, Xu Q. Highly-thermostable metal-organic frameworks (MOFs) of zinc and cadmium 4,4'-(hexafluoroisopropylidene) diphthalates with a unique fluorite topology[J]. Chem. Commun., 2007 (24): 2467-2469.

[13] 虞和永, 钱晓丹, 杨腊虎, 陈唯真. 黄体酮的热特性分析[J]. 药物分析杂志, 2007, 27 (12): 1994-1995.

[14] 王敏, 罗岚, 王晓蒙. 差示扫描量热仪（DSC）测量样品熔点的不确定度评定[J]. 计量与测试技术, 2014, 41 (5): 58-61.

[15] 翁秀兰. 热分析技术及其在高分子材料研究中的应用[J]. 广州化学, 2008: 33(3): 72-76.

[16] Maiti S., Suin S., Shrivastava N. K., Khatua B. B. Low percolation threshold in polycarbonate/multiwalled carbon nanotubes nanocomposites through melt blending with poly(butyleneterephthalate)[J]. J. Appl. Polym. Sci., 2013, 130(1): 543-553.

[17] Giron D. Thermal Analysis, Microcalorimetry and Combined Techniques for the Study of Pharmaceuticals[J]. J. Therm. Anal. Calori., 1999, 56: 1285-1304.

[18] McGregor C., Saunders M. H., Buckton G., Saklatvala R. D. The use of high-speed differential scanning calorimetry (Hyper-DSC™) to study the thermal properties of carbamazepine polymorphs[J]. Thermochim. Acta, 2004, 417 (2), 231-237.

[19] Chrissafis K, Paraskevopoulos K, Manolikas C. Studying Cu2-xSe phase transformation through DSC examination[J]. J. Thermal Anal. Calorimetry, 2006, 84(1): 195-199.

[20] 王妮, 张建春, 孙润军, 等. 涤纶纤维结晶度测试方法的比较研究[J]. 西安工程科技学院学报, 2007, 21(3): 285-291.

[21] 魏东炜，李复生，殷金柱，差示扫描量热法测定双酚 2A 纯度[J]. 天津大学学报, 2003, 36 (5), 639-641.

[22] Kestens V, Zeleny R., Auclair G., et al. Differential Scanning Calorimetry Method for Purity Determination: A Case Study on Polycyclic Aromatic Hydrocarbons and Chloramphenicol[J]. Thermochim. Acta, 2011, 524(1-2): 1-6.

[23] Ramsland A. Absolute Purity Determination of Thermally Unstable Compounds by Differential Scanning Calorimetry[J]. Anal. Chem., 1988, 60(8): 747-750.

[24] ASTM E1952-2017 Thermal Conductivity and Diffusion by MDSC[S].

[25] 周平华，许乾慰. 热分析在高分子材料中的应用[J]. 上海塑料, 2004, 3 (1): 36-40.

[26] Luo P. F., Liu Z. F., Xia W., Yuan C. C., Cheng J. G., Lu Y.W. ACS Appl. Mater. Interfaces, 2015, 7: 2708-2714.

[27] Wang P. G., Fan C. M., Wang Y. W., Ding G. Y., Yuan P. H. A dual chelating sol-gel synthesis of $BaTiO_3$ nanoparticles with effective photocatalytic activity for removing humic acid from water [J]. Mater. Res. Bull., 2013, 48: 869-877.

[28] 余宗学，陈莉芬，陆路德，等. 草酸钴原位催化高氯酸铵热分解的 DSC/TG-MS 研究[J]. 催化学报, 2009, 30(1): 19-23.

[29] 吕安国，丘泰，周洪庆，刘敏. $CaO-B_2O_3-SiO_2$ 系低温共烧陶瓷的致密化行为及性能[J]. 硅酸盐通报, 2008, 36(9): 1274-1281.

[30] 李红，孙克，李艳萍，等. Fe80Si9B11 非晶合金薄带热膨胀特性和结构弛豫分析[J]. 金属功能材料, 2010, 17(1): 4-7.

[31] Wenle L., Kathy L., John Y. W. Effects of Added Kaolinite on Sintering of Freeze-Cast Kaolinite-Silica Nanocomposite I. Microstructure and Phase Transformation[J]. J. Am. Ceram. Soc., 2011, 95(3): 883-891.

[32] Wetton R. E., Thermomechanical methods.//in: M.E. Brown (Eds.). The Handbook of Thermal Analysis & Calorimetry, Vol. 1: Principles and Practice[M]. Amsterdam: Elsevier, 1998: 363-399.

[33] 秦伟程. 氟橡胶生产、应用现状与发展趋势[J]. 化学推进剂与高分子材料, 2005, 3(4): 25-27.

[34] 台会文，刘盘阁. 热分析技术在高分子材料和复合材料中的应用[J]. 塑料加工应用, 1996, 1(2): 8-26.

[35] 过梅丽. 高聚物与复合材料的动态力学热分析[M]. 北京：化学工业出版社, 2002.

[36] Wetton R. E. Thermomechanical methods, in: M.E. Brown (Eds.), The Handbook of Thermal Analysis & Calorimetry, Vol. 1: Principles and Practice[M]. Amsterdam: Elsevier, 1998: 363-399.

[37] 陈伟明，王成忠，周同悦，等. 多频动态热机械分析法研究碳纤维复合材料湿热老化[J]. 材料工程, 2006(S1): 355-359.

第 IV 部分

与热分析实验方案设计和曲线解析相关的常见问题分析

第8章 与热分析实验方案设计相关的常见问题分析

在前几章中介绍了热分析实验方案设计及曲线解析相关的内容，在实际应用中应根据实验目的选择合适的热分析方法和实验条件进行实验，在曲线解析时应遵循“科学、准确、合理、全面”的原则。然而，由于热分析方法本身的丰富多样性和可供选择使用的实验条件的复杂多变性，这给实验者在实际应用中选择合适的实验方法和实验条件带来了不少的困惑。本章中，结合实际应用中选择实验方法和实验条件时遇到的问题，对于如何设计合理的实验方案给出一些建议。

8.1 与实验方法选择相关的常见问题分析

如第2章中所述，实验方法选择是进行热分析实验的第一步，也是十分关键的一步。在大多数情况下，如果实验方法选择不合适，即使在之后的实验方案设计中花费再多的精力，也很难得到令人满意的实验结果。因此，应结合实验目的和实验方法的特点，选择合适的实验方法。在实际应用中，选择实验方法时主要表现在对实验方法缺乏了解、实验目的不清晰等方面。以下结合实例对这些问题进行分析。

8.1.1 对实验方法缺乏了解

在进行热分析实验之前，应花费一些时间对解决问题可能有帮助作用的热分析方法进行充分的分析。分析时应从这些热分析方法的工作原理、性能指标、对样品的要求等方面入手，并从实验过程、数据分析以及应用领域等角度对所研究的问题进行分析。如果发现无法满足实验要求，则应及时调整实验方案。以下结合实例来进行分析。

（1）对方法的工作原理了解不充分

由于不同的热分析方法之间的工作原理差别较大，在选择具体的热分析方法时必须充分了解其工作原理。例如：

① 通过 TG 法可以得到在不同的实验条件（气氛、温度控制程序）下的质量随温度或时间的曲线。只有当物质的质量在实验条件下发生变化时，由 TG 曲线才可以得到样品在实验过程中的结构、组成或性质的变化信息。对于一些不发生明显质量变化过程的熔融、结晶、玻璃化转变、固相相转变等过程而言，由 TG 曲线看不出在过程中发生的变化信息。如图 8-1 为聚四氟乙烯（PTFE）的 TG-DSC 曲线，由图可见 DSC 曲线在 250~350°C 范围内出现了一个较为尖锐的吸热峰，在 100°C 以下的较宽的吸热峰应为启动沟，该现象与样品的热效应无关。由图还可以看出，在峰值为 325.4°C 的吸热峰范围内，TG 曲线的质量变化为−0.16%，可以认为在该过程中质量几乎没有发生变化。结合实验结束后的样品状态变化和相关手册的数据等信息可以判断该过程为 PTFE 熔融过程。因此，在确定了大体的熔融温度范围之后，可以判定通过 TG 曲线是无法确定物质的熔融过程的。通常由 DTA 或者 DSC 来研究材料的熔融过程。对于未知物的熔融过程，可以使用 TG 曲线作为辅助手段（证明在温度范围内没有出现明显的质量变化）。也可以用 TMA 或者热膨胀来确定物质的初始熔融温度，但在实验过程中要注意避免熔融对支架造成的损害。

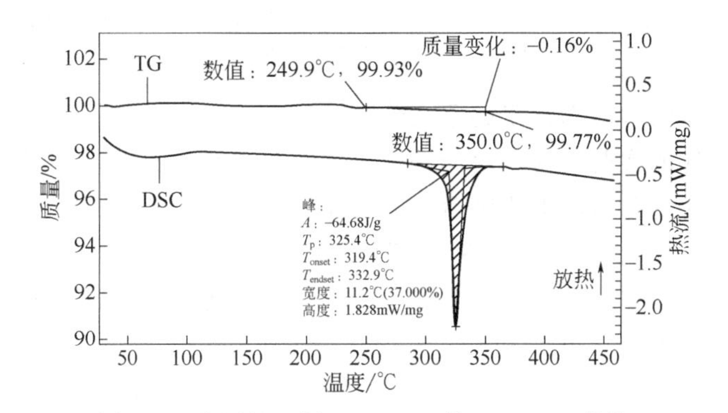

图 8-1　聚四氟乙烯（PTFE）的 TG-DSC 曲线

实验条件：在 50mL/min 流速的氮气气氛下，以 10°C/min 的升温速率由 25°C 加热至 460°C；敞口氧化铝坩埚

② 对于非晶物质由玻璃态向橡胶态转变的过程称为玻璃化转变过程，所对应的特征温度为玻璃化转变温度，通常用 T_g 表示。通过 DSC、DTA、TMA、DIL、DMA 等热分析技术可以用来确定过程中的 T_g，玻璃化转变过程为质量不变的一种固相转变，由 TG 法无法得到 T_g。在实际应用中，不应将 TG（对应于热重法）和 T_g（对应于玻璃化转变温度，通常由 DSC 得到）混淆。图 8-2 中为由单一功能的 TG 仪和 DSC 仪分别得到的聚苯乙烯（PS）的 TG 曲线和 DSC 曲线，为了便于比较，由两次独立的实验得到的曲线同时放置在同一张图中。由图可见，在 30~170°C 范围内，在 TG 曲线中，在实验温度范围内 PS 的质量减少量小于 0.1%；

在DSC曲线中，在80~105°C范围内出现了一个向吸热方向的台阶，该过程对应于PS的玻璃化转变过程。

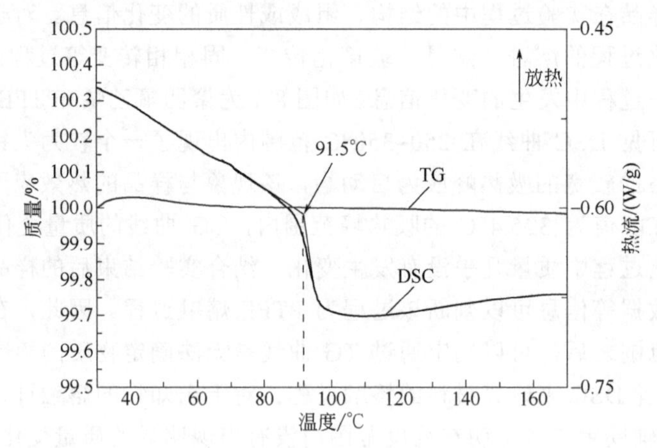

图 8-2　由TG实验和DSC实验得到的聚苯乙烯（PS）膜的TG曲线和DSC曲线的对比

TG实验条件：在流速为50mL/min的氮气气氛下，以10°C/min的升温速率由室温加热至300°C；敞口氧化铝坩埚

DSC实验条件：在流速为50mL/min的氮气气氛下，以10°C/min的升温速率由0°C加热至300°C；密封铝坩埚

（2）对仪器的性能指标了解不充分

在选择具体的实验方法所对应的仪器时，应详细了解仪器的关键性能指标。概括来说仪器的性能指标主要包括以下内容：

① 仪器的工作温度范围。应了解仪器的工作温度范围是否在要求的范围之内，尤其是在进行降温实验时，仪器的降温能力应满足实验的要求。在图8-3中，

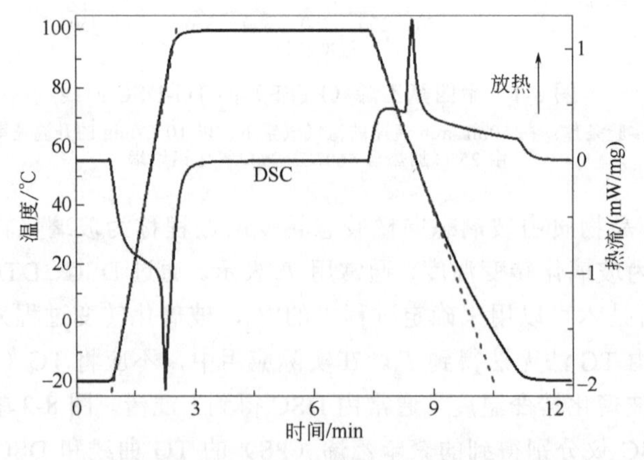

图 8-3　在加热、降温条件下得到的无机相变材料的DSC曲线（横坐标为时间）

实验条件：在50mL/min流速的氮气气氛下，在−20°C等温1min，之后以80°C/min的升温速率加热至100°C，等温5min，之后以50°C/min的降温速率降至−20°C，等温1min；密封铝坩埚

仪器以设定的降温速率（50°C/min）降温时，在开始阶段温度随时间的变化基本保持线性下降趋势。随着温度的降低，当温度低于 30°C 时，降温速率不再保持线性。随着温度的进一步降低，降温速率也随之下降。这表明当温度达到 30°C 以下时，设定的降温速率已经超出了仪器的制冷设备的制冷能力，在这种条件下得到的结果是不准确的。图中，降温阶段的 DSC 曲线在 0°C 的拐点是由于降温速率的快速下降而引起的热流的波动，并非在降温时样品的结构变化引起的。

另外，当根据实验的温度范围选择合适的仪器时，实验所需的温度范围最好不应接近仪器的极限工作温度（包括可达到的最低温度和最高温度）。

② 仪器检测器的灵敏度。为了避免在不同的性能指标下得到的结果差别较大，在实验时应根据实际需要选择合适的实验仪器。例如，通过 DSC 仪和 TG-DSC 仪均可得到物质在实验过程中产生的热效应信息，但这两种仪器的性能指标之间的差别较大。对于与 TG 联用的 DSC，其结构形式比独立的 DSC 仪简单得多，检测器的灵敏度也要差很多。

对于一些转变较弱的玻璃化转变过程、固相相转变过程，应通过独立的 DSC 仪来进行实验。图 8-4 为分别由 TG-DSC 仪和独立的 DSC 仪得到的一种无机相变材料的 DSC 曲线。由图可见，相同样品量的样品在相同实验条件下得到的 DSC 曲线中的相变过程吸热峰相差很多倍。显然，由灵敏度更高的独立的 DSC 仪可以更准确地得到在实验过程中相变峰的变化信息。另外，还可以由这种 DSC 仪得到在相变过程中峰形的微弱的变化信息。

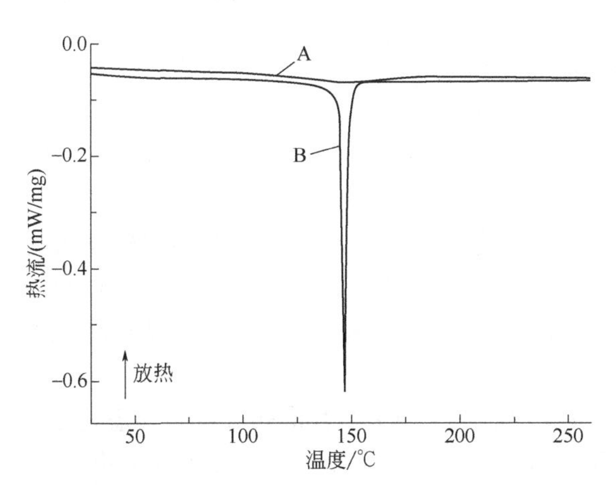

图 8-4　由 TG-DSC 仪（曲线 A）和独立的 DSC 仪（曲线 B）得到的无机相变材料的 DSC 曲线对比图

TG-DSC 仪的实验条件：样品量 11.5mg，在流速为 50mL/min 的氮气气氛下，以 10°C/min 的升温速率由室温加热至 270°C；敞口铝坩埚

独立 DSC 仪的实验条件：样品量 11.0mg，在流速为 50mL/min 的氮气气氛下，以 10°C/min 的升温速率由 0°C 加热至 270°C；密封铝坩埚

③ 仪器的量程。不同量程的仪器所对应的灵敏度也有较大的差别。对于样品中可能出现的微弱变化只能通过灵敏度高的仪器来检测，一般来说仪器的量程与灵敏度成反比，即灵敏度越高，其量程越小。图 8-5 为由两种不同量程的热重仪在相同的实验条件下得到的热重曲线。由图可见，量程较大的仪器对于较小的质量变化的响应不敏感，得到的 TG 曲线和 DTG 曲线的分辨率较低，不利于研究连续发生的多个过程的质量变化。

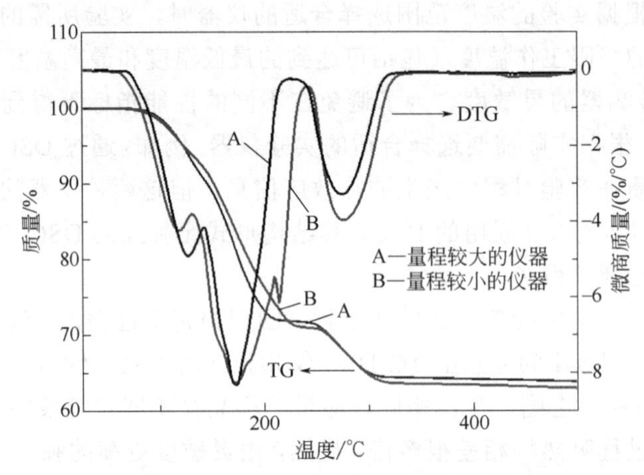

图 8-5　由两台不同量程的 TG 仪得到的 TG-DTG 曲线的对比

TG 实验条件：样品量 10.2mg，在流速为 50mL/min 的氮气气氛下，以 10°C/min 的升温速率由室温加热至 500°C；敞口氧化铝坩埚

④ 仪器的温度控制能力。由于一些热分析仪器在设计时采用了较大尺寸的炉体结构形式，导致在实验时无法实现快速的温度控制［图 8-6（a）和图 8-6（b）］。尤其是在需要实现一些等温实验时，经常会出现温度过冲［图 8-6（c）和图 8-6（d）］或者达到设定温度所需的时间过长的现象［图 8-6（e）和图 8-6（f）］。由于过冲现象的存在，将导致试样经受更高的温度，会加速待测的转变或反应过程。在缓慢达到恒定目标温度的过程中，试样可能在达到等温阶段之前就已经发生了转变或反应。因此，如果需要研究材料在等温条件下的性质，需要使用温度控制能力较好的仪器来进行实验。

⑤ 仪器的气氛控制能力。绝大多数的热分析实验需要在一定的气氛下进行，在实验过程中使用的气氛的条件对实验曲线有较大的影响。在实验时除了按照实验要求设计不同的气氛控制程序外，还应考虑仪器对气氛的控制效果。由于结构形式差异，不同的仪器之间的气密性存在较大差异。在切换气氛时，即使在实验前对样品所处的空间的气氛进行了置换、平衡等处理，其他非实验所用的气氛气体对热分析曲线仍存在着一定的干扰。图 8-7 为一种含有低价态金属阳离子的混合物在惰性气氛（流速为 50mL/min 的氩气气氛）下的 TG 曲线，由图可见，样

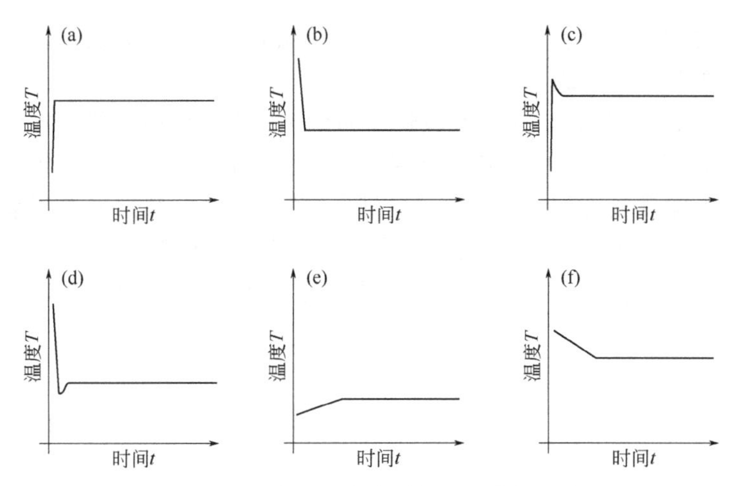

图 8-6　几种不同的达到恒定温度的方式

（a）以较快的升温速率达到指定的温度后等温，不存在过冲现象；
（b）以较快的降温速率达到指定的温度后等温，不存在过冲现象；
（c）以较快的升温速率达到指定的温度后等温，存在明显的过冲现象；
（d）以较快的降温速率达到指定的温度后等温，存在明显的过冲现象；
（e）以较慢的升温速率达到指定的温度后等温，不存在过冲现象；
（f）以较慢的降温速率达到指定的温度后等温，不存在过冲现象

品的 TG 曲线在 700~1300°C 范围内出现了 9.5%的增重现象。由于该实验是在惰性气氛下进行的，这种增重现象是由于低价金属阳离子在该温度范围内与炉内残余的氧气发生了氧化反应，形成了更加稳定的高价态氧化物而引起的。由于实验所用的加热炉的气密性不理想，在实验过程中渗入的少量氧气参与了样品在高温下的反应，导致图 8-7 中的 TG 曲线出现了意外的增重现象。

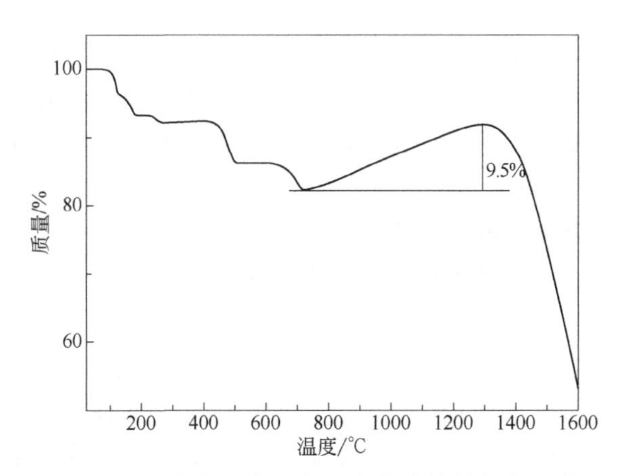

图 8-7　一种含有低价态阳离子的混合物在惰性气氛下的 TG 曲线

实验条件：在 50mL/min 流速的氩气气氛下，由室温开始以 10°C/min 的升温速率加热至 1600°C；敞口氧化铝坩埚

另外，如果实验对仪器的真空度和高压气氛有一定的要求时，应使用可以满足这类条件的仪器来完成。

⑥ 数据采集频率。对于一些较快速的分解反应，所用的仪器需要有较快速的响应能力，即具有较快的数据采集频率。较慢的数据采集速率下得到的曲线会发生变形，不能反映过程的真实信息。图 8-8 为在不同的数据采集频率下得到的一种无机相变材料的 DSC 曲线，由图可见，在较高的数据采集频率下得到的 DSC 曲线的峰形较为尖锐，而在较低的数据采集频率下得到的 DSC 曲线的峰形较为平坦。

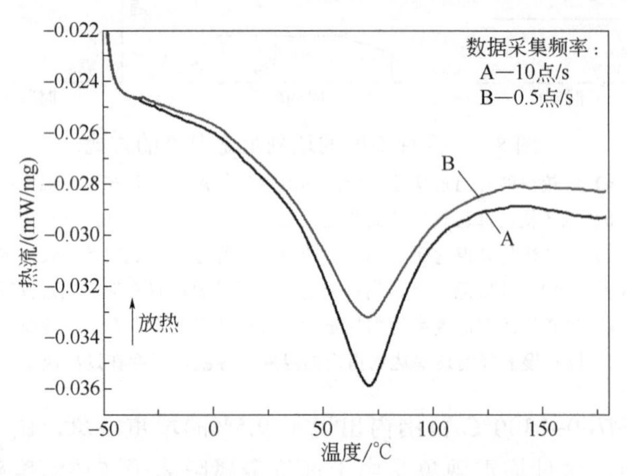

图 8-8　不同的数据采集频率下的一种无机相变材料的 DSC 曲线

实验条件：在 50mL/min 流速的氮气气氛下，由−50°C 开始以 10°C/min 的升温速率加热至 160°C；密封铝坩埚

⑦ 其他的指标参数。在确定实验所用的热分析仪时，除了需要考虑以上的指标参数外，还应结合实际考虑其他的因素，如自动进样、光照、磁场、电场等辅助设备对实验的影响程度。在使用自动进样器时，应考虑制样后到开始测试期间样品可能发生的变化。理论上，当样品中含有易挥发、易分解的组分时，不应使用自动进样器进行实验。

（3）对样品的要求了解不充分

由于不同的测试方法对于样品的要求差别较大，在应用中应结合实际需求选择合适的热分析方法。例如：

① 在测量材料的热膨胀系数和进行热机械分析实验时，通常需要将样品加工成具有一定形状的条状样品。对于一些膨胀系数较小的样品，应尽可能使用较长的样品。为了减少溶剂挥发对尺寸的影响，通常在实验前还应对样品进行一定的干燥处理（研究不同样品处理状态对热膨胀系数的实验除外）。

② 由于在温度变化过程中，样品从环境中吸附的水分、溶剂等会对热分析

曲线产生影响，因此对于一些含有游离的溶剂的样品而言，在实验前应进行必要的干燥处理。图 8-9 为在不同的样品保存环境下得到的一种秸秆的 TG 曲线。由图可见，在室温保存一段时间后，样品从环境中吸收了一定的水分，导致 150°C 以下的失重量变大。这部分从环境中吸收的水分对 TG 曲线的形状产生了影响，给数据分析带来了干扰。

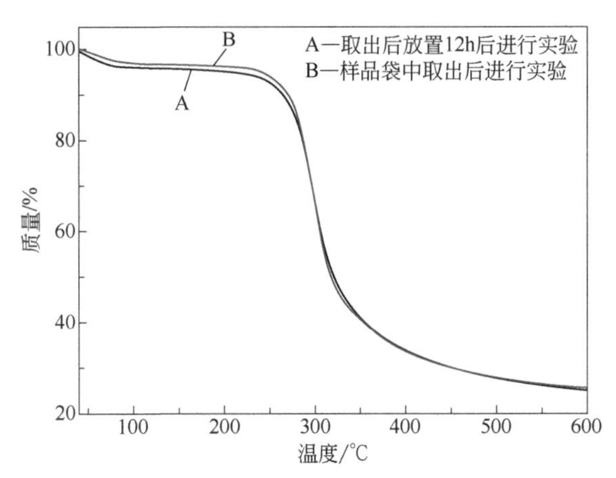

图 8-9　不同的样品保存环境下一种秸秆的 TG 曲线

实验条件：在 50mL/min 流速的氮气气氛下，由室温开始以 10°C/min 的升温速率加热至 600°C；敞口氧化铝坩埚

8.1.2 实验目的不清晰

有时可以使用多种方法来满足相同的实验目的，这时应从这些方法中选择最有利于解决问题的一种或多种方法。例如，在测量一种物质的熔融温度时，首先需要清楚实验目的是只需要确定物质的初始熔融温度（此时可以使用 DTA、DSC、DIL、TMA 和 DMA 等技术），还是需要测量物质的完整熔融过程曲线并获得过程的热焓信息（此时只能选择 DTA 或 DSC），然后根据这些信息来选择合适的实验方法。

此外，在研究材料的多个转变过程时，如果这两种相变的性质相差很大时，则需要多种实验手段相结合来达到实验目的。例如，在研究聚四氟乙烯的热稳定性时，由图 8-1 中的 TG-DSC 曲线可以得到 PTFE 的熔融信息。根据 PTFE 的结构信息，PTFE 还存在着固相相转变信息，由图 8-1 无法得到这种相变的信息。研究结果表明，PTFE 在 17.8°C 附近和 28.5°C 附近的两个温度范围存在着两个晶型转变过程。在 19°C 下存在一个一级相变过程，这个相变是由一个有序的三斜结构相向部分有序的六方相的解螺旋翻转过程[1-3]。在 28.5°C 以上时，分子结构发生进一步转动，使第一阶段形成的动态构象变得更加无序。图 8-10 中给出了由灵敏度更高的独立的 DSC 仪得到的 PTFE 的 DSC 曲线。与图 8-1 相比，图 8-10 中的 DSC 曲线中的熔融过程变得更加尖锐，在 30°C 以下还出现了两个较弱的吸热

峰，分别对应于 PTFE 的固相相转变过程。

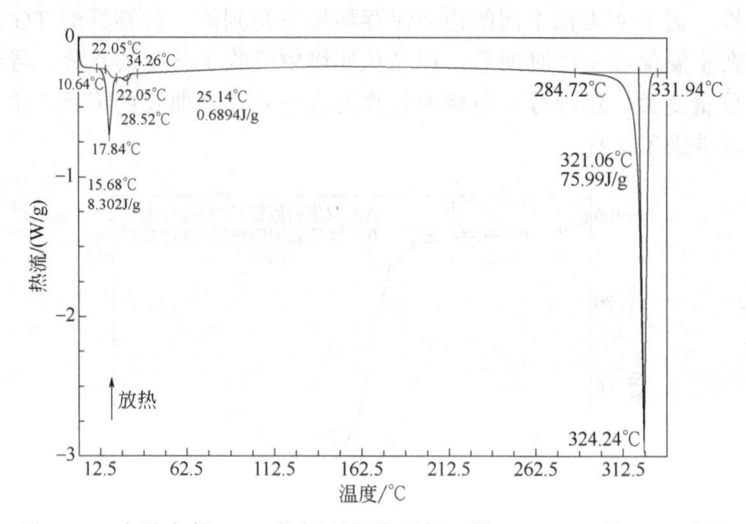

图 8-10　由独立的 DSC 仪得到的聚四氟乙烯（PTFE）的 DSC 曲线

实验条件：在 50mL/min 流速的氮气气氛下，由 0°C 开始以 10°C/min 的升温速率加热至 350°C；密封铝坩埚

在确定聚合物的玻璃化转变温度时，可以选用的热分析技术比较多，主要有 DMA、TMA、DTA 和 DSC 等。在实际应用中，应根据样品的实际情况和玻璃化转变温度发生的范围来选择合适的热分析技术。一般情况下，当材料发生玻璃化转变时，其比热容（可由 DSC 测得）和热膨胀系数（可由 TMA 和 DIL 测得）变化不明显，而模量则会发生几个数量级的变化，因而利用 DMA 技术可以测定由 DSC、DTA 和 TMA 无法测得的微弱的玻璃化转变过程。对于一些物质在高温下发生的玻璃化转变过程，如果温度范围已经超出 DMA 和 DSC 的工作温度（通常为 600°C 以下），则只能通过 DTA、TMA 和 DIL 来检测。对于一些微弱的变化过程，通常通过提高升温速率和加大样品量等方法来提高测量的灵敏度。

8.2　与实验条件选择相关的常见问题分析

在热分析实验中，实验条件对所得到的热分析曲线会产生不同程度的影响。在设计实验方案时，应结合实验目的和样品实际选择合适的实验条件。在实际应用中，在选择实验条件时经常会出现一些问题，主要表现在四个方面。

8.2.1　与样品处理方法相关的问题

在热分析实验中，为了得到更好的实验结果，通常需要对样品进行一些必要的处理。例如，对于一些容易受到环境影响（例如从环境中吸潮、氧化等）的样品，在制样时应快速操作，尽量减少环境的干扰。对于一些特别容易从环境中吸潮的样品，在进行热分析实验时，可以加入一个预干燥处理过程，使样品从环境中吸收的水分在实验环境中彻底去除。图 8-11 为预干燥前后秸秆的 TG 曲线，在预干燥前的秸秆均已在 150°C 下进行了干燥处理。由图可见，样品在预干燥处理前，在室温至 120°C 范围出现了 4%的缓慢失重过程，该过程是由于样品从环境中吸收了少量的水分引起的。而经在加热炉中预处理（常用的处理方法为：在 50mL/min 流速的空气气氛下，由室温开始以 10°C/min 的升温速率加热至 100°C、等温 15min、降至 30°C 以下，敞口氧化铝坩埚。预干燥后加热炉不打开直接进行正式实验）后，图中的 TG 曲线在该范围的失重过程消失，证实该预干燥方法是十分有效的。

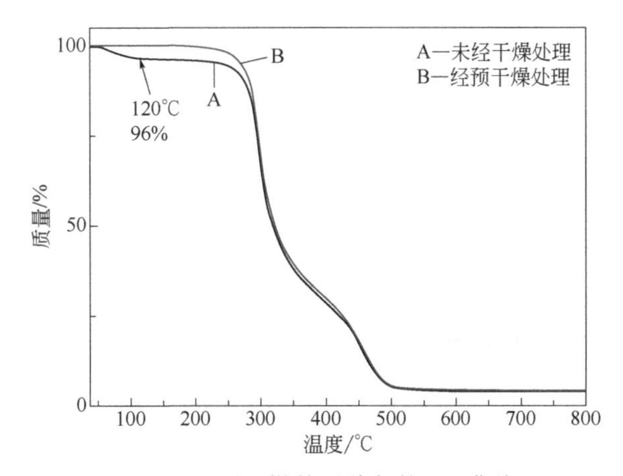

图 8-11　预干燥前后秸秆的 TG 曲线

实验条件：在 50mL/min 流速的空气气氛下，由室温开始以 10°C/min 的升温速率加热至 800°C；敞口氧化铝坩埚

另外，实验时的样品用量对于所得到的热分析曲线也有较大的影响。对于多组分体系，在进行热重实验时，加入样品量过少，得到的含量较少的组分的信息准确度通常会受到影响。反过来，如果加入的样品量过多，则会影响气体产物的逸出，导致曲线变形、分辨率变差。因此，应结合实际选择合适的样品量进行实验。

8.2.2 与温度控制程序相关的问题

热分析实验时采用的温度控制程序对最终得到的曲线影响较大，在设计实验方案时应根据实验需要和样品性质设定合理的温度控制程序。比较复杂的温度控制程序通常包括加热、降温、等温等步骤，有时在不同的温度范围内还要改变温度的变化速率。显然，实验时采用的不同的温度控制程序对于样品的性质有较大的影响，最终也会影响曲线的形状。例如，在对一些聚合物样品进行DSC实验时，通常会在正式得到DSC曲线之前进行一个预加热处理的温度程序，该过程通常称为消除热历史，主要目的是为了消除样品在放置或处理等过程中分子链构象的调整和其中含有的溶剂分子的汽化对于DSC曲线的影响。图8-12为消除热历史前后的聚苯乙烯（PS）的DSC曲线。由图可见，在第一次加热时，在85~105°C范围内出现了向吸热方向的吸热峰，形成转变峰前后的基线不在同一条直线上。在第二次加热得到的 DSC 曲线中，在该温度范围仅出现了一个偏向吸热方向的台阶，该过程对应于 PS 的玻璃化转变过程。经过第一次加热消除热历史后，由第二次加热所得到的DSC曲线中，可以得到较为明显的玻璃化转变过程所对应的吸热方向的台阶。

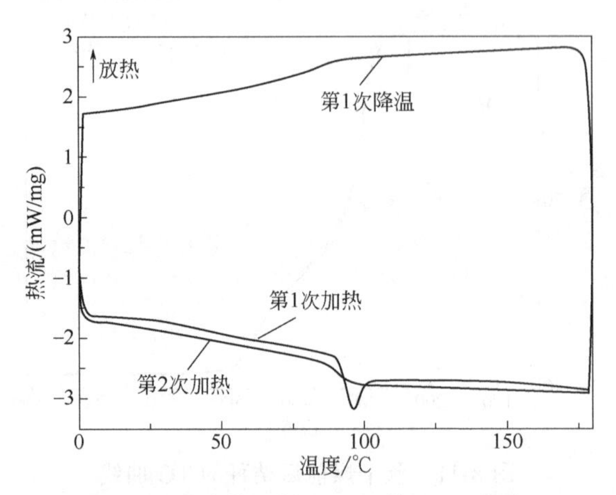

图8-12 聚苯乙烯（PS）的DSC曲线

实验条件：氮气气氛，流速50mL/min；温度控制程序：在0°C等温5min，从0°C以10°C/min的升温速率加热至180°C，等温5min，再从180°C以10°C/min的降温速率降温至0°C，等温5min，再从0°C以10°C/min的加热速率加热至180°C；密封铝坩埚

在设定消除热历史的温度程序时，应确保样品的结构在处理过程中不发生分解，最高温度一般设置在略高于所关注的变化温度以上即可。图8-13为对硝基甲苯的DSC曲线。由图可见，DSC曲线在第一次加热时在45~64°C范围内出现了一个尖锐的吸热峰，为该物质的熔融过程，然而在之后的降温和重复加热过程中均没有再观察到该吸热峰。根据图8-13可知，该熔融过程在64°C时已经结束，随着温度进一步升高，对硝基甲苯会发生气化，导致试样离开坩埚体系。因此在之后的加热和降温过程中检测不到该物质的熔融过程，DSC曲线中的峰消失。

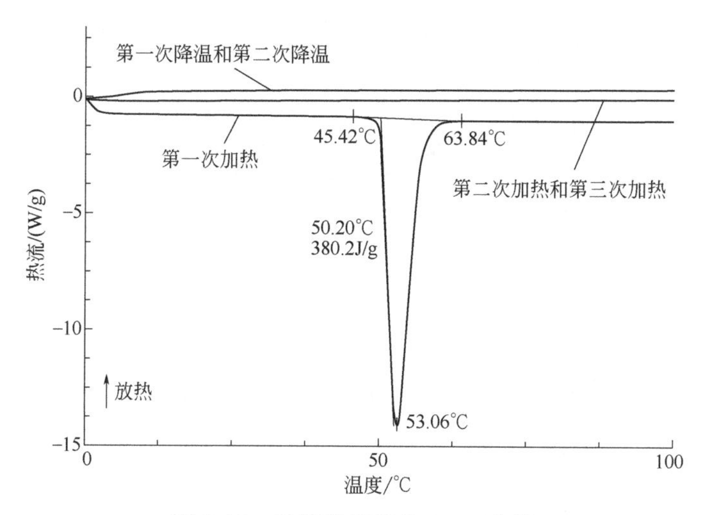

图 8-13　对硝基甲苯的 DSC 曲线

实验条件：氮气气氛，流速 50mL/min；在 0°C 和 100°C 分别等温 5min，在此温度范围内进行三次升温和两次降温，升温/降温速率均为 10°C/min；敞口铝坩埚

在一些聚合物的研究中，不同的温度程序对 DSC 曲线的影响较大。图 8-14 中给出了不同的温度程序对聚对苯二甲酸乙二醇酯（PET）的 DSC 曲线的影响。由图 8-14（a）中的第 2 次和第 4 次加热曲线可见，在较慢的降温速率（10°C/min）下，在 110~170°C 范围的 PET 的冷结晶峰消失，同时在 65~85°C 范围的玻璃化转变台阶消失［如图 8-14（b）所示］，这表明冷结晶过程与玻璃化转变之间存在一定的关系。而当样品在经历了快速的降温过程（或淬冷处理）后，在加热过程中又出现了玻璃化转变过程和冷结晶现象［如图 8-14（a）和图 8-14（b）所示］，这也从另一个角度证明样品在实验前经历了淬冷处理过程。

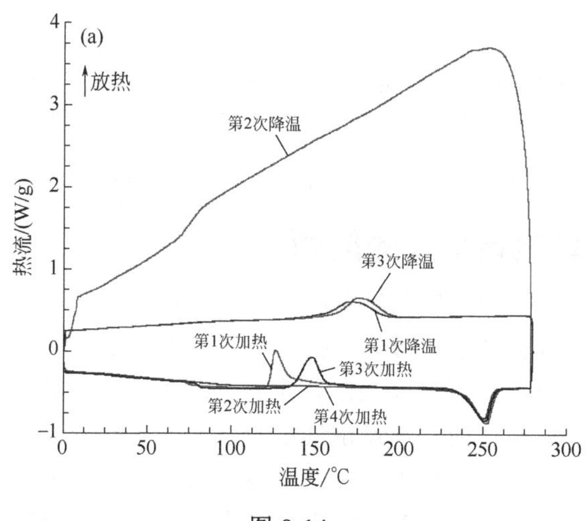

图 8-14

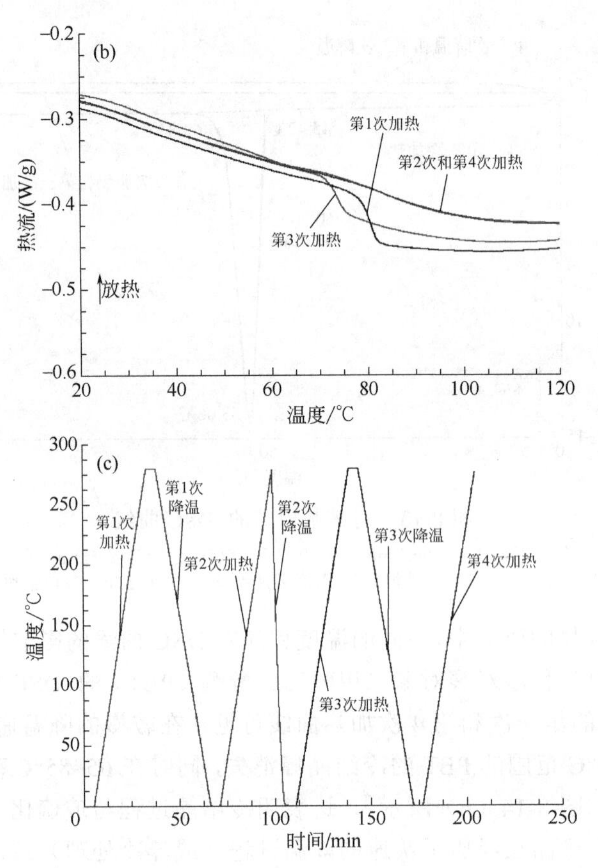

图 8-14 不同温度程序对聚对苯二甲酸乙二醇酯（PET）的 DSC 曲线的影响

（a）温度范围（0~280°C）内不同加热降温次数下的 DSC 曲线；

（b）温度范围（20~120°C）内不同加热降温次数下的 DSC 曲线；

（c）实验过程的温度时间曲线

实验条件：在 50mL/min 流速的氮气气氛下，按照图 8-14（c）的温度程序进行 4 次加热和 3 次降温，在 0°C 和 280°C 时分别等温 5min，除第 2 次降温外，其他升温/降温过程中的温度变化速率均为 10°C/min，第 2 次降温过程的大部分温度范围的速率约为 70°C/min；敞口铝坩埚

综合以上分析，应充分结合样品的信息和实验目的进行实验条件设计。

8.2.3 与实验气氛相关的问题

在热分析实验过程中，实验气氛的主要作用是提升实验过程中的传热和传质效果，并使试样所处的环境尽可能保持一致。此外，在一些应用中，气氛还会参与试样在实验过程中的变化。因此在设计实验方案时，应明确实验气氛的作用，根据样品的性质和实验目的合理设定气氛的条件。概括来说，如果仅研究样品自身随温度程序的变化时，应使用惰性的实验气氛。不同的惰性气氛由于气体分子的导热性、密度等的变化，对实验结果会产生不同程度的影响。在设计实验时的

气氛程序时，经常会出现以下几个方面的问题：

8.2.3.1　不同气氛之间切换时的问题

在实验时，有时需要根据实验目的在实验过程中切换气氛。在切换气氛时，通常由于气体的密度、流速、导热性的差异会对相应的热分析曲线的形状产生影响。在图 8-15 中，在实验过程中降低气氛气体的流速，这种操作导致 TG 曲线产生了约 1.5%的失重。显然，这个失重过程与样品无关。在进行数据分析时应忽略这个失重过程。在改变气氛流速时对曲线产生的质量变化与仪器结构有关。对于上皿式热重仪而言，气氛气体的流向是由位于试样坩埚上方的天平室向下流经试样，流速减小会引起表观的失重现象。反之，对于下皿式结构的热重仪而言，当由下至上的气氛气体的流速变小时则会引起表观的增重现象。

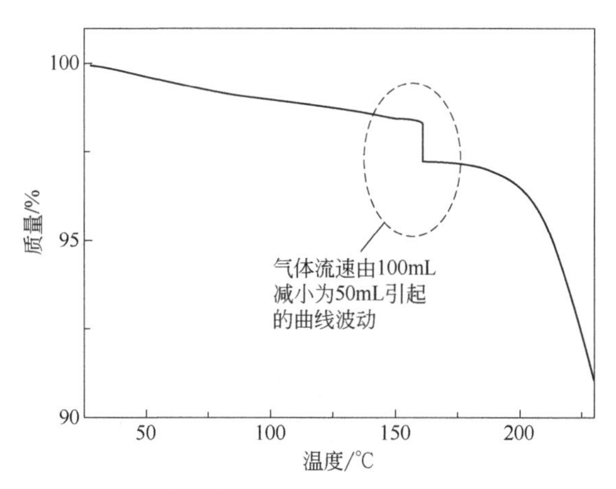

图 8-15　实验过程中气体流速的变化对 TG 曲线的影响

实验条件：氮气气氛，从室温开始以 10°C/min 的升温速率加热至 500°C；敞口氧化铝坩埚；在 160°C 时，氮气气氛的流速由 100mL/min 降至 50mL/min

因此，当在实验过程中需要改变气氛气体的条件时，需要在试样不发生变化的基线阶段进行，以避免对曲线中有效变化信号的干扰。在设计气氛变化程序时务必注意这方面的影响。

8.2.3.2　与气氛气体的流速相关问题

在实验过程中，对于密度很小的样品而言，在设定气氛流速时应注意气氛气体的流动是否会带走未发生变化的试样的现象。如果存在这种情况，则应尽可能选用较低的气体流速。

图 8-16 为一种密度很小的生物炭气凝胶的 TG 曲线。由图可见，在实验温度范围内，试样的质量减少了 70%。由于这种气凝胶材料是在 800°C 以上烧制而成的，在 TG 实验中仍有如此之大的质量减小现象确实出乎意料。为了确认该结果

的可靠性，将气氛流速减小至20mL/min，同时在坩埚上方加载一个带有小孔的氧化铝盖子，重新进行实验，得到的TG曲线如图8-17所示。由图可见，在800~1000°C范围，样品质量仅仅减少了约7%，为图8-16中TG曲线的十分之一。因此，造成两次实验如此大的差别的主要原因是实验时所用的氮气气体的流速过大引起的。在实验过程中，样品上方的气氛气体持续将未发生分解的试样吹离坩埚体系。这部分试样被气体带走后，在天平上即表现为失重。事实上，这种失重与试样在高温下的热行为是不一致的。图8-17中的TG曲线真实地反映了试样在加热过程中的质量变化过程：由于样品在实验前已经经历了800°C的热处理，因此在800°C

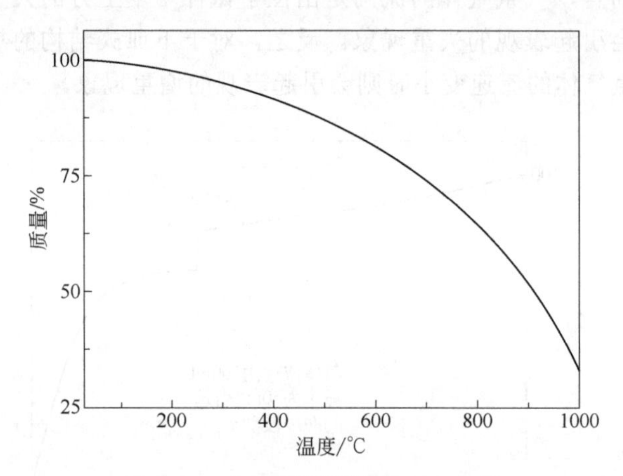

图8-16　生物炭气凝胶的TG曲线

实验条件：在流速为50mL/min的氮气气氛下，从室温开始以10°C/min的升温速率加热至1000°C；敞口氧化铝坩埚

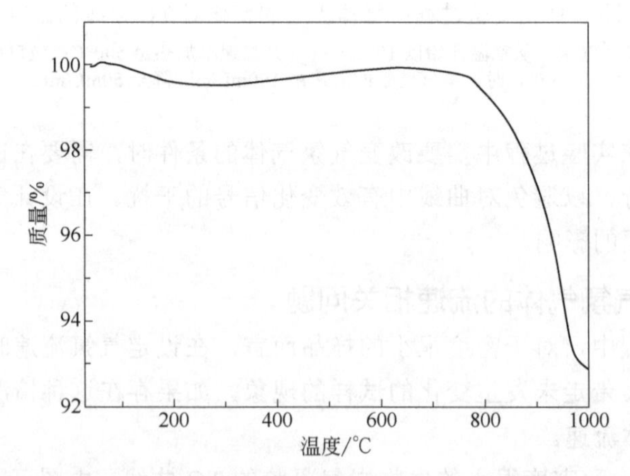

图8-17　在较低的气氛流速下得到的生物碳气凝胶的TG曲线

实验条件：在流速为20mL/min的氮气气氛下，从室温开始以10°C/min的升温速率加热至1000°C，氧化铝坩埚加带有小孔的盖

以下的 TG 曲线中基本没有表现出明显的质量变化；当温度高于 800°C 时，碳材料表面的少量的不稳定基团开始发生分解，引起了约 7%的失重，这部分失重对应于材料中不稳定官能团的含量。

8.2.3.3　与气氛气体的种类相关问题

在实际应用中，经常会出现气氛气体种类选择不合适的现象。如前所述，在热分析实验过程中，实验气氛的主要作用是提升实验过程中的传热和传质效果，并使试样所处的环境尽可能保持均一。在实验时应合理选择所使用的气氛气体的种类，在实验时需要气氛气体参与反应时，应保持容器中的样品与气氛气体充分接触。在确定样品中无机物和有机物的组成时，通常使用氧化性气氛使样品中的有机组分充分氧化分解。当使用惰性气氛时，由于一些较为稳定的有机组分在高温下会炭化而不能完全分解，导致无法准确确定有机组分的含量。

在选择气氛气体的种类时，应首先确认所用的气氛气体与试样在实验过程中是否会产生相互作用，是否希望产生这种作用。另外，在实验中所用的惰性气氛气体的“惰性”是相对的。如图 8-18 为 $CaCO_3$ 分别在 N_2 和 CO_2 气氛下得到的 TG 曲线，由图可见，$CaCO_3$ 在 CO_2 气氛下开始分解的温度（747°C）比其在氮气气氛下的分解温度（517°C）升高了 230°C。虽然 CO_2 本身不参与 $CaCO_3$ 的分解过程，但在碳酸钙的分解过程中有 CO_2 产生，气氛中存在的 CO_2 的浓度远高于由碳酸钙生成的二氧化碳，由此导致分解反应的方向向形成碳酸钙的方向移动，不利于分解反应的进行。因此，在 CO_2 的作用下，碳酸钙的分解温度升高了 230°C。在该实例中，CO_2 气氛不能被作为惰性气氛看待。

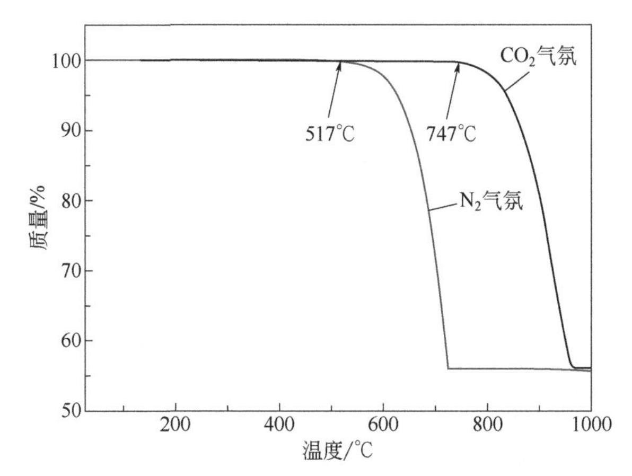

图 8-18　$CaCO_3$ 分别在 N_2 和 CO_2 气氛下得到的 TG 曲线

实验条件：N_2 和 CO_2 气氛，流速 50mL/min；从室温开始以 10°C/min 的升温速率加热至 1000°C；敞口氧化铝坩埚

8.2.4 与其他实验条件相关的问题

在设计实验条件时除了在以上几个方面经常出现问题外，在热机械分析实验时确定相应的实验模式、以及在使用其他相关的附件（如湿度控制、电场、磁场、外加光源灯）时也会出现一些问题。限于篇幅，不再展开阐述。因此，应根据实验目的、样品等选择合适的实验条件，确保得到满意的实验结果。

参考文献

[1] Sperati C. A., Starkweather H. W. Fluorine-containing polymers. II. Polytetrafluoroethylene[M]. //Advances in polymer science. 2. Berlin: Springer, 1961: 465-495.

[2] Weir C. E. Transitions and phases of polytetrafluoroethylene (Teflon)[J]. J. Res. Natl. Bureau Stand, 1953, 50(2): 95-97.

[3] Wu C.-K., Nicol M. Raman spectra of high pressure phase and phasetransition of polytetrafluoroethylene (Teflon)[J]. Chem. Phys. Lett., 1973, 21(1): 153-157.

第 9 章 与热分析曲线解析相关的常见问题分析

在本书第 5 章和第 6 章中较为系统地介绍了热分析曲线解析的原则和解析过程，并且在第 7 章中结合实例介绍了常用热分析曲线的解析方法。在实际应用中，对热分析曲线解析时还经常会遇到一些问题，下面将对这些常见问题进行分析，并给出解决方法。

9.1 仪器状态的判断

正常的仪器状态是确保实验结果的准确性的前提条件。即使再完美的实验方案，在不正常的仪器状态下得到的结果也是不可信的。在仪器正式使用前，应按照仪器厂商提供的校准方法和相关机构制定的仪器检定规程或校准方法对仪器的工作状态进行评价，当实验结果符合要求后方可对样品进行实验。在仪器的使用过程中，需要定期或不定期地对仪器的状态进行确认。确认仪器状态的方法主要有以下几种：

① 使用标准值已知的标准物质在规定的实验条件下对仪器的状态进行验证，实验后比较测量结果和标准值之间的差别，若在合理范围内则证明仪器的工作状态正常。

② 对之前检测过的性质较为稳定的样品在相同的实验条件下进行重复实验，实验后比较测量结果和之前实验值之间的差别，在合理范围内证明仪器的工作状态正常。

③ 比较实验时基线形状的变化。对于大多数热分析仪而言，对仪器特征值的确定仅限于某一个温度下或者某一个较小的温度范围的测量值是否合理，而实验时的基线形状可以实时反映仪器在完整的实验范围内的状态。确认仪器状态时，通常将仪器当前状态下所测得的基线与之前仪器状态正常的条件下所得到的基线进行对比。当基线的弯曲度和偏移量在合理的范围、基线无异常峰等现象时，可以确定仪器处于正常的工作状态。

在正常的情况下，当仪器基本的工作状态不发生变化时，通常在两年之内对其进行一次全面的检定/校准工作，两次校准/检定之间的时间周期为一个校准/检定周期。在一个校准/检定周期之内，需要至少对仪器进行一次期间核查。与校准/检定不同，期间核查只需对仪器的关键性参数进行确认，在合理范围内即表明仪器的工作状态为正常。

在实际工作中，当仪器在工作中出现以下情形时，应及时对其进行检定/校准工作：

① 性能相差较大的不同坩埚或支持器类型建议分别做校准；

② 密度相差较大的不同气氛建议分别做校准；

③ 根据仪器使用频率，在支持器无较大污染、无关键部件更换、仪器没有大修的情况下应定期进行校准。在仪器状态发生较明显变化等异常情况下应及时进行校准；

④ 首次使用或维修更换了新的支持器时，应进行校准。

大多数情况下，仪器出现的一些异常情况不容易被及时发现，此时可以通过实验所得曲线中的异常现象来进行分析。这些异常现象主要表现在以下几个方面。

9.1.1 曲线中出现与样品和实验条件无关的异常峰

当仪器的状态发生变化时，在实验所得到的曲线中通常可以体现出这种状态变化。例如，当DSC的检测器受到污染时，在无法彻底将这种污染物清理的情况下，在所得到的DSC曲线中通常会含有这种污染物的信息。如果这种污染物比较稳定，在曲线中相应范围由污染物引起的变化会一直不变。图9-1为一种相变蓄

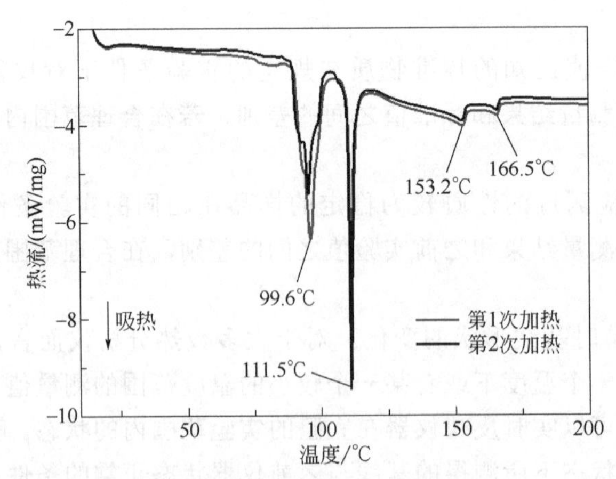

图9-1 一种相变蓄热材料的DSC曲线

实验条件：氮气气氛，流速50mL/min；在20°C开始以10°C/min的加热速率加热至200°C，重复加热2次；密封铝坩埚

热材料的两次重复加热得到的 DSC 曲线。可以看出，该物质在升温过程中分别在 99.6°C 和 111.5°C 出现了两个较为尖锐的可逆的吸热峰，在 153.2°C 和 166.5°C 还存在两个较弱的可逆的吸热峰。根据样品信息，两个较强的吸热峰是由于样品中的有效组分在该温度下发生相变而从环境吸收热量引起的，而在高温时的两个较弱的吸热峰则与样品无关，这两个异常的吸热峰是由于检测器表面附着了在该温度下发生热效应变化的污染物引起的。因此，可以推测在 153.2°C 和 166.5°C 两个较弱的可逆的吸热峰是由仪器的污染引起的，应待仪器状态恢复正常后再重新进行实验测定。

9.1.2　曲线中出现与样品和实验条件无关的异常漂移

当仪器受到污染或出现其他异常时，在所得到的热分析曲线中通常会出现如上所述的异常峰，有时还会出现异常的漂移现象。这种异常漂移现象经常出现在 TG 曲线和 DSC 曲线中。例如，图 9-2 为一种复合材料的 TG 曲线。可以看出，TG 曲线中出现了三个异常的增重过程，分别为：在室温至 100°C 区间增重 0.5%、在 300~370°C 区间增重 0.5%和在 600~760°C 区间增重 1.6%。这三个增重过程均与样品在加热过程中的结构变化无关，而是由实验过程中基线的漂移引起的。造成这种增重的原因主要是吊篮或者支架污染造成的重心偏移，这种偏移通常可以通过基线校正来消除。

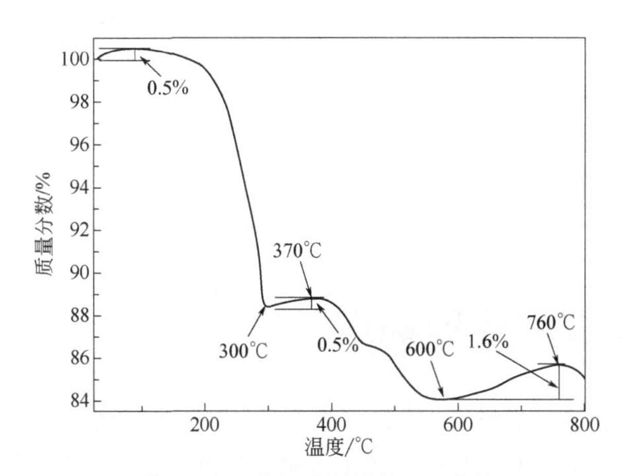

图 9-2　一种复合材料的 TG 曲线

实验条件：氮气气氛，流速 50mL/min；由室温开始以 10°C/min 的加热速率加热至 800°C；敞口氧化铝坩埚

在对这类曲线进行解析时，应正确看待这种异常漂移现象。显然，由存在这种偏移现象的曲线得到的信息是不准确的，应先进行相应的基线校正，之后再重新进行实验以得到相应的不发生类似漂移现象的热分析曲线。

9.1.3 曲线中未出现与样品和实验条件有关的变化信息

在实验时，在所得到的热分析曲线中除了通常会出现如上所述的异常现象之外，有时还会出现异常的漂移现象。这种异常漂移现象经常出现在 TG 曲线和 DSC 曲线中。例如，图 9-3 为一种陶瓷样品的 TG-DTA 曲线，可以看出，在实验的温度范围内 TG 曲线出现了两个质量减少的台阶，分别对应于室温至 200°C（质量减少约 1%）和 250~600°C（质量减少约 4%）。然而，在实验温度范围内，图中 DTA 曲线在每个质量变化阶段并没有出现相应的由热效应引起的峰，而仅呈现为一条线性下降的曲线。由此可以判断，在实验过程中仪器的 DTA 检测器出现了故障，由实验得到的 DTA 曲线无法正常使用。

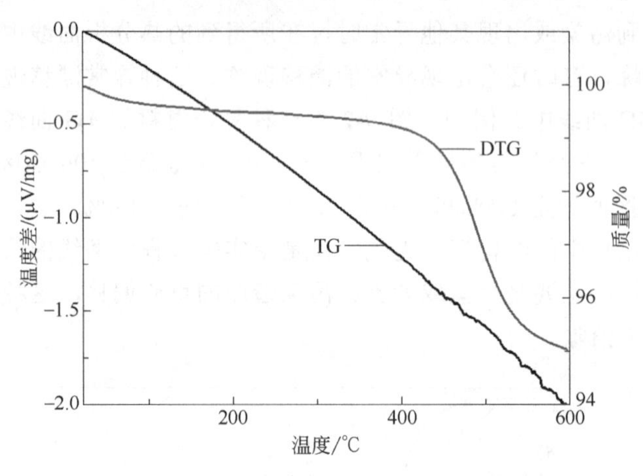

图 9-3 一种陶瓷样品的 TG-DTA 曲线

实验条件：氮气气氛，流速 50mL/min；由室温开始以 10°C/min 的加热速率加热至 600°C；敞口氧化铝坩埚

9.2 基线的合理确定

在进行热分析曲线解析时，必须准确确定与基线相关的信息，这是因为所使用基线的类型及处理方法对曲线的形状和由曲线得到的信息会产生不同程度的影响。

9.2.1 热分析中基线的定义及分类

我国的国家标准《GB/T 6425—2008 热分析术语》中对热分析中的基线的定义为："无试样存在时产生的信号测量轨迹；当有试样存在时，系指试样无（相）转变或反应发生时，热分析曲线近似为零的区段。"

常用的热分析基线主要分为仪器基线、试样基线和虚拟基线或准基线。

（1）**仪器基线**

仪器基线（instrument baseline）是指在无试样和参比物的前提下，仅使用相同质量和材料的空坩埚或支架时所测得的热分析曲线。

在进行曲线解析时，通常将仪器基线看作为空白基线。实验中得到的仪器基线通常不发生台阶、峰等变化，基线随着温度或时间的变化产生一定的漂移或变形。图 9-4 为一种热重仪在不同的气氛下得到的仪器基线。由图可见，在实验过程中，相同流速、不同种类的气氛由于其密度差异而产生了不同的浮力，导致所得到的 TG 曲线在实验过程中产生了不同程度的变形。实验中所用的三种气氛气体的密度大小为 Ar > N_2> He，因此在实验中所产生的浮力大小依次为 Ar > N_2> He。从减小实验过程中浮力效应的角度来看，实验中采用氦气作为载气对仪器基线所造成的影响最小。但在实际应用中由于氦气的使用成本较高，通常使用氮气作为载气。通常在正式实验开始前，先在设定的实验条件下运行空白实验，得到仪器基线。可以在仪器的软件中读入仪器基线的信息后在正式实验中实时扣除该基线，也可以在实验结束后在软件中手动扣除仪器基线。通常条件下，获得的仪器基线的实验条件应与正式的样品实验的实验条件保持一致。

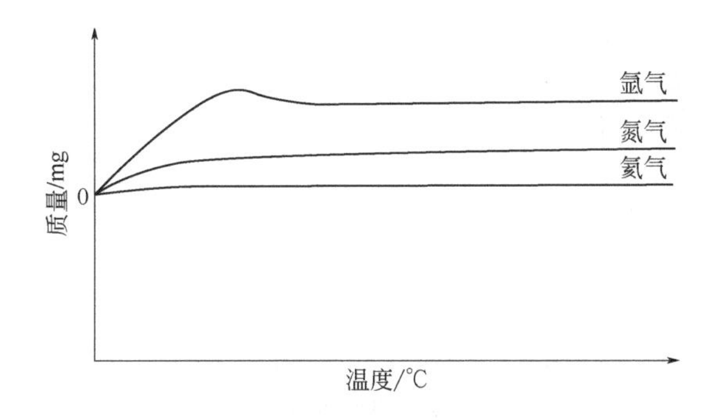

图 9-4　在不同的实验气氛下得到的 TG 实验的仪器基线

（2）**试样基线**

试样基线（specimen baseline）是在仪器中装载有试样和参比物时，在反应或转变范围外测得的热分析曲线。

试样基线与仪器基线之间的主要区别在于其中包含了试样在实验条件下的信息。例如，对于图 9-5 所示的 DSC 曲线而言，在转变峰开始前的 5~24°C 和转变峰结束后的 68~100°C 没有转变的信息，该范围的 DSC 曲线即为曲线中的试样基线。

在对曲线进行解析前，需要从试样曲线中扣除仪器基线的信息。图 9-6 为由空白实验得到的仪器基线。受浮力效应的影响，TG 曲线在室温至 100°C 范围出现了较为快速的增重现象，之后快速下降，在 150°C 以上开始随温度上升而逐渐

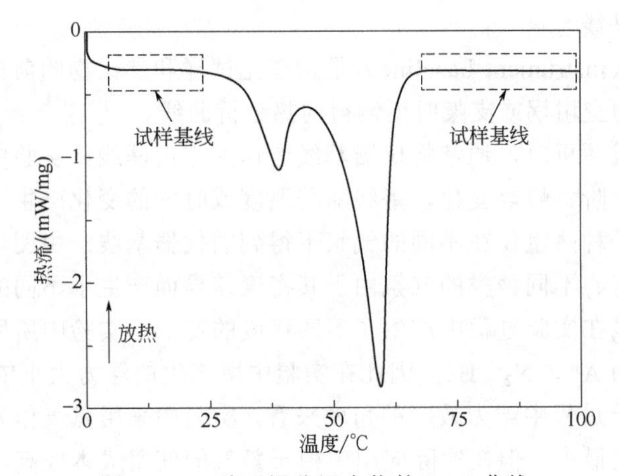

图 9-5　一种两组分混合物的 DSC 曲线

实验条件：氮气气氛，流速 50mL/min；由 0°C 开始以 10°C/min 的加热速率加热至 100°C；密封铝坩埚

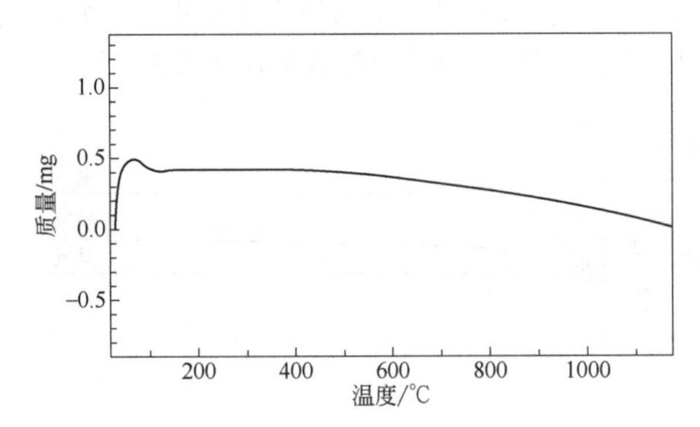

图 9-6　由 TG 仪得到的仪器基线

实验条件：空白坩埚在流速为 50mL/min 的氮气气氛下，由室温开始以 10°C/min 的加热速率加热至 1200°C；敞口氧化铝坩埚

下降。图 9-7 为在与图 9-6 中相同的实验条件下得到的聚四氟乙烯（PTFE）的 TG 曲线，图中的 TG 曲线未扣除图 9-6 中的仪器基线。与图 9-6 相比，图 9-7 中 TG 曲线的开始阶段与图 9-6 相似，这种变化是由于浮力效应引起的。图 9-8 为将图 9-7 中的 TG 曲线扣除图 9-6 中的仪器基线后得到的 TG 曲线。由图 9-8 可见，在扣除仪器基线之后，在实验开始阶段的浮力效应已经被完全扣除，曲线在 400°C 之前的试样基线没有出现明显的漂移现象。另外，在扣除仪器基线之后，在图 9-7 中 600°C 以上的质量随温度的漂移现象也得到了明显的改善。

（3）虚拟基线或准基线

假定由热分析测定的物理量的变化为零，通过实际的温度或时间变化区域绘制的一条虚拟的线即为虚拟基线或者准基线（virtual baseline）。

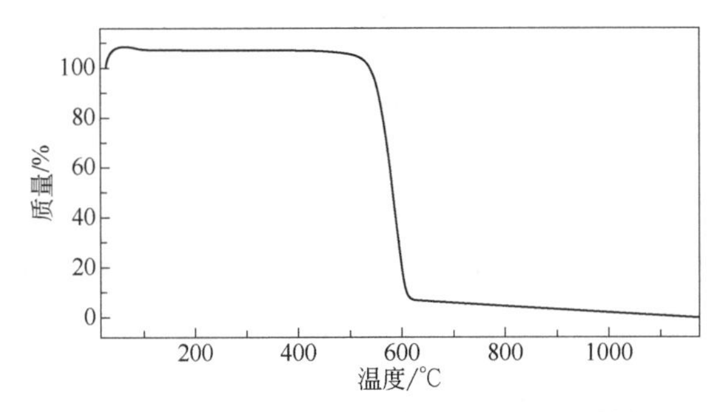

图 9-7　聚四氟乙烯（PTFE）的 TG 曲线（扣除仪器基线前）

实验条件：加入试样的坩埚在流速为 50mL/min 的氮气气氛下，由室温开始以 10°C/min 的加热速率加热至 1200°C，敞口氧化铝坩埚

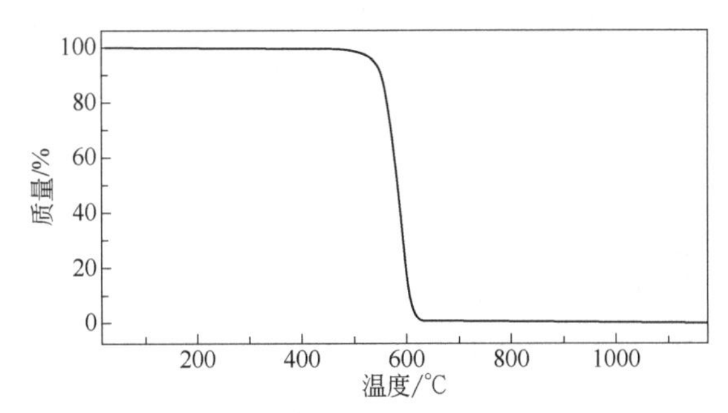

图 9-8　聚四氟乙烯（PTFE）的 TG 曲线（扣除图 9-6 中的仪器基线后）

实验条件：加入试样的坩埚在流速为 50mL/min 的氮气气氛下，由室温开始以 10°C/min 的加热速率加热至 1200°C，敞口氧化铝坩埚

在实际确定虚拟基线时，通常假定物理量随温度的变化呈线性，利用直线内插或外推试样基线绘制出这条线。如果曲线在此范围内所表示的物理量没有明显变化，即可由峰的起点和终点直接连线绘制出基线；如果物理量出现了明显变化，为了考虑这种变化带来的影响，通常采用如图 9-9 所示的 S 形基线（图下面这条曲线即为虚拟基线）。

在曲线解析中，通过虚拟基线可以方便地确定相关特征物理量的变化。例如，对于由 micro DSC 实验得到的曲线，可以借助虚拟基线确定峰面积（即焓值ΔH）、峰高 h、峰宽 w、特征转变温度 T_p 以及转变前后的比热容差Δc_p 等信息（如图 9-10 所示）。

9.2.2　曲线解析中与基线相关的主要问题

通过以上分析可以看出，基线对所得曲线的形状影响较大。在解析时选用不合理的基线会导致不正确的分析结果，在曲线解析中与基线相关的主要问题有以下几类：

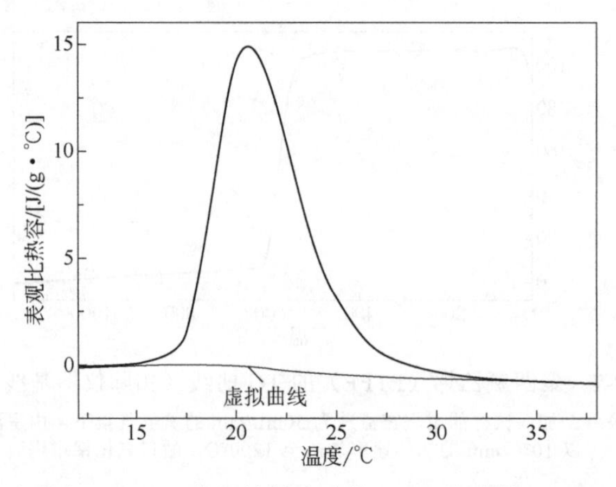

图 9-9　浓度为 5mg/mL 的温敏性聚合物 P123 溶液的 micro DSC 曲线

实验条件：由 10°C 开始以 1°C/min 的加热速率加热至 60°C

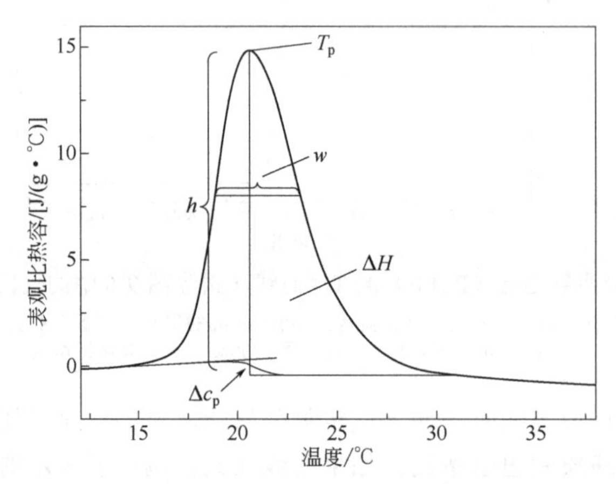

图 9-10　由浓度为 5mg/mL 的温敏性聚合物 P123 溶液的 micro DSC 曲线确定转变的特征量的方法

实验条件：由 10°C 开始以 1°C/min 的加热速率加热至 60°C

（1）曲线解析时未合理扣除仪器基线

对于大多数热分析实验而言，在正式实验前通常要进行基线校正。对于已经完成了基线校正后得到的曲线，在进行曲线解析时不必重复扣除仪器基线。

对于未进行基线校正而得到的热分析曲线，通常需要手动扣除仪器基线。由图 9-7 可以看出，如果在曲线解析时不扣除仪器基线，在实验开始阶段得到的曲线中出现了异常的增重和失重过程，由这种曲线无法得到准确的实验结果。

（2）未按照要求对线性漂移的曲线进行斜率校正或者旋转

对于 DSC 和 DTA 曲线，在不需要确定比热容时，当试样基线出现线性漂移时，由于测量得到的曲线为试样和参比之间的相对温度差或者热流差，为了便于分析曲线中的特征变化，可以对线性漂移的部分进行斜率校正或者旋转操作。如图 9-11 为由 TG-DSC 实验得到的一种药物的 DSC 曲线，在 200~800°C 范围内，DSC 曲线整体出现了随温度升高线性下降的趋势，在曲线解析时应对曲线进行斜率校正或者旋转来减弱这种漂移现象。图 9-12 为经过斜率校正后得到的 DSC 曲线。可以看出，经过斜率校正后的曲线中的峰形比图 9-11 中更加便于分析。需要强调指出，经过这种处理后得到的相应的峰的特征值与斜率校正前没有明显的变化。

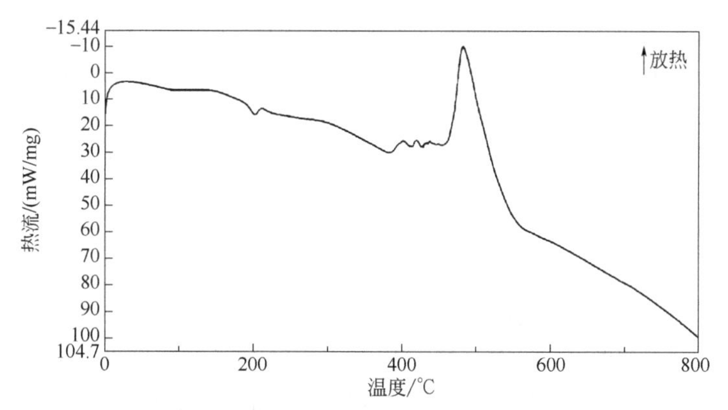

图 9-11　一种药物的 TG-DSC 曲线

实验条件：在流速为 50mL/min 的氮气气氛下，由室温开始以 10°C/min 的加热速率加热至 800°C，敞口氧化铝坩埚

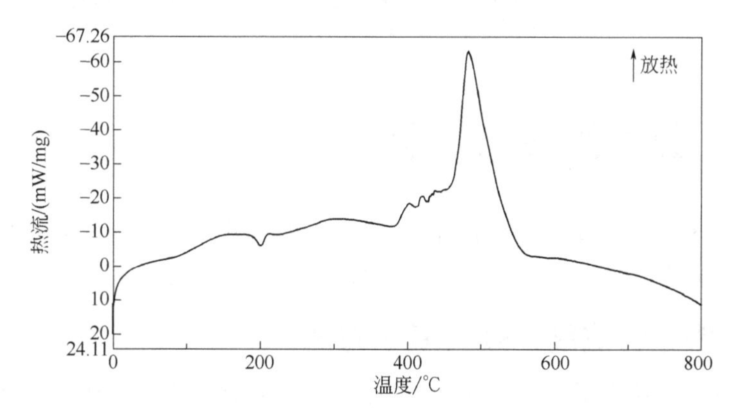

图 9-12　一种药物的 TG-DSC 曲线（经斜率校正后）

实验条件：在流速为 50mL/min 的氮气气氛下，由室温开始以 10°C/min 的加热速率加热至 800°C，敞口氧化铝坩埚

（3）曲线解析时扣除了不合理的仪器基线

在对曲线解析时，当需要扣除仪器基线时，应扣除由相同的实验条件下得到的仪器基线。在进行基线扣除时，如果使用了不合理的仪器基线，会导致异

常的曲线。如图 9-13 为扣除了不合理的仪器基线后得到的 TG-DSC 曲线。由图可见，在扣除仪器基线后得到的 TG 曲线在 100°C 以下出现了先快速增长后快速失重的异常过程。另外，TG 曲线在 100~400°C 时还出现了异常的缓慢增重现象。TG 曲线中的这些异常变化均是无法通过在升温过程中样品结构变化来进行合理解释的，这种异常现象是由于使用了不合理的仪器基线造成的。在图 9-13 中的 DSC 曲线中，在扣除基线后，曲线在 1000°C 范围内仍出现了很大的基线漂移现象，这种异常现象也是由于在曲线解析时采用了不合理的仪器基线所致。

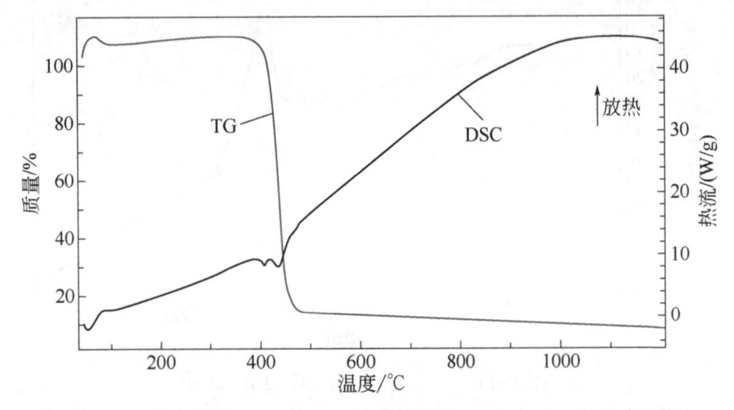

图 9-13　聚苯乙烯的 TG-DSC 曲线（扣除不合理的仪器基线后）

实验条件：在流速为 50mL/min 的氮气气氛下，由室温开始以 10°C/min 的加热速率加热至 1200°C，敞口氧化铝坩埚

9.3　曲线的规范表示

作为对热分析曲线进行解析的第一步，应规范表示由实验得到的曲线。在规范表示的热分析曲线中，可以方便、准确地确定在实验过程中样品的变化信息。

9.3.1　热分析曲线的规范表示方法

在第 6 章中详细阐述了曲线的规范表示方法，概括来说，在表述热分析曲线时，应遵循以下几个原则：

① 曲线中的横坐标自左至右表示物理量的增大，纵坐标自下至上表示物理量的增大。

注意：此处所指的纵坐标通常为由仪器的检测器测量的物理量（例如 TG 曲线的纵坐标为质量、DSC 曲线的纵坐标为热流或者热功率、DTA 曲线的纵坐标为温度差、热膨胀曲线的纵坐标为膨胀率等），而横坐标则通常为时间或温度。对于在等温下测得的某一个物理量 A 随另一个物理量 B 的变化曲线，也可以用 A 对 B 作图，其中 B 为横坐标。例如，DMA 实验中的模量或损耗因子随频率或应变变化的曲线，在图中通常用频率或者应变作为横坐标。

② 为了便于对比不同样品间的变化，通常用归一化后的检测物理量表示热分析曲线的纵坐标。

例如，对于 TG 曲线，在作图时通常将纵坐标由绝对质量（单位为 mg）换算成为以质量百分比形式表示的相对质量（%）；对于 DSC 曲线，作图时通常将纵坐标由测得的试样的绝对热流（W 或 mW）换算为对质量归一化后的单位质量的热流变化量，单位为 mW/mg 或 W/g。

③ 对于线性升温/降温的实验而言，横坐标为温度，单位常用°C 表示。在进行热力学或动力学分析时，横坐标的单位一般用 K 表示；对于含有等温条件的热分析曲线的横坐标应为时间，通常在纵坐标中增加一列温度列。当只需要显示某一温度下的等温曲线时，则不需要在纵坐标中增加一列温度。

④ 按照所使用热分析仪器的类型，规范表示热分析曲线中台阶、峰的变化。

由热分析曲线可以确定转变过程的特征温度或特征时间以及物理量变化等信息。如果出现多个转变，则分别报告每个转变的特征温度或特征时间、特征物理量的变化。对于多个转变过程，则需由曲线分别确定每个过程的特征温度或特征时间、特征物理量的变化。

对于单条热分析曲线，当特征转变过程不多于两个（包括两个）时，应在图中空白处标注转变过程的特征温度或时间、物理量（如质量变化、热量等）等信息；当特征转变过程多于两个时，应列表说明每个转变过程的特征温度或时间、物理量（如质量变化、热量等）等信息。使用多条曲线对比作图时，每条曲线的特征温度或时间、物理量（如质量变化、热量等）等信息应列表说明。

9.3.2　热分析曲线的规范表示中的常见问题分析

在对热分析曲线作图时，图中的横坐标和纵坐标分别对应于实验中检测的物理量，名称也要用物理量的名称表示，而不能使用所使用的热分析方法的名称来笼统表示。在实际应用中表示热分析曲线时，存在着诸多不规范现象。以 TG 曲线为例，图 9-14 汇总了目前 TG 曲线常见的几种表示形式。

① 图 9-14（a）中，TG 曲线的纵坐标为 TG，以%形式表示。TG 为热重法的总称，为由不同温度或时间下得到的质量信息，仅用其作为纵坐标是不合适的。

② 图 9-14（b）中，TG 曲线的纵坐标为失重率（或质量损失率），以%形式表示。它表示的是失重的百分比，而图中纵坐标的数值为从 100%开始减少，意为实验开始已经失重 100%，显然这是不合理的。

③ 图 9-14（c）为 TG 曲线的规范表示形式。纵坐标为质量，以%形式表示，由图可以清晰地看出样品在不同温度下的质量百分比信息，通过计算台阶的高度可以定量反映过程进行的程度。

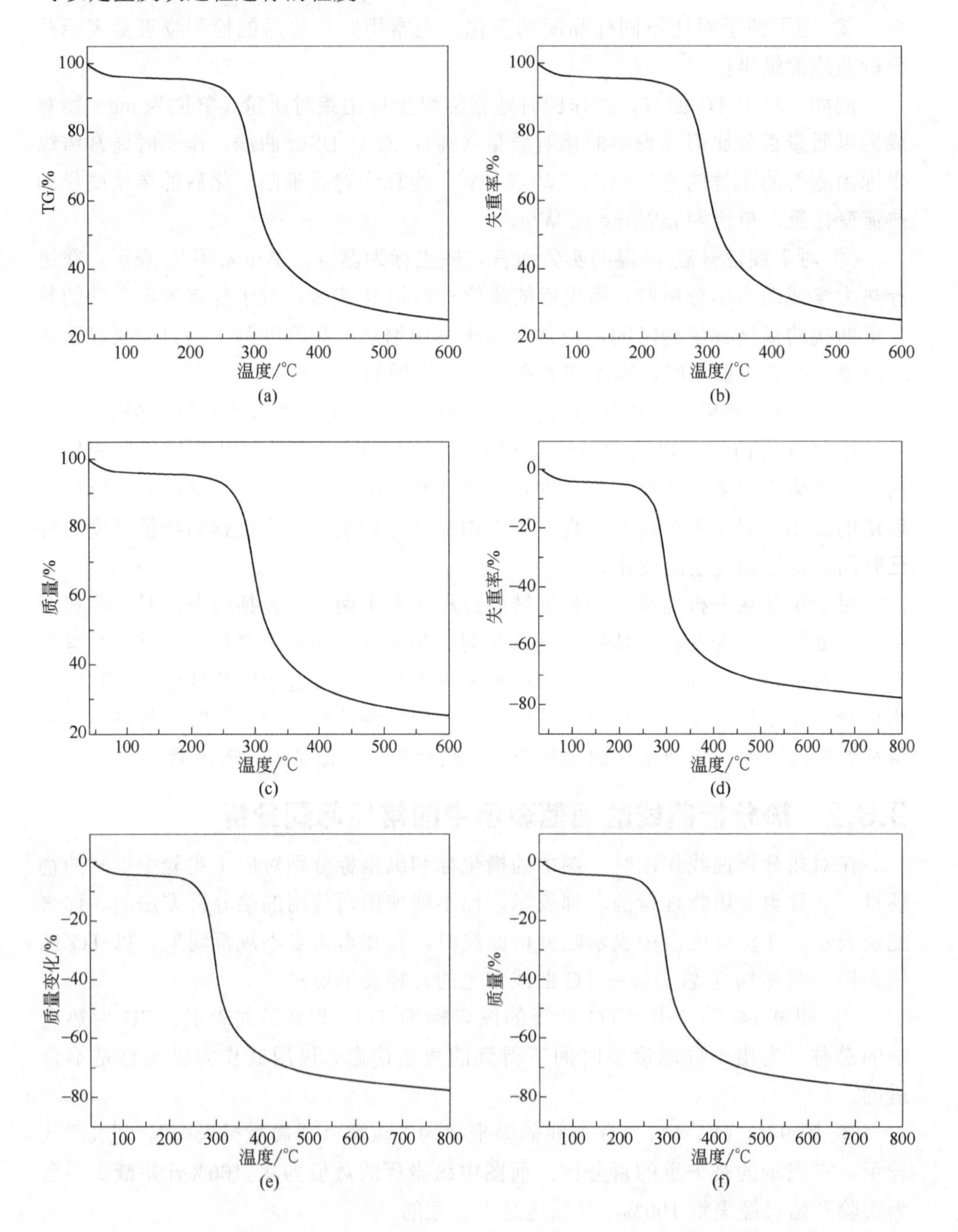

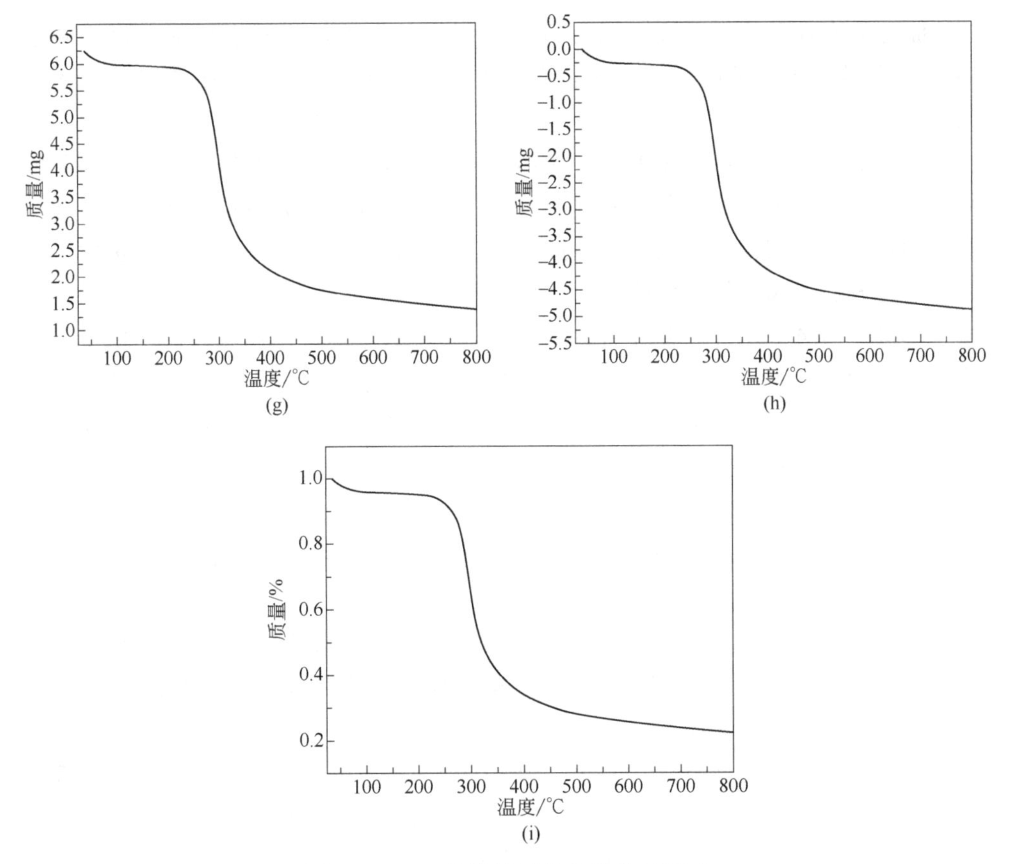

图 9-14　TG 曲线常见的几种表示形式

④ 图 9-14（d）中，TG 曲线的纵坐标为失重率，以%形式表示。它表示的是失重的百分比，而图中纵坐标的数值为从 0 开始逐渐减少的负值形式，由于失重率本身已经包含了减少的含义，再继续用负值形式表示质量减少则变成了增加，这种表示形式也是不合理的。

⑤ 图 9-14（e）中， TG 曲线的纵坐标为质量变化，以%形式表示。它表示的是质量变化的百分比，图中纵坐标的数值为从 0 开始逐渐减少的负值形式，表示发生了质量减少过程，这是一种相对合理的 TG 曲线的另一种表示形式。

⑥ 图 9-14（f）中， TG 曲线的纵坐标为质量，以%形式表示，而图中纵坐标的数值为从 0 开始减少的以百分比形式表示的负值形式，其实表示的是样品自实验开始发生的质量减少的百分比信息，而非样品在不同温度下的质量百分比信息。显然这种表示形式也是不合理的。

⑦ 图 9-14（g）中，TG 曲线的纵坐标用实验时所用样品的绝对质量表示，单位为 mg。由图可以看出样品在不同的温度下的质量信息，但由这种形式的

TG 曲线无法直观地定量反映过程进行的程度。另外，这种表达形式仅反映了实验时所用的样品量的质量变化，不便于直观地比较不同的 TG 曲线之间的变化规律。

⑧ 图 9-14（h）与图 9-14（f）相似，TG 曲线的纵坐标用实验时所用样品的绝对质量，以 mg 表示，而图中纵坐标的数值为从 0 开始减少的负值形式，其实表示的是样品自实验开始发生的质量信息，而非样品在不同温度下的质量信息。显然这种表示形式也是不合理的。

⑨ 图 9-14（i）中，纵坐标为质量，以%形式表示，由图可以清晰地看出样品在不同的温度下的质量百分比信息，通过计算台阶的高度可以定量反映过程进行的程度。但是，图中纵坐标的数值为从 1 开始逐渐减少的数值形式。其实这种数值为未转化为百分比形式的归一化后的相对质量。如果用百分比形式表示，则纵坐标中的数值应乘以 100%。

综合以上分析，对于 TG 曲线而言，优先推荐采用图 9-14（c）和图 9-14（e）的表示形式。

除了以上不规范的表示形式外，在实际应用中还存在其他形式的不规范作图。例如，图 9-15 为由实验得到的 TG-DSC 曲线。图中分别列出了 TG 曲线、DSC 曲线和 DTG 曲线。其中：

① TG 曲线的纵坐标为失重率，以%表示。表示的是实验过程中样品失重的百分比，而图中纵坐标的数值是从 100%开始减少，意为实验开始已经失重 100%，显然这是不合理的。应将图中的失重率改为质量分数；

② DSC 曲线的纵坐标为热流（Heat Flow），为在实验中检测到的热流信号。但图中给出的归一化后的热流的单位为 μV/mg（该单位为 DTA 检测到的归一化后的温度差的单位），实际上归一化后的热流单位为 mW/mg 或者 W/g。因此，图中的 DSC 曲线的热流单位表示不规范，应改为 mW/mg 或者 W/g；

③ 图 9-15 中 DTG 曲线的纵坐标对应的物理量为 DTG，单位为%/°C。其中，DTG 是对 TG 曲线一阶微商后得到的完整的微商热重曲线，包括横坐标温度和纵坐标对应的微商质量信息。因此，在图中仅用 DTG 表示该曲线的纵坐标是不合适的，应将 DTG 改为微商质量（derivative weight）。另外，从数学角度，对 TG 曲线求导时，当质量变化对应于失重引起的向下的台阶时，在该范围得到的 DTG 曲线的峰的方向应与台阶的变化方向保持一致。因此，图中的 DTG 曲线的峰的方向应为向下方向。

基于以上分析，在对图 9-15 中不规范的表示进行修改后得到图 9-16，由图可方便地得到物质在不同的温度下的变化信息。

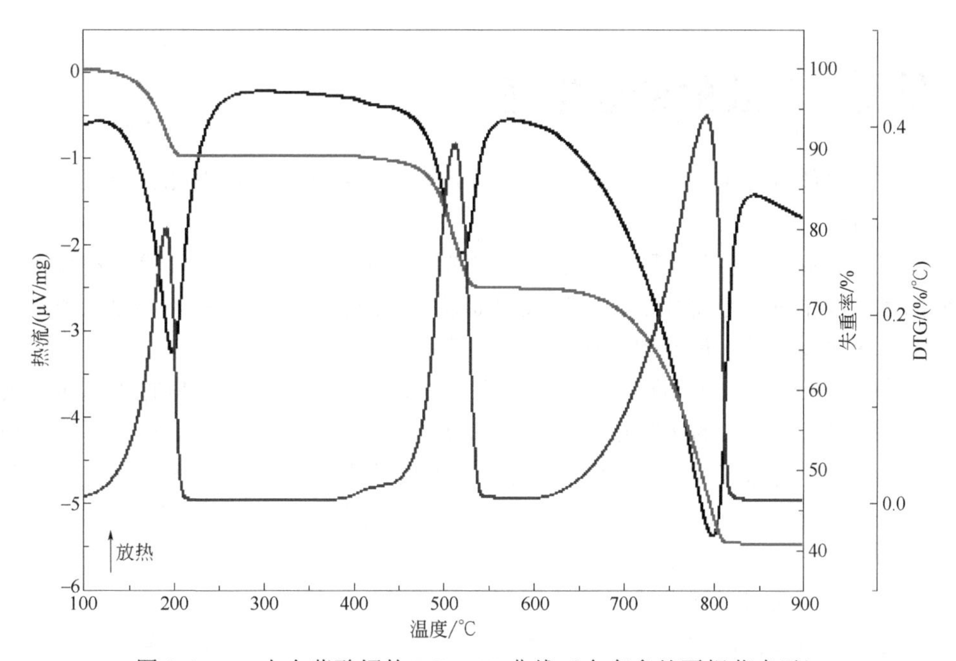

图 9-15 一水合草酸钙的 TG-DSC 曲线（含有多处不规范表示）

实验条件：在流速为 50mL/min 的氮气气氛下，由室温开始以 10°C/min 的加热速率加热至 900°C；敞口氧化铝坩埚

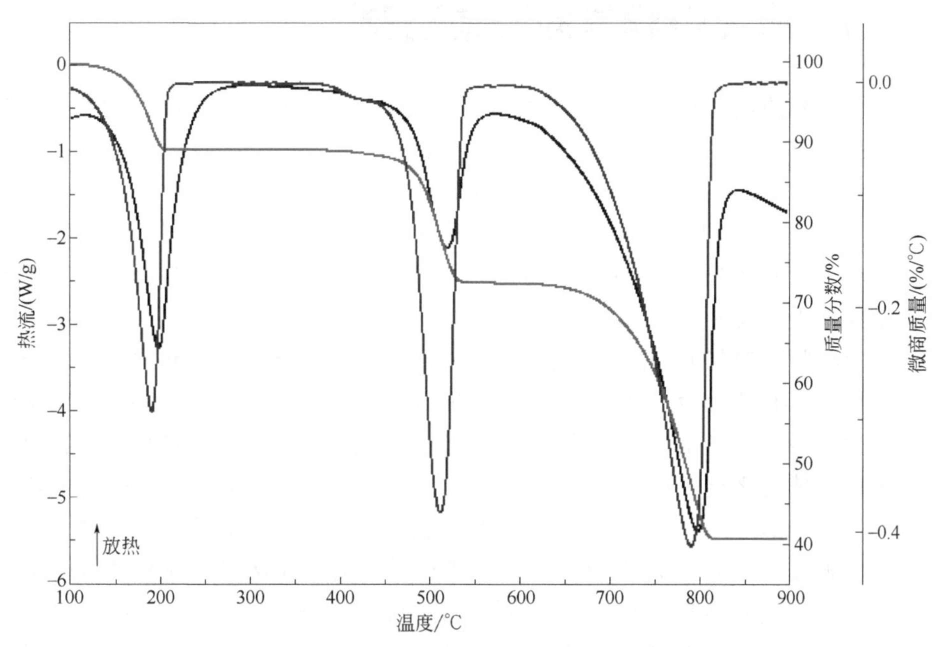

图 9-16 规范表示的一水合草酸钙的 TG-DSC 曲线

实验条件：在流速为 50mL/min 的氮气气氛下，由室温开始以 10°C/min 的加热速率加热至 900°C；敞口氧化铝坩埚

9.4 曲线的合理描述

在对曲线进行描述时，应全面、准确地描述曲线中出现的变化。应从以下角度描述曲线：

① 当图中只包括一条曲线时，应首先简要描述曲线的整体形状，然后再详细描述曲线中每一个变化的形状以及由曲线得到的特征值的信息。当曲线中呈现出多个变化过程时，最好列表给出相应的特征值。

② 当图中包括一个样品的多条曲线（如图 9-16 所示）时，应首先描述每条曲线的来源（所对应的实验技术），之后简要描述曲线的整体形状，最后再详细描述曲线中每一个变化的形状和对应的特征值的信息以及多条曲线之间的对应关系。当多条曲线中呈现出多个变化过程时，最好列表给出相应的特征值。

③ 当图中包括系列样品的多条曲线时，应首先描述每条曲线所对应的样品的信息，之后简要描述曲线的整体形状，最后再详细描述曲线中每一个变化的形状和对应的特征值的信息以及由多条曲线所异同之处，并描述这些变化的规律。当多条曲线中呈现出多个变化过程时，最好列表给出相应的特征值。

9.5 曲线中异常的波动现象

在对得到的热分析曲线进行解析时，曲线中经常会遇到一些异常的变化，对于这些变化应结合实验条件等信息予以合理的解析。

这些波动主要来自于以下几个方面的原因：

① 仪器基线扣除不当引起的异常波动现象。图 9-13 中给出了一种基线扣除不当引起曲线异常波动的实例，对于这种情形只能通过重新进行实验获得理想的仪器基线来进行改善。

② 仪器检测器的工作状态偶尔发生异常变化时，通常会引起的信号的异常波动。如图 9-17 所示为一种弹性体的 DSC 曲线。根据样品的结构和相关的文献资料可知，该聚合物在−55°C 附近存在一个玻璃化转变过程。由图可见，在该温度范围存在玻璃化转变过程。在 DSC 曲线中，在−90°C、−42°C、8°C、43°C 以及 55°C 附近出现了异常峰，这些峰与样品无关，重复加热时这些峰均消失，由此可以推测这些异常峰为检测器的工作状态偶尔发生异常变化或者其他因素引起的。这种形式的异常波动其重复性很差，经常在实验的温度范围内随机出现。例如图 9-18 是一种改性聚苯乙烯的 DSC 曲线。由图可见，在第 1 次加热过程中，在 120°C 附近出现一个尖锐的吸热峰；而第 2 次加热过程中则在 135°C 附近出现一个尖锐的吸热峰。

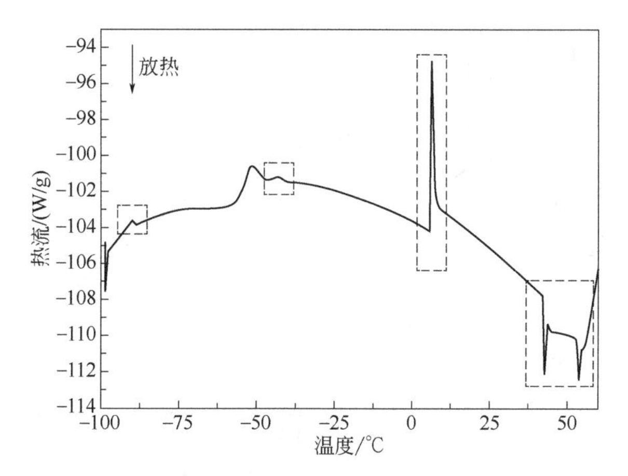

图 9-17　一种弹性体的 DSC 曲线

实验条件：在流速为 50mL/min 的氮气气氛下，由-100°C 开始以 10°C/min 的加热速率加热至 60°C；密封铝坩埚

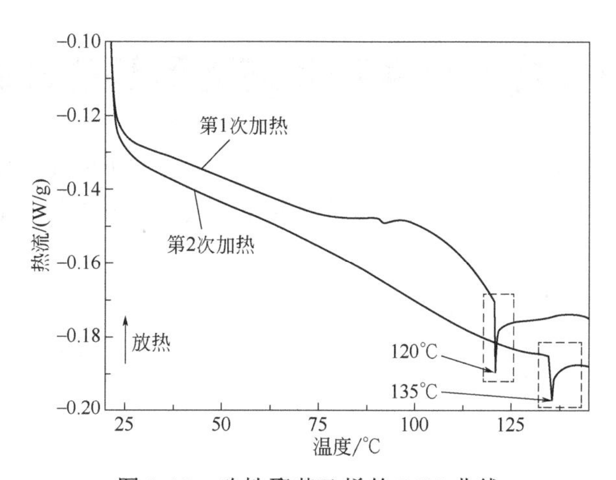

图 9-18　改性聚苯乙烯的 DSC 曲线

实验条件：在流速为 50mL/min 的氮气气氛下，由 20°C 开始以 10°C/min 的加热速率加热至 150°C；密封铝坩埚；重复加热两次

③ 在实验过程中，当环境出现意外的振动或者试样周围的气流不稳时，均会引起曲线的异常波动。图 9-19 为一种煤粉的 TG 曲线，可以看出，曲线在 125°C 时出现了一个急剧下降的平台，该平台是由于实验过程在所用的氮气气氛突然中断引起的异常现象，与样品的质量变化无关。

④ 对于 DSC 曲线而言，在实验开始或实验过程中温度程序的变化均会对曲线产生不同的影响，这些变化与样品结构的变化无关，在对曲线进行解析时应注意这种影响。在本书第 5 章中，对于实验开始时的曲线波动通常称为启动钩（或者热钩）的原因进行了充分的解释。

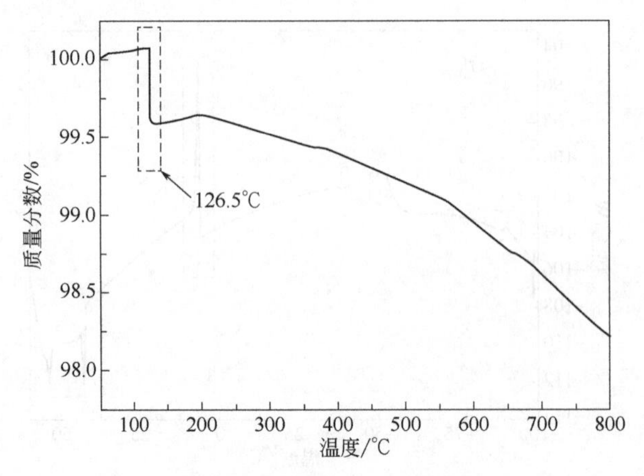

图 9-19　煤粉的 TG 曲线

实验条件：在流速为 50mL/min 的氮气气氛下，由 30°C 开始以 10°C/min 的加热速率加热至 800°C；敞口氧化铝坩埚

9.6　由于样品自身热效应而引起的曲线变形

在热分析实验中，有时会得到一些“畸变”的热分析曲线，如图 9-20 所示。图 9-20 中，曲线 1 为出现了变化，这是因为在空气气氛下样品发生了较为剧烈的氧化分解所致。

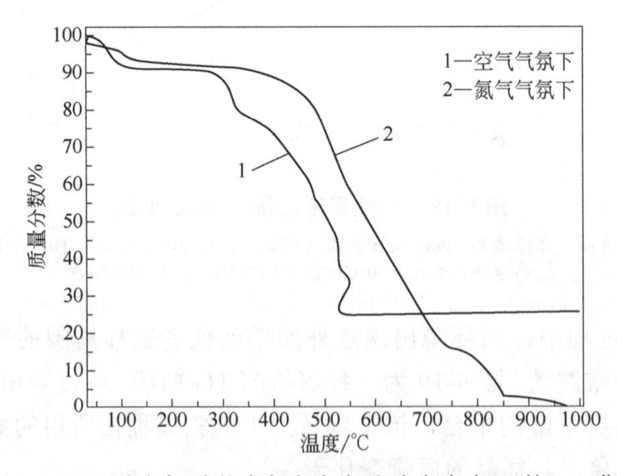

图 9-20　一种有机酸盐在氮气气氛和空气气氛下的 TG 曲线

理论上，这些曲线是由于试样在实验过程中自身产生了较为剧烈的吸热或者放热效应引起的局部过冷或者过热现象所引起的。在热分析实验时通常采用线性升温或者降温的方式进行，而在作图时通常选用样品的温度进行作图，由此会得

到以上的“畸变”曲线。

图9-21为以时间为横坐标所得到的不存在过热或者过冷现象的TG曲线，将其对温度进行作图可以得到图9-22的曲线，该曲线为一条正常的曲线。

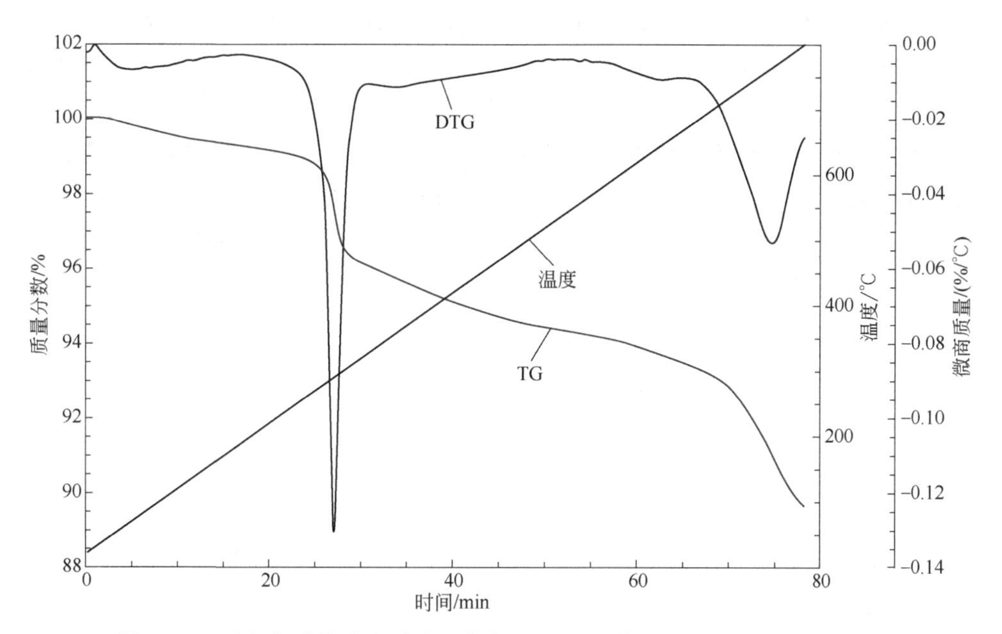

图9-21　不存在过热或者过冷现象的TG-DTG曲线（以时间为横坐标）

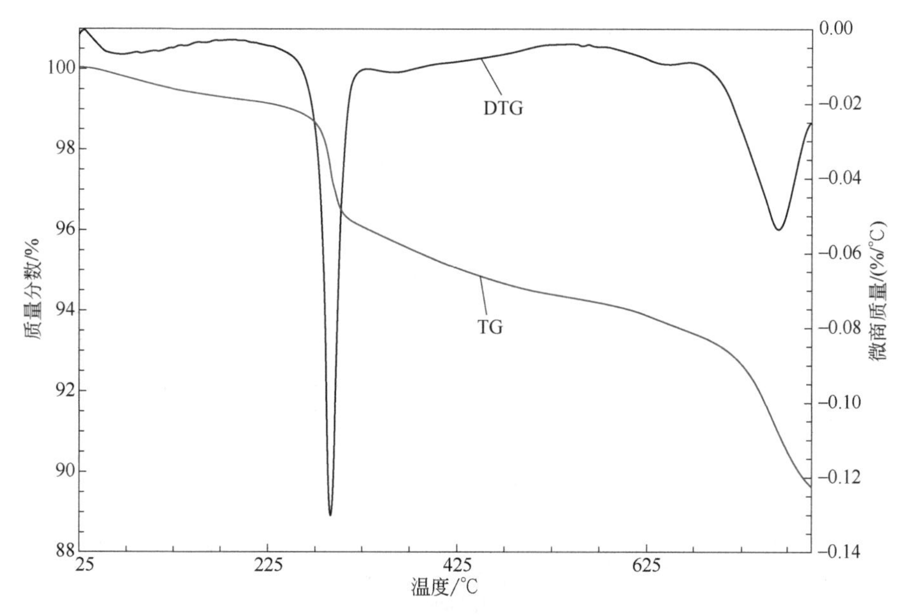

图9-22　不存在过热或者过冷现象的TG-DTG曲线（以温度为横坐标）

图 9-23 为以时间为横坐标所得到的存在过热现象的 TG 曲线，由图可见，当样品发生过热现象时，样品的温度开始偏离线性。图 9-24 为偏离线性关系时的局部放大图。由图 9-23 和图 9-24 可见，由于试样自身的放热引起了温度-时间曲线发生了偏离。在放热过程开始阶段，温度-时间曲线的斜率开始增加。而当该放热过程结束时，温度-时间曲线的斜率开始下降，最终回归线性。当使用温度作为横坐标时，可以得到如图 9-25 所示的热重曲线。由图 9-25 可见，TG 和 DTG 曲线均出现了“畸变”现象。出现这种“畸变”现象的原因在于，在发生过热现象的过程中，温度-时间曲线呈现“峰”的状态。在以温度为横坐标进行作图时，会出现两个时间对应于一个相同的温度的现象，这样得到的 TG 曲线就会出现一个温度对应于两个质量的现象（图 9-25）。

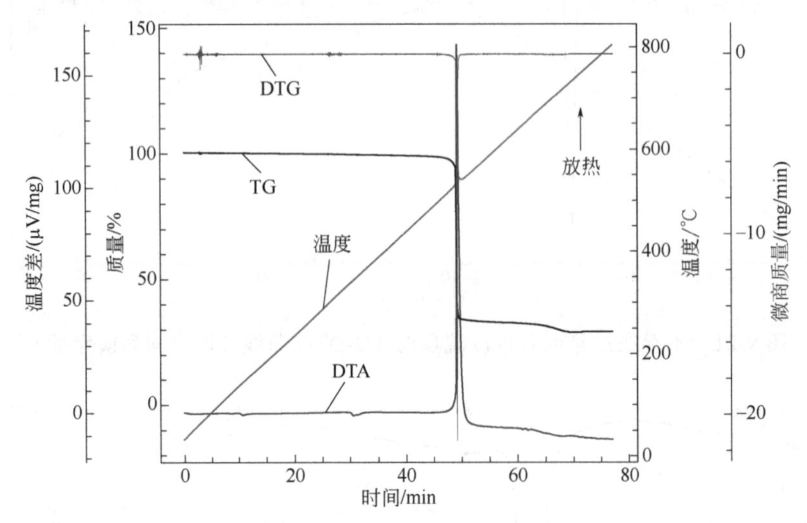

图 9-23　当存在过热现象时所得到的 TG-DTG 曲线（以时间为横坐标）

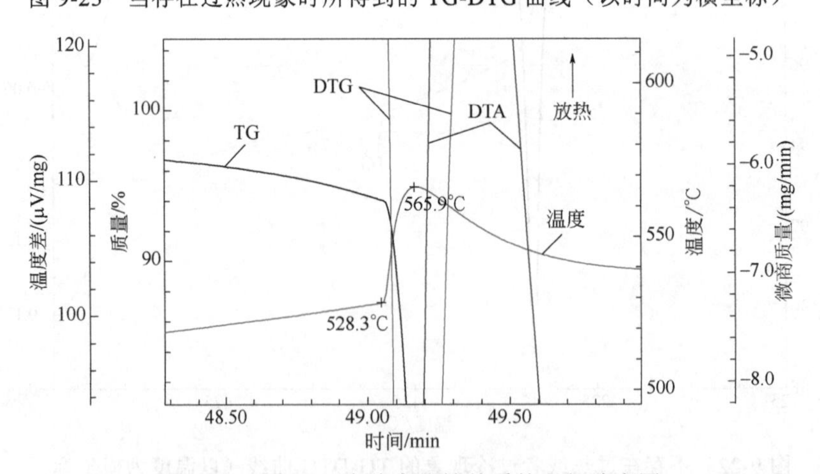

图 9-24　图 9-23 中偏离线性关系的局部放大图

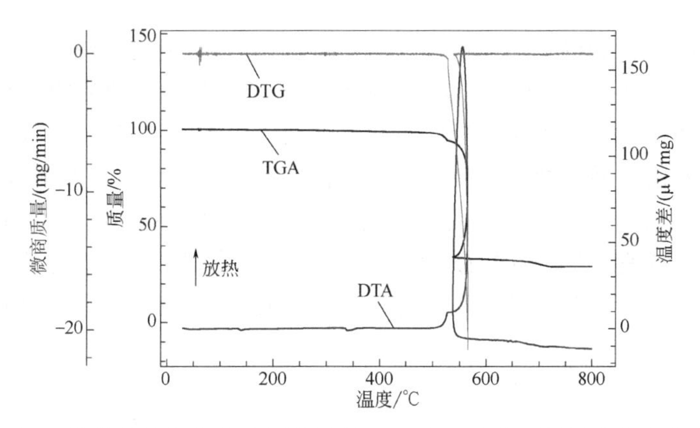

图 9-25　当存在过热现象时所得到的 TG-DTG 曲线（以温度为横坐标）

这种“畸变”曲线会对曲线分析尤其是动力学分析带来很大的干扰，通常采用减少样品用量、采用浅皿坩埚和增加气氛气体的流速等方法来减弱这种过热或过冷现象的方法来尽可能地避免这种“畸变”曲线。

9.7 平滑

在得到的热分析曲线中，有时会出现曲线中具有较多的毛刺而影响分析的情形。对于这种现象，通常采用平滑或者降低数据点的采集频率的方法来改善这种现象。在本书第 8 章中已指出，通过降低数据点的采集频率会改变峰形。平滑是常见的消除曲线中较明显的噪声的处理方法。在对曲线进行平滑处理时，只需滤掉较大的噪声波动，而不应改变峰的形状。图 9-26 为一种天然矿物的 TG 曲线，

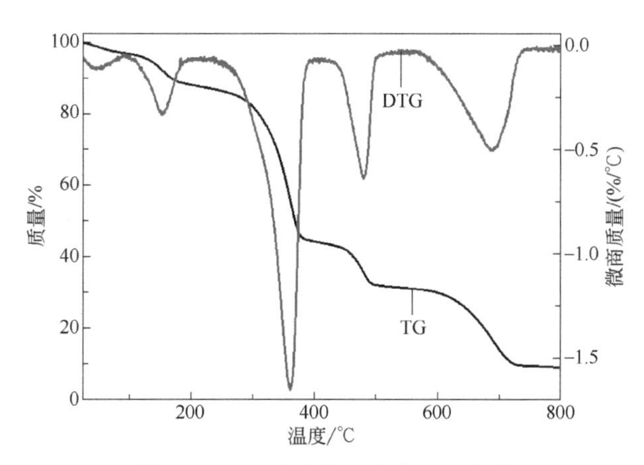

图 9-26　一种天然矿物的 TG 曲线

实验条件：在流速为 50mL/min 的氮气气氛下，由 30°C 开始以 10°C/min 的加热速率加热至 800°C；敞口氧化铝坩埚

图中的DTG曲线的基线具有较大的噪声，通常通过平滑的方法降低噪声的强度。图9-27为在仪器的分析软件中输入不同的参数后得到的平滑后的DTG曲线，图中每条曲线对应的WS表示平滑时在软件参数设置中的窗口大小，即平滑时处理的相邻数据点的个数，数字越大，得到的曲线越平坦。WS后面的数值对应于窗口中设置的参数值，由图9-27可见，数值越大，平滑后的曲线越平坦，变形越严重，分辨率也越差。根据图中的平滑结果可见，当窗口的尺寸设置为50时，得到的曲线的基线中的噪声明显下降（图9-27中插图），并且峰形基本保持不变。

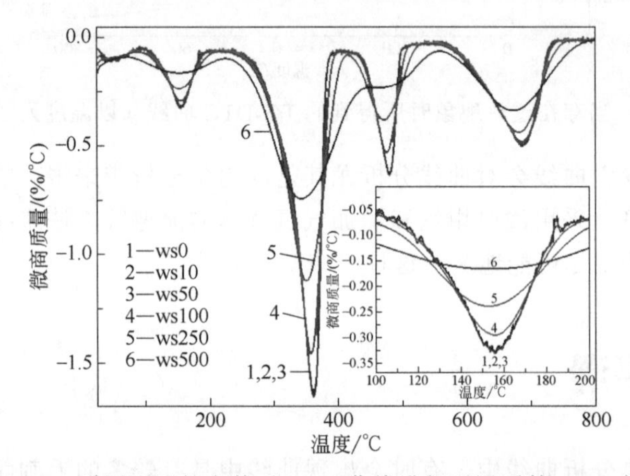

图9-27　采用不同的参数对DTG曲线进行平滑后的DTG曲线

综合以上分析，在对曲线进行解析中遇到以上类似的问题时，应结合实验方法、实验条件和样品信息等分别进行合理的处理。